왼쪽부터 형성기 경험의 중요성으로 정신의학을 발전시킨 **지그문트 프로이트**, 문화가 인간 본성을 만든다고 주장한 **프란츠 보아스**, 파블로프의 이론을 행동주의로 이끌어낸 **존 왓슨**, 인간의 본능이 동물보다 많다고 말한 **윌리엄 제임스**, 모방과 학습이론의 결실을 맺은 **장 삐아제**, 각인의 개념을 설명한 **콘라트 로렌츠**, 사회학의 개척자 **에밀 뒤르켐**, 유전 법칙을 발견한 **위고 드브리스**, 마음의 열쇠가 조건 반사에 있다고 믿은 **파블로프**, 진화론의 창시자 **다윈**, 유전의 열렬한 옹호자 **골턴**, 프로이트가 등장하기 전 정신의학의 초기 역사를 이끈 핵심 인물 **에밀 크레펠린**.

— 1903년 4월 1일 프랑스 비아리츠에서

매트 리들리의

본성과 양육

Nature Via Nurture:
Genes, Experience, and What Makes Us Human

NATURE VIA NURTURE

매트 리들리의

본성과 양육

매트 리들리 지음 · 김한영 옮김 · 이인식 해설

김영사

본성과 양육

저자_ 매트 리들리
역자_ 김한영

1판 1쇄 발행_ 2004. 9. 13.
1판 13쇄 발행_ 2023. 12. 1.

발행처_ 김영사
발행인_ 고세규

등록번호_ 제406-2003-036호
등록일자_ 1979. 5. 17.

경기도 파주시 문발로 197(문발동) 우편번호 10881
마케팅부 031)955-3100, 편집부 031)955-3200, 팩스 031)955-3111

값은 뒤표지에 있습니다.
ISBN 978-89-349-1617-8 03400

홈페이지_ www.gimmyoung.com　블로그_ blog.naver.com/gybook
인스타그램_ instagram.com/gimmyoung　이메일_ bestbook@gimmyoung.com

좋은 독자가 좋은 책을 만듭니다.
김영사는 독자 여러분의 의견에 항상 귀 기울이고 있습니다.

본성-양육 논쟁을 어떻게 이해할 것인가

이인식 과학문화연구소장(국가과학기술자문위원)

인간의 행동은 유전에 의해 결정되는가, 환경에 의해 결정되는가. 유전자가 인간의 행동과 관계가 있다고 믿는 선천론자들과 그 반대 입장을 취하는 경험론자들 사이에 치열하게 전개되는 이른바 본성 대 양육 논쟁은 어떤 식으로 결말이 날지 여간 궁금한 게 아니다.

1

초창기 본성 대 양육 논쟁을 주도한 인물들은 철학자들이었다. 영국의 경험주의 철학자인 존 로크(1632-1704)는 사람의 마음을 빈 서판Blank Slate에 비유했다. 빈 서판은 라틴어인 타불라 라사tabula rasa에서 비롯된 용어이다. 로크는 인간의 마음이 아무 개념도 담겨 있지 않은 흰 종이와 같으며, 그 내용은 오로지 경험에 의해 채워진다고 주장했다. 빈 서판은 본성을 부정하고 양육을 옹호하는 개념인 셈이다.

한편 프랑스의 장자크 루소(1712-1778)와 독일의 임마누엘 칸트(1724-1804)는 영국의 경험론자들과 달리 인간은 본성을 타고 난다고 주장했다.

1859년 찰스 다윈(1809-1882)은 『종의 기원』을 펴냈다. 다윈에 의해 인간 본성의 보편성이 입증되었다. 그의 사촌인 프랜시스 골턴(1822-1911)은 1874년 '본성과 양육'이라는 용어를 처음 사용했다. 그로 인해 유전결정론과 환경결정론의 양 극단을 시계추처럼 오가는 본성 대 양육 논쟁이 시작된 것이다. 또한 골턴은 1883년 우생학 eugenics이라는 용어를 만들어냈다.

골턴과 비슷한 시기에 활동한 미국 심리학자인 윌리엄 제임스(1842-1910)는 다윈의 진화론에서 영감을 얻고 사람의 마음도 신체 기관들처럼 생물학적 적응을 통해 진화되었다고 주장했다. 그는 1890년에 펴낸 『심리학 원리』에서 본능에 대한 새로운 개념을 제시했다. 동물은 본능의 지배를 받는 반면 사람은 본능 대신에 이성에 의해 지배되므로 사람이 동물보다 지능적이라고 생각하는 것이 통념이다. 그러나 제임스는 정반대의 의견을 제시했다. 그는 사람이 다른 동물보다 많은 본능을 갖고 있기 때문에 인간의 행동이 동물의 행동보다 지능적이라고 주장한 것이다. 그 당시 유행하던 경험론에 도전한 제임스의 본능 개념은 엄청난 파장을 몰고 왔다.

하지만 1920년대가 되자 제임스의 위세에 눌려있던 경험론 진영에서 빈 서판 개념을 앞세워 반격에 나섰다. 행동주의 심리학의 창시자인 미국의 존 왓슨(1878-1958)은 러시아 생리학자인 이반 파블로프(1849-1936)의 조건반사 이론을 발전시켜 단지 훈련만으로도 성격을 임의대로 바꿀 수 있다고 주장했다. 오스트리아의 정신분석학자인 지그문트 프로이트(1856-1939)는 어린 시절의 경험이 사람의 마음에 미치는 영향을 설명했다. 문화인류학의 창시자인 독일의 프란츠 보아스(1858-1942)는 인간을 본성으로부터 자유롭게 하는 것은 문화라고 강조했다. 사회학의 창시자인 프랑스의 에밀 뒤르켐(1858-1917)은 사회적 현상은 생물학적 요인에 의해 설명될 수 없다고 전제하고 사회학 연구의 기초에 빈 서판 개념을 놓았다.

2

공산주의와 나치즘. 마르크스주의와 나치주의는 20세기에 인류를 개조하려 했지만 대량학살의 범죄를 저지르며 자멸했다. 또한 두 독재체제는 본성 대 양육 논쟁에서 가장 극단적인 사례로 손꼽힌다. 공산주의의 사회 개조론은 양육을, 나치즘의 생물학적 결정론은 본성을 옹호하는 이데올로기이기 때문이다.

마르크스주의자는 생물학에 입각한 인간 본성 개념을 적대시한다. 마르크스는 "인간이 환경을 만드는 만큼 환경도 인간을 만든다"고 말한다. 따라서 공산주의자들은 사회환경을 바꾸는 데 혈안이 되었지만 그들의 혁명은 끝내 실패한 것으로 판명되었다.

한편 나치즘은 인간 본성의 생물학적 개념을 악용한 사례이다. 히틀러는 열등한 민족을 없애는 것은 자연의 지혜라고 주장했다. 그는 『나의 투쟁』에서 "고등 인종인 아리안 민족의 피가 하등인간의 피와

섞여서는 안된다"고 썼다. 나치정권은 1933년 집권한 뒤 열두 해 동안 유럽 점령지역에서 유대인, 집시, 러시아 사람을 수백만 명이나 살육했다.

생물학적 결정론의 다른 이름인 우생학은 생물학적 부적격자, 이를테면 정신이상자, 저능아 또는 범죄자를 사회로부터 조직적으로 제거하려는 소극적 우생학과 생물학적으로 우수한 형질을 가진 적격자의 수를 늘리려는 적극적 우생학으로 나뉜다.

우생학의 역사는 매우 길다. 고대 그리스의 플라톤은 『공화국』에서 일급 우량민을 만들기 위해서는 가장 뛰어난 남녀를 부부로 많이 짝지어주고 가장 열등한 자들끼리의 혼인은 막아야 한다고 주장했다.

우생학은 20세기에 접어들면서 미국에서 가장 인기가 높았다. 우생학은 범죄, 빈곤 및 사회악에 대한 특효약으로 미국의 지배층을 사로잡았다. 환경보다는 유전이 인간 행동을 좌우한다고 전제하면, 하층민을 생물학적 열등자로 몰아붙여 그들에게 사회문제의 모든 책임을 전가시킴으로써 상류층의 기득권을 수호할 수 있었기 때문이다.

미국에서 만개한 우생학 운동이 독일로 건너가 나치정권의 이데올로기가 되었다는 사실은 아이러니가 아닐 수 없다.

우생학은 1950년대에 완전히 숨을 죽인다. 히틀러의 유대인 대량학살에 충격을 받은 행동과학자들은 환경 결정론을 지지하면서 유전과 행동 사이의 연결고리를 찾는 작업을 포기했다. 1972년 미국우생학회는 만장일치로 60여년 간 사용한 학회 명칭을 사회생물학연구학회로 바꾸었다. 본성과 양육 논쟁에서 양육 쪽이 일방적인 승리를 거둔 셈이다.

이러한 추세는 1958년 미국 언어학자인 노엄 촘스키(1928-)에 의해 극적으로 반전되기 시작한다. 촘스키는 누구나 그 전에 들어본 적이 없는 새로운 문장을 얼마든지 말하고 이해할 수 있는 까닭은 인간이면 누구에게나 유전적으로 결정되는 언어능력이 있기 때문이라고 설명했다. 아이가 경험으로부터 언어 규칙을 학습하는 것은 불가능하다고 주장한 것이다.

촘스키가 치켜든 선천론의 깃발은 진화심리학자들이 승계했다. 진화심리학은 사람의 마음을 생물학적 적응의 산물로 간주한다. 1992년 심리학자인 레다 코스미데스와 인류학자인 존 투비 부부가 함께 편집한 『적응하는 마음』이 출간된 것을 계기로 진화심리학은 하나의 독립된 연구분야가 된다. 말하자면 윌리엄 제임스의 본능에 대한 개념이 1세기 만에 새 모습으로 부활한 셈이다.

더욱이 1990년부터 인간 게놈 프로젝트가 시작됨에 따라 본성과 양육 논쟁에서 저울 추가 본성 쪽으로 기울면서 생물학적 결정론이 더욱 강화되었다. 게다가 1994년 출간된 『종형 곡선』이 지능 유전설을 들고 나와 미국 사회를 발칵 뒤집어 놓았다. 이 책은 저능아의 대부분이 미국 흑인이라고 주장했다.

3

2001년 2월 인간 게놈 프로젝트가 완료되었는데, 유전자의 수는 추정치인 10만개에 크게 못 미치는 3만개로 밝혀졌다. 인간 게놈 연구의 핵심인물인 크레이그 벤터는 예상보다 적은 유전자 수는 "생물학적 결정론이 옳다고 보기 어렵다"는 것을 입증하는 증거라고 말하고 환경이 매우 중요하다고 주장했다. 이를 계기로 해묵은 본성 대 양육 논쟁이 다시 불붙게 된다.

환경 결정론을 반박한 대표적인 저서로는 스티븐 핑커(1954-)의 『빈 서판』(2002)과 매트 리들리(1958-)의 『본성과 양육』(2003)을 들 수 있다. 미국의 진화심리학자인 핑커는『언어본능』(1994) 등 베스트셀러를 펴낸 인물이다. 그는 『빈 서판』에서 인간 본성이 거의 존재하지 않는다고 주장하는 빈 서판 이론을 철저하게 비판한다. 현대과학, 이를테면 마음을 연구하는 인지과학, 뇌를 탐구하는 신경학, 생물학과 문화를 잇는 진화심리학의 성과에 의해 빈 서판이 그릇된 이론으로 판명되었다고 주장한다. 물론 그는 본성 쪽을 일방적으로 옹호할 만큼 어리석지 않다. 핑커는 유전과 환경의 복잡한 상호작용이 인간의 행동에 영향을 미친다는 사실을 인정한다.

영국의 리들리는 『붉은 여왕』(1993), 『미덕의 기원』(1996), 『생명 설계도, 게놈』(1999)으로 널리 알려진 과학저술가이다. 그는 본성 대 양육의 이분법에 마침표를 찍고 '양육을 통한 본성' 이라는 새로운 틀로 접근해야 한다고 제안한다. '양육을 통한 본성' 이론은 본성과 양육이 서로 대립되는 것이 아니라, 유전자는 양육에 의존하고 양육은 유전자에 의존한다는 의미이다. 리들리는 1980년대 이후 유전자에 대해 발견된 새로운 사실들을 통해 "유전자는 자궁 속에서 신체와 뇌의 구조를 지시하지만, 환경과 반응하면서 자신이 만든 것을 거의 동시에 해체하거나 재구성한다"는 결론에 도달한다. 리들리에 따르면 "유전자는 행동의 원인이자 결과인 것이다!"

본성 대 양육 논쟁은 앞으로도 치열하게 전개될 가능성이 많다. 하지만 유전과 환경이 인간의 행동에 어느 정도 영향을 미치는가를 따지는 일은 멀리서 들려오는 북소리가 북에 의한 것인지, 아니면 연주자에 의한 것인지를 분석하는 것처럼 부질없는 짓일는지 모른다. 리들리의 주장에 동의하건 안하건, 본성과 양육 둘다 인간 행동에 필수적인 요인이므로.

차례

머리말

12인의 털보들

사악한 인간들이여! 자유롭게 창조된 의지를 가지고서도
자신의 모든 불행을 하늘의 섭리 탓으로 돌리고,
자신의 모든 죄를 신들이 정한 운명이라 원망하고
온갖 어리석음을 숙명의 범행으로 몰아버리는구나.

호머의 「오디세이」, 알렉산더 포프 옮김[1]

'인간 행동의 비밀을 밝히다. 인간 행동의 열쇠는 유전자가 아닌, 환경이다.' 영국의 일요신문 《옵저버》의 2001년 2월 11일자에는 이런 제목의 기사가 실렸다. 그 기사의 출처는 유전자로 성공한 크레이그 벤터였다. 그는 인간 게놈의 배열을 판독하는 개인 기업을 설립해 세금과 기부금으로 운영하는 국제 컨소시엄과 경쟁하고 있었다. 인간 게놈 배열(네 개씩 묶인 30억 개의 알파벳 철자에 따라 인간의 몸을 만들고 가동하는 유전자 배열)이 그 주에 발표될 예정이었다. 게놈을 분석한 최초의 결과는 놀랍게도 인간 게놈의 유전자 수가 몇 달 전까지 추정했던 10만 개가 아니라 3만 개에 불과하다는 것이었다.

저널리스트들 사이에서는 세부적인 내용이 암암리에 이미 돌고 있었다. 그러나 2월 9일 벤터가 입을 연 자리는 리옹의 공개석상이었다. 청중석에 앉아 있던 《옵저버》의 로빈 맥키는 즉시 3만이란 숫자가 공개되었음을 알아차렸다. 그는 벤터에게 다가가 그의 발언을 공식적 발표로 생각해도 되는지 물었다. 벤터는 그렇다고 했다. 게놈 프로젝트를 두고 경쟁이 가열되던 시기에 벤터의 이야기가 경쟁자보다 먼저 신문의 헤드라인을 장식한 것은 처음이 아니었다. 벤터는 맥키에게 이렇게 말했다. "생물학적 결정론이 옳다고 보기에는 유전자 수가 턱없이 부족합니다. 인류의 놀라운 다양성이 우리의 유전자 코드 속에 배선되어 있지 않은 것이죠. 환경이 결정적인 역할을 합니다."[2]

《옵저버》의 초판을 보고 다른 신문들도 같은 기사를 내보냈다. 그 일요일이 지난 후 《샌프란시스코 크로니클》은 '게놈 발견으로 과학계가 충격에 휩싸이다. 유전자 청사진에는 생각보다 훨씬 적은 유전자가 담겨 있다. DNA의 중요성이 축소된다' 고 선언했다.[3] 과학 저널들도 신속히 포문을 열었고 전 세계 신문이 같은 기사를 실었다. 《뉴욕 타임스》는 '인간 게놈을 분석한 결과 훨씬 적은 유전자가 발견되었다' 고 말했다.[4] 맥키는 특종을 냈지만 주제를 정한 것은 벤터였다.

그것은 새로운 신화의 탄생이었다. 실제로 인간 유전자 수는 하나도 변한 게 없었다. 하지만 벤터의 말에는 두 가지 엄청난 오류가 감춰져 있었다. 첫째, 유전자 수가 적으면 환경의 영향이 커진다는 것이고, 둘째, 3만 개의 유전자는 인간 본성을 설명하기에 '너무 부족' 하며, 제대로 설명하려면 10만 개는 되어야 한다는 것이었다. 인간 게놈 프로젝트의 지도자 중 한 명인 존 설스턴 경은 몇 주 후 나에게, 33개의 유전자가 각각 두 가지 변이만 일으켜도(가령 온 아니면 오프) 지상에서 하나뿐인 인간을 만들기에 충분하다고 일러주었다. 동전 하나를 33번 던지면 100억 개 이상의 경우가 발생한다. 따라서 3만은 결코 작은 수가 아니다. 2를 3만 번 제곱하면 우주에 존재한다고 알려진 모든 입자의 수보다 더 큰 수가 나온다. 게다가 유전자 수가 적다는 것이 자유의지의 증가를 의미한다면, 초파리는 인간보다 더 자유롭고, 박테리아는 더더욱 자유롭고, 바이러스는 생물학의 존 스튜어트 밀이 될 것이다.

다행히 보통 사람들이 안심하는 데는 그렇게 정교한 계산이 필요 없었다. 인간 게놈을 구성하는 유전자 수가 벌레의 두 배도 채 안 된다는 굴욕적인 소식에 거리에 주저앉아 우는 사람은 한 명도 없었다. 애초에 10만이란 수는 대략적인 추정일 뿐 어떤 의미도 없었다. 그러나 지난 100년 동안 환경 대 유전 논쟁이 끊임없이 반복되어왔던 터라 인간 게놈의 발표는 견강부회가 난무하는 본성 대 양육 논쟁을 다시 한번 분출시키기에 적당한 사건이었다. 아일랜드*가 예외일 수 있지만, 그 논쟁은 방금 끝난 한 세기를 통틀어 가장 뜨거웠던 지적 논쟁이었다. 논쟁에 참여한 사람들은 상대방을 파시스트와 공산주의자로 몰아붙였고 그들의 정책 또한 칼로 자르듯 정확히 양분되었다. 본성 대 양육 논쟁은 염색체, DNA, 프로작의 발견에 힘

* 19세기 말부터 시작된 아일랜드 독립 문제에 대한 논쟁을 가리킨다 : 옮긴이.

입어 뻔뻔스럽게 계속되었다. 유전자 구조가 발견된 1953년처럼, 그리고 현대 유전학이 시작된 1900년처럼, 2003년에도 다시 한번 격렬한 논쟁의 먹구름이 몰려오고 있었다. 인간 게놈은 처음부터 양육 대 본성 논쟁의 불씨를 품고 있었다.

지난 50여 년 동안 분별 있는 사람들은 그러한 논쟁의 종식을 요구해왔다. 본성 대 양육이란 게시판에는 완전히 끝났다는 표현에서 무익하고 잘못된 논쟁이라는, 그릇된 이분법이라는 표현까지 온갖 종류의 선언문이 나붙었다. 상식을 가진 사람이라면 인간이 본성과 양육의 협상 결과라는 사실을 모를 리 없다. 그러나 누구도 논쟁을 포기하지 못했다. 한쪽 이론의 지도자는 논쟁이 무익하거나 끝났다는 선언이 발표된 직후 또다시 포문을 열어 이른바 상대방의 극단적인 주장에 비난을 퍼붓곤 했다. 논쟁의 한쪽은 선천론자이고 다른 한쪽은 경험론자인데, 이 책에서는 때로 선천론자를 유전론자나 본성론자로, 경험론자를 환경론자나 양육론자로 부를 것이다.

이제 내 카드를 펼쳐 보이고자 한다. 나는 인간의 행동이 본성과 양육 모두에 의해 설명되어야 한다고 믿는다. 나는 어느 쪽도 편들지 않을 것이다. 그렇다고 해서 '중용의 도'를 취하겠다는 뜻은 아니다. 텍사스 정치인인 짐 하이타우너가 말했듯이, '길 중간에는 황색선과 죽은 아르마딜로 외에는 아무것도 없기' 때문이다. 내가 강조하고 싶은 것은, 게놈은 실제로 엄청난 변화를 몰고왔지만 그 변화는 논쟁이 종료되었거나 어느 한쪽이 다른 한쪽을 누르고 승리하게 된 것이 아니라는 점이다. 그것은 논쟁의 양쪽이 중간에서 만날 수 있을 만큼 풍부한 주장을 갖게 되었음을 의미한다. 유전자가 인간 행동에 미치는 영향과, 반대로 인간 행동이 유전자에 미치는 영향이 밝혀지면 논쟁은 완전히 달라질 것이다. 더 이상 본성 대 양육 nature-versus-nurture 논쟁이 아니라 양육을 통한 본성nature-via-nurture 논쟁이 될 것이다.

유전자는 양육을 통해 들어오는 단서를 포착하도록 설계되어 있다. 올바른 이해를 위해 우리는 지금까지의 관념을 버리고 마음을 열어야 한다. 우리는 유전자가 꼭두각시의 주인처럼 우리 행동을 조종하는 세계가 아니라, 오히려 우리의 행동에 따라 꼭두각시처럼 움직이는 새로운 세계로 들어갈 것이다. 그 세계는 본능이 학습과 대립하지 않는 세계이고, 환경의 영향이 때로 유전자의 영향보다 더 완강하게 작용하는 세계이고, 본성이 양육을 위해 설계되는 세계이다. 값싸고 공허해 보이는 이 표현들이 이 책에서 처음으로 과학적인 생명력을 획득할 것이다. 나는 인간의 뇌가 어떻게 양육을 위해 형성되는가를 밝히기 위해 게놈의 가장 깊은 구석에서 기이한 이야기들을 끄집어낼 것이다. 내 주장을 요약하면 다음과 같다. "게놈을 덮고 있는 뚜껑을 많이 열면 열수록 유전자는 경험에 더 약해진다."

이제 1903년에 찍은 사진 한 장이 있다고 상상해보자. 그것은 가령 바덴바덴이나 비아리츠 같은 휴양지에서 열린 국제 회의의 기념사진이다. 사진 속 인물들은 남자들이지만 어린 소년도 있고, 아기도 있고, 유령도 있다. 나머지는 중년이나 노인이고, 모두 부유한 백인이다. 모두 12명인데, 나이에 걸맞게 대부분 수염을 기르고 있다. 미국인, 오스트리아인, 영국인, 독일인이 각각 2명이고, 네덜란드인, 프랑스인, 러시아인, 스위스인이 1명씩이다.

이것은 애석하게도 가상의 사진이기 때문에 대부분의 사람들은 서로 만난 적이 없다. 그러나 1927년 솔베이에서 찍은 물리학자들의 유명한 단체 사진(아인슈타인, 보어, 마리 퀴리, 플랑크, 슈뢰딩거, 하이젠베르크, 디랙이 함께 찍은 사진)처럼, 내 사진에도 과학의 소용돌이 속에서 새로운 사고가 탄생하는 중요한 순간이 포착되어 있다.[5] 이 12명은 20세기를 지배하게 될 중요한 인간 본성 이론을 완성한 사람들이다.

우선 머리 위에 떠 있는 유령은 찰스 다윈인데, 이 사진을 찍기 11년 전에 죽었기 때문에 턱수염이 가장 길다. 다윈의 생각은 원숭이의 행동에서 인간의 특성을 찾는 것으로, 가령 미소 같은 보편적 인간 행동이 존재한다는 것을 입증하는 것이다. 사진 왼쪽 끝에 꼿꼿이 앉아 있는 노신사는 그의 사촌인 프랜시스 골턴으로, 81세의 나이에도 매우 정정해 보인다. 양쪽 뺨에는 구레나룻이 흰쥐처럼 매달려 있는 골턴은 유전의 열렬한 옹호자다. 그 옆에 앉아 있는 미국인 윌리엄 제임스는 61세인데, 각지고 어수선한 턱수염을 기르고 있다. 본능의 옹호자인 그는 인간이 가진 충동이 다른 동물보다 적기는커녕 오히려 더 많다고 주장한다.

골턴의 오른쪽에 서 있는 식물학자는 인간 본성과 관련된 모임에 참가한 것이 못마땅한 듯 헝클어진 턱수염에 찡그린 인상을 하고 있다. 그는 55세의 네덜란드인 위고 드브리스로, 유전의 법칙을 발견했지만 30여 년 전, 모라비아의 수사 그레고르 멘델이 자신보다 10년 먼저 그것을 발견했다는 사실을 안 후로는 늘 우울한 표정이다. 그 옆에 선 54세의 러시아인 이반 파블로프는 회색 턱수염이 유난히 무성하다. 경험주의 옹호론자인 그는 마음의 열쇠가 조건 반사에 있다고 믿는다. 그 앞엔 유일하게 말끔히 면도한 존 브로더스 왓슨이 앉아 있다. 파블로프의 이론을 '행동주의'로 발전시킨 그는 단지 훈련만으로도 성격을 임의대로 바꿀 수 있다는 주장으로 유명하다. 파블로프의 오른쪽에는 통통한 체격에 안경을 쓰고 콧수염을 기른 독일인 에밀 크레펠린과, 깔끔한 턱수염을 기른 비엔나 출신의 지그문트 프로이트가 서 있다. 47세의 동갑인 두 사람은 후대의 정신병 의사들에게 '생물학적' 설명에서 벗어나 개인의 역사에 초점을 맞추는 각자의 이론을 가르치는 중이다. 그 옆에는 사회학의 개척자, 에밀 뒤르켐이 있다. 45세의 나이에 덥수룩한 턱수염을 기른 그는 사회적 실체가 그 부분들의 총합 이상이라고 열심히 주장한다. 이 점에 있어 정신적 파트너에 해당하는 사람이 그의 옆에 서 있다. 45세의 프란츠 보아스는 축 늘어진 콧수염과 결투의 상처가 보이는 위세 당당한 얼굴을 똑바로 들고, 인간 본성이 문화를 만드는 것이 아니라 문화가 인간 본성을 만든다고 목소리 높여 주장한다. 맨 앞의 어린 소년은 스위스에서 온 장 피아제로, 그의 모방과 학습 이론은 세기 중반에 결실을 맺을 것이다. 유모차 속에 있는 아기는 오스트리아 출신의 콘라트 로렌츠다. 1930년대가 되면 그는 하얀 염소 수염을 자랑하면서 본능에 대한 연구를 부활시키고 각인이라는 중요한 개념을 설명할 것이다.

나는 이 사람들이 인간 본성을 밝힌 최고의 학자라거나 그들 모두가 똑같이 훌륭하다고 주장할 생각은 없다. 이미 죽었거나 아직 태어나지 않은 사람 중에도 이들과 같이 기념 촬영하기에 부족함이 없는 사람이 아주 많기 때문이다. 우선 데이비드 흄과 임마누엘 칸트가 포함돼야 하지만 그들은 죽은 지 너무 오래되었다(망자의 대표로 다윈이 참석했다). 현대의 이론가 조지 윌리엄스, 조지 해밀턴, 노암 촘스키도 포함되기에 충분하지만 애석하게도 아직 태어나지 않았다. 원숭이에게서 개인성을 발견한 제인 구달도 포함될 만하고, 지각력이 뛰어난 몇몇 소설가와 극작가도 포함될 자격이 있다.

그러나 나는 이 12명에 대해 아주 놀라운 주장을 제기하고자 한다. 즉 그들은 모두 옳았다. 항상 옳은 것도 아니고, 전적으로 옳은 것도 아니며, 도덕적으로 옳다는 얘기도 아니다. 그들 대부분은 자신의 주장을 너무 큰 소리로 외쳤고 상대방의 주장을 목청껏 비판했다. 그들 중 한두 명은 우연이었든 의도적이었든 '과학에 기초한' 괴상하기 짝이 없는 정책을 탄생시켜 자신의 명성에 결정적인 흠집을 내기도 했다. 그러나 그들은 모두 진실의 씨앗을 간직한 독창적인 개념으로 인간 본성의 과학에 기여했다는 점에서 옳았다. 그들 모두 거대한 벽에 벽돌을 놓았던 것이다.

인간 본성은 다윈의 보편성, 골턴의 유전, 제임스의 본능, 드브리스의 유전자, 파블로프의 반사, 왓슨의 연상, 크레펠린의 역사(개인사), 프로이트의 형성적 경험, 보아스의 문화, 뒤르켐의 노동 분업, 피아제의 발달, 로렌츠의 각인이 모두 결합된 결과물이다. 우리는 이 모든 것이 인간의 마음속에 합쳐져 있는 것을 볼 수 있다. 이 중 하나라도 없으면 인간 본성에 대한 어떤 설명도 부실해질 것이다.

그러나 (나는 이제부터 미개척지를 밟으려 한다.) 이 모든 현상을 본성과 양육 또는 유전과 환경의 스펙트럼 위에 1차원적으로 분포시키는 것은 완전한 잘못이다. 대신 그것들을 하나하나 이해하기 위해서 우리는 유전자를 이해할 필요가 있다. 인간의 마음이 학습하고, 기억하고, 모방하고, 각인하고, 문화를 흡수하고, 본능을 표현하려면 유전자의 작용이 있어야 한다. 유전자는 꼭두각시의 주인도 아니고 청사진도 아니며, 또 유전의 매개체도 아니다. 유전자는 살아 있는 동안 활동하고, 서로를 스위치처럼 켜고 끄며, 환경에 반응한다. 유전자는 자궁 속에서 신체와 뇌의 구조를 지시하지만, 환경과 반응하면서 자신이 만든 것을 거의 동시에 해체하거나 재구성한다. 유전자는 행동의 원인이자 결과인 것이다. 양육을 편드는 지지자들은 어리석게도 유전자의 힘과 불가피성에 치여 가장 위대한 가르침을 놓치고 말았다. 유전자가 그들 편이란 사실을.

1

모든 동물의 모범

사람이 저 꼴밖에 될 수 없느냐? 저걸 봐라. 너는 누에게서 비단도 얻지 못했고, 짐승에게서 가죽도, 양에게서 털도, 고양이에게서 사향도 얻지 못했구나. 하! 하! 여기 세 사람은 타락한 가짜들인데, 너만이 진짜다. 옷을 벗으면 인간은 너처럼 불쌍하고 발가벗은 짐승에 불과해!

리어왕[1]

유사성은 차이의 그림자다. 어떤 두 사물은 제3의 다른 것과의 차이 때문에 비슷하고, 또 다른 것과의 유사성 때문에 다르다. 사람의 경우도 마찬가지다. 키가 작은 남자는 키가 큰 남자와 다르지만, 두 남자는 여자와 비교하면 비슷해 보인다. 생물 종도 마찬가지다. 남자와 여자는 아주 다르지만, 침팬지와 비교하면 털 없는 피부, 직립보행, 오똑한 코 같은 유사성이 먼저 눈에 들어온다. 그런데 침팬지도 개와 비교하면 인간과 비슷하다. 얼굴, 손, 32개의 이빨을 가지고 있지 않은가. 심지어 개도 물고기와 비교하면 인간과 비슷하다. 차이는 유사성의 그림자다.

1832년 티에라 델 푸에고의 해변을 걷던 어느 순진한 젊은이가, 오늘날 식량 수집인이라 불릴 만한 사람들, 또는 그의 표현대로 '자연 상태의 인간'을 처음 만났을 때 어떤 느낌이었을까 생각해보자. 아니, 그의 이야기를 직접 들어보자.

> 그것은 분명 내가 본 것 중 가장 기이하고 흥미로운 광경이었다. 그걸 보지 않았다면 야만인과 문명인의 차이가 얼마나 큰가를 믿지 못했을 것이다. 그것은 야생 동물과 가축의 차이보다 훨씬 크다. 인간이 가진 개선의 힘(문명)은 동물보다 더 크기 때문이다. 이 세계를 샅샅이 둘러봐도 그보다 더 수준 낮은 인간은 발견할 수 없으리라.[2]

그가 푸에고 사람을 본 것은 처음이 아니었기 때문에 당시의 충격은 더욱 컸다. 다윈은 영국으로 건너가는 세 명의 푸에고 사람과 같은 배를 탄 적이 있었는데, 그들은 왕을 알현하기 위해 프록코트를 입고 있었다. 다윈에게 그들은 다른 사람과 똑같은 인간이었다. 그런데 여기 그들의 친척들은 갑자기 인간 이하의 아주 천한 존재로 보였다. 그들을 보니 그저 동물 생각이 났다. 한 달 후 훨씬 외진 곳에서 조개를 잡으며 사는 푸에고 사람의 야영지를 발견했을 때 그는 일기에 이렇게 적었다. "그가 잠자는 곳을 보았다. 산토끼 굴보다 더 안전하다고 할 수 없는 곳이었다. 그런 인간의 습관이 과연 동물보다 나은 게 무엇인가."[3] 갑자기 그는 문명인과 야만인의 차이뿐 아니라 유사성, 그런 인간과 동물의 유사성에 대해 적고 있다. 그 푸에고 사람은 캠브리지 졸업생과 너무 달라서 마침내 동물과 비슷해 보이기 시작한 것이다.

푸에고 원주민들을 만나고 6년이 지난 1838년 봄, 다윈은 런던 동물원을 방문했고 그곳에서 난생 처음 대형 유인원을 보았다. 제니라는 이름의 오랑우탄은 런던 동물원에 들어온 두 번째 유인원이었다. 그보다 먼저 들어왔던 침팬지 토미는 1835년 몇 달간 전시되다 결핵으로 죽었다. 제니는 1837년에 동물원에 들어왔고, 토미처럼 런던 사회에 작은 흥분을 불러일으켰다. 제니는 아주 인간다운 동물로 보였고, 어떻게 보면 짐승 같은 인간으로 보였다. 유인원은 사람들에게 인간과 동물, 이성과 본능의 차이에 대해 껄끄러운 질문을 던지고 있었다. 제니는 《유용한 지식을 보급하기 위한 모임의 1페니 매거진》의 표지에 대서특필되었다. 이 논설은 자신만만한 목소리로 '그 오랑우탄은 다른 짐승들과 비교하면 특별할지 모르지만, 인간의 도덕적 또는 정신적 영역에는 한치도 근접하지 못한다' 고 확신했다. 1842년 그 동물원에서 다른 오랑우탄을 본 빅토리아 여왕은 다른 견해를 표했다. 여왕은 오랑우탄이 '무섭고 고통스럽고 불쾌할 정도로 인간과 닮았다' 고 묘사했다.[4]

1838년 제니를 처음 본 후 다윈은 몇 달 만에 동물원을 두 번 더 찾아왔다. 그는 하모니카와 약간의 박하와 버베나 가지를 들고 왔다. 제니는 세 가지 선물을 모두 좋아하는 것 같았다. 그녀는 거울에 비친 자신의 모습을 보고 '터무니없이 놀랐다.' 다윈은 노트에 이렇게 기록했다. "사육되고 있는 오랑우탄을 만나 그 지능을 관찰하면 인간은 자신의 탁월함에 자부심을 느낄 것이다. 오만에 빠져 자신이 위대한 피조물이고, 신의 간섭을 받을 가치가 있다고 생각할 것이다. 나는 보다 겸손한 자세로 인간이 동물로부터 창조됐다고 보는 것이 옳다고 생각한다." 그는 지질학에 적용하도록 배웠던 것을 동물에 적용하고 있었다. 즉 현재의 지질을 형성하고 있는 힘들이 먼 과거를 형성했던 것과 똑같다는 균일설의 원리를 적용한 것이다. 그 해 9월 맬서스의 인구 이론을 읽던 다윈은 순간적으로 오늘날 자연 선택이라 알려진 개념의 영감을 얻게 된다.

제니도 중요한 역할을 했다. 그녀가 그에게서 하모니카를 빼앗아 입으로 가져간 순간 다윈은 동물이 단순한 짐승 이상으로 얼마나 높이 올라갈 수 있는가를 깨달았다. 그것은 푸에고 사람들을 보고 인간이 문명 이하로 얼마나 낮게 내려갈 수 있는가를 깨달은 것과 똑같은 경험이었다. 둘 사이에 어떤 차이가 있었겠는가?

다윈 이전에도 이런 생각을 한 사람이 있었다. 1790년대에 스코틀랜드의 판사 몬보도 경은 오랑우탄이 교육을 받으면 말을 할 수 있을 거라 생각했다. 장 자크 루소는 계몽 철학자 중 유일하게, 유인원이 야만적 존재로 남지 않을 수도 있다고 생각했다. 그러나 인간의 본성에 대한 인간 자신의 사고 방식을 바꾼 사람은 다윈이었다. 평생 동안 그는 인간의 신체는 진화 과정 중에 변화를 겪게 된 유인원의 몸이고, 거슬러 올라가면 다른 유인원과 공통의 조상에서 만난다고 보았으며, 이를 인정하는 것이 교양 있는 견해라고 생각했다.

그러나 다윈은 그 논리가 마음에도 적용된다는 것을 믿게 하는 데는 성공하지 못했다. 데이비드 흄의 『인성론』을 읽고 쓴 최초의 노트에서 지렁이에 관한 마지막 저서를 완성할 때까지 다윈의 일관된 견해는, 인간과 동물의 행동에는 차이보다 유사성이 더욱 두드러진다는 것이었다. 그는 제니에게 했던 것과 똑같은 실험을 어린이에게도 시도했다. 그리고 계속해서 인간과 동물의 유사성에 대해 숙고하면서 인간의 감정, 동작, 동기, 습관의 진화론적 기원을 탐구했다. 그의 소박한 표현에 따르면, 마음도 몸처럼 진화가 필요했다는 것이다.

이 때문에 많은 지지자들이 등을 돌렸다. 물론 심리학자 윌리엄 제임스는 특별한 예외였다. 예를 들어 자연 선택 이론을 함께 발견한 알프레드 러셀 월리스는 인간의 마음이 자연 선택의 산물이기에는 너무 복잡하다고 주장했다. 그가 보기에 인간의 마음은 초자연적 창조물이 분명했다. 월리스의 이론은 매력적이고 논리적이었다. 그것도 역시 유사성과 차이에 기초했다. 월리스는 당대에 인종적 편견이 없기로 유명했다. 그는 남미와 동남아시아 원주민들과 함께 생활했고, 그들이 지적으로는 몰라도 도덕적으로는 평등한 존재라 생각했다. 그에 따라 그는 모든 종족이 비슷한 정신 능력을 소유한다는 믿음에 이끌렸지만, 당황스러운 것은 대부분의 '원시' 사회에서 인간의 지능은 많은 부분이 사용되지 않는다는 점이었다. 평생을 열대의 정글에서 산다면, 글을 읽거나 복잡한 나눗셈을 하는 능력이 무슨 소용이란 말인가. 그리하여 월리스는 이렇게 말한다. "더 높은 지능을 가진 어떤 존재가 인류의 발전 과정을 이끌었다."[5]

전제로 보자면 월리스가 전적으로 옳았고 다윈이 틀렸음을 우리는 잘 알고 있다. '가장 낮은' 인간과 '가장 높은' 유인원의 격차는 엄청나다. 계통적으로 볼 때 모든 인간은 불과 15만 년 전에 살았던 공통 조상에서 나온 반면, 인간과 침팬지는 적어도 5백만 년 전에 공통 조상에서 갈라졌다. 유전학적으로 인간과 침팬지의 차이는 가장 서로 다른 두 인간의 차이보다 최소한 10배는 더 크다. 그러나 이

전제로부터 월리스가 추론한 생각, 즉 인간의 마음은 동물의 마음과 다른 종류의 설명을 요구한다는 생각은 정당하다고 볼 수 없다. 단지 두 동물이 다르다는 이유만으로 그들이 같을 수 없다고 볼 수는 없기 때문이다.

17세기에 르네 데카르트는 인간은 이성적 존재이고 동물은 기계적으로 행동하는 존재라고 강하게 규정했다. "동물은 지식이 아니라 주어진 기관의 성향에 따라 행동한다. 짐승은 인간보다 이성을 적게 가진 것이 아니라 전적으로 이성이 결여된 존재다."[6] 다윈은 한동안 이 데카르트의 구별법을 공격했다. 결국 인간의 마음이 신의 창조물이란 생각에서 벗어난 당대의 사람들이 생겨났고 그 중 '본능론자들instinctists'은 인간이 본능에 따라 자동으로 움직이는 존재라 생각하고, '심리주의자들mentalists'은 동물의 뇌도 이성과 사고를 수행한다고 생각하기 시작했다.

심리주의적 의인화는 빅토리아 시대 심리학자 조지 로메인즈의 연구로 최고조에 이르렀다. 그는 빗장을 올리고 문을 여는 개나, 주인의 말을 이해하는 것처럼 보이는 고양이를 예로 들면서 애완동물의 지능을 찬양했다. 로메인즈는 그런 동물의 행동을 설명할 수 있는 유일한 길은 의식적 선택뿐이라고 믿었다. 계속해서 그는 각각의 동물 종에게는 인간과 똑같은 마음이 있지만 종에 따라 특정한 나이의 어린이 수준으로 동결된다고 주장했다. 그래서 침팬지는 어린 청소년의 마음을 갖고, 개는 그보다 더 어린 아동에 해당한다는 것이었다.[7]

야생 동물에 대한 무지도 이 개념을 거들었다. 유인원의 행동에 대해 알려진 바가 너무 없었기 때문에 사람들은 유인원을 나름대로 뛰어난 동물로 보기보다는 원시적 형태의 인간으로 쉽게 생각하곤 했다. 특히 1847년에 난폭해 보이는 고릴라를 처음 발견한 후로 인간과 야생 유인원의 만남은 극히 짧고 폭력적인 성격에서 벗어나지 못했다. 동물원으로 잡혀온 유인원들은 야생의 습관을 펼쳐 보일 기회를 거의 얻지 못했고, 사육사들은 그들의 자연스런 모습보다는 인간의 습관을 '원숭이처럼' 흉내내는 그들의 능력에 더 큰 관심을 보였다. 예를 들어 유럽에 침팬지가 맨 처음 도착한 날부터 사람들은 침팬지에게 어떻게든 차를 마시게 하는 일에 집착했던 것 같다. 프랑스의 위대한 박물학자 조르주 르클레르, 즉 뷔퐁은 1790년경 포획한 침팬지를 관찰한 최초의 '과학자들' 중 한 명이었다. 그는 과연 얼마나 가치 있는 사실을 발견했을까? 그의 눈앞에서 침팬지는 '잔과 받침접시를 집어서 탁자 위에 놓고, 설탕을 넣고, 차를 따른 다음, 차가 식도록 내버려두고 마실 생각은 하지도 않았다.'[8] 몇 년 후 토머스 베윅은 격앙된 어조로 '몇 년 전부터 런던에서 전시된 유인원 한 마리가 식탁 앞에 앉아 스푼이나 포크를 사용해 식사한다'고 보고했다.[9] 그리고 1830년대에 런던 동물원에 도착한 토미와 제니도 입장료를 지불한 관객들을 위해 식탁 앞에서 먹고 마시는 법을 배웠다. 침팬지의 티 파티 전통은 이렇게 탄생했다. 1920년대가 되자 차 마시기는 런던 동물원의 일상적 의식이 되었고, 침팬지들은 인간의 습관을 흉내내는 동시에 깨뜨리는 법을 훈련받았다. '그들의 식탁 예절이 너무 우아해질 위험이 항상 존재했기' 때문이다.'[10] 동물원에서 행해진 침팬지 티 파티는 50년 동안 계속되었다. 1956년 브룩본드 사는 침팬지의 티 파티를 이용한 최초의 광고로 엄청난 성공을 거두었고, 테틀리 사도 결국 2002년에 침팬지 티 파티 광고를 내보냈다. 1960년대에도 인간은 여전히 침팬지의 다도를 습득하는 능력에 대해서만 알았을 뿐 야생에서의 행동에 대해서는 거의 알지 못했다. 유인원이 바보스런 인간 견습생쯤으로 비춰진 것도 놀라운 일이 아니었다.

심리학에서 심리주의는 곧 비웃음과 망각 속으로 사라졌다. 20세기 초 심리학자 에드워드 손다이크는 로메인즈의 개들이 그 영리한 재주를 배우는 것은 항상 우연에 의해서라는 사실을 입증했다. 개는 문의 빗장이 어떻게 작동하는지를 이해하지 못했고, 단지 우연히 문을 열어주는 행동을 반복할 뿐이었다. 한심한 심리주의에 대한 반작용으로 심리학자들은, 동물의 행동은 무의식적이고 자동적이고 반사적이라는 정반대 가정으로 나아가기 시작했고, 이 가정은 곧 신조가 되었다.

볼셰비키가 멘셰비키를 쓸어버렸던 같은 1910년대에 심리주의자들을 깨끗이 쓸어버린 급진적 행동주의자들은, 동물은 생각하거나 반성하거나 사유하지 못하고 단지 자극에 반응할 뿐이라고 소리 높여 주장했다. 동물이 심리적 상태를 경험한다거나 인간처럼 이해한다고 말하면 즉시 이단으로 몰렸다. 곧 B. F. 스키너의 날개 아래 행동주의자들은 그 논리를 인간에게도 적용시키려 했다. 결국 인간이란 존재는 동물을 의인화하거나, 토스터기가 심술궂고 폭풍우가 격분했다고 투덜대는 것에 그치지 않는다. 사람들은 의인화의 대상을 다른 사람들에게까지 확대해 인간에게 너무 많은 이성과 너무 적은 습관을 부여한다. 니코틴 중독자에게 담배를 끊도록 설득해 보라.

그러나 인간을 주제로 한 문제에 대해서는 아무도 스키너를 진지하게 여기지 않았기 때문에, 행동주의자들은 자신도 모르게 인간과 동물의 심리적 차이를 데카르트가 말했던 바로 그 지점으로 되돌려 놓은 셈이 되었다. 한편 사회학자들과 인류학자들은 문화라는 인간 고유의 특성을 강조하면서, 인간 본능에 관한 모든 이야기를 엉터리로 매도했다. 20세기 중반이 되자 동물의 마음을 거론하는 것도 이단이 되었고 인간의 본능을 이야기하는 것도 이단이 되었다. 유사성은 사라지고 차이가 온 세상을 지배했다.

유인원의 멜로드라마

이러한 상황은 1960년 한 젊은 여성에 의해 완전히 변했다. 사실상 과학 교육을 전혀 받지 못했던 그녀는 탕가니카 호수 근처에서 침팬지를 연구하기 시작했다. 후에 그녀는 이렇게 썼다.

> 나는 얼마나 순진했던가. 나는 대학 교육을 받지 못했기 때문에 동물은 성격을 가져서는 안 되고, 생각해서도 안 되며, 감정이나 고통을 느껴서도 안 된다는 사실을 알지 못했다. 그런 걸 몰랐기 때문에 나는 내가 본 것을 기록할 때 금지된 모든 용어와 개념들을 자유롭게 이용할 수 있었다. 나는 내가 곰비에서 관찰했던 그 놀라운 일들을 마음껏 묘사할 수 있었다.[11]

그 결과 곰비의 침팬지들과 함께했던 제인 구달의 삶은 제인 오스틴이 쓴 『장미의 전쟁』 못지않게 갈등과 개성으로 가득 찬 멜로드라마

마처럼 읽혀진다. 그녀의 글에서는 야망과 질투와 사기와 애정이 느껴진다. 또 개성이 구별되고, 동기가 감지되고, 공감이 솟구친다.

> 에버레드는 점차 자신감을 되찾았다. 분명 어느 정도는 피간이 항상 자기 형제와 같이 있는 것은 아니었기 때문이다. 파벤은 여전히 험프리와 친했고, 피간은 영리하게도 그 강력한 수컷의 일에 관여하지 않았다. 게다가 두 형제가 함께 있을 때에도 파벤은 매번 피간을 도와주지는 않았다. 때때로 파벤은 가만히 앉아 지켜보기만 했다.[12]

사람들이 한참 후에야 깨달은 사실이지만, 구달의 의인화는 인간이라는 특별한 존재의 가슴에 말뚝을 친 것이나 다름없었다. 유인원은 어슬렁거리는 원시적인 자동 기계이거나 인간에게 한참 못 미치는 열등한 존재가 아니라, 우리만큼이나 복잡하고 정교한 사회 생활을 영위하는 지능적 존재임이 밝혀졌다. 예전에 생각했던 것보다 인간이 더 본능적이거나 아니면 동물이 더 의식적인 것이 분명했다. 이제 차이는 물러가고 유사성이 관심의 초점으로 부상했다.

물론 구달이 데카르트의 격차를 좁혔다는 소식은 동물 과학과 인간 과학 사이에 놓인 높은 벽을 아주 느리게 타고 넘어갔다. 구달의 스승인 인류학자 루이스 리키의 생각에 따르면 그녀의 연구 목적은 오래된 인류의 조상을 관찰해 그 행동을 밝히는 것이었지만, 당시 인류학자와 사회학자들은 동물로부터 발견한 사실을 무시하도록 훈련받았다. 데스몬드 모리스가 1967년의 저서 『털 없는 원숭이*The Naked Ape*』에서 유사성을 열거하자 인류를 연구하는 대부분의 학자들은 그를 선정주의자로 매도했다.

인간의 고유성은 수세기 동안 철학자들의 가내 수공업으로 정의되어 왔다. 아리스토텔레스는 인간은 정치적 동물이라고 말했다. 데카르트는 인간은 사유할 수 있는 유일한 동물이라 말했다. 마르크스는 인간만이 의식적 선택을 할 수 있다고 말했다. 이제 이런 영웅들의 편협한 정의만이 구달의 침팬지들을 막을 수 있는 유일한 방패였다.

성 아우구스티누스는 인간만이 생식보다 기쁨을 위해 섹스를 하는 동물이라고 말했다. (회개한 난봉꾼*에게 도움이 될 만한 사실이다.) 침팬지는 인간과 달랐지만, 남쪽에 사는 침팬지의 사촌 보노보(피그미 침팬지)가 곧 이 정의를 산산조각 냈다. 보노보는 성대한 만찬을 축하하기 위해, 싸움을 끝내기 위해, 우정을 다지기 위해 섹스를 한다. 이런 섹스의 많은 부분이 동성애이거나 미성년과의 섹스라서 번식은 우연한 실수로도 불가능하다.

당시 우리는 인간이 도구를 만들고 사용하는 유일한 동물이라 생각했다. 그러나 제인 구달이 맨 처음 발견한 사실 중 하나는, 침팬지들이 긴 풀잎으로 흰개미를 끄집어내고 잎을 솜처럼 다져서 물을 적시는 데 쓴다는 것이었다. 리키는 흥분에 사로잡혀 그녀에게 다음과 같이 전보를 쳤다. "이제는 도구를 재정의하든지, 인간을 재정의하든지, 침팬지를 인간으로 받아들여야 할 거야."

또한 우리는 인간만이 문화(경험을 통해 획득한 습관을 모방에 의해 한 세대에서 다음 세대로 전달하는 능력)를 가졌다고 자부했다. 그러나 서아프리카 타이 숲에 사는 침팬지들을 어떻게 생각해야 할까? 그들은 여러 세대에 걸쳐 어린 세대에게 나무 열매를 돌 위에 놓고 나

---

* 성 아우구스티누스가 한때 방탕한 시절을 보냈음을 꼬집고 있다. : 옮긴이.

무 망치로 깨는 법을 가르친다. 또한 사냥 전통, 부르는 방식, 사회 체계가 집단마다 완전히 다른 범고래는 어떠한가?[13]

우리는 인간만이 전쟁을 하고 동료를 죽이는 동물이라 추정했다. 그러나 1974년 곰비의 침팬지들이 (그리고 후에 아프리카에서 연구한 대부분의 다른 침팬지 집단들이) 그 이론을 말끔히 정리했다. 침팬지들은 이웃 집단의 영토를 몰래 침입해 수컷들을 공격하고 때려죽인다.

우리는 그때까지 인간이 언어를 가진 유일한 동물이라 믿었다. 그러나 원숭이에게는 다양한 포식자와 새의 종류를 가리키는 어휘가 있고, 유인원과 앵무새는 아주 많은 기호를 학습할 줄 안다는 사실이 밝혀졌다. 지금까지 동물이 문법과 구문론을 습득할 수 있다는 증거는 없지만 돌고래에 대해서는 명확한 판단이 유보된 상태다.

몇몇 과학자들은 침팬지에겐 '마음의 이론' 즉 다른 침팬지의 생각에 근거해 행동할 수 있는 능력이 없다고 생각한다. 만약 그렇다면 침팬지는, 예를 들어 다른 개체가 잘못된 생각을 가지고 있다는 것을 알고 그에 근거해 행동하지 못할 것이다. 그러나 실험은 우리의 고개를 갸우뚱거리게 만든다. 침팬지들은 자주 속임수를 쓴다. 예를 들어 아기 침팬지는 어미 젖을 빨기 위해 덩치가 큰 침팬지의 공격을 받은 척한다.[14] 마치 다른 침팬지의 생각을 상상할 줄 아는 것처럼 보인다.

보다 최근에는 인간만이 주관성을 갖고 있다는 주장이 부활했다. 작가 캐넌 맬릭은 이렇게 주장한다. "인간은 다른 동물과는 달리 자신이 비합리적이라고 생각한다. 동물은 자연력의 대상이고, 자신의 운명을 결정하는 잠재적 주체가 아니다." 맬릭의 요점은 오직 인간만이 의식과 행위력(B라는 결과를 만들어내는 원인으로써의 A : 옮긴이.)을 갖기 때문에 머리의 감옥에서 탈출할 수 있고 유아론적 세계관을 피할 수 있다는 것이다. 그러나 나는 본능이 다른 동물에게만 국한되지 않은 것처럼, 의식과 행위력이 인간에게만 국한되지 않는다고 주장하고 싶다. 구달의 책에 담긴 거의 모든 문장이 그 증거다. 심지어 개코원숭이도 최근 컴퓨터 판별 과제에서 높은 능력을 보임으로써 추상적 사고가 가능함을 보여주었다.[15]

이 논쟁은 100년 넘게 지속돼 왔다. 1871년 다윈은 인간과 동물 사이의 넘을 수 없는 장벽이라고 간주되던 인간의 고유성들을 목록으로 만들었다. 그런 다음 그는 그것을 하나씩 지워나갔다. 그는 인간만이 완전히 발달한 도덕 관념을 가지고 있다고 생각했지만, 도덕 관념이 다른 동물들에게도 원시적인 형태로 존재한다는 주장에 한 장을 모두 할애했다. 그의 결론은 분명했다.

> 인간과 고등동물의 심리적 차이는 아무리 크다 해도 정도의 차이일 뿐 종류의 차이는 아니다. 감각과 직관, 다양한 감정과 심적 기능들, 즉 사랑, 기억, 주의력, 호기심, 모방, 이성 등은 흔히 인간의 자랑거리로 간주되지만 실은 초기 형태로 심지어 때로는 잘 발달된 형태로 하등동물에게서도 발견된다.[16]

어디를 둘러보건 우리의 행동과 동물의 행동 사이에는 유사점들이 발견되는데, 그 유사성은 데카르트의 카펫 아래로 슬쩍 감추기에는 너무나 뚜렷하다. 그러나 물론, 인간이 유인원과 전혀 다르지 않다고 주장하는 것도 잘못일 것이다. 사실 우리는 그들과 다르다. 우리는 자기 인식이 더 강하고, 계산 능력과 주변 환경을 개조하는 능력이 더 뛰어나다. 분명 인간은 특별한 존재다. 우리는 도시를 건설하고, 우주를 여행하고, 신을 숭배하고, 시를 쓴다. 이런 행동들이 동물적 본능(주거, 모험, 사랑)에서 비롯되는 면도 있지만, 그것만을 본다면 요점을 놓치게 된다. 우리가 가장 특이해 보이는 것은 본능을 뛰어넘었을 때다. 어쩌면 다윈이 말했듯이 그것은 종류의 차이가 아니라 정도의 차이고, 질적인 차이가 아니라 양적인 차이일 것이다. 우리는 침팬지보다 더 잘 계산하고, 더 잘 추론하고, 더 잘 생각하고, 더 잘 대화하고, 더 잘 표현하고, 더 잘 숭배한다. 우리는 더 생생한 꿈을 꾸고, 더 강렬하게 웃고, 더 깊이 공감한다.

그러나 단지 이 정도라면 우리는 고스란히 심리주의자로 돌아와 유인원과 인간 견습생을 동일시할 수 있게 된다. 현대의 심리주의자들은 동물에게 말하는 법을 가르치기 위해 열심히 노력해 왔다. 워슈(침팬지), 코코(고릴라), 칸지(보노보), 알렉스(앵무새)가 모두 뛰어난 성적을 올렸다. 그들은 수화를 포함해 수백 개의 단어를 배웠고 그것으로 기본적인 구를 조합해내는 법도 배웠다. 그러나 님 침스키라는 이름의 침팬지에게 언어를 가르쳐본 허버트 테레스가 지적하듯이, 이 모든 실험은 단지 동물이 언어에 얼마나 형편없는가를 보여줄 뿐이다. 그들은 두살배기 어린이 수준에도 못 미치고, 우연이 아니면 구문론과 문법을 사용하지 못한다.

스탈린이 군사력에 대해 했던 유명한 말처럼, 양도 그 자체로 하나의 질이 될 수 있다. 우리는 가장 영리한 유인원보다 월등히 뛰어난 언어 능력을 갖고 있어서, 그것이 정말로 정도가 아니라 종류의 차이라고 말할 수 있다. 그러나 그 능력의 기원이 동물의 의사소통과 무관한 것은 아니다. 박쥐의 날개와 개구리의 앞다리는 상동 관계에 있지만 개구리는 날지 못한다. 언어가 질적인 차이임을 인정한다 해도 그것이 자연으로부터 인간을 분리할 수 있다는 것을 의미하진 않는다. 긴 코는 코끼리의 특징이다. 독액을 뱉는 것은 코브라의 특징이다. 특징은 특이한 것이 아니다.

그렇다면 우리는 어느 쪽인가? 유인원과 비슷한가, 다른가? 둘 다이다. 빅토리아 시대에나 우리 시대에나 인간의 예외성에 관한 주장은 바로 이 단순한 문제를 혼동하고 있다. 사람들은 여전히 상대방이 입장을 바꿔야 한다고 주장한다. 그들에 따르면 인간은 본능적인 동물이거나 의식적 존재이지만, 사실 우리는 둘 다이거나 둘 다가 아니다. 유사성과 차이는 동시에 진실일 수 있다. 우리의 마음이 유인원과 같은 종류임을 인정한다 해서 인간의 행위력을 조금이라도 포기할 필요는 없다.[17] 유사성과 차이는 상충하는 것이 아니라 공존한다. 어떤 과학자는 유사성을 연구하고 또 어떤 과학자는 차이를 연구하게 내버려두자. 이제 우리는 한 가지 편견을 버릴 때가 되었다. 매리 미즐리는 그 편견을 '합리적 사고를 크게 망가뜨리는, 인간과 그 친척들에 대한 괴상한 차별'[18]이라 불렀다.

섹스와 그 효과

행동이 신체 구조와 다르게 진화할 수 있는 한 가지 방법이 있다. 신체 구조의 경우 대부분의 유사성은 공통적 계보의 결과이며, 진화론자들은 이를 계통발생적 관성이라 부른다. 예를 들어 인간과 침팬지는 손과 발에 다섯 개의 손가락과 발가락이 있다. 이것은 다섯이 두 종의 생활양식에 가장 완벽한 수라서가 아니라, 아주 오래전 양서류 중 어느 한 놈이 우연히 다섯 발가락을 갖게 되었고 개구리에서 박쥐에 이르기까지 그의 무수한 후손들 대부분이 그 기본 패턴을 그대로 유지했기 때문이다. 새와 말처럼 어떤 종들은 발가락이 더 적지만, 유인원은 그렇지 않다.

그러나 사회적 행동은 그렇지 않다. 행동학자들은 사회적 체계에서 계통발생적 관성을 거의 발견하지 못했다. 아주 가까운 종들도 서로 다른 서식지에서 살고 서로 다른 먹이를 먹으면 사회 조직이 크게 달라질 수 있다. 먼 친척이라도 생태적 지위가 비슷하면 수렴적 진화에 의해 아주 비슷한 사회 조직을 형성할 수 있다. 두 종이 비슷한 행동을 보이는 경우, 그것은 공통의 조상을 말해준다기보다는 그 행동을 빚어낸 환경의 압력에 대해 더 많은 것을 말해준다.[19]

이 점을 보여주는 좋은 예가 아프리카 유인원들의 성생활이다. 영장류 동물학자들이 유인원들의 생활을 더욱 깊이 파고들자 유사성과 함께 흥미로운 차이점이 발견되었다. 이 차이점들은 조지 셸러와 다이앤 포시의 고릴라 연구, 버루트 갈디카스의 오랑우탄 연구, 이후 타카요시 카노의 보노보에 대한 연구 등에 의해 더욱 선명해졌다. 동물원 안에서 침팬지는 작은 고릴라처럼 보인다. 커다란 침팬지의 골격은 작은 고릴라의 골격과 혼동을 일으키곤 했다. 그러나 야생에서는 행동상 뚜렷한 차이를 보인다. 모든 차이는 음식에서 시작된다. 고릴라는 과일과 함께 쐐기풀이나 갈대 같은 푸른 식물의 잎과 줄기를 먹는 초식동물이다. 침팬지는 나무에서 열매를 따먹는 것이 기본이지만, 때로는 개미나 흰개미 또는 원숭이고기도 마다하지 않는다. 음식에서의 이 차이가 사회 조직의 차이로 직결된다. 식물은 풍부하지만 영양가가 풍부하지 않다. 따라서 식물을 먹고사는 고릴라는 하루 종일 먹어야 하며, 멀리 이동할 필요가 없다. 이 때문에 고릴라 집단은 상당히 안정적이고 침입에 방어하기가 쉽다. 이런 조건하에서 수컷 고릴라는 일부다처제 짝짓기 전략을 진화시키게 되었다. 즉 한 마리의 수컷이 소규모의 암컷 고릴라 무리와 그들의 어린 자식들을 독점하고 다른 수컷들을 쫓아버리는 것이다.

그러나 과일은 장소에 따라 예측에서 빗나가는 경우가 발생한다. 따라서 침팬지들은 과일나무를 확보하기 위해 넓은 행동권을 확보할 필요가 있다. 과일이 많이 매달린 나무를 발견하면 침팬지들은 자신의 행동권을 다른 많은 침팬지들과 공유할 수 있다. 그러나 넓은 행동권 때문에 침팬지 무리는 종종 일시적으로 분열된다. 그 결과 수컷 침팬지에게 일부다처제 전략은 효과가 없다. 대규모의 암컷 무리에 지속적으로 접근할 수 있는 유일한 방법은 다른 수컷들과 협력하는 것이다. 따라서 침팬지 무리에서는 동맹을 맺은 수컷들이 암컷들을 공유한다. 한 놈이 '알파 수컷' 이 되어 더 많은 짝짓기를 하지만, 모든 짝짓기를 독점하진 않는다.

사회적 행동의 차이는 음식의 차이에서 비롯되는 것으로, 이는 1960년대까지는 생각지도 못한 일이었다. 놀라운 결과를 뚜렷하게 확인한 것도 1980년대 들어서였다. 이 차이는 두 유인원 종의 신체 구조에도 흔적을 남겼다. 고릴라의 경우 암컷 무리를 차지하면 얻게 되는 번식의 보상이 아주 크다. 즉 큰 모험을 감수하고 암컷 무리를 얻으면 조심성이 많은 수컷들보다 자손을 훨씬 더 많이 가질 수 있다. 그래서 감행해볼 가치가 충분한 한 가지 모험은 아주 큰 덩치로 성장하는 것이다. 큰 몸을 유지하기에는 많은 음식이 필요하지만 보상은 충분하다. 그 결과 성인 수컷 고릴라의 몸무게는 암컷의 두 배까지 나간다.

반면 침팬지들 사이에서 수컷은 커야 한다는 압력을 받지 않는다. 애초에 덩치가 너무 크면 나무를 오르기가 더 어려워지고, 먹는 시간도 많이 들게 된다. 그보다는 암컷보다 약간만 더 크고, 계급 구조에서 꼭대기로 올라가기 위해 교활함과 힘을 잘 이용하는 것이 바람직하다. 게다가 모든 성적 경쟁자를 제압하려는 것은 무의미하다. 행동권을 지키기 위해서는 동맹자로서 그들이 필요하기 때문이다. 그러나 대부분의 암컷들은 무리 내에서 다수의 수컷과 짝짓기를 하기 때문에, 과거에 가장 빈번하게 조상이 된 수컷 침팬지들은 자주 그리고 많이 사정을 하는 침팬지들이었다. 수컷 침팬지들간의 경쟁은 암컷의 질 안에서도 정자들의 경쟁으로 계속된다. 그 결과 수컷 침팬지들은 거대한 고환과 엄청난 정력을 갖게 되었다. 몸무게에 비례하여 침팬지의 고환은 고릴라의 고환보다 16배나 크다. 그리고 수컷 침팬지는 수컷 고릴라보다 약 100배 정도 더 자주 섹스를 한다.

그 이상의 결과도 발견된다. 영아 살해는 다른 영장류들도 그렇지만 고릴라 사이에서도 일반적이다. 총각 수컷이 암컷 무리에 잠입해 아기를 빼앗아 죽인다. 이것은 아기 엄마에게 두 가지 효과(일시적이지만 엄청난 고통은 제외하고)가 있다. 첫째는 수유기를 중단하고 발정기로 돌아가게 하는 것이고, 둘째는 그녀의 아기를 더 잘 보호해줄 새 주인이 필요하다는 것을 납득시키는 것이다. 그렇다면 암컷 입장에선 바로 그 침략자 말고 누구를 선택하겠는가. 그래서 그녀는 예전의 짝을 떠나 자신의 아기를 죽인 수컷과 결혼한다. 영아 살해는 수컷에게 유전적 보상을 가져온다. 영아를 살해한 수컷은 그렇지 않은 수컷들보다 번식력이 더 높은 조상이 된다. 그러므로 현대에 존재하는 대부분의 고릴라들은 살인마의 후손들이다. 수컷 고릴라에게 영아 살해는 타고난 본능이다.

그러나 침팬지 암컷들은 영아 살해를 효과적으로 막아주는 대응 전략을 '발명' 했다. 바로 성적 파트너를 폭넓게 공유하는 것이다. 그 결과 어떤 야심 찬 수컷이 자신의 통치를 선포하기 위해 죽음의 잔치를 벌인다 해도 희생자 속에는 자기 자신의 아기가 포함될 수 있다. 따라서 영아 살해를 자제하는 수컷들이 더 많은 자손을 남기게 된다. 여러 수컷을 유혹해 누가 누구의 아버지인지를 혼란스럽게 만들기 위해 암컷들은 자신이 번식기임을 모두에게 광고하기 위해 분홍색 엉덩이를 한껏 부풀리도록 진화했다.[20]

침팬지의 고환 크기는 그 자체로는 무의미하다. 그것은 고릴라의 고환과 비교할 때에만 의미가 있다. 이것이 바로 비교 해부학의 핵심이다. 그리고 두 종류의 아프리카 유인원을 그런 방법으로 살펴봤으므로, 또 한 종류를 살펴보지 않을 이유는 없을 것이다. 인류학자들은 인간 문화 속에 행동의 다양성이 거의 무한하다고 주장하기를 좋아한다. 그러나 침팬지나 고릴라의 사회 체제와 비교할 만큼 그렇게 극단적인 인간 문화는 없다.

아무리 일부다처제가 강한 사회라도 아내 집단이 한 남성에게서 다른 남성으로 넘겨지는 식으로 조직된 곳은 없다. 인간 사회의 아내 집단은 한 명씩 들어와 형성된 것이므로, 일부다처제를 장려하는 사회에서도 대부분의 남성은 한 명의 아내와 관계를 유지한다. 이와 마찬가지로 프리섹스 공동체를 만들려는 다양한 시도가 있었지만, 각각의 남성들이 각각의 여성들과 짧은 성관계를 반복하는 그런 사회는 만들어진 적도 없고 유지된 적도 없다. 사실 인간의 짝짓기 체계도 다른 유인원 못지않게 특징적이다. 부부간 결속이 오래 유지되고, 일부일처제 중심이지만 때로 일부다처제가 혼재하는 양상, 침팬지처럼 대규모 무리나 부족에 포함되는 것 등이 그 특징이다. 이와 마찬가지로 남성들 사이에 고환의 크기가 아무리 다양할지라도 고환이 (체중에 비례해) 고릴라처럼 작거나 침팬지처럼 큰 사람은 존재하지 않는다. 체중에 비례하여 인간의 고환은 고릴라의 다섯 배 정도이고 침팬지의 3분의 1 수준이다. 이것은 여성의 정절을 어느 정도 보여주는 일부일처제의 종에게 적합하다. 종들의 차이는 유사성의 그림자다.

인간의 부부 결속도 음식에 초점을 맞추면 흥미로운 설명이 나온다. 영장류 동물학자 리처드 랭험은 요리에 초점을 맞췄다. 불을 다스리고 요리에 이용하면 소화에 도움이 되었으므로 음식을 씹을 필요성이 줄어들었다. 불을 관리하고 이용했다는 증거는 160만 년 전으로 거슬러 올라가지만, 정황 증거들은 훨씬 이전 시대를 암시한다. 약 190만 년 전에 인간 조상의 이가 축소된 동시에 여성의 신체 크기가 증가했다. 이것은 더 좋은 음식을 소화되기 쉽게 해서 먹었음을 의미하는데, 요리 외에는 설명할 길이 없다.

그러나 요리를 하려면 식량을 모으고 그것을 화로로 가져가야 하는데, 이것은 무법자들이 노동의 결실을 훔쳐갈 좋은 기회가 된다. 또는 당시에 남성은 여성보다 훨씬 크고 강했기 때문에 남성이 여성에게서 음식을 훔쳐갈 기회도 많아진다. 따라서 여성이 그런 도둑질을 막아낼 전략을 채택했다면, 가장 분명한 전략은 한 명의 여성이 한 명의 남성과 관계를 맺어 두 사람이 식량을 함께 모으고 함께 보호하는 것이었을 것이다. 이렇게 일부일처 남성이 늘어나면 매번 짝짓기 기회를 얻기 위해 맹렬하게 경쟁하는 일도 줄어들고, 그 결과 여성에 비해 상대적으로 체격이 작아도 될 것이다. 실제로 남녀의 체격 차이는 190만 년 전부터 줄어들기 시작했다.[21] 후에 인류의 조상들이 노동의 남녀 분업을 발명했을 때 이 부부 결속은 훨씬 더 강하게 발전했다. 모든 식량 수집인들 사이에서 남성은 대개 사냥에, 여성은 채집에 더 큰 관심과 더 뛰어난 능력을 보인다. 그 결과 고기의 단백질과 채식의 안정성이라는 두 세계의 장점이 결합된 특별한 생태적 지위를 탄생시켰다.

물론 아프리카 영장류는 세 종류만 있는 것이 아니다. 한 종류가 더 있다. 콩고강 남쪽에 사는 보노보는 침팬지와 비슷해 보이지만 콩고강이 조상의 땅을 둘로 가른 후 200만 년 동안 독자적으로 진화했다. 침팬지처럼 보노보도 과일을 먹고, 넓은 행동권을 여러 마리의 수컷이 포함된 집단들이 공유하며 산다. 그렇다면 보노보의 성생활과 고환 크기는 침팬지와 비슷해야 한다는 결론이 나온다. 그러나 마치 우리에게 과학적 겸손함을 가르치려는 듯 보노보는 침팬지와 놀랄 만큼 다르다. 보노보는 암컷이 연합을 형성하고 서로를 도움으로써 수컷을 지배하고 위협한다. 수컷 보노보는 곤란에 빠지면 종종 동료 수컷들보다는 어머니의 지원에 의존한다. 성인 암컷 보노보는 친한 동료들의 지원에 힘입어 수컷들보다 높은 지위를 차지한다.[22]

왜 이런 현상이 일어날까? 보노보 암컷 연합의 비밀은 바로 섹스에 있다. 두 암컷 친구는 '호카-호카'를 자주 떠들썩하게 치르면서 결속을 다지는데, 과학자들은 이것을 '생식기-생식기' 마찰이라는 멋없는 말로 번역한다. 협력과 우애 그리고 인자한 통치하에 있는 보노보 사회를 보면 현실이라는 생각보다는 여권 운동이 실현된 환상의 세계를 보는 듯하다. 그 사회 질서가 이해된 것이 남성 중심의 과학이 도전을 받던 1980년대였다는 것 또한 무시무시한 우연의 일치다. (빅토리아 시대였다면 사람들이 '호카-호카'를 어떻게 묘사했을지 무척 궁금해진다.)

여권 운동의 학설에 따라 예측할 수 있는 일이지만, 수컷 보노보들은 새로운 여성 지배 정권에 적응하면서 보다 친절하고 상냥한 생물로 진화했다. 그들에게는 싸움과 고함이 훨씬 적고, 다른 집단을 습격해 살인을 저지르는 일도 발견되지 않았다. 암컷 보노보는 침팬지보다 성적으로 훨씬 적극적이어서 거의 10배(고릴라에 비하면 1,000배) 더 자주 섹스를 하기 때문에, 자손 번식에 뜻을 둔 수컷 보노보라면 자신의 에너지를 최대한 비축했다가 권투 시합장보다는 침실에서 쓰는 것이 훨씬 좋은 전략이다. 보노보의 고환은 매우 큰 편이다. 침팬지의 고환보다 훨씬 크다고 말할 수 있다면 좋겠지만 아무도 그 크기를 재본 적은 없다.[23] 『성 선택』의 저자 말린 주크는 때마침 보노보의 성생활이 밝혀져서 그들이 어떻게 모범적인 동물 스타로 부상했는지를 설명한다. 그들에게 밀려난 돌고래는 때로 납치와 집단 강간으로 보이는 행동을 벌여 친환경적 이미지에 먹칠을 한 터였다.

당연히 성 치료사들은 '보노보식' 섹스를 홍보하기 시작했다. 비벌리힐스 소재, 수잔 블록 박사의 에로틱 예술 과학을 위한 연구소의 수잔 블록 박사는, '지상에서 가장 호색적인 이 유인원'이야말로 우리에게 평화로운 삶을 가르치는 최고의 모델이라 선언한다. 그녀는 이렇게 주장한다. "내면의 보노보를 해방시켜라. 오르가슴을 느끼는 동안에는 전쟁을 치를 수 없다." 그녀는 '윤리적 쾌락주의'를 주장하는 텔레비전과 인터넷 방송에서 얻은 수익의 일부를 보노보 보호에 사용하기로 맹세한다.[24]

이들이 바로 우리와 가장 가까운 친척들이다. 아시아 유인원들인 오랑우탄과 긴팔원숭이의 성생활은 또 다르다. 그리고 수많은 원숭이 종들도 놀랄 정도로 다양한 사회적 전략과 성적 전략을 구사하는데, 모두 자신의 환경과 음식에 맞게 발전한 것들이다. 40년에 걸친 영장류 동물학의 현장 조사를 보면, 우리가 다른 영장류와는 완전히 다른 특수한 종임을 분명히 알 수 있다. 인간의 방식과 정확히 일치하는 것은 어디에도 존재하지 않는다. 그러나 동물의 왕국에서 특이함은 보편적이다. 모든 종이 특이하다.

유전학으로 들어가서

인간의 특별함에 대한 주장은 다윈의 유사성과 데카르트의 차이를 시계추처럼 왕복하면서 좀처럼 끝날 기미를 보이지 않는다. 각 세대는 마치 운명처럼 과거의 전투를 그대로 답습한다. 만약 우리가 의인화된 유사성에 경도된 시대에 태어났더라도 동물과 인간이 얼마나 다른지를 말하는 새로운 주장을 접하게 된다. 이와 반대로 차이를 강조하는 시대에 태어났다면 어디에선가 유사성을 옹호하는 목소리를 듣게 된다. 그래서 다음과 같은 철학적 사유가 유행한다. 영원히 불안정한 상태에서 이따금 새로운 사실들이 등장해 동요를 일으킨다.

그런데 어느 순간 이 유쾌한 논쟁에 예기치 않은 위협이 찾아왔다. 그것도 혁명적인 위협이었다. 인간과 침팬지의 차이, 침팬지를 인간으로 만들 수 있는 것을 결정적으로, 근본적으로 규정하겠다는 위협이었다.

그것은 제인 구달이 인간 행동의 특이성을 무너뜨리던 그 시대에 일어났다. 1960년대에 재발견될 때까지 거의 완벽하게 잊혀졌던 그 위협은 바로 조지 너틀이란 캘리포니아 사람이 1901년 캠브리지 대학에서 행한 특별한 실험이었다. 그는 두 종의 관계가 가까우면 가까울수록 그들의 혈액은 토끼의 몸 안에서 비슷한 면역 반응을 일으킨다는 사실을 발견했다. 그는 가령 원숭이에게서 채취한 혈액을 몇 주 동안 토끼에게 여러 번 주입시킨 다음, 마지막 주사를 놓은 지 며칠 후 토끼의 혈액에서 혈청을 얻어냈다. 그 혈청과 원숭이 혈액을 섞자 면역 반응이 일어나면서 원숭이 혈액이 진해졌다. 그 혈청에 다른 동물의 혈액을 섞으면 토끼와 그 동물이 얼마나 가까운가에 따라 혈액은 그만큼 더 진하게 변했다. 이 방법으로 너틀은 인간이 원숭이보다는 유인원과 더 가깝다는 사실을 입증했다. 꼬리가 없는 것이나 그밖의 다른 특징만으로도 충분히 알 수 있는 사실이었지만 당시에는 아직 논쟁이 뜨거웠다.

1967년 버클리에서 빈센트 사리크와 앨런 윌슨은 너틀의 생화학적 기술을 더욱 정교한 형태로 발전시켜, 그것을 두 종이 공통의 조상에서 갈라져 나온 후의 시간을 측정하는 '분자 시계'에 이용했다. 그들은 인간이 대형 유인원과 공통의 조상으로부터 갈라진 때가 당시 추정되던 1,600만 년 전이 아니라, 약 500만 년 전에 불과하다고 결론지었다. 인류학자들은 두 종이 그 이전에 갈라졌음을 의미하는 화석을 보면서 두 사람을 비웃었다. 사리크와 윌슨은 총을 내려놓지 않았다. 1975년 윌슨은 제자인 마리 클레어 킹에게 DNA 분석을 통해 인간과 유인원의 유전적 차이를 발견하라고 요구했다. 그녀는 시무룩한 표정으로 교수를 찾아왔다. 인간과 침팬지의 DNA가 너무 비슷해서 차이를 발견하기가 불가능하다는 것이었다. 인간 DNA의 거의 99퍼센트가 침팬지의 DNA와 동일했다. 윌슨은 전율을 느꼈다. 유사성이 차이보다 더 흥미로웠다.

1970년대 이후 그 수치는 약간의 변화를 겪었다. 대부분의 추정치는 98.5퍼센트였지만, 최근 게놈의 유전자 배열을 자세히 분석한 두 번의 연구를 통해 98.76퍼센트라는 수치가 확정되었다.[25] 어쨌든 98.5퍼센트라는 수치가 사람들의 의식 속에 스며들던 2002년, 로이 브리튼은 그 수치가 크게 잘못되었다는 충격적인 논문을 발표했다. 그의 주장에 따르면, 유전자 배열에서 단지 치환된 것 즉, 인간 유전자와 침팬지 유전자 사이에 서로 다른 암호 문자만을 계산하면 98.6퍼센트가 나오지만, 여기에 삽입된 것과 삭제된 것을 더하면 그 수치는 95퍼센트로 떨어진다는 것이었다.[26]

허나 그런들 어떠랴. 두 종의 유전적 거리가 그렇게 가깝다는 사실은 여전히 엄청난 충격이었다. 킹과 윌슨은 '침팬지와 인간의 분자적 유사성은 매우 특별하다. 두 종의 신체 구조와 생활 방식은 관계가 밀접한 다른 여러 종들보다 훨씬 더 다르기 때문'이라고 썼다.[27] 이보다 훨씬 더 큰 충격이 1984년을 위해 준비되고 있었다. 예일대학의 찰스 시블리와 존 알퀴스트는 고릴라의 DNA보다 침팬지의 DNA가 인간 DNA에 더 가깝다는 사실을 발견했다.[28] 이것은 코페르니쿠스가 지구를 태양계의 행성들 속으로 끌어내린 것만큼이나 인간의 지위에 결정타를 날린 사건이었다. 이제 우리는 인간이 1,600만 년 전부터 독자적인 유인원 계보를 가졌던 종이 아니라, 불과 500만 년 전에 공통 조상에서 갈라져 나왔고, 더구나 그 계보에서 가장 늦게 갈라져 나온 종임을 인정하지 않을 수 없었다. 인간과 침팬지의 공통 조상은 둘과 고릴라의 공통 조상보다 늦게까지 살았고, 셋과 오랑우탄의 공통 조상보다 더 늦게까지 살았다. 믿을 수 없는 일이었지만 침팬지와 인간은 침팬지와 고릴라보다 더 가까웠다. (브리튼이 정확한 수치를 재분석한 후에도 이 결론은 변하지 않았다.) 아프리카 유인원들의 신체 구조나 화석은 그런 가능성을 전혀 보여주지 않았다. 결국 인간은 주워온 자식이 아니었다.

시간과 더불어 충격은 무뎌졌다. 그러나 실은 더 큰 것이 다가오고 있다. 인간의 DNA와 침팬지의 DNA를 나란히 읽으면 둘 사이의 차이가 결정적으로 밝혀질 수 있다. 이 글을 쓰고 있는 지금 침팬지의 게놈은 완전히 해독되지 않았다. 해독이 끝난 후에도 어떤 것이 중요한 차이인가를 밝혀내는 작업은 상당히 까다로울 것이다. 인간 게놈에는 약 30억 개의 암호 '문자'가 담겨 있다. 이 문자들은 엄밀히 말해 DNA 분자상의 화학적 염기지만, 그로부터 무엇이 생산되는가를 결정하는 것은 개별적인 특성이 아니라 그 배열이기 때문에, 암호 문자들은 디지털 정보로도 볼 수 있다. 두 인간의 차이는 평균 0.1퍼센트이므로, 나와 옆집 사람 사이에 서로 다른 문자는 약 300만 개가 존재하는 셈이다. 인간과 침팬지의 차이는 그보다 약 15배 많은 1.5퍼센트다. 문자로는 4500만 개에 해당한다. 그것은 성경 전체에 담겨 있는 문자보다 약 10배가 많고, 이 책만한 크기로는 75권에 해당한다. 두 종의 디지털 차이를 책 한 권에 담으면 폭 330센티

미터의 책꽂이를 채울 것이다. (반대로 유사성을 책에 담으면 약 228.5 미터의 책꽂이를 채울 것이다.)

이것을 다른 방법으로 설명해보자. 오늘날 과학자들은 인간 유전자를 약 3만 개로 계산한다. 즉 게놈 전체에 3만 개의 디지털 정보열이 흩어져 있고, 그 배열은 신체를 형성하고 가동하는 단백질 구조로 직접 번역된다. 다시 말해 유전자는 단백질을 만드는 요리법이다. 침팬지도 인간과 거의 같은 수의 유전자를 가지고 있다. 3만의 1.5퍼센트면 450이므로, 우리는 침팬지와 다른 인간 고유의 유전자를 450개 가지고 있다는 계산이 나온다. 이것은 그다지 큰 수가 아니다. 나머지 29,550개의 유전자는 침팬지와 동일하다. 정말 그럴까? 실은 제대로 말을 하자면, 모든 인간 유전자는 모든 침팬지 유전자와 다르지만 본문 전체 중 서로 다른 문자가 단지 1.5퍼센트인 것이다. 진실은 분명 중간 어딘가에 있다. 가까운 두 종은 많은 유전자가 동일하고, 많은 유전자가 약간 다르다. 완전히 다른 유전자는 극소수다.

가장 뚜렷한 차이는 모든 유인원이 사람보다 염색체를 한 쌍 더 갖고 있다는 점이다. 그 이유는 쉽게 발견된다. 과거 어느 시점에 중간 크기의 유인원 염색체 두 개가 인류 조상의 몸 속에서 합쳐져 2번 염색체라는 거대한 인간 염색체로 탄생했다. 이것은 놀라운 재배열인데, 행여 침팬지와 인간의 잡종이 생존했더라도 이 재배열 때문에 불임이었을 것이 거의 분명하다. 이것은 아마도, 진화론자들이 조심스럽게 과거 종들 간의 '생식적 격리'라 부르는 그런 조건이 형성되는 데 한몫 했을 것이다.

그러나 그 염색체의 재배열이 반드시 그 지점에서 유전적 본문(암호 문자)의 차이가 발생했음을 의미하지는 않는다. 침팬지 게놈은 아직 완전히 개척되지 않았지만, 이미 인간 유전자와 침팬지 (또는 다른 유인원) 유전자 사이에는 본문상의 차이가 상당히 존재한다고 알려져 있다. 예를 들어 인간의 혈액형은 A, B, O로 구성되어 있는 반면, 침팬지는 A와 O이고, 고릴라는 B뿐이다. 그리고 아포 E라 불리는 인간 유전자는 세 가지 공통 변형체가 존재하지만 침팬지는 하나뿐이다. (인간의 알츠하이머병과 가장 관계가 깊은 변형체다. 인간의 갑상선 호르몬 작용은 다른 유인원들과 비교할 때 뚜렷한 차이를 보인다.) 그 중요성은 아직 밝혀지지 않았다. 그리고 16번 염색체상의 유전자군은 유인원들이 2,500만 년 전 원숭이 계통에서 갈라져 나온 후 몇 차례 폭발적인 복제를 거쳤다. 인간이 가지고 있는 이 '모르페우스' 유전자 묶음들도 서로에게서 그리고 다른 유인원들의 유전자 묶음으로부터 급속히 그리고 차례차례 갈라졌다. 그 진화 속도는 정상의 거의 20배에 달한다. 이 모르페우스 유전자 중 일부는 인간 고유의 유전자라 말할 수 있다. 그러나 그것들이 정확히 무엇을 하는지, 왜 유인원들 사이에서 그렇게 급속히 진화하고 있는지는 불가사의로 남아 있다.[29]

이 차이들 대부분은 사람들 사이에서도 일정치 않다. 이 점에 있어서는 인간 전체에 고유한 것이 전혀 없다. 그러나 1990년대 중반, 모든 인간에게는 보편적인 동시에 모든 유인원에게는 없는 유전적으로 고유한 최초의 특징이 발견되었다. 몇 년 전 아짓 바키라는 샌디에이고의 한 대학 교수가 인간에게만 나타나는 한 알레르기 종류에 흥미를 느끼게 되었다. 그것은 동물 혈청의 단백질에 붙어 있는 특별한 종류의 당('시알산' 이라는 당)에 대한 알레르기였다. 예를 들어 뱀에 물린 상처의 해독제로 사용되는 말 혈청에 대해 사람들이 자주 극심한 반응을 보이는 것도 부분적으로는 이 면역 반응 때문이다. 우리 인간이 이 'Gc' 형태의 시알산을 견디지 못하는 것은 인체에 그것이 없기 때문이다.

바키는 일레인 버치모어와 함께 곧 그 원인을 밝혀냈다. 두 사람은 인간과는 달리 침팬지와 다른 대형 유인원들에게는 Gc가 있다는 점에 주목했다. 인체가 Gc 시알산을 생산하지 못하는 이유는 Ac 시알산으로부터 그것을 만들어낼 수 있는 효소가 없기 때문이다. 인간은 그 효소가 없기 때문에 Ac 형태에 산소 분자를 첨가하지 못하는 것이다. 모든 인간에게는 그 효소가 없지만 모든 유인원에게는 그것이 있다. 이것은 인간과 유인원을 보편적으로 구분하는 최초의 진정한 생화학적 차이였다. 인간이 우주의 중심에서 그리고 신의 특별한 창조물에서 단지 한 종류의 유인원으로 추락한 그 밀레니엄의 끝에서, 바키는 우리가 보잘것없는 당 분자에 붙은 단 하나의 원자 차이로 유인원들과 다르다고 말하는 것 같았다. 더구나 그 원자의 결핍 때문이라니! 아무래도 영혼이 거주하기에 희망적인 장소는 아니었다.

1998년 바키는 왜 인간이 고유한지를 더욱 자세히 알아냈다. 인간은 6번 염색체상에 있는 CMAH라는 유전자에 92개 문자로 된 배열이 빠져 있었다. CMAH는 Gc에 필요한 그 효소 형성에 관여하는 유전자였다. 그런 다음 그는 그 배열이 어떻게 해서 사라지게 되었는가를 발견했다. 그 유전자 한가운데에는 인간 게놈에 아주 많이 존재하는 '점핑 유전자'의 일종인 알루Alu 배열이 있었다. 유인원 게놈에는 보다 오래된 다른 알루가 있지만, 인간 유전자에 있는 알루는 인간에게만 고유하다고 알려진 배열을 가지고 있다.[30] 인간과 침팬지 계보가 갈라진 후 어느 시점에 그 알루는 자기가 할 수 있는 최선의 일을 했는데, 즉 CMAH 유전자 속으로 점프해 들어와 그곳에 있던 알루와 자리를 바꾸고 그 과정에서 뜻하지 않게 92개의 문자 덩어리를 없애버렸던 것이다. (이 설명을 통 알아들을 수 없다면, 컴퓨터 바이러스가 당신의 파일을 파괴하는 과정을 생각해도 좋다.)

바키의 발견을 보면서 기존 과학계는 큰 하품으로 대응했다. 그게 어쨌다는 거지? 유인원들에겐 없고 인간에게만 있는 고장난 유전자를 발견한 거잖아? 대단해. 그러나 바키는 쉽게 포기하지 않았다. 이제 그는 인간과 유인원의 차이라는 문제 전체에 관심을 기울였다. 최초의 주제는 그 돌연변이가 언제 발생했는가를 정확히 알아내는 것이었다. 인간 조상의 화석에서 DNA를 얻어낼 수는 없었지만 시알산은 얻어낼 수 있었다. 그는 네안데르탈인이 우리와 똑같이 Ac는 있고 Gc는 없다는 사실을 밝혀냈지만, 자바와 케냐에서 나온 더 오래된 화석은 따뜻한 기후 때문에 시알산이 너무 파괴되어 있었다. 그러나 그의 동료 유키 타카하타는 인간 CMAH 유전자 속에서 일어난 변화의 횟수를 계산하고 분자 시계를 이용한 끝에, 그 변화가 약 250만 년에서 300만 년 전에 현생 인류의 어느 조상의 몸 속에서 일어났다고 추산할 수 있었다.

바키는 그 돌연변이의 다른 가능한 결과들을 조사하기 시작했다. 대부분의 다른 동물들은 심지어 성게까지도 그 유전자를 온전하게 가지고 있는 것 같았다. 그러나 쥐의 경우는 배아에서 그 유전자가 '망가져도' 건강하고 생식능력이 정상인 쥐로 성장한다. 시알산은 마치 세포 표면에서 성장하는 꽃처럼 보이기도 하는, 세포 밖에서 발견되는 당이다. 그래서 보툴리누스, 말라리아, 인플루엔자, 콜레라 같은 감염성 병원균이 가장 먼저 공격하는 목표 중 하나다. 어쩌면 시알산의 흔한 형태 중 하나인 Gc 시알산의 결핍이 우리를 유인원 친척들보다 그 질병들에 더 취약하게 만드는 것일 수 있다(세포 표면의 당들은 면역계에서 방어의 제일선과 같다).

그러나 시알산의 Gc 형태와 관련하여 가장 흥미로운 점은, 그것이 포유동물의 온몸에서 쉽게 발견되면서도 유독 뇌에서는 발견되지 않는다는 것이다. 바키의 유전자는 포유동물의 뇌에서만큼은 거의 활동하지 않는다. 이 유전자의 활동을 거의 완전하게 끄지 않으면 포유동물의 뇌가 제대로 작동하지 않는 데에는 틀림없이 어떤 이유가 있을 것이다. 바키의 생각에, 약 200만 년 전에 인간의 뇌가 급속히 팽창한 것은 어쩌면 한술 더 떠 몸 전체에 존재하는 그 유전자들의 스위치가 완전히 꺼짐으로써 가능했던 것인지도 몰랐다. 그는 이 생각이 증거를 댈 수 없는 '무모한 생각' 임을 시인한다. 그는 미지의 영토에 들어가 있다. 그후 그는 시알산 형성과 연관이 있으면서 인간에게는 이미 망가져 버린 또다른 유전자를 발견했다.[31]

이 뜬구름 잡는 연구에서도 실질적인 결과가 나올 수 있다. 그것은 동물의 장기를 사람의 몸에 이식하는 이종 장기 이식을 조심스럽게 만드는 강한 근거가 된다. 동물의 장기에 포함된 Gc 당 때문에 알레르기 반응이 일어나는 것이 거의 불가피하기 때문이다. 인간의 세포 조직에서도 육식 때문에 들어온 것으로 추정되는 Gc 시알산이 소량 발견되기 때문에, 바키는 최근 희석시킨 Gc 시알산을 마시면서 자신의 몸이 어떻게 반응하는가를 시험하고 있다. 그는 '붉은 고기' 를 먹어서 발생하는 어떤 질병들이 이 당 때문이 아닌가 의심하고 있다. 그러나 바키는 인간과 유인원의 폭넓은 차이가 한 종류의 당 분자로 축소될 수 없다는 사실을 누구보다 먼저 인정한다.

우리는 다른 포유동물들과 동일한 유전자 묶음을 사용하지만 그 결과는 다르게 나타난다. 어떻게 그럴 수 있을까? 만약 거의 동일한 두 유전자 묶음이 인간과 침팬지처럼 그렇게 판이한 동물을 만들어 낸다면 그 차이의 원천은 분명 유전자에 있다기보다는 다른 어딘가에 있을 것이다. 인간은 본성 대 양육의 이분법적 세계에서 양육되기 때문에 우리가 주목할 수 있는 명백한 대안은 양육뿐이다. 그렇다면 아주 명백한 실험을 해보자. 유인원의 자궁에 인간의 수정란을 이식하거나 그 반대로 이식해보는 것이다. 만약 차이가 양육 때문이라면 인간에게서는 인간이, 침팬지에게서는 침팬지가 태어날 것이다. 자원해 볼 사람?

유인원은 아니지만 그런 실험이 실제로 행해지고 있다. 동물원에서 종 보존을 위해 대리모의 자궁을 다른 동물의 태아에게 빌려주는 것이다. 결과는 잘해야 50점이다. 인도들소라고 하는 가우르와 반텡우[牛]를 젖소에 임신시켰지만 송아지는 모두 출산 직후 죽었다. 유럽산 야생 양인 무플론을 양에게 임신시킨 경우도, 아프리카산 봉고 영양을 일런드 영양에게 임신시킨 경우도, 인도산 사막고양이와 아프리카산 들고양이를 집고양이에게 임신시킨 경우도, 그랜트 얼룩말을 말에게 임신시킨 경우도 모두 실패로 끝났다. 그러나 이 실험들은 적어도 한 가지 사실을 입증한다. 모든 경우 새끼는 대리모를 닮지 않고 생물학적 어미를 닮았다는 것이다. 사실 바로 그것, 야생에서 사는 희귀종을 보호하기 위해 대량 번식을 할 때에는 가축의 자궁을 이용해도 된다는 점[32]이 이 실험의 핵심이다.

이것은 실험 자체가 무의미해 보일 정도로 너무 뻔한 결론이다.

우리는 누구나 말의 자궁에 당나귀 수정란을 착상시키면 그 수정란은 말이 아니라 당나귀로 성장할 것임을 안다. (당나귀와 말은 유전학적으로 인간과 침팬지보다 더 비슷하다. 인간과 침팬지처럼 두 동물도 말이 염색체 한 쌍을 더 가지고 있다는 차이가 있다. 염색체 수의 이러한 불일치는 노새의 불임을 설명하는 동시에, 인간과 침팬지 암컷이 짝짓기를 해서 아기가 태어난다고 해도 잡종의 성격이 강한 불임의 유인원 인간으로 성장할 것임을 암시한다. 1950년대 중국에서 그런 실험을 했다는 소문이 무성했지만, 이 간단하면서도 비윤리적인 실험을 시도할 사람은 아무도 없을 것 같다.)

그래서 수수께끼는 깊어만 간다. 인류를 결정하는 것은 자궁이 아니라 유전자다. 그런데 거의 비슷한 유전자 묶음을 가지고 있음에도 인간과 침팬지는 다르게 보인다. 어떻게 같은 유전자 묶음에서 서로 다른 두 종이 나오는가? 어떻게 인간의 뇌는 침팬지보다 세 배나 크고, 언어를 학습할 수 있는데도 그것을 위한 유전자는 따로 존재하지 않는 것일까?

스위치 조작

이제 문학적 유추의 유혹을 피할 수가 없다. 찰스 디킨스의 소설 「데이비드 코퍼필드」는 이렇게 시작한다. "내가 내 인생의 영웅이 될지 혹은 다른 누군가가 그 지위를 차지할지는 이 책이 보여줄 것이다." J. D. 샐린저의 소설 『호밀밭의 파수꾼』은 다음과 같이 시작한다. "정말이지 이 얘기를 꼭 듣고 싶다면, 내가 어디서 태어났으며 내 거지 같은 유년 시절이 어떠했고, 또 내가 태어나기 전 우리 부모님이 뭘 하는 사람이었는지 따위를 알고 싶으실 겁니다. 그러니까 온통 시시콜콜하게 내력이나 캐는 데이비드 코퍼필드식 쓰레기들 말이죠. 하지만 솔직히 말해 난 그런 이야기는 늘어놓고 싶지 않거든요." 그 다음부터 디킨스와 샐린저는 아주 유사한 몇천 개의 단어를 사용한다. 가령 '승강기' 나 '쓰레기' 처럼 샐린저만 사용한 단어도 있고, '대망막' 이나 '앵돌아지는' 처럼 디킨스만 사용한 단어도 있다. 그러나 그런 것은 두 책에 공통적으로 쓰인 단어에 비하면 아주 적은 편이다. 아마 두 책의 사전적 일치는 최소한 90퍼센트는 될 것이다. 그러나 둘은 아주 다른 책이다. 그 차이는 서로 다른 단어를 사용한 데 있는 것이 아니라 같은 단어들을 다른 패턴과 순서로 사용한 데 있다. 이와 마찬가지로 침팬지와 인간의 차이도 유전자가 서로 다른 데 있는 것이 아니라 3만 개의 같은 유전자를 다른 배열과 패턴으로 사용하는 데 있다.

내가 이렇게 자신있게 말하는 데에는 중요한 근거가 있다. 동물 게놈의 뚜껑을 맨 처음 연 과학자들이 마주친 가장 놀라운 사실은 아주 다른 동물들이 동일한 유전자 묶음들을 가지고 있다는 것이었다. 1980년대 초, 파리 유전학자들은 혹스hox 유전자라는 이름의 작은 유전자군을 발견하고 흥분을 감추지 못했다. 이 유전자는 발달 초기에 파리의 신체 구조를 설계하면서 머리, 다리, 날개 등이 어디로 갈지를 정해주는 것 같았다. 그러나 그 다음에 어떻게 할지는 전혀 준비하지 못하고 있었다.

쥐를 연구하던 동료들도 똑같은 혹스 유전자가 같은 배열로 되어 있으며 같은 일을 한다는 것을 발견했다. 그 유전자는 파리의 배아에게 날개를 어디에 형성시켜야 할지를 일러주는 것처럼, 쥐의 배아에게 늑골을 어디에 형성시켜야 할지를 일러준다. (그러나 그 방법은 일러주지 않는다.) 심지어는 두 동물의 혹스 유전자를 바꿔도 될 듯이 보였다. 생물학자들은 이 충격에 전혀 대비하지 못하고 있었다. 사실상 그것은 모든 동물의 기본적인 신체 설계가 6억 년보다 더 오래전에 멸종한 조상이 후손들에게(이 글을 읽는 당신도 포함하여) 물려준 게놈을 통해 수행되어 왔다는 것을 의미했다.

혹스 유전자는 '전사인자'라 불리는 단백질의 요리법인데, 전사인자가 하는 일은 다른 유전자들의 스위치를 '켜는' 것이다. 전사인자는 프로모터*에 붙어 일을 수행한다.[33] 파리나 사람 같은 (즉 박테리아가 아닌) 동물들의 프로모터는 약 다섯 개의 DNA 암호열로 구성되는데, 대개 그 유전자 자체의 상류에 있지만 하류에 있을 때도 있다. 각각의 암호열이 각기 다른 전사인자를 끌어들이면, 전사인자는 유전자의 전사를 시작한다(또는 막는다). 대부분의 유전자는 몇 개의 프로모터가 전사인자를 잡고 나서야 활성화된다. 각 전사인자는 게놈의 다른 곳에 있는 다른 유전자의 산물이다. 따라서 게놈에는 다른 유전자를 켜고 끄는 일을 하는 유전자가 많이 존재한다. 그리고 유전자의 켜지고 꺼지는 민감도는 그 위에 존재하는 프로모터들의 민감도에 달려 있다. 만약 유전자의 프로모터들이 전사인자들이 더욱 쉽게 찾을 수 있도록 이동하거나 배열을 바꾸면, 그 유전자는 더욱 활성화될 것이다. 만약 어떤 변화로 인해 프로모터들이 강

* 프로모터(promoter), 유전자 조절 부위 중 실제로 RNA 중합효소와 결합하는 부분. 유전자가 언제 어디에서 어느만큼 발현할 것인가를 결정하는 염기 배열, 즉 지령 기능을 갖고 있다 : 옮긴이.

화 전사인자들 대신 방해 전사인자들을 끌어들이면, 그 유전자는 덜 활성화될 것이다.

따라서 프로모터의 작은 변화가 유전자 발현에 미묘한 영향을 미칠 수 있다. 어떻게 보면 프로모터는 스위치보다 자동 온도 조절장치에 더 가깝다. 과학자들이 박테리아와 정반대로 동물과 식물에게서 가장 진화적인 변화를 발견할 수 있으리라 기대하는 곳도 바로 프로모터다. 예를 들어 쥐는 목이 짧고 몸이 긴 반면, 닭은 목이 길고 몸이 짧다. 두 동물의 목과 흉부에 있는 척추뼈를 세어보면, 쥐는 목과 흉부에 7개와 13개가 있고 닭은 각각 14개와 7개가 있다. 이 차이의 원인은 혹스 유전자 중 하나인 Hoxc8의 한 프로모터에 있는데, 닭과 쥐의 Hoxc8 유전자는 세부적인 발달을 수행하는 다른 유전자들을 켜는 일을 한다. 그 프로모터는 200개 문자로 된 DNA 단락인데, 두 동물 간의 차이는 불과 문자 몇 개에 불과하다.

그러나 이 문자 중 단 두 개에 변화가 일어나도 아주 큰 차이가 발생할 수 있다. 그 효과는 닭의 배아 발달에서 Hoxc8 유전자의 발현이 약간 연기되는 것으로 나타난다. 척추의 발달은 머리 쪽부터 시작되기 때문에 이것은 닭이 쥐보다 목뼈를 더 오래 더 많이 만드는 결과로 이어진다.[34] 비단뱀의 Hoxc8 발현은 머리에서 시작되어 몸 대부분이 형성될 때까지 계속된다. 따라서 비단뱀은 하나의 긴 흉부에 늑골이 가지런히 배열된 몸을 갖게 된다.[35]

이 방식의 장점은 하나의 유전자라도 그 위에 다른 프로모터들을 놓기만 하면 다른 장소 다른 시간에 재사용이 가능하다는 것이다. 예를 들어 초파리의 '이브' 유전자는 발달기에 다른 유전자들을 켜는 일을 하는데, 파리의 일생 동안 최소한 열 번 켜지며, 상류 부위에 셋, 하류 부위에 다섯, 총 여덟 개의 프로모터가 접착된다. 각각의 프로모터는 10-15개의 단백질로 이브 유전자를 발현시킨다. 이 프로모터들은 수천 개의 DNA 암호 문자에 해당하는데, 다른 세포 조직에서는 다른 프로모터를 사용해 그 유전자를 켠다. 덧붙이자면, 식물이 동물보다 유전자 수가 더 많은 이유가 여기에 있는 것 같다. 식물은 새 프로모터를 추가해 같은 유전자를 재사용하는 대신, 유전자 전체를 복제하고 복제된 유전자의 프로모터를 변화시키는 방법으로 유전자를 재사용한다. 3만 개의 인간 유전자는 프로모터의 이러한 배터리 기능 덕분에 발달기 동안 적어도 두 배 이상의 상황에서 사용되는 것으로 보인다.[36]

독창적인 소설을 쓰기 위해 조이스 같은 소설가가 아니라면 새 단어를 발명할 필요가 없는 것처럼, 동물의 신체 설계에 중요한 변화를 일으키는 데 새 유전자를 발명할 필요는 없다. 같은 유전자를 다른 패턴으로 켜고 끄기만 하면 충분하다. 바로 이것이 유전자의 작은 차이로부터 크고 작은 진화적 변화를 만들어내는 메커니즘이다. 프로모터의 배열을 조절하거나 새 프로모터를 추가만 해도 유전자의 발현을 변경시킬 수 있다. 그리고 그 유전자가 전사인자를 위한 암호라면, 그 발현은 다른 유전자들의 발현을 변경시킬 것이다. 한 프로모터의 작은 변화만으로도 그 유기체에는 계단식 차이가 발생할 것이다. 이 변화들만 있으면 유전자 자체는 전혀 변하지 않아도 완전히 새로운 종이 창조될 수 있다.[37]

어떤 면에서 이것은 다소 우울한 이야기다. 과학자들이 방대한 게놈 텍스트에서 유전자 프로모터들을 발견할 때까지는 침팬지 요리법이 인간 요리법과 어떻게 다른지를 알 수 없다는 뜻이기 때문이다. 유전자 자체는 거의 어떤 말도 하지 않으므로 인간의 고유성은 여전히 수수께끼로 남는다. 그러나 다른 면에서 그것은 과거 어느 때보다 더욱 강력하게, 우리가 너무나 자주 망각하는 단순한 진리, 즉 신체는 만들어지는 것이 아니라 성장하는 것이란 사실을 일깨워 준다. 게놈은 신체를 건설하는 청사진이 아니라, 신체를 익혀내는 요리법이다. 닭의 배아는 쥐의 배아보다 Hoxc8 양념 속에서 더 짧게 절여진다. 나는 이 책에서 이 요리법 비유를 자주 사용할 것이다. 본성과 양육이 서로 대립하는 것이 아니라 함께 공조한다는 것을 설명하는 아주 좋은 방법이기 때문이다.

혹스 이야기에서 보듯이, DNA 프로모터는 4차원적으로 생성되므로 타이밍이 제일 중요하다. 침팬지의 머리가 인간과 다른 것은, 다른 청사진이 있기 때문이 아니라 침팬지가 인간보다 턱을 더 오래 성장시키고 두개골을 덜 오래 성장시키기 때문이다. 그 차이는 전적으로 타이밍에 달려 있다.

늑대가 개로 변하는 가축화 과정이 프로모터의 역할을 잘 보여준다. 1960년대, 드미트리 벨랴예프라는 유전학자는 시베리아 노보시비르스크 근처에 거대한 모피 농장을 운영하고 있었다. 그는 더 온순한 여우를 번식시키기로 결심했다. 여우는 아무리 잘 대해주고 여러 세대를 사육해도 농장 안에서는 항상 겁을 내고 불안해했다(사실 그럴 만도 하지 않을까?). 그래서 벨랴예프는 그에게 가장 가까운 거리를 허락하는 여우들을 선별해 번식시켰다. 25세대 후 그는 훨씬 온순한 여우를 얻는 데 성공했다. 그 여우들은 도망치기는커녕 그에게 먼저 접근했다. 새 여우 종은 개처럼 행동했을 뿐 아니라 외모도 개와 똑같았다. 털가죽은 콜리처럼 잡색으로 얼룩얼룩했고, 귀는 늘어졌으며, 코는 더 짧아졌고, 뇌는 야생 여우보다 작았다.

놀라운 점은 단지 온순한 개체를 선별하는 방법만으로 벨랴예프는 늑대를 길들인 최초의 인간과 똑같은 특징들을 얻어냈다는 것이다. 그 최초의 동물은 아마 옛 인간의 쓰레기 더미에서 음식을 뒤지다 사람이 방해해도 쉽게 달아나지 않는 능력을 갖게 된 늑대의 일종이었을 것이다. 이 이야기는 프로모터에 일어난 어떤 변화가 단지 한 유전자가 아니라 많은 유전자에 영향을 미쳤다는 의미를 함축하고 있다. 사실 두 경우 모두 발달의 타이밍에 변화가 발생해서 그 동물들이 강아지의 여러 특징과 습관에 속하는 축 처진 귀, 짧은 코, 작은 두개골, 장난스런 행동을 갖게 된 것이 분명하다.[38]

두 경우에 일어난 일을 더욱 자세히 생각해보자. 어린 동물들은 아직 두려움이나 공격성을 보이지 않는다. 그런 성향은 뇌의 기부에 있는 변연계의 마지막 성장 단계에서 발달한다. 따라서 진화가 인간에게 친근하고 온순한 동물을 만드는 가장 유망한 방법은, 뇌 발달을 일찍 멈추는 것이다. 그 효과는 작은 뇌, 특히 변연계에서 두려움이나 공격성 같은 성체의 감정 반응을 분출시키는 것으로 보이며 나중에 발달하는 '13번 영역'이 더 작아진 뇌로 나타난다. 흥미롭게도 이와 유사한 길들이기 과정이 200만 년 전 침팬지로부터 분리된 보노보 사이에서 자연스럽게 진행되었다. 크기로 보자면 보노보는 머리가 작을 뿐 아니라 공격성도 적으며, 흰색 꼬리털, 높은 음조의 외침, 특이한 암컷 생식기 같은 몇 가지 유년기적 특징을 성년기까지 보유한다. 보노보는 13번 영역이 특별히 작다.[39]

인간도 마찬가지다. 화석 증거를 보면, 인간의 뇌 크기가 지난 1만 5천 년 동안 급격히 축소했음을 알 수 있다. 이것은 인간의 주거지가 밀집되고 '문명화' 되면서 그에 따라 신체 크기가 줄어들어서가 아니다. 그 이전에는 몇백만 년 동안 뇌 크기가 꾸준히 증가했기 때문이다. 5만 년 전경 중석기시대에 인간의 뇌는 여성은 평균 1,468cc, 남성은 1,567cc였다. 오늘날에는 각각 1,210cc와 1,248cc로 떨어졌는데, 체중 감소를 감안해도 이것은 급격한 하락이다. 어쩌면 최근에 어떤 길들이기 과정이 있었는지도 모른다. 만약 그렇다면, 과연 어떻게였을까? 리처드 랭험에 따르면, 영구적인 주거지에서 정착 생활을 하고부터 인간은 더 이상 반사회적 행동을 용인하지 않았고 아주 곤란한 개인들은 멀리 추방하거나 수감하거나 처형하기 시작했다 한다. 과거에 뉴기니의 고지대에서 성인 사망자의 10분의 1 이상은 '마녀' (대개 남자) 사냥에 의한 것이었다. 이것은 그 사회가 보다 공격적이고 충동적이어서 발육상 성숙하고 뇌가 큰 사람들을 제거했다는 의미일 수 있다.[40]

그러나 인류 사이에서 그런 자기 길들이기는 최근의 현상으로 추정되기 때문에, 500만 년보다 더 이전에 침팬지를 닮은 조상으로부터 인간을 갈라지게 한 선택적 압력을 설명하기는 불가능하다. 그럼에도 그것은 유전자 자체의 조정이 아니라 유전자 프로모터의 조정을 통해, 즉 몇 가지 부적절한 특성의 개조를 통해 충동적인 공격성이 감소함으로써 진화가 일어났다는 개념을 뒷받침한다.[41] 이와 함께 1번 염색체에서 새로 발견된 유전자 덕분에, 애초에 인간의 뇌가 어떻게 그렇게 확대된 크기에 도달했는가를 이해하는 것도 갑자기 가능해졌다. 1967년 파키스탄 영토에 속하는 카슈미르의 미르푸르에 댐이 완공된 후 많은 지역 주민들이 고향을 떠나 영국의 브래드포드로 이주했다. 그들 중에는 사촌끼리 결혼한 사람이 있었는데,

그 사촌 부부의 자손들 중에는 비정상적으로 작은 뇌를 갖고 태어난 이른바 소두인(小頭人)이 몇 명 있었다. 그 계보에 속한 가족들의 허락을 받아 과학자들은 원인을 조사한 끝에, 네 가족에게서 네 개의 서로 다른 돌연변이를 발견했고 네 돌연변이가 모두 1번 염색체상의 ASPM 유전자에 영향을 미쳤다는 사실을 확인했다.

지오프리 우즈가 이끄는 리즈의 과학자 팀은 더 자세한 조사를 통해 그 유전자의 특별한 점을 발견했다. 그것은 10,434문자 길이에 28단락(축색돌기들)으로 나뉘는 큰 유전자다. 16번째에서 25번째 단락에는 독특한 모티프가 반복해서 나타난다. 그 구절은 보통 75문자 길이인데, 이솔류신과 글루타민이라는 두 아미노산을 위한 암호로 시작된다. 그 중요성은 곧 밝히겠다. 인간의 그 유전자에는 그런 모티프가 74번, 쥐에는 61번, 초파리에는 24번, 선충에는 2번 반복된다. 놀랍게도 이 수는 각 동물의 성체 뇌에 있는 뉴런의 수와 비례하는 것 같다.[42] 더욱 놀라운 사실은, 이솔류신의 약자는 'I' 이고 글루타민의 약자는 'Q' 라는 점이다. 따라서 IQ의 반복 숫자가 해당 종의 상대적 IQ를 결정한다. 우즈의 말에 따르면 이것은 '신이 존재한다는 증거' 라 한다. "오직 유머 감각을 겸비한 자만이 그런 상관성을 배열할 수 있기 때문이다."[43]

ASPM은 임신 약 2주 후 어린 뇌의 소포(小胞) 안에서 뉴런의 줄기세포가 몇 번 분열할지 그 횟수를 조절한다. 그래서 성체의 뇌에 몇 개의 뉴런이 생길 것인가를 결정하는 것이다. 그렇게 간단한 방법으로 뇌의 크기를 결정하는 막강한 유전자를 발견했다는 것은 사실이라 믿기 어려울 정도로 기쁜 일이다. 현재로서는 이렇게 간단한 이야기이지만 더 많은 사실이 밝혀지면 더 복잡한 이야기들이 쏟아져나올 것이다. 그러나 ASPM 유전자는 푸에고 사람들을 보고 기겁했던 그 젊은이의 주장을 뒷받침한다. 진화는 종류가 아니라 정도의 차이인 것이다.

인간 게놈으로부터 새롭게 출현한 이 놀라운 사실은 동물들은 유전자 앞쪽에 붙은 자동 온도 조절장치를 통해 신체의 각 부위를 더 오래 성장시킴으로써 진화한다는 사실이다. 여기에는 본성 대 양육 논쟁에 도움이 되는 심오한 의미들이 내포되어 있다. 그런 종류의 체계에서 나올 수 있는 가능성들을 상상해보라. 한 유전자의 발현을 뒤집으면, 그것이 다른 유전자의 발현을 뒤집고, 그로 인해 세 번째 유전자의 발현이 억제되는 식이다. 그리고 이 작은 네트워크의 한가운데로 우리는 경험의 효과를 던져넣을 수 있다. 교육, 음식, 싸움, 사랑의 보답 같은 외적인 사건이 어느 온도 조절기에든 영향을 미칠 수 있다. 이제 양육이 갑자기 본성을 통해 표현되기 시작한다.

2

본능의 과잉

마치 기적처럼 사랑스런 나비가 완벽한 날개를 갖추고 번데기 밖으로 날아오를 때 나비는 배울 것이 전혀 없다. 나비의 작은 생명력이 뮤직박스에서 선율이 흘러나오듯 그 몸에서 저절로 흘러나오기 때문이다.

더글러스 알렉산더 스폴딩, 1873년[1]

찰스 다윈처럼 윌리엄 제임스도 넉넉한 재산가였다. 그는 부친 헨리로부터 큰 재산을 물려받았는데, 이것은 조부인 윌리엄이 미국 동부 이리 운하에서 나온 수익금 1만 달러를 매년 축적해놓은 덕분이었다. 다리가 하나였던 헨리는 여유 있는 삶을 바탕으로 지식인의 길을 걸었고, 일생 동안 자식들을 데리고 뉴욕, 제네바, 런던, 파리를 오가며 많은 시간을 보냈다. 그는 생각이 분명하고, 신앙심이 깊고, 자신감이 넘치는 사람이었다. 나이가 적은 두 아들은 남북전쟁에 참전했고, 후에는 사업에 실패해 술과 우울증에 빠졌다. 나이가 많은 두 아들, 윌리엄과 헨리는 거의 태어난 직후부터 지적 교육을 받았다. 그 결과 레베카 웨스트의 표현을 빌자면 '장성했을 때 한 명은 소설을 철학처럼 썼고, 다른 한 명은 철학을 소설처럼 썼다.'[2]

두 형제는 다윈의 영향을 받았다. 헨리의 소설 『여인의 초상』은 여성의 선택이 진화의 힘이라는 다윈의 개념에 근거해 씌어졌다.[3] 윌리엄의 『심리학의 원리』는 1880년대에 그 대부분이 먼저 논문 시리즈로 발표되었다. 이 책은 당시 유행하던 경험론에 반대하여, 선천적 지식의 기초가 마음에 없다면 학습은 불가능하다는 개념 즉 선천설 또는 생득설을 선언했다. 윌리엄 제임스는 인간은 경험이 아니라 자연 선택이라는 진화론적 과정에서 파생된 선천적 경향들을 갖고 태어난다고 믿었다. 제임스는 가상의 독자를 빌어 이렇게 썼다.

> 그는 경험을 부인한다! 과학을 부인하고, 기적에 의해 창조된 마음을 믿고, 생득 관념을 지지하는 충실한 당원이다! 그 정도면 충분하지 않은가! 우리는 더 이상 그런 구시대적인 헛소리에 귀를 기울이지 않을 것이다.

윌리엄 제임스는 인간의 본능이 동물보다 많았으면 많았지 결코 적지 않다고 주장했다. "인간은 하등동물이 가진 모든 본능뿐 아니라 그밖에도 수많은 본능을 갖고 있다. 다른 어떤 포유동물이나 심지어 원숭이에게서도 그렇게 많은 본능을 볼 수 없다." 그는 본능과 이성을 대립시키는 것은 잘못이라 주장했다.

> 이성 그 자체는 어떤 충동도 억제하지 못한다. 충동을 중화시킬 수

있는 것은 반대 방향을 가진 충동뿐이다. 그렇지만 이성은 반대 방향의 충동이 분출하도록 상상을 자극하는 추론을 할 수 있다. 따라서 이성이 풍부한 동물이라면 본능적 충동도 풍부한 동물일 수 있지만, 단지 본능에 의존하는 동물이나 운명에 얽매인 자동기계 같지는 않을 것이다.[4]

이 구절이 특별한 이유는 21세기 초의 사고에 미치는 충격이 거의 전무하다고 말할 수 있기 때문이다. 그러나 20세기를 앞둔 당시 본성과 양육 어느 편에 섰든 그런 극단적인 선천설 입장을 취한 사람은 거의 없었고, 이후 100년 동안 거의 모든 사람이 이성은 정말로 본능과 대립한다고 생각했다. 그러나 제임스는 어설픈 괴짜가 아니었다. 그의 저작은 수세대에 걸친 학자들에게 파장을 미쳤고, 그의 업적을 다룬 오늘날의 한 책에는 다음과 같은 장들이 포함돼 있다. 즉 의식, 감각, 공간, 시간, 기억, 의지, 감정, 사고, 지식, 현실, 자아, 도덕, 종교. 그렇다면 628쪽에 달하는 그 책은 색인에 왜 '본능', '충동', '선천적인' 이란 단어조차 없을까? 어떻게 해서 한 세기가 지나는 동안 사람들은 인간 행동을 설명하는 자리에서 '본능' 이란 단어를 사용하는 것조차 점잖치 못한 일로 간주해온 것일까?[5]

제임스의 이론은 처음에는 엄청난 파장을 몰고 왔다. 그의 추종자 윌리엄 맥두걸은 본능주의자들을 위한 연구소를 설립했고, 그들은 모든 상황 속에서 인간의 새로운 본능을 탐색해내는 명수가 되었다. 그러나 지나친 명수도 문제였다. 추측이 실험을 압도했고 곧 반(反)개혁이 불가피해졌다. 1920년대가 되자 제임스의 공격을 받았던 경험론적 이론들이 빈 서판blank slate 개념을 빌어 반격을 개시했다.

반격은 심리학(존 브로더스 왓슨과 B. F. 스키너)뿐 아니라 인류학(프란츠 보아스), 정신의학(프로이트), 사회학(뒤르켐)에서도 거셌다. 그 후 선천론은 거의 자취를 감추었지만, 1958년 노암 촘스키가 다시 한번 깃발을 올렸다. 촘스키는 언어에 관한 스키너의 저서를 비평하면서, 아이가 경험으로부터 언어 규칙을 학습하는 것은 불가능하다고 주장했다. 아이는 어휘가 들어갈 자리를 제공하는 선천적 규칙을 갖고 있음이 분명했다. 이미 오래전부터 인문 과학은 빈 서판의 지배하에 있었다. 윌리엄 제임스가 책을 발표한 지 1세기 후 인간 고유의 본능에 대한 그의 개념은 존 투비와 레다 코스미데스가 쓴 선천설의 선언문을 통해 새롭게 모습을 드러냈다(제9장을 보라).

그뿐이 아니었다. 우선 목적론에 대한 여담으로 들어가보자. 설계와 관련된 낡은 신학 이론을 180도 뒤집은 것은 다윈의 천재성이었다. 스팀 엔진이 기관사의 존재를 암시하듯이, 생물의 신체 기관이 어떤 목적을 위해 설계된 것처럼 보인다는 명백한 사실도 심장은 펌프 작용을 위해, 위는 소화를 위해, 손은 무언가를 잡기 위해 설계자의 존재를 의미하는 것으로 보였다. 다윈은 자연 선택의 전 과정이 어떻게 의도적인 설계인 리처드 도킨스의 『눈먼 시계공』[6]* 을 만들어냈는가를 알아냈다. 비록 이론상으로는, 위에는 마음이 없기 때문에 위의 목적이 소화에 있다고 말하는 것은 목적론적 난센스지만, 실제로는 문법적으로 유능한 도구인 수동태를 사용하면 위는 의도적인 설계를 가진 것처럼 보이도록 선택되었다. 의도적 설계라는 말은 완벽하게 이치에 닿는다. 나는 수동태에 반감이 있

* "만약 누군가가 있어 자연의 시계공 노릇을 한다면 그는 눈먼 시계공이다.", 『눈먼 시계공』, 사이언스북스 출간.

기 때문에 이 책에서는 수동태를 피하기 위해, 미리 생각하고 의도적으로 설계하는 목적론적 설계자가 정말로 있는 것처럼 이야기하고자 한다. 철학자 다니엘 데닛은 그런 장치를 '스카이훅'[7]*이라 불렀다. 토목기사가 하늘 위에서 비계를 설치하는 것과 대략 비슷하기 때문이다. 그러나 나는 간단함을 위해 내 스카이훅을 게놈 조직화 장치Genome Organizing Device, 약자로 GOD라 부를 것이다. 기독교를 믿는 독자들은 이 말을 좋아할 것이고, 나로서는 능동태를 사용할 수 있게 되었다. 그렇다면 이제 문제는 다음과 같다. GOD는 어떻게 본능을 표현하는 뇌를 만드는가?

윌리엄 제임스로 돌아가보자. 인간은 동물보다 더 많은 본능을 가지고 있다는 주장을 뒷받침하기 위해 제임스는 인간의 본능을 차근차근 열거했다. 먼저 시작한 것은 아기의 행동이었다. 빨기, 움켜쥐기, 울기, 앉기, 서기, 걷기, 오르기 등이 모두 모방이나 연상이 아니라 충동의 표현이었다. 아동의 모방, 분노, 동정도 충동적 표현이었고, 낯선 사람, 시끄러운 소리, 높은 곳, 어둠, 파충류에 대한 두려움도 마찬가지였다. 제임스는 이른바 진화심리학의 주장을 예견이라도 하듯 이렇게 썼다. "진화론을 확신하는 사람이라면 이 공포를 쉽게 설명할 수 있다. 그것은 동굴인의 의식 속으로 보다 나중에 덧씌워진 의식의 안쪽으로 되돌아가는 퇴행 현상이다." 그는 계속해서 물건을 수집하는 아이들의 취득 성향을 언급했다. 그리고 남자아이와 여자아이의 놀이 성향이 아주 다른 것을 언급했고, 부모의 사랑이 적어도 처음에는 남자보다 여자에게 더 강하다는 사실을 지적했

* 스카이훅(skyhook), 항공기에서 투하하는 물체의 강하 속도를 줄이기 위한 도르래 모양의 장치 : 옮긴이.

다. 그는 사회성, 수줍음, 은밀함, 청결함, 겸손, 수치 등을 다뤘다. 그리고 '질투는 분명히 본능이다' 라고 말했다.

가장 강한 본능은 사랑이라고 그는 생각했다. "모든 타고난 성향 중 성적 충동은 맹목적이고, 무의식적이고, 자연스럽게 터득된다는 점에서 본능의 가장 뚜렷한 징후들을 보여준다."[8] 그러나 성적 매력이 본능적이라고 해서 그것을 거부하는 것이 불가능하다는 뜻은 아니라고 그는 주장했다. 수줍음 같은 다른 본능들이 성적 매력에 이끌려 행동하는 것을 막아주기 때문이다.

여기서 잠시 제임스의 말을 그대로 믿고 사랑 본능이란 개념을 조금 더 자세히 살펴보자. 만약 그가 옳다면 여기에는 어떤 유전적 요소가 있을 것이고, 그것이 사랑에 빠진 사람의 뇌에 어떤 물리적 또는 화학적 변화를 일으킬 것이고, 그 변화가 사랑에 빠진 감정을 불러일으킬 것이다. 과학자 톰 인젤의 설명을 들어보자.

> 유력한 가설은, 짝짓기 중 방출된 옥시토신이 익시토신 수용체가 풍부한 변연계 부위를 활성화하여 짝에게 지속적이고 선택적인 강화 가치를 부여한다는 것이다.[9]

시적으로 표현하면 사랑에 빠졌다고 하는 것이다.

이 옥시토신이 무엇이길래 인젤은 그렇게 옥시토신을 강조하는 것일까? 이야기는 아주 우스꽝스럽고 전혀 낭만적이지 않은, 배뇨 작용에서 시작된다. 약 4억 년 전 인류의 조상은 맨 처음 물 밖으로 나올 때 바소토신이라는 작은 호르몬을 갖고 나왔다. 바소토신은 단 아홉 개의 아미노산이 원형 사슬로 이어진 작은 단백질이고, 신장을 비롯한 신체 기관의 세포에 작용해 소금과 물의 균형을 조절하는 기능을 한다. 물고기는 지금도 두 종류의 바소토신을 사용하고 있으며, 개구리도 마찬가지다. 파충류의 후손들—인간도 포함됨—에게는 두 개의 약간 다른 유전자가 각기 다른 방향을 향해 나란히 놓여 있다. 인간의 경우는 20번 염색체에 있다. 그 결과 오늘날 모든 포유동물은, 그 사슬 중 두 개의 연결고리가 서로 다른 바소프레신과 옥시토신이란 두 호르몬을 분비한다.

두 호르몬은 지금도 옛날과 똑같은 일을 한다. 바소프레신은 신장에게 물을 유지하라고 지시하고, 옥시토신은 소금을 배설하라고 지시한다. 그러나 물고기 몸에서 바소토신이 하는 일처럼, 포유동물의 몸에서 두 호르몬은 또한 번식과 관련된 생리 기능을 조절한다. 옥시토신은 출산 때 자궁 근육이 수축하도록 자극하고, 젖샘에서 모유가 나오게 한다. GOD는 알뜰한 경제주의자라서 한 가지 목적을 위해 스위치를 발명한 후에는 그것을 다른 목적에도 사용하는데, 이 경우는 다른 기관에서 옥시토신 수용체를 생성하게 한다. 그러나 정말로 놀라운 일은 1980년대 초에 발생했다. 바소프레신과 옥시토신이 뇌하수체에서 분비되어 혈액으로 들어갈 뿐 아니라 뇌에서도 생성되어 어떤 일을 한다는 것을 과학자들이 발견한 것이다.

그래서 과학자들은 옥시토신과 바소프레신을 쥐의 뇌에 주입해 어떤 작용이 일어나는지를 관찰했다. 기이하게도 뇌에 옥시토신을 주입한 수컷 쥐는 즉시 하품을 시작하고 발기 현상을 보인다.[10] 주사량이 낮은 한에서 쥐는 보통 쥐보다 더 빨리 그리고 더 자주 사정하는 등 높은 성욕을 나타낸다. 뇌에 옥시토신을 주입한 암컷 쥐는 짝짓기 자세를 취한다. 사람의 경우는 남녀 모두 자위시 옥시토신 수치가 높아진다. 결론적으로 뇌 속의 옥시토신과 바소프레신은 짝짓기 행동과 관계가 있는 것으로 보인다.

이 모든 이야기 즉 배뇨, 자위, 모유는 낭만과 거리가 멀고, 사랑의 핵심도 아니다. 그러나 참고 기다려보라. 1980년대 말 톰 인젤은 옥시토신이 쥐의 모성 행동에 미치는 영향을 연구하고 있었다. 뇌 속의 옥시토신이 어미 쥐로 하여금 자식과의 유대를 형성하게 하는 것 같았으므로, 인젤은 그 호르몬에 민감한 뇌 부위들을 확인했다. 그는 암수 유대에 관심을 돌려, 모아 유대와 암수 유대 사이에 유사점이 없는지를 고민하기 시작했다. 이때 그는 실험실에서 초원들쥐(또는 프레리밭쥐)를 연구하기 시작한 수 카터를 만났다. 그녀가 말하기를 초원들쥐는 쥐 중에서도 부부 관계가 충실하기로 이름난 쥐라는 것이었다. 초원들쥐는 부부가 함께 살면서 어린 자식을 여러 주 동안 함께 돌보는 반면, 포유동물의 전형에 가까운 산악들쥐는 암컷이 짝짓기 후 곧바로 수컷과 헤어지고 혼자 새끼를 기르다 몇 주 후 독립시킨다. 실험실에서도 그 차이는 분명히 드러난다. 초원들쥐 부부는 서로의 눈을 깊게 응시하고 새끼들을 함께 핥아주는 반면, 산악들쥐는 배우자를 낯선 사람처럼 대한다.

인젤은 두 동물의 뇌를 검사했다. 두 호르몬의 생성 자체에는 아무 차이가 없었다. 그러나 그 호르몬에 반응하는 수용체 분자 즉, 호르몬에 반응해 뉴런을 활성화시키는 분자의 분포에는 큰 차이가 있었다. 일부일처제 초원들쥐는 뇌의 몇몇 부위에 옥시토신 수용체가 훨씬 많았다. 게다가 초원들쥐의 뇌에 옥시토신이나 바소프레신을 주입하면, 자기 짝을 강하게 선호하고 다른 쥐들에게는 공격성을 보이는 등 일부일처의 모든 특징을 보였다. 산악들쥐는 같은 주사에도 특별한 반응을 보이지 않았고, 초원들쥐의 경우도 옥시토신 수용체를 막는 화학물질을 주사하면 일부일처 행동을 멈췄다. 결론은 분명했다. 초원들쥐의 일부일처제는 그들이 옥시토신과 바소프레신에 더 잘 반응하기 때문이었다.[11]

과학적 독창성의 대가답게 인젤의 팀은 그 효과를 더욱 자세히 해부했다. 그들은 생쥐의 옥시토신 유전자를 태어나기 전에 제거했다. 그 결과는 사회적 건망증으로 나타났다. 실험 대상 쥐들은 사물을 기억하지만 전에 만났던 쥐를 기억하지 못하고 알아보지 못했다. 뇌에 옥시토신이 없으면 불과 10분 전에 만났던 쥐도 알아보지 못했다. 다만 독특한 레몬 냄새나 아몬드 냄새 같은 비사회적 단서를 '명찰'처럼 착용한 경우는 달랐다(인젤은 이것을 어느 회의에서 만났던 멍한 교수에 비유했다. 그 교수는 얼굴이 아니라 이름표를 보고 동료들을 인식했다).[12] 또한 쥐가 성장한 후 뇌의 한 부위 즉 내측편도에 옥시토신을 주입하자 쥐는 사회적 기억력을 완전히 회복했다.

또다른 실험에서는 특별한 바이러스를 이용해 들쥐의 뇌 중 보상에 관여하는 부위인 배쪽창백에 바소프레신 수용체 유전자 발현을 증가시켰다. 이해하기 어려운 일이겠지만 오늘날 과학자들은 설치류의 뇌에 유전자의 양을 증가시키기 위해 바이러스를 이용한다. 10년 전만 해도 그런 실험은 상상할 수 없었다. 그런 식으로 그 유전자의 발현을 증가시킴으로써 과학자들은 '짝에 대한 애정 형성을 용이하게' 만드는데, 다시 말해 '그들을 사랑에 빠지게 만드는 것'이다. 그들은 수컷 들쥐가 부부 유대를 형성하려면 배쪽창백에 바소프레신과 바소프레신 수용체가 모두 있어야 한다는 결론을 내렸다. 짝짓기는 옥시토신과 바소프레신을 방출시키기 때문에 초원들쥐는 방금 짝을 지은 어떤 동물과도 부부 유대를 형성한다. 옥시토신은 기억을 강화하고 바소프레신은 보상을 강화한다. 반면에 산악들쥐는 그 부위에 수용체가 없기 때문에 그렇게 반응하지 않는다. 암컷 산악들쥐는 출산 직후에만 그 수용체가 생성되고, 그래서 잠깐 동안만 자식들을 따뜻하게 돌본다.

지금까지 우리는 옥시토신과 바소프레신이 마치 같은 것인 양 이야기했다. 사실 그것들은 아주 비슷해서 상대방의 수용체를 어느 정도 자극하기도 한다. 그러나 다른 점도 없지 않아서 옥시토신은 암컷 들쥐로 하여금 짝을 선택하게 만들고, 바소프레신은 수컷으로 하여금 짝을 선택하게 만든다. 수컷 초원들쥐는 바소프레신을 뇌에 주입하면 짝을 제외한 모든 들쥐에게 공격적이 된다. 다른 들쥐를 공격하는 것이 수컷 들쥐의 또다른 남성다운 사랑 표현법인 것이다.[13]

이 모든 이야기가 아주 놀라운 것임에 틀림없지만, 인젤의 실험실에서 나온 가장 흥미로운 이야기는 그 수용체를 생성하는 유전자와 관계가 있다. 초원들쥐와 산악들쥐의 차이가 호르몬의 합성이 아니라 그 호르몬을 감지하는 수용체의 생성 패턴과 관계가 있다는 점을 기억하자. 이 수용체 자체도 유전자의 산물이다. 수용체 유전자는 기본적으로 두 동물 모두 동일하지만, 그 유전자의 하류 부위에 있는 프로모터 부위는 매우 다르다.

이제 제1장의 핵심을 기억해보자. 가까운 종들 간의 차이는 유전자의 본문 자체가 아니라 그 프로모터에 있었다. 초원들쥐는 그 프로모터 중간에 특별한 DNA 문자 덩어리가 평균 460문자 길이로 존재한다. 그래서 인젤의 연구팀은 확장된 프로모터를 가진 유전자 이식 생쥐를 만들었다. 생쥐는 초원들쥐와 같은 뇌를 가지고 성장했고, 비록 부부 유대를 형성하진 않았지만 모든 같은 위치에 바소프레신 수용체가 생성되었다.[14] 스티븐 펠프스는 인디애나에서 43마리의 야생 초원들쥐를 잡아와 프로모터 배열을 조사했더니, 개체에 따라 문자 길이가 350에서 550까지 다르게 나타났다. 그렇다면 문자가 긴 수컷이 짧은 수컷보다 더 충실한 남편일까? 그것은 아직 밝혀지지 않았다.[15]

인젤의 연구 결과는 아주 간단하다. 성적 파트너와 장기적 애착을 형성하는 설치류의 능력은 특정한 수용체 유전자의 앞쪽에 있는 프로모터 스위치의 DNA 문자 중 한 조각의 길이에 달려 있다는 것이다. 그리고 그 유전자가 정확히 뇌의 어느 부위에서 발현하는가도 그것에 달려 있다. 물론 모든 훌륭한 과학답게 이 발견도 해결하는 문제보다는 제기하는 문제가 더 많다. 왜 뇌의 그 부위에 옥시토신 수용체를 공급하면 생쥐는 파트너에게 친절해지는가? 아마도 그 수용체가 중독과 같은 상태를 유발한다고 보이며, 이런 면에서 다양한 종류의 마약 중독과 밀접한 관계가 있는 D2 도파민과 관련이 있는 것으로 추정된다.[16] 반면에 옥시토신이 없는 생쥐는 사회적 기억을 형성하지 못하고 그래서 자신의 배우자가 어떻게 생겼는지를 계속 잊어버린다.

쥐는 사람이 아니다. 이제 당신은 내가 들쥐의 부부 유대를 바탕으로 인간의 사랑을 추정해보려 한다는 것을 알고서 달갑지 않게 생각할지 모른다. 그것은 환원주의적이고 지나치게 단순한 이야기일 수 있다. 어떤 사람은 낭만적 사랑이란 수백 년의 전통과 교육이 더해진 문화적 현상이라고 말할 것이다. 그것은 엘리너 여왕*의 아키텐 궁전이나 그와 비슷한 곳에서 섹스를 탐닉하던 음유 시인들에 의해 창조되었으며, 그 이전에는 단지 섹스밖에 없었을지 모른다.

1992년 윌리엄 얀코비악이 168개의 민족 문화를 조사한 끝에 모든 문화에서 낭만적 사랑을 확인했지만, 그래도 당신의 생각이 맞을지 모른다.[17] 나는 아직 당신에게, 옥시토신과 바소프레신 수용체가 뇌 속의 올바른 자리에서 따끔거릴 때 사람들이 사랑에 빠진다는 것을 입증할 수 없다. 아직까지는 말이다. 그리고 한 종으로부터 다른 종을 추정하는 것이 위험하다는 경고성 암시도 무시할 수 없다. 가령 양은 모아 애착을 형성하는 데 옥시토신이 필요하지만 생쥐는 그렇지 않다.[18] 인간의 뇌는 생쥐의 뇌보다 틀림없이 더 복잡하다.

그러나 나는 당신에게 이상한 우연의 일치를 보여주고자 한다. 생쥐는 인간과 많은 유전적 암호가 일치한다. 두 종 모두 옥시토신과 바소프레신을 뇌의 같은 부위에서 생산한다. 섹스를 하면 인간과 설치류의 뇌에서는 두 호르몬이 생성된다. 두 호르몬의 수용체도 거의 동일하고 뇌의 동등한 부위에서 발현된다. 초원들쥐의 수용체 유전자처럼 인간의 수용체 유전자도(3번 염색체상에 있다.) 프로모터 부위에 더 작은 문자열이 삽입되어 있다. 인디애나의 초원들쥐처럼 그 프로모터 문자열은 사람에 따라 길이가 다양하다. 인젤이 처음 150명을 조사한 결과 17개의 서로 다른 프로모터 길이가 나왔다. 그리고 사랑에 빠진 사람이 사랑하는 사람의 사진을 보면서 뇌파 검사를

---

* 12세기 중세 유럽의 아름다운 여왕. 프랑스 남서부의 아키텐을 상속받아 통치했고 십자군전쟁에도 참가했으며, 프랑스 루이 7세와 영국 헨리 2세의 아내였다. 스페인 궁전의 영향을 받아 시를 장려하고 음유 시인을 후원했다. 몇몇 음유 시인은 그녀와 사랑에 빠졌다고 전한다 : 옮긴이.

받으면 뇌의 특정 부위가 밝게 나타나는 반면 그냥 아는 사람의 사진을 볼 때는 그렇지 않았다. 그 뇌 부위는 코카인이 자극하는 부위와 일치한다.[19] 이 모든 것이 그저 우연의 일치일 수 있고, 인간의 사랑은 설치류의 부부 유대와 완전히 다를 수 있지만, GOD가 얼마나 보수적인지 그리고 인간과 다른 동물 사이에 얼마나 큰 연속성이 놓여 있는지를 생각해 보면 어느 쪽에 내기를 걸어야 현명한지 당신은 금방 눈치챌 것이다.[20]

항상 그랬지만 이번에도 셰익스피어가 우리보다 빨랐다. 「한여름 밤의 꿈」에서 요정의 왕 오베론이 시종 퍼크에게, 어떻게 큐피드의 화살이 흰 제비꽃에 꽂혀 그것을 새빨갛게 물들이는지, 그리고 그 즙이 어떤 작용을 하는지를 설명한다.

> 그때 나는 큐피드가 날아가는 걸 보았어. 큐피드의 화살이 작은 제비꽃 위에 떨어지더군. 지난번 네게 보여준 그 꽃이야. 그 꽃에서 나온 즙을 자고 있는 사람의 눈꺼풀에 떨어뜨리면 남자나 여자나 제일 먼저 눈에 띄는 상대를 미친 듯이 사랑하게 되는 거야. 그 꽃을 따 가지고 오너라.

퍼크는 당연히 제비꽃을 가져오고, 숲에서 잠자고 있던 연인들은 예기치 않은 재앙에 휩싸인다. 라이산더는 자신이 거들떠보지도 않았던 헬레나를 좋아하게 되고, 티타니아는 당나귀 머리를 한 보텀을 보고 사랑에 빠진다.

이제 머지않아 내가 21세기의 티타니아에게 이와 똑같은 짓을 하지 않으리라고 누가 장담할 수 있겠는가? 아마 눈 위에 한 방울 바르는 것으로는 부족할지 모른다. 우선 그녀에게 마취제를 투여한 후, 환부에서 액을 빼거나 약을 넣는 데 쓰는 주사 기구인 캐뉼러를 꽂고 내측편도에 옥시토신을 주입해야 할 것이다. 그때에도 그녀가 당나귀와 사랑에 빠질지 확신할 순 없다. 그러나 그녀가 마취에서 깨어난 후 처음 보는 남자에게 끌릴 가능성은 아주 높다. 그런데도 나에게 내기를 걸지 않겠는가? 애석하지만 이런 시도는 윤리위원회에 의해 강력히 제지될 것이다.

성생활이 난잡한 산악들쥐를 포함해 대부분의 포유동물과는 달리, 인간은 기본적으로 초원들쥐처럼 일부일처제를 선호한다. 그 근거는 제1장에서 언급한 고환의 크기에 있고, 대부분의 인간 사회는 일부다처를 허용하지만 그럼에도 지배적인 관계는 일부일처제임을 보여주는 풍부한 민족지학적 증거에 있으며, 일부일처제 사회를 이루고 사는 몇 안 되는 포유동물들처럼 인간 역시 아버지와 어머니가 함께 자식을 돌본다는 사실에 있다.[21] 게다가 인간의 삶에서 가령 중매 결혼* 같은 경제적 · 문화적 강요가 사라지면서 일부일처제는 더욱 확고히 자리잡고 있다. 1998년 세계에서 가장 강력한 권력을 지닌 남자는 여러 명의 후궁을 거느리기는커녕 단 한 명의 인턴과 바람난 것 때문에 곤욕을 치렀다. 장기적이고 배타적이며 때로는 기만적인 부부 유대가 인간 사회의 가장 흔한 형태라는 증거는 도처에서 발견된다.

침팬지는 다르다. 그들은 장기적인 부부 유대를 맺지 않는데, 그들의 뇌를 보면 유전자 프로모터가 인간보다 짧아서 뇌의 그 부위에

* arranged marriage, 사랑이 전제된 결혼이 아니라는 의미다 : 옮긴이.

옥시토신 수용체가 더 적을 것이라 예측할 수 있다. 옥시토신 이야기는, 사랑은 자연 선택에 의해 진화한 본능이고 사지와 열 손가락처럼 포유동물의 유산이라는 윌리엄 제임스의 개념을 임시적으로나마 뒷받침한다. 맹목적으로 무의식적으로 자연스럽게, 우리는 내측편도의 옥시토신 수용체가 따끔거릴 때 가장 가까이 있는 사람에게 마음을 빼앗긴다. 그 수용체를 자극하는 가장 확실한 방법은 섹스를 하는 것이지만, 순결한 관계를 통해서도 그런 일이 가능하다. 헤어짐이 어려운 이유가 여기에 있을까?

옥시토신 수용체가 있다고 해서 평생 사랑에 빠지는 것은 아니고, 또 언제 누구와 사랑에 빠질지를 예측할 수 있는 것도 아니다. 위대한 네덜란드 동물행동학자 니코 틴버겐이 본능에 관한 연구에서 입증했듯이, 특정한 선천적 본능이 발현되는 것은 종종 외부 자극에 의해서이다. 틴버겐이 좋아하는 동물 중 하나가 작은 물고기인 큰가시고기다. 수컷 큰가시고기는 번식기가 되면 배가 빨갛게 변하고 둥지를 틀 작은 영토를 확보해 암컷을 유인한다. 틴버겐은 작은 물고기 모형들을 만들어 수컷 큰가시고기의 영토에 '침입' 하게 했다. 아주 조잡하게 만들어졌음에도 암컷 모형에 수컷을 자극하는 '풍만한 배' 가 있으면 수컷은 구애의 춤을 추었다. 그러나 모형의 배가 빨간색이면 수컷은 공격 행동을 보였다. 그 모형이 지느러미나 꼬리도 없고 단지 타원형 물체에 눈을 조잡하게 그려놓은 경우에도 수컷은 마치 진짜 경쟁자인 것처럼 맹렬하게 공격했다. 빨간색이면 충분했다. 틴버겐이 맨 처음 연구했던 라이덴에서는 그의 큰가시고기들이 창 밖을 지나던 빨간색 우편배달 트럭을 공격했다는 이야기가 전설로 전해오고 있다.

틴버겐은 계속해서 이 '선천적으로 방출되는 메커니즘들'이 다른 동물들 본능도 자극한다는 점을 입증했는데, 그 중 재갈매기가 대표적이다. 재갈매기는 노란색 부리 끝에 연한 빨간색 점이 있다. 새끼들은 음식을 달라고 조를 때 어미의 이 빨간색 점을 쪼다. 틴버겐은 갓 태어난 새끼들에게 일련의 모형을 보여주는 방법을 통해, 그 점이 먹이 조르는 행위를 강력히 자극하며 그 색이 빨갈수록 효과가 더 크다는 점을 입증했다. 부리나 머리의 색깔은 조금도 중요하지 않았다. 그것이 부리의 나머지 색과 선명하게 대조를 이루는 빨간색의 점이면 무조건 쪼는 행동을 유도했다. 현대적인 용어로 과학자들은 새끼의 본능과 어른 부리의 빨간 점이 '공동 진화'했다고 말한다. 본능이 외부 물체나 사건에 의해 촉발되도록 설계되어 있는 것이다. 본성 더하기 양육인 셈이다.[22]

틴버겐의 실험은 얼마나 복잡한 본능이 얼마나 간단히 촉발될 수 있는가를 드러냈다는 점에서 중요하다. 그가 연구했던 나나니벌은 굴을 파고, 애벌레를 잡아오고, 침으로 마비시키고, 굴로 끌고 들어가고, 그 위에 알을 낳아서, 새끼가 애벌레를 먹고 성장할 수 있게 한다. 굴을 다시 찾아오는 능력까지 포함해 이 모든 복잡한 행동은 부모의 가르침은 물론이고 거의 어떤 학습도 없이 수행된다. 일생 동안 부모를 만나지 않기 때문이다. 뻐꾸기는 아프리카로 갔다 되돌아오고, 자신만의 노래를 부르고, 짝을 만나 사랑을 하지만, 어렸을 때 부모도 형제자매도 본 적이 없다.

동물 행동이 유전자에 있다는 개념은 오늘날 사회과학자들을 괴롭히는 것처럼 한때는 생물학자들을 괴롭혔다. 분자생물학의 개척자 막스 델브뤼크는 캘리포니아 공과대학의 동료가 행동 돌연변이를 일으킨 파리를 발견했다는 말을 믿지 못했다. 행동이란 단일 유전자로 환원시키기에는 너무 복잡하다는 것이 그의 주장이었다. 그러나 아마추어 육종가들은 오래전부터 행동 유전자란 개념을 인정하고 있다. 중국인들은 17세기나 그 이전부터 다양한 색깔의 쥐를 번식시키기 시작했고, 내이(內耳)의 유전적 결함 때문에 춤추듯이 걷는 것으로 유명한 일명 춤추는 쥐를 탄생시켰다. 쥐 번식은 19세기에 일본에서 유행했고, 그런 다음 유럽과 미국으로 전파되었다. 1900년이 되기 전 언젠가 매사추세츠 주 그랜비에서 애비 랜스롭이란 이름의 교사는 은퇴 후 쥐 사육을 취미로 삼았다. 곧 그녀는 저택 옆의 작은 창고에서 여러 종의 쥐를 사육해 애완동물 가게에 내다 팔았다. 그녀는 그 무렵 춤추는 일본 쥐라 불리던 품종을 특히 좋아했고, 그밖에도 새로운 품종들을 개발했다. 그녀는 몇몇 종이 암에 더 자주 걸린다는 사실을 발견했고, 이 사실이 예일대학에 알려짐으로써 초기 암 연구의 기초가 되었다.

그러나 유전자와 행동의 관계가 밝혀진 것은 랜스롭과 하버드의 관계를 통해서였다. 하버드의 윌리엄 캐슬은 그녀에게서 쥐 몇 마리를 얻어와 쥐 실험실을 운영하기 시작했다. 캐슬의 제자 클레런스 리틀의 주도하에 쥐 실험실은 메인 주의 바하버로 옮겨져 현재까지 그곳에서 실험용 쥐를 대량 번식시키고 있다. 초기부터 과학자들은 쥐의 종류가 다르면 행동도 다르다는 사실을 깨닫기 시작했다. 예를 들어 벤슨 긴스버그는 털 색깔 때문에 '기니피그'라는 이름이 붙여진 쥐를 꺼낼 때 종종 손을 물린다는 사실에 주목해서, 곧 털 색깔은 같으면서 공격성은 없는 새 품종을 번식시켰다. 이것은 공격성이 유전자 어딘가에 있다는 충분한 증거였다. 그의 동료 폴 스캇은 반대로 공격적인 쥐를 개발했지만, 기이하게도 긴스버그의 가장 공격적인 쥐가 스캇에게는 가장 온순한 쥐였다. 그 이유는 스캇과 긴스버그가 새끼 때 쥐를 서로 다르게 키웠다는 데 있었다. 어떤 품종은 취급 방법이 중요하지 않았다. 그러나 C57-Black-6라는 품종은 어릴 적의 취급이 공격성을 증가시켰다. 이것이야말로 유전자가 환경과 상호작용한다는 최초의 힌트였다. 긴스버그의 표현을 빌자면, 그 쥐가 물려받은 '암호화된 유전자형'에서 그 쥐가 표현하는 '효과적인 유전자형'에 이르는 길은 사회적 발달 과정을 통과하는 것이다.[23]

긴스버그와 스캇은 후에 개를 연구하게 되었다. 스캇은 카커 스파니엘과 아프리칸 바센지의 이종교배 실험을 통해 강아지들의 싸움 · 놀이 행동이 공격성의 초기 단계를 조절하는 두 유전자에 의해 지배된다는 사실을 입증했다.[24] 그러나 개의 행동이 유전된다는 것을 입증하는 데는 과학이 필요치 않다. 개 사육사들에게는 이미 오래된 뉴스이기 때문이다. 개는 품종에 따라 서로 다른 행동 유형을 갖는다는 점이 핵심이다. 리트리버, 포인터, 세터, 셰퍼드, 테리어, 푸들, 불독, 울프하운드 등의 이름 자체가 사육사가 의도한 본능을 갖도록 육종되었음을 나타낸다. 그리고 그 본능은 선천적이다. 리트리버(사냥견종)는 아무리 훈련시켜도 가축을 지키지 못하고, 감시견은 아무리 훈련시켜도 양을 몰지 못한다. 그런 시도는 무수히 있었다. 가축화 과정에서 개는 늑대의 행동 발달 요소를 불완전한 형태로 또는 과장된 형태로 갖게 되었다. 늑대는 접근하고, 추적하고, 덤벼들고, 움켜잡고, 죽이고, 찢고, 운반하는데, 새끼늑대는 각각의 행동을 성장하면서 단계별로 실습한다. 개는 실습 단계에서 동결된 새끼늑대다. 콜리와 포인터는 접근하는 단계에서 고착되었고, 리트리버는 먹이 운반 단계에서, 핏불 테리어는 무는 단계에서 고착되었다. 각 품종은 새끼늑대의 한 주제가 동결되어 고착된 잡종이다. 그 주제는 개의 유전자에 있는 것이 분명한가? 틀림없이 그렇다. '품종에 따른 특정 행동은 논란의 여지가 없다' 고 개 연대기 작가 스티븐 버디안스키는 분명히 말한다.[25]

소 육종가에게 물어도 마찬가지일 것이다. 내 앞에는 황소의 정자를 우편으로 주문 판매하는 카탈로그가 있다. 여기에는 황소의 젖통과 젖꼭지, 우유 생산 능력, 젖을 내는 속도, 심지어 체온까지 아주 자세히 기록되어 있다. 그런데 황소에 젖통이라니? 카탈로그의 페이지에는 황소가 아니라 젖소의 사진이 올라와 있다. 사실 이 놈들은 광고를 하고 있는 그 황소가 아니라 그 딸들이다. 카탈로그는 다음과 같이 선전하고 있다. "이탈리아 최고의 지다니는 골격 특징이 개선되었고 엄청난 크기의 둔부가 이상적인 경사를 이룬다. 이 황소는 특히 뛰어난 발굽을 가진 발과 다리가 인상적이다. 또한 완벽한 젖통은 배와 깊은 골을 이룬다." 모두 암소의 특징이지만, 그 원인은 종우에 있다. 내 마음을 끄는 것은 딸들이 모두 '훌륭한 젖꼭지 위치' 를 갖고 태어난 터미네이터와, '훌륭한 착유 능력' 을 가진 딸들을 낳는 '속도 전문가' 이그나이터다. 그러나 모엣 플러트 프리먼은 피하고 싶다. 녀석의 딸들은 '가슴 폭이 대단히 넓고' 어미보다 우유를 더 많이 생산하지만, 작은 문구로 체온이 '평균 이하' 라 적혀 있는 것은 우유를 짤 때 발로 차는 경향이 있음을 의미한다. 그런 소들은 또한 젖 내는 속도가 느리다.[26]

내가 강조하려는 점은 다음과 같다. 소 육종가들은 신체 구조를 유전자 탓으로 돌릴 때처럼 조금도 꺼리지 않고 행동 역시 유전자 탓으로 돌린다. 암소들이 보여주는 작은 행동의 차이까지도 그들은 자신있게 종우의 정자에 담아 우편으로 보낸다. 인간은 소가 아니다. 소의 본능을 인정한다고 해도 인간이 본능의 지배를 받는다는 것이 입증되진 않는다. 그러나 적어도, 행동은 복잡하거나 미묘하기 때문에 본능적일 수 없다는 가정은 폐기된다. 그런 달콤한 환상이 사회과학에는 아직 수두룩하다. 그러나 잠시라도 동물 행동을 연구해본 동물학자라면 복잡한 행동이 선천적이라는 사실을 믿지 않을 수 없다.

화성에서 온 남자, 금성에서 온 여자

'본능' 을 정의한다는 것은 과학자들에게도 아주 난처한 일이어서 몇몇 과학자들은 아예 그 단어를 사용하지 않는다. 본능은 태어날 때부터 표출될 필요가 없다. 어떤 본능은 다 자란 후 발달한다(가령 사랑니가 그렇다). 본능은 비탄력적일 필요도 없다. 나나니벌은 애벌레가 얼마나 발견되는가에 따라 굴 파는 행동을 변경한다. 또한 본능은 무의식적일 필요도 없다. 큰가시고기는 빨간색 배를 가진 고기를 만나지 않으면 싸움을 걸지 않는다. 본능적 행동과 학습된 행동의 경계는 모호하다.

그러나 부정확성 때문에 단어를 무용지물로 만들 필요는 없다. 유럽의 경계는 불확실하다. 동쪽으로 어디까지가 유럽인가? 터키와 우크라이나가 포함되는가? 더구나 '유럽적인' 이란 말의 의미도 다양하다. 그러나 유럽이란 말은 유용한 단어다. '학습' 이란 단어도 수많은 측면을 갖지만 여전히 유용한 단어다. 마찬가지로 어떤 행동을 본능적이라 부르는 것도 유용할 수 있다. 그것은 그 행동이 적어도 부분적으로는 유전된 것이고, 영구 배선되었고, 무의식적이라는 점을 의미하기 때문이다. 본능의 한 가지 특징은 보편적이라는 것이다. 즉 어떤 것이 기본적으로 본능적이라면 그것은 모든 사람에게서 거의 똑같이 발견되어야 한다.

인류학은 항상 인간의 유사성과 차이에 대한 관심 사이에서 유사성을 강조하는 본성 옹호자와, 차이를 강조하는 양육 옹호자들로 분열되어왔다. 사람들이 세계적으로 아주 똑같이 미소짓고, 찌푸리고, 찡그리고, 웃는다는 사실에 다윈뿐 아니라 후에 동물행동학자 이레나이우스 아이블 아이베스펠트와 폴 에크만도 충격을 받았다. 그때까지 '문명'을 접하지 못했던 뉴기니와 아마존 원주민들 사이에서도 그런 감정 표현은 같은 형태와 같은 의미를 띠었다.[27] 이와 동시에, 인류가 표현하는 의식과 습관이 놀랄 만큼 다양하다는 사실은 차이의 가능성을 입증한다. 과학에서 흔히 그렇듯이 양쪽 주장은 상대방을 극단적 입장으로 떠민다.

보편적으로 비슷한 인간의 차이라는 역설에 초점을 맞춘다면 양쪽 다 만족할 수 있을까? (혹은 양쪽 다 만족하지 못할지 모른다.) 결국 유사성은 차이의 그림자다. 최고의 후보는 섹스와 성 차이다. 오늘날 남자와 여자가 신체 구조뿐 아니라 행동도 다르다는 사실을 부인하는 사람은 없다. 남녀가 서로 다른 별에서 왔다고 말하는 베스트셀러는 물론이고 남자 관객을 겨냥하는 영화(액션)와 여자 관객을 겨냥하는 영화(멜로)가 갈수록 양극화되는 현상을 보면, 양성 간에는 예외가 있긴 해도 신체적 차이뿐 아니라 정신적 차이가 항상 존재한다고 주장하는 것은 더 이상 논란거리가 되지 않는다. 코미디언 데이브 배리는 이렇게 표현한다. "어떤 여자가 플라이볼을 잡을 것인가 아기의 생명을 구할 것인가를 선택해야 한다면, 그 여자는 누상에 주자가 있는지 없는지 생각도 안 하고 단번에 아기의 생명을 구하는 쪽을 선택할 것이다." 그런 차이는 본성인가, 양육인가, 아니면 둘 다에 의한 것인가?

모든 성 차이 중 가장 잘 연구되고 있는 것은 배우자 선택과 관련된 성 차이다. 심리학자들은 1930년대에 처음으로 남녀에게 배우자를 고를 때 무엇을 보는지를 묻기 시작한 후 지금까지 계속 같은 질문을 해오고 있다. 돌아오는 대답은 너무나 뻔해서 실험실에 처박힌 멍청이나 화성인이 아니면 굳이 그런 질문을 하지 않을 것 같다는 생각도 든다. 그러나 때로는 너무 뻔한 것 속에 가장 애매한 것이 숨어 있다.

이 질문에서 심리학자들은 많은 유사성을 발견했다. 양성 모두 머리가 좋고, 믿을 만하고, 협조적이고, 충실하고, 신뢰할 만한 배우자를 원했다. 그러나 차이점도 발견되었다. 여성들은 경제적 전망이 좋은 파트너를 남자보다 두 배 가량 높게 선호했다. 1930년대라면 남자가 주로 벌이를 담당했기 때문에 놀라운 결과는 아니었다. 그런데 1980년대로 돌아오면 분명한 문화적 차이가 발견될까? 그렇지 않다. 1930년대 이후 오늘날까지 실시된 모든 조사에서 여성들은 항상 똑같은 선호도를 나타냈다. 오늘날에도 미국 여성들은 배우자를 고를 때 경제적 전망이 좋은 짝을 선호하는 비율이 남자보다 두 배 더 높다. 파트너를 찾는 구인 광고에서 여성들은 남자들보다 바람직한 파트너의 조건으로 경제적 부를 11배나 높게 언급한다. 기존의 심리학계는 이 결과를 무시했다. 그것은 성 차이의 보편성을 보여주는 것이 아니라 돈을 중시하는 미국 문화를 반영하는 것이라 했다. 그런데 심리학자 데이비드 버스는 네덜란드인과 독일인을 대상으로도 같은 결과를 얻어냈다. 그러자 웃기지 말라, 서구 유럽인들은 미국인과 똑같다는 비난이 돌아왔다. 그래서 버스는 알래스카와 줄루 섬을 포함해 6개의 대륙과 5개의 섬에 걸친 37개 국 10,047명을 대상으로 같은 조사를 실시했다. 모든 문화에서 예외없이 여성은 남성보다 경제적 전망을 더 높게 선호했다. 차이는 일본이 가장 높았고 네덜란드가 가장 낮았지만 어디에서나 똑같았다.[28]

그가 발견한 차이는 이뿐이 아니었다. 37개의 모든 문화에서 여성은 연상의 배우자를 원했다. 거의 모든 문화에서 배우자의 사회적 지위, 야망, 근면함은 남성보다 여성에게 더 중요했다. 반면에 모든 문화에서 남성들은 연하의 여성을 원했고, 여성보다 배우자의 아름다운 외모를 크게 강조했다. 대부분의 문화에서 남성은 또한 배우자의 순결과 정조를 조금 더 많이 강조한 동시에, 자기 자신의 외도에 대해서는 훨씬 높은 가능성을 부여했다.[29]

자, 얼마나 놀라운가! 남자는 예쁘고 젊고 정숙한 여자를 좋아하는 반면, 여자는 부유하고 야심적인 연상의 남자를 좋아한다. 버스뿐 아니라 지나가는 화성인이 영화나 소설이나 신문을 무심코 봐도 쉽게 알 수 있는 사실이었다. 그러나 다수의 심리학자들은 단호한 목소리로, 그런 경향이 전 세계는 고사하고 서양 국가 밖에서 반복되는 것을 확인할 수는 없을 것이라고 주장했다. 버스는 어떤 것을 입증했는데, 적어도 기존의 사회과학계에는 아주 놀라운 것이었다.

사회과학자들은 여성이 부유한 남성을 찾는 이유는 남성이 대부분의 부를 소유하기 때문이라고 주장한다. 그러나 이제 이것이 인류의 보편적 성향임을 안다면 우리는 그 인과성을 쉽게 뒤집을 수 있다. 즉 남자는 부가 여자의 관심을 끈다는 걸 알기 때문에 부를 추구한다. 그것은 여성이 젊어 보이면 남자의 관심을 끈다는 걸 알기 때문에 젊어 보이는 것에 더 많은 관심을 쏟는 것과 같다. 이러한 인과관계는 사회과학자들의 설명 못지않게 믿을 만하고, 보편성의 증거를 놓고 봤을 때는 오히려 더 믿을 만해 보인다. 돈과 아름다운 여자를 잘 아는 것으로 유명한 오나시스는 이렇게 말했다. "여자란 존재가 없다면 세상의 모든 돈이 무의미해질 것이다."[30]

배우자 선택 성향에서 아주 많은 성 차이가 얼마나 보편적인가를 입증함으로써 버스는 본능보다 문화적 관습을 중시하는 사람들에게 증명의 짐을 떠넘겼다. 그러나 두 설명은 상호 배타적이 아니라 둘 다 옳다고 봐야 할 것이다. 남자는 여자를 유혹하기 위해 돈을 추구하고, 그 결과 여자는 남자가 부를 소유하고 있기 때문에 그 부를 추구하고, 그래서 다시 남자는 여자를 유혹하기 위해 돈을 추구한다. 만약 남자에게 여자를 성공적으로 유혹할 수 있는 것을 추구하는 본능이 있다면, 그들이 속한 문화 안에서 돈이 바로 그런 역할을 한다는 사실을 쉽게 알아차릴 것이다. 양육은 본성을 반대하지 않고 오히려 강화한다.

다니엘 데닛의 말처럼 인간의 경우는 우리가 보는 것이 본능이라고 꼬집어 말하기가 어려운데, 그것이 사유나 모방이나 학습의 결과일 수 있기 때문이다. 그러나 그와 똑같은 것이 역으로도 적용된다. 어떤 여자가 단지 예쁘다는 이유로 그 여자를 좇는 남자를 보거나 여자아이와 남자아이가 각각 인형과 칼을 갖고 노는 것을 볼 때 우리는 그것이 단지 문화적 행위일 뿐이라고 확신하지 못한다. 그 속에는 본능의 요소가 포함되어 있을 수 있기 때문이다. 문제를 극단화하는 것은 완전한 잘못이다. 그것은 문화가 본능을 대체하거나 본능이 문화를 대체하는 일종의 제로섬 게임이 아니다. 본능에 기초한 행동에는 모든 종류의 문화적 측면이 가미될 수 있다. 문화는 종종 인간 본성에 영향을 미치기보다는 인간 본성을 반영한다.

머니인가 다이아몬드인가?

남녀 차이의 세계적 유사성에 관한 버스의 연구는 성에 따라 배우자 선택 행동이 달라지는 것이 보편적이라는 사실을 입증하지만, 그런 차이가 어디에서 비롯되는가에 대해서는 아무것도 알려주지 않는다. 그의 말대로, 그 차이가 진화를 통한 적응 행동이며 따라서 적어도 어느 정도는 선천적이라고 가정해보자. 그렇다면 그것은 어떤 영향하에서 어떻게 발달하는가? 본성 대 양육 전쟁 중에 머니와 다이아몬드라 불리는 특이한 전투 덕분에 우리는 오늘날 문제의 일말을 파악할 수 있게 되었다.

머니는 뉴질랜드 출신의 심리학자 존 머니다. 그는 자신의 엄격한 종교적 양육에 반발해 볼티모어 존스 홉킨스 대학에서 성적 해방을 노골적으로 외치는 '선교사'가 되었고, 결국에는 프리섹스를 옹호할 뿐 아니라 어린이를 성애의 대상으로 성적 도착하는 소아성애 를 승인했다. 다이아몬드는 우크라이나에서 브롱크스로 이주한 유대인의 아들 미키 다이아몬드로, 키가 크고 부드러운 목소리에 턱수염을 기른 학자였다. 그는 먼저 캔자스로 이사한 다음 호놀룰루로 이사해 그곳에서 동물과 인간의 성적 행동을 결정하는 요소들을 연구했다.

머니는 성 역할이 본능이 아니라 초기 경험의 산물이라 생각한다. 1955년 그는 양성적인 생식기를 갖고 태어난 131명의 '남녀 양성자'를 대상으로 한 연구를 토대로, 성 심리의 중립성 이론을 발표했다. 머니에 따르면 인간의 성 심리는 태어날 때 중립적이라는 것이다. 인간은 약 두 살까지 경험을 한 후에야 '성 정체성'이 발달한다. 그는 이렇게 썼다. "남성 또는 여성으로서의 성적 행동과 지향성은 선천적, 본능적 기초에서 나오는 것이 아니다. 성장기의 다양한 경험 과정에서 남성적 또는 여성적으로 차별화되는 것이다." 따라서 인간 아기는 말 그대로 어느 성이든 지정받을 수 있으며, 의사들은 이런 믿음에 기초해 비정상적 성기를 갖고 태어난 남자아이를 여자아이로 바꾸는 수술을 정당화했다. 그런 수술은 정상적인 의료 방법이 되어 비정상적으로 작은 성기를 갖고 태어난 남성은 여성으로 '재지정' 받았다.

반면에 캔자스 그룹은 '가장 큰 성 기관은 다리 사이가 아니라 귀 사이에 있다'는 결론을 내림으로써, 성 역할이 환경적으로 결정된다는 정통 이론에 도전하기 시작했다. 1965년 다이아몬드는 머니를 비판하는 논문에서, 머니는 성 심리적 중립성 이론을 뒷받침할 만한 어떤 사례도 제시하지 않았다고 주장했다. 그리고 '남녀 양성자'를 증거로 삼는 것은 부적절하다. 만약 그들의 성기가 양성적이라면 그들의 뇌도 양성적일 것이다. 기니피그의 경우처럼 인간도 심리적 성 정체성은 태어나기 전에 고착된다고 주장했다.[31] 사실상 그는 머니에게 성 심리가 중립인 정상 아동이나 성적 재지정을 인정한 아동을 제시하라고 도전한 셈이었다.

하늘을 찌르는 명성을 구가하던 머니에게 그의 비판은 아무것도 아니었다. 머니의 논문은 상을 받았고, 막대한 연구비가 뒤를 이었다. 그의 팀이 성전환 수술을 시작했을 때는 신문과 텔레비전이 그를 대서특필했다. 그러나 다이아몬드가 여전히 신경 쓰였던 그는 바로 이듬해에 서투른 포경수술로 성기를 잃게 된 정상적인 남자아이를 사례로 제시했다. 그 아이는 일란성 쌍둥이였기 때문에, 그가 여성으로 변하고 쌍둥이 형제가 남자로 성장하는 것을 보여준다면 머니의 이론은 결정적으로 입증될 수 있었다. 머니의 충고에 따라 소년은 수술을 통해 여자아이로 재지정받았고 그후 부모들은 절대 함구 속에 아이를 소녀로 키웠다. 1972년 머니는 이 사례를 절대적 성공으로 묘사하는 책을 발표했다. 언론은 성 역할이 생물학적 산물이 아니라 사회적 소산이라는 명백한 증거라며 그의 책에 찬사를 보냈다. 그 책은 중대한 시기에 한 세대의 여권 운동가들에게 영향을 미쳤고, 심리학 교과서에도 수록되었으며, 수많은 의사들에게도 영향을 끼쳐 성전환을 복잡한 문제의 간단한 해결책으로 생각하게 만들었다.

머니는 논쟁에서 승리한 것처럼 보였다. 그런데 1979년에 BBC 제작팀이 이 문제를 조사하기 시작했다. 그들은 여자아이가 된 소년이 머니의 주장처럼 성공 사례가 아니라는 소문에 주목했다. 그들은 안개 같은 익명성을 뚫고 문제의 소녀를 잠깐 만날 수 있었다. 물론 소녀의 신분을 방송에 공개할 수는 없었다. 브렌다 라이머라는 이름의 소녀는 위니펙에서 가족과 함께 살았고, 당시 14세였다. 그들이 보기에 그녀는 남성적인 신체 언어와 굵직한 목소리를 지닌 불행한 사춘기 소녀로 보였다. BBC 팀은 머니를 인터뷰했지만, 그는 그 가족의 사생활을 침해했다며 불같이 화를 냈다. 다이아몬드는 계속해서 상세한 해명을 요구하며 머니를 압박했지만 아무 소용이 없었다. 머니는 이제 그 사례를 일체 언급하지 않았다. 논쟁은 다시 한번 얼어붙고 말았다. 그런데 1991년 갑자기 머니가, 다이아몬드가 BBC를 끌어들여 그 여자아이의 사생활을 침해했다며 그를 비난했다. 그의 비난에 격분한 다이아몬드는 당시 그 사례를 취급했을 만한 정신과 의사들을 만나기 시작했다. 1995년 마침내 그는 브렌다 라이머를 만났다.

브렌다는 당시 데이비드란 이름으로 불렸고, 입양아들을 키우는 행복한 가장이 되어 있었다. 그는 여자아이 취급에 끊임없이 반항하면서 혼란스럽고 불행한 어린 시절을 보냈지만, 자신이 남자아이로 태어났다는 사실을 전혀 몰랐다. 14살이 되었을 때에도 여전히 남자아이로 살 것을 고집하자, 그의 부모는 마침내 그에게 과거를 털어놓았다. 그는 즉시 성기 복원 수술을 요구했고, 10대 남성의 삶을 채택했다.* 다이아몬드는 그의 이야기를 가명으로라도 세상에 알려서 앞으로 다른 사람이 그런 운명에 희생되는 것을 막아달라고 설득했다. 2000년, 작가 존 콜라핀토의 설득하에 그는 완전히 가명으로 책을 내는 데 동의했다.[32]

머니는 성 재지정이 성공이라고 속인 것에 대해 세상에 사과하지 않은 것은 물론이고 데이비드 라이머에게도 사과하지 않고 있다. 현재 다이아몬드는, 만약 그 어린 소년이 여자 같은 삶이나 여성으로서의 삶을 원하는 동성애자나 트랜스젠더였다면 어떻게 되었을까,

* 하지만 데이비드 라이머는 쌍둥이 동생의 죽음, 실직, 아내와의 별거 등 일련의 고통을 겪으며 자신의 기구한 운명에 대한 압박감으로 끝내 2004년 5월 4일 38세의 나이로 자살했다 : 옮긴이.

또는 벽장에서 나와 자신의 이야기를 밝히기를 거부했다면 어떻게 되었을까 궁금해하고 있다.

데이비드 라이머뿐만이 아니다. 여자아이로 재지정된 대부분의 남자아이들은 사춘기가 되면 자신이 남자라고 선언한다. 양성적 성기를 갖고 태어난 사람들에 대한 최근의 한 연구에서 밝혀진 바에 따르면, 수술을 거부한 사람들이 유년에 수술을 받은 사람들보다 심리적인 문제를 적게 겪는다고 한다. 여성으로 전환된 사람들 대부분은 자의로 재수술을 받고 남성으로 돌아갔다.[33]

성 역할은 적어도 부분적으로, 윌리엄 제임스의 용어를 사용하자면, 무의식적이고, 맹목적이고, 자연히 터득된다. 자궁 속의 호르몬들이 웅성화(雄性化)를 촉진하지만 그 호르몬들은 아기의 체내에서 비롯되는 것으로, Y염색체상의 한 유전자의 발현과 함께 시작되는 일련의 과정에 의해 촉발된다. (환경이 성을 결정하는 종도 많다. 가령 악어와 거북의 성은 알이 둥우리에 있을 때 그 온도에 따라 결정된다. 그러나 그 과정에는 유전자도 관여한다. 온도가 성 결정 유전자의 발현을 촉발하기 때문이다. 주요한 원인은 환경이지만 그 메커니즘은 유전적이다. 유전자는 원인이자 결과일 수 있다.)

통속심리학

데이비드 라이머 같은 소년들은 소년이길 원한다. 그들은 인형, 로맨스, 인간관계, 가족보다는 장난감, 무기, 경쟁, 활동을 좋아한다. 그들은 물론 충분히 발달된 성향을 갖고 태어나진 않지만, 소년

다운 것들을 좋아하는, 말로 표현하기 힘든 어떤 성향을 갖고 태어난다. 아동심리학자 샌드라 스카는 이것을 '지위 고르기niche picking'라 부르고, 자신의 본성에 맞는 양육을 선택하는 성향이라 설명한다. 어린 데이비드 라이머의 좌절감은 자신의 지위를 고르도록 허락되지 않아서 발생했다.

이런 의미에서 원인과 결과는 순환적이다. 사람들은 자기가 잘한다고 생각하는 일을 좋아하는 동시에 자기가 좋아하는 일을 잘한다. 그러나 성 차이는 본능에 의해, 즉 경험 이전에 존재하는 선천적인 행동 차이에 의해 촉발된다. 남녀 아이를 모두 키워본 부모들처럼 나 역시 성 차이를 놀랄 만큼 빨리 그리고 뚜렷하게 목격했다. 나는 또한 나와 아내가 그런 성 차이를 일으켰다기보다는 그에 반응하면서 아이들을 키웠다는 사실을 어렵지 않게 수긍한다. 우리가 남자아이한테 트럭을 사주고 여자아이한테 인형을 사준 것은 그들이 다르게 크기를 원해서가 아니라 한쪽은 트럭을 원하고 다른 쪽은 인형을 원하는 것이 너무나 명백했기 때문이었다.

이런 차이는 정확히 언제 발생하는가? 캠브리지 대학 사이먼 배런-코헨의 제자 스베틀라나 러치마야는 12개월 된 29명의 여자아이와 41명의 남자아이를 필름에 담아, 아기가 엄마의 얼굴을 얼마나 자주 쳐다보는지를 분석했다. 예상대로 여자아이들이 남자아이들보다 시선 맞추기를 더 많이 했다. 그런 다음 그녀는 각 아기의 임신 1기(첫 3개월)로 돌아가, 자궁 내의 테스토스테론 수치가 얼마였는지를 확인했다. 이것은 그 어머니들이 모두 양막천자를 받아서 양수 샘플이 보존되어 있었기 때문에 가능했다. 그녀는 태아의 테스토스테론 수치가 일반적으로 여자아이보다 남자아이에게서 높다는 사실을 발견했고, 남자아이들 사이에서는 중요한 한 가지 상관성, 즉 테스토스테론 수치가 높을수록 한 살 때 시선 맞추기를 덜 한다는 사실을 발견했다.[34]

그러자 배런-코헨은 다른 제자인 제니퍼 코넬란에게 훨씬 더 이전인 생애 첫날로 돌아가라고 지시했다. 그녀는 102명의 24시간 된 아기들에게 두 가지 물체를 보여주었다. 하나는 그녀 자신의 얼굴이었고, 다른 하나는 사람 얼굴과 크기와 형태가 거의 같고 기계적으로 움직이는 모빌이었다. 남자아기들은 모빌을 조금 더 좋아했고, 여자아기들은 그녀의 얼굴을 조금 더 좋아했다.[35]

상대적으로 얼굴을 좋아하는 여성적 성향은 점차 사회적 관계를 좋아하는 성향으로 바뀌지만, 그것은 아기 때부터 어떤 형태로 존재하는 것 같다. 사회적 세계와 물리적 세계의 이 차이는 인간의 뇌가 어떻게 작동하는가를 짐작케 하는 중요한 단서일 수 있다. 19세기 심리학자 프란츠 브렌타노는 이 세계를 아주 뚜렷한 두 종류로 실체, 즉 의도성을 가진 존재와 그렇지 않은 존재로 구분했다. 전자는 자발적으로 행동하고 목표와 욕구를 가지며, 후자는 단지 물리적 법칙에만 종속된다. 식물은 어디에 속하는가는 경계에서는 애매해지는 구분법이지만, 경험적으로는 아주 효과적이다. 진화심리학자들은 인간이 그런 대상들을 이해하기 위해 두 가지 정신적 과정을 본능적으로 적용한다고 생각하기 시작했다. 바로 다니엘 데닛이 말해온 통속심리학과 민속물리학이다. 우리는 축구선수가 운동하는 것은 그가 그렇게 하기를 '원한' 결과지만 축구공이 운동하는 것은 발로 채인 결과라 생각한다. 심지어는 아기들도 물체가 물리학 법칙에서 벗어나는 것처럼 보이면 즉, 두 물체가 서로 통과한다든지, 큰 물체가 작은 물체 속으로 들어간다든지, 건드리지 않았는데 움직인다든지 하면 놀라움을 나타낸다.

이제 당신은 내가 하고자 하는 말을 짐작할 것이다. 평균적으로 남자는 민속물리학에 관심을 더 많이 기울이고 여자는 통속심리학에 관심을 더 많이 기울인다. 사이먼 배런-코헨은 주로 남자아이들이 사회적 관계에서 어려움을 겪는 증상인 자폐증에 초점을 맞췄다. 배런 코헨은 앨런 레슬리와 함께, 자폐아들은 타인의 마음을 이론화하는 데 오늘날 그는 이것을 '공감empathizing'이란 단어로 표현하며 문제가 있는 이론을 개척했다. 심한 자폐증에는 언어 장애를 비롯해 여러 가지 특징들이 있지만, 아스페르거 증후군이라 불리는 보다 '순수'하고 덜 심한 형태의 자폐증은 주로 타인의 생각에 공감하는 능력에 문제가 있는 것으로 보인다. 어쨌든 공감에는 남자아이들이 여자아이들보다 서투르기 때문에, 자폐증은 어쩌면 남성적인 뇌의 극단적 형태일지도 모른다. 따라서 배런-코헨은 태아기의 테스토스테론과 시선 맞추기의 역(逆)상관성에 관심을 기울였다. 즉 자폐아들의 경우는 테스토스테론에 의한 뇌의 남성화가 '너무 지나친' 결과일 수 있다.[36]

흥미롭게도 아스페르거 어린이들은 종종 민속물리학에 정상보다 뛰어난 능력을 보인다. 그들은 전등 스위치에서 비행기에 이르기까지 기계적인 사물에 자주 넋을 빼앗길 뿐 아니라, 이 세계를 공학적으로 접근하고 사물의 운동 규칙을 이해하려고 노력한다. 그들은 종종 사실적 지식과 수학에 조숙한 전문가가 된다. 또한 아버지나 할아버지가 공학 분야에서 일한 경우가 두 배 이상 높다. 자폐 성향에 대한 표준 실험에서 과학자는 비과학자보다 높은 수치를 기록했고,

물리학자와 공학자는 생물학자보다 높은 수치를 기록했다. 배런-코헨은 뛰어난 수학자로서 캐나다의 수학자 필즈의 노력으로 제정된 수학계의 노벨상인 필즈 메달을 수상한 아스페르거 장애인에 대해 이렇게 말했다. "공감이 그의 곁을 스쳐 지나간다."[37]

통속심리학의 장애가 어떻게 민속물리학의 천재성과 행복하게 공존하는가를 밝혀내기 위해 심리학자들은 '틀린 믿음 테스트'와 '틀린 사진 테스트'라는 아주 비슷한 두 실험을 고안했다. 틀린 믿음 테스트에서 아이는 제3자가 보지 못하는 동안 실험자가 감춰진 물건을 한 그릇에서 다른 그릇으로 옮기는 것을 본다. 그런 다음 아이에게 그 제3자가 어디서 그 물건을 찾아야 하는지를 묻는다. 올바른 대답을 하려면 아이는 그 제3자가 틀린 믿음을 가지고 있다는 것을 이해해야 한다. 4세 가량이 되면 모든 아이(남자아이가 여자아이보다 늦다.)가 이 테스트를 한 번에 통과하지만, 자폐아들은 특히 늦은 나이에 통과한다.

반면에 틀린 사진 테스트에서 아이는 폴라로이드 사진기로 어떤 장면을 찍은 다음, 그 사진이 현상되는 동안 실험자가 장면 속에 있던 물건 하나를 이동시키는 것을 본다. 아이는 그 물건이 사진 속의 어느 위치에 나타날 것인지를 질문받는다. 자폐아들은 이 테스트를 쉽게 통과한다. 민속물리학에 대한 이해가 통속심리학에 대한 이해를 능가하기 때문이다.

민속물리학은 배런-코헨이 '체계화'라 부르는 기술의 일부에 불과하다. 그것은 자연적, 기술적, 추상적, 인간적 세계의 입출력 관계를 분석하는 능력, 즉 원인과 결과, 질서와 법칙을 이해하는 능력이다. 그는 인간이 두 가지 서로 다른 정신 능력인 체계화와 공감의 능력을 갖고 있다고 생각하고, 어떤 사람들은 둘 다에 뛰어난 반면 또 어떤 사람들은 한쪽에만 뛰어나고 한쪽에는 서툴다고 믿는다. 체계화에 뛰어나고 공감에 서툰 사람들은 사회적 문제 해결을 위해 자신의 체계화 기술을 이용하려고 노력한다. 예를 들어 어느 아스페르거 환자는 배런-코헨에게 '어디 사느냐?'는 좋은 질문이 아니라고 하면서, 그 이유는 여러 가지 차원의 대답 즉, 나라, 도시, 구, 동, 번지 등이 가능하기 때문이라고 말했다. 맞는 얘기지만 대부분의 사람들은 질문자의 생각에 공감함으로써 문제를 해결한다. 만약 이웃이 물었다면 번지수를 댈 것이고, 외국인이 물었다면 나라를 댈 것이다.

만약 아스페르거 환자들이 체계화에는 뛰어나고 공감에는 서툰 극단적인 남성의 뇌를 가지고 있다면, 극단적인 여성의 뇌를 가짐으로써 공감에는 뛰어나고 체계화에는 서툰 사람도 있을 것이다. 잠시 생각해보면 우리 주위에 그런 사람들이 존재한다는 것을 곧 알 수 있지만, 그들의 특별한 기술 조합은 병리 현상으로 분류되지 않는다. 현대에는 공감하는 기술이 서툰 것보다 체계화 기술이 서툰 것이 정상적인 삶을 영위하는 데 더 유리한 것 같다. 석기시대에는 사정이 좀 달랐을 것이다.[38]

마음의 부분들

공감에 관한 이야기는 개별적 본능이라는 윌리엄 제임스 식의 주제를 설명해준다. 공감에 능통하기 위해서는 마음속에 어떤 영역 또는 모듈이 필요하고, 그 모듈이 생물체를 물리적 특성뿐 아니라 심리 상태를 가진 존재로 취급하는 법을 알아야 한다. 체계화에 능통하기 위해서는 원인과 결과, 질서와 법칙을 꿰뚫어볼 줄 아는 영역이 필요하다. 이 두 가지는 별개의 정신 모듈이자 별개의 기술이자 별개의 학습 과제다.

공감 영역은 머리 앞쪽, 중앙선 근처의 계곡인 대상곁고랑 주위의 회로들에 의존하는 것으로 보인다. 런던의 크리스와 두타 프리스는, 피실험자가 타인의 심리 상태를 상상하는 '심리화'가 요구되는 이야기를 읽을 때 그 부위가 적절한 스캐너로 밝아지는 것을 발견했다. 반면에 물리적 인과성에 관한 이야기나 서로 무관한 문장들을 읽을 때는 밝아지지 않았다. 그러나 아스페르거 증후군을 가진 사람들은 심리 상태와 관련된 이야기를 읽을 때 그 부위 대신 인접 부위가 밝아졌다. 그곳은 일반적 추론과 관련된 부위이기 때문에, 이 실험은 아스페르거 환자들이 사회적 문제를 공감하기보다는 추론한다는 심리학자들의 예감을 뒷받침한다.[39]

이 모든 이야기는 제임스의 본능들이 모듈이라 불리는 정신 회로를 통해 분명히 존재하며, 각각의 모듈은 특수한 정신적 과제에 능통하도록 설계되어 있다는 생각을 지지한다. 마음을 모듈로 보는 이 관점은 1980년대 초 철학자 제리 포더에 의해 처음 발표되었고, 그 후 1990년대에 인류학자 존 투비와 심리학자 레다 코스미데스에 의해 발전되었다. 투비와 코스미데스는 당시 널리 퍼져 있던 생각, 즉 뇌는 범용 다목적 학습 장치라는 믿음을 공격하고 있었다. 이 부부는 오히려 마음은 스위스 군용나이프와 같다고 주장했다. 여러 개의 칼날과 드라이버 그리고 보이스카우트들이 말발굽에 박힌 돌을 빼내는 데 쓰이는 도구들이 시각 모듈, 언어 모듈, 공감 모듈에 해당하기 때문이다. 칼에 달린 도구들처럼 그 모듈들은 목적론적 용도가 풍부하다. 다시 말해 그것이 무엇으로 구성되어 있고 어떻게 작동하는가뿐 아니라 그것이 무엇을 위한 것인가를 설명하는 것도 가능하다. 위의 목적이 소화인 것처럼, 뇌의 시지각 체계는 보는 것이 목적이다. 둘 다 기능적이며, 기능적 설계는 자연 선택에 의한 진화를 의미하고, 다시 이것은 최소한 부분적으로 유전적 존재론을 의미한다. 그러므로, 마음은 과거의 환경에 적응하면서 특수한 내용과 정보 처리 기능을 갖게 된 모듈로 구성되어 있다고 볼 수 있다. 선천설의 컴백이었다.[40]

이른바 인지혁명의 중대한 시점이었다. 인간의 사고가 기계적 형태 즉 연산 형태를 띨 수 있다는 사실은 비극의 천재 앨런 튜링의 특별한 수학적 증명에 힘입은 바가 컸지만, 인지혁명은 1950년대에 노암 촘스키로부터 시작되었다. 촘스키는 인간 언어의 보편적 자질들이 세계적으로 불변이고 아이가 부족한 예를 통해 언어의 규칙들을 추론하는 것이 논리적으로 불가능하다면서, 언어에는 선천적인 어떤 것이 반드시 있을 것이라 주장했다. 한참 후에 스티븐 핑커는 인간의 '언어 본능'을 해부해, 그것이 마치 스위스 군용나이프처럼 각 기능을 위해 설계된 구조임을 입증했고, 마음에 갖춰진 것은 선천적 자료가 아니라 선천적인 자료 처리 방법이라는 개념을 제시했다.[41]

나는 당신이 이것을 너무 당연하면서도 공허한 어떤 주장과 혼동하지 않길 바란다. 시각, 언어, 공감은 사람마다 각기 다른 뇌 부위에서 처리된다고 상상하기는 아주 쉬운 일이다. 사실 로크, 흄, 밀에서 시작해 오늘날 뇌와 비슷한 다용도 컴퓨터 네트워크를 설계하는 '연결주의자'들에 이르기까지 그 모든 경험주의적 주장을 보면 충분히 그런 논리적 예측이 나올 만도 하다. 그런데 그것은 빗나간 예측이다. 신경학자들이 제시하는 수많은 사례사를 보면, 마음의 특수한 부분들은 전 세계적으로 별 차이 없이 뇌의 특수한 부분들과 일치한다는 것을 알게 된다. 만약 사고나 뇌졸중으로 뇌의 한 부위가 손상되면 뇌 기능이 전체적으로 약해지는 것이 아니라, 마음의 한 특성을 잃게 되며, 구체적으로 어떤 특성을 잃게 되는가는 뇌의 어느 부위를 잃었는가에 따라 달라진다. 이것은 분명, 뇌의 특수한 부분들이 각기 특수한 기능들을 담당하도록 사전 설계되었음을 의미하는데, 그런 사전 설계는 유전자를 통하지 않으면 불가능하다. 사람들은 흔히 유전자를 인간 행동의 적응성을 구속하는 것으로 생각한다. 그러나 사실은 정반대다. 유전자는 구속이 아니라 능력을 부여한다.

사실 퇴각하는 경험주의자들이 지연 작전을 펼치기도 했지만, 그로 인한 접전은 마음의 모듈이 전진하는 데 큰 장애가 되지 못했다. 뇌는 손상된 부위가 발생하면 그 인접 부위가 보충하는 어느 정도의 가소성을 지니고 있다. 므리강카 수르는 흰족제비의 눈을 뇌의 시각피질이 아닌 청각피질에 재배선했다. 족제비는 볼 수는 있었지만 썩 잘 보지는 못했다. 흰족제비가 그런 수술을 받은 후에도 여전히 볼 수 있다는 사실이 놀라울 수도 있지만, 수르의 실험이 과연 뇌의 가소성이나 가소성의 한계에 대해 무엇을 더 입증했는가는 의견이 분분하다.[42]

만약 마음의 모듈이 사실이라면, 인간 심리의 특수한 자질들을 이해하고자 하는 사람은 뇌를 해부해 지난 수백만 년 동안 어느 부분들이 비대해졌는가 즉, 어느 모듈과 본능이 특별히 큰가를 알아내기만 하면 된다. 그러면 무엇이 인간을 특별하게 만드는지를 알게 될 것이다. 말처럼 쉽다면 얼마나 좋겠는가! 인간의 뇌는 거의 모든 것이 침팬지의 뇌보다 크다. 인간은 분명 침팬지보다 더 많이 보고, 더 많이 느끼고, 더 많이 움직이고, 더 많이 균형을 잡고, 더 많이 기억하고, 더 많이 냄새 맡는다. 인간의 두개골 안에서는, 정상적인 침팬지의 뇌에 사고와 말을 위한 거대한 터보 장치가 달려 있기는커녕, 모든 것이 더 많이 발견된다. 자세히 검사해보면 미세한 불균형이 발견되는 것이다. 일반적으로 설치류와 비교해 영장류의 뇌는 냄새 맡기를 담당하는 부분이 많이 축소되었고 보기를 담당하는 부분이 확대되어 있다. 그에 따라 신피질이 다른 부분 대신 성장했다.

그러나 여기에서도 불균형은 그리 현저하지 않다. 사실 신피질은 마지막에 발달하고 전두골 부위는 맨 마지막에 발달하기 때문에, 인간의 뇌가 큰 것은 침팬지의 뇌가 더 오래 성장한 결과로 설명할 수 있다. 이 이론을 극단적인 형태로 이야기하자면, 뇌가 확대된 것은 새로운 기능들, 특히 언어나 문화를 수행하기 위해서가 아니라 무엇인가가 뇌간을 확대시켰고 그 자리를 우연히 지나가던 더 큰 대뇌피질이 차지했기 때문이라고 주장할 수 있다. ASPM 유전자의 IQ 영역의 교훈을 기억해보라. 유전적으로 뇌의 모든 부분을 더 크게 만들기는 아주 쉽다. 5만 년 전에 큰 뇌가 자리를 잡자 호모 사피엔스는 갑자기 활과 화살을 만들고, 동굴 벽에 그림을 그리고, 삶의 의미를 생각하기 시작했다.[43]

이 견해는 데카르트와 인간의 자만심을 다시 한번 꺾을 수 있다는 장점이 있다. 인류가 진화의 역사에서 객체라기보다 주체였다는 뿌듯한 개념이 눈 녹듯 사라지기 때문이다. 그러나 이것은 마음의 모듈이란 개념과 반드시 대립하지는 않는다. 사실 그 논리를 간단히 뒤집으면 다음과 같은 주장이 가능하다. 즉, 인간은 선택의 압력하에서 어떤 기능, 가령 언어에 필요한 뇌 부위에 더 큰 처리 능력을 발달시켰고, 게놈은 그 요구에 반응할 수 있는 가장 쉬운 방법으로 전체적으로 더 큰 뇌를 만들었다고 말이다. 더 많이 보고 더 많은 동작을 취할 수 있는 능력은 무료로 입장했다. 게다가 언어 모듈은 다른 기능들과 고립되어 존재하지 않는다. 언어 능력을 위해서는 세밀한 듣기가 필요하고, 혀와 입술과 가슴의 동작을 더 섬세하게 조절해야 하고, 더 큰 기억이 필요하다.[44]

그러나 과학 이론은 제국처럼 경쟁자를 격파했을 때가 가장 위태롭다. 마음의 모듈이 승리의 나팔을 불자마자 제국의 위대한 전사 한 명이 반란을 일으켰다. 2001년 제리 포더는 『마음은 그렇게 작동하지 않는다*The Mind doesn' t work that way*』*라는 작지만 놀라운 책을 발표했다. 이 책을 통해 그는, 비록 마음을 별개의 연산 모듈로 쪼개는 것이 현재로서는 가장 훌륭한 이론이지만 실제로 마음은 그렇게 작동하지 않고 그렇게 작동할 수도 없다고 주장했다.[45] 포더는 공학자들이 간단한 요리 같은 일상적 과제를 수행할 수 있는 로봇을 만들려다 수치스럽게 실패한 사실을 지적하면서, 지금까지 발견된 사실이 얼마나 적은가를 동료들에게 친절하게 상기시키는 동시에, 이제 마음이 설명되었다는 핑커의 유쾌한 낙관주의를 꾸짖었다.[46] 포더는 다음과 같이 말한다. 마음은 뇌의 여러 부위를 통해 공급되는 정보로부터 포괄적인 추론을 얻어내는 능력이 있다. 우리는 세 가지 감각과 연결된 세 개의 모듈을 가지고 빗방울을 보고, 느끼고, 들을

* 스티븐 핑커의 『마음은 어떻게 작동하는가*How the Mind Works*』를 패러디한 제목이다 : 옮긴이.

수 있지만, 뇌 속 어딘가에서는 '비가 오고 있어' 라는 추론이 발생한다. 그렇다면 생각은 시각과 언어와 공감과 그밖의 다른 모듈들을 통합하는 포괄적인 활동이다. 이것은 모듈 작용을 하는 메커니즘이 모듈 작용을 하지 않는 메커니즘을 전제로 한다는 것을 의미한다. 그리고 모듈이 아닌 메커니즘에 대해 우리는 거의 아무것도 알지 못한다. 포더의 결론은 지금까지 과학자들이 발견한 것이 얼마나 큰 무지였는가를 상기시키는 것이었다. 그들은 아주 크고 깊은 어둠 위에 약간의 빛을 비췄을 뿐이다.

그러나 최소한 그 정도는 분명해졌다. 뇌에 본능적인 능력들을 갖추기 위해 게놈 조직화 장치는 적절한 내적 패턴들을 가진 별개의 회로들을 만들어 적절한 연산을 수행하게 하고, 그 회로들을 감각을 통해 들어온 적절한 입력 정보와 연결시킨다. 나나니벌이나 뻐꾸기의 경우 그런 모듈들은 처음부터 행동을 바로 잡아야 하며, 따라서 경험에 대해 상대적으로 무관심할 것이다. 그러나 인간의 마음은 거의 모든 본능적 모듈들이 경험에 의해 수정되도록 설계되어 있다. 어떤 모듈은 평생 동안 계속 조절되고, 어떤 모듈은 경험과 함께 급속히 변한 다음 콘크리트처럼 굳는다. 몇몇 모듈만이 자신의 시간표에 따라 경험과 무관하게 발달한다. 이 책의 나머지 부분을 통해 나는 그런 회로를 만드는, 그리고 변화시키는 역할을 하는 유전자를 찾아보고자 한다.

공상적 유토피아

본성 대 양육 논쟁을 끊임없이 따라다니는 사악한 습관 중 하나는 공상적 이상주의, 즉 인간 본성에 대한 어떤 이론으로부터 이상적인 사회의 설계도를 얻어낼 수 있다는 생각으로 빠지는 습관이다. 인간 본성을 이해했다고 생각하는 많은 사람들이 그 즉시 설명을 명령으로 전환하여 완벽한 사회의 설계도를 그리기 시작한다. 이 행위는 양육을 주장하는 사람뿐 아니라 본성을 주장하는 사람에게도 공통적이다. 그러나 유토피아적 공상에서 이끌어낼 수 있는 단 하나의 교훈이 있다면 그것은 모든 유토피아가 지옥이라는 것이다. 인간 본성에 대한 어떤 편협한 개념에 의존하여 (종이 위에서든 거리에서든) 사회를 설계하려는 모든 시도는 언제나 사태를 악화시키는 결과로 끝난다. 나는 각 장을 끝낼 때마다 어떤 이론을 극단적으로 몰고 가서 얻어낸 유토피아를 향해 조롱의 말을 던지고자 한다.

내가 아는 한 윌리엄 제임스를 비롯한 본능의 주창자들은 유토피아를 언급하지 않았다. 그러나 모든 유토피아의 아버지 플라톤의 『국가론』은 여러 면에서 제임스 식 몽상과 가깝다. 우선 비슷한 선천설이 듬뿍 배어 있다. 공화국은 일종의 '능력주의'*, 여기서는 모두가 동일한 교육을 받으며 최고의 자리는 그 일에 천부적 재능이 있는 사람에게 돌아간다.[47] 플라톤의 은유적 공화국에서는 정치적 청사진이라고는 결코 생각하지 않았을 것이다. 모든 것이 엄격한 규율의 지배를 받는다. 통치자는 정책을 만들고 보조자의 도움을 받는다. 보조자는 국가의 업무와 방위를 담당한다. 이 두 계급이 수호자에 해당하는데, 수호자는 그가 가진 미덕에 따라 즉 선천적 재능에 따라 선택된다. 그러나 부패를 막기 위해 수호자들은 엄격한 금욕주의를 실천하여 재산을 소유하거나, 결혼을 하거나, 황금잔으로 술을 마시는 것이 금지된다. 그들은 기숙사에서 생활하지만, 초라한 생활 속에서 오히려 즐거움을 느낀다. 그것이 사회 전체의 이익을 위한 것임을 알기 때문이다.

플라톤의 공상을 전체주의적 악몽이라 비난한 철학자는 칼 포퍼가 처음도 아니고 마

* managerial meritocracy, 관료적 엘리트주의. 근대에 이르러 업적주의 또는 능력주의라는 뜻을 갖게 되었다. 혈통이나 재산이 아니라 업적과 능력을 엘리트의 조건으로 보는 것이 근대적인 능력주의 개념이다. 제10장에 능력주의에 대한 흥미로운 해석이 전개된다 : 옮긴이.

지막도 아니었다. 심지어 아리스토텔레스도 미덕에 대한 보상으로 권력뿐 아니라 부와 섹스 가 따르지 않는다면 능력주의는 큰 의미가 없다고 지적했다. "인간은 자기 자신의 것에 가장 큰 관심을 쏟는다. 공동의 것에는 관심이 적다."[48] 플라톤의 시민들은 국가가 지정하는 배우자를 받아들여야 하고, 여성인 경우는 어떤 아기에게든 젖을 먹여야 한다. 행여나 그럴 수 있을까? 그러나 우리는 플라톤의 한 가지 통찰력에, 바로 능력주의 사회가 불완전하다는 통찰에 우회적 찬사를 바치지 않을 수 없다. 모든 사람이 똑같은 교육을 받으면 능력의 차이는 선천적일 것이다. 아무리 동등한 기회를 제공하는 사회라도 재능 있는 사람은 최고의 자리를 차지하고 나머지는 더러운 일로 분류된다.

3

편리한 어구

교수들은 자식의 지능은 본성 탓으로 돌리고,
학생들의 지능은 양육 탓으로 돌린다.

로저 매스터스[1]

불확실은 논쟁을 키운다. 1860년대에 나일강의 발원지를 놓고 두 명의 영국 탐험가 존 해닝 스펙과 리처드 버튼 사이에 격렬한 논쟁이 벌어졌다. 몇 달 동안 같은 캠프에서 동거했던 두 사람이었기에 논쟁은 더욱 격렬했다. 스펙은 버튼이 타보라에서 병이 들어 텐트에 누워 있는 동안 빅토리아 호수를 발견했고, 이 호수를 나일강의 발원지라 생각했다. 반면에 버튼은 탕가니카 호수나 그 근처가 발원지라 주장했다. 두 사람의 반목은 1864년 버튼과의 공개 논쟁을 벌이기로 한 그날 스펙이 권총으로 자신을 우연히 쏜 사건으로 막을 내렸다. 그런데 스펙이 옳았다.

왕립지리학회의 높은 자리에 앉아 이 논쟁을 지켜보면서 때로는 버튼 편에서 논쟁을 부채질하던 사람이 있었다. 바로 프랜시스 골턴이란 이름의 저명한 지리학자였다. 같은 해에 한 세기 이상 지속될 훨씬 더 큰 반목을 유발한 것도 그에게 내려진 운명이었다. 그것은 바로 본성 대 양육 논쟁이었다. 이 논쟁도 나일강의 발원지 논쟁과 흡사하다. 양쪽 다 무지가 무기였다. 더 많은 사실이 알려질수록 논쟁은 중요성을 잃어갔다. 양쪽 다 쓸데없이 사소한 문제에 매달렸다. 어느 호수가 나일강의 발원지인가보다 더 중요한 것은 아프리카가 품고 있는 거대한 두 호수를 서양 과학에 소개하는 일이었다. 마찬가지로 인간 본성은 선천적인가, 학습에 의한 후천적인가보다 중요한 것은 그것이 어떻게 선천적인 동시에 후천적일 수 있는가를 정확히 탐구하는 것이다. 나일강은 수천 개의 지류를 합친 것이어서 어느 것이 발원지와 연결된다고 꼬집어 얘기할 수 없다. 인간 본성도 마찬가지다.

골턴의 열정은 양적으로 빛이 났다. 오랜 생애 동안 그는 많은 것을 발명하고, 많은 말을 만들어내고, 많은 사실을 발견했다. 북부 나미비아, 역(逆)선풍 기상 연구, 쌍둥이 연구, 앙케트 조사, 지문 식별, 합성 사진, 통계적 회귀, 우생학 등. 그러나 그가 남긴 가장 영구적인 유산은 본성 대 양육 논쟁의 막을 열고 그 말을 만들어낸 것이었다. 1822년에 태어난 그는 위대한 과학자, 시인, 발명가였던 에라스무스 다윈과 그의 두 번째 부인의 손자였다. 그는 자신의 팔촌인 찰스 다윈의 자연선택 이론에서 설득력과 영감을 발견하고선, 그것이 '그 저명한 저자와 내가 공통의 조부이신 에라스무스 다윈 박사로부터 물려받은 유전적 성향'에서 나왔다고 뻔뻔스런 자랑을 늘어놓았다. 가문의 영광에서 용기를 얻은 그는 이제 유전적 통계학에서 자신의 천직을 찾았다. 1865년 그는 지리학을 버리고 《맥밀런스 매거진》에 「유전적 재능과 성격」에 관한 논문을 발표했다. 이 논문에서 그는 뛰어난 사람에게는 뛰어난 친척이 있음을 밝혔다. 그리고 그 개념을 부풀려 1869년 『유전적 천재성』이란 책을 발표했다.

골턴의 주장은 간단했다. 재능은 가계를 타고 흐른다는 것이었다. 그는 유명한 판사, 정치가, 귀족, 군 지휘자, 과학자, 시인, 음악가, 화가, 성직자, 노 젓는 사람, 격투사들의 계보를 철저하고 열정적으로 설명했다. "천재성이 유전이라는 사실을 입증하는 내 방법은, 어느 정도 뛰어난 사람에게 훌륭한 친척이 있는 경우가 얼마나 많은가를 보여주는 것이다."[2] 그것은 별로 세련된 사고가 아니었다. 어느 누구든 정반대 이론도 똑같이 주장할 수 있다. 비천한 가문에서 태어난 사람도 자신의 선천적 재능을 발휘해 불리한 환경을 극복하고 훌륭한 자리에 오를 수 있다. 그리고 가족 구성원들의 재능이 실은 함께 받은 교육 때문일 수도 있다. 대부분의 평론가들은 골턴이 유전의 역할을 과대 평가하고 양육과 가정 환경의 중요성을 무시했다고 생각했다. 1872년 스위스 식물학자 알퐁스 드 캉돌은 골턴의 책에 뒤지지 않는 분량으로 반대 의견을 주장했다. 캉돌은 이전 두 세기 동안 위대한 과학자들을 배출한 곳은 종교적 관용, 광범위한 교역망, 온화한 기후, 민주적 정부를 가진 나라나 도시였음을 지적했다. 위대한 업적이 타고난 천재성보다는 환경과 기회에 더 크게 의존한다는 증거였다.[3]

캉돌의 공격에 자극받은 골턴은 1874년 두 번째 책 『영국의 과학

자: 그들의 본성과 양육』을 발표했다. 최초로 앙케트 조사를 실시한 이 책에서 그는 과학적 천재란 만들어지는 것이 아니라 태어나는 것이란 결론을 되풀이했다. '본성과 양육'인 'Nature and Nurture'라는 그 유명한 두운법이 탄생한 것도 이 책에서였다.

> '본성과 양육'은 편리한 어구다. 성격을 구성하는 수많은 요소들을 정확히 양분해주기 때문이다.[4]

그는 이 말을 셰익스피어에게서 빌려왔으리라 추정된다. 「템피스트」에서 프로스페로는 칼리반을 이렇게 모욕한다.

> 악마여, 타고난 악마여, 어떤 양육도 너의 본성에 붙어나지 못하는구나.[5]

셰익스피어 이전에도 두 단어를 병치한 사람이 있었다. 「템피스트」가 처음 상연되기 30년 전, 머천트 테일러스 초등학교의 초대 교장 리처드 멀캐스터는 본성과 양육의 대구법을 너무 좋아한 나머지, 1581년에 발표한 저서 『아동 교육에 관한 입장들』에서 그 말을 네 번이나 사용했다.

> ……부모는 장소를 불문하고 훌륭한 교육자를 찾아서 자식들이 가능한 한 좋은 교육을 받게 할 것이다. 그럼으로써 자연이 물려준 본성이 아이들이 좋아하는 대로 양육에 의해 길러지게 하도록…… 신이 본성에 그 힘을 제공한 것은, 본성에 담겨 있는 것을 위해 양육에 어떤 예외도 허락치 않기 위해…… 그 자연적인 능력을 인지해야 할 사람이

하지 못하면, 즉 그런 것을 경멸하거나 무시한다면, 제대로 판단하지 못하거나 소홀히 취급한다면, 아이들 속에 자연이 심어놓은 것을 찾아내 양육이 확장할 수 있도록 하지 못한다면…… 그러므로 진실이 무지한 자들에게 말하는 대로, 그리고 독서가 교양인에게 말하는 대로, 우리는 어린 소녀들이 교육을 받을 가치가 있음을 인식한다. 아이들은 자연이 물려준 보물을 가지고 있기 때문이며, 양육을 통해 그들의 마음속 보물이 더 훌륭해질 수 있기 때문이다.[6]

그는 1582년의 저서 『교육의 기초』에서도 그 구절을 반복했다. "본성은 인간을 어디로 가게 하는가, 그러나 양육은 인간을 앞으로 나아가게 한다." 멀캐스터는 흥미로운 인물이었다. 칼라일에서 태어난 그는 뛰어난 학자였고, 엄격하지만 유명한 교육 개혁가였다. 그는 툭하면 교육감들과 싸웠고, 축구 경기를 열렬히 옹호해서 '축구는 온몸을 조화롭게 단련시킨다'라고 말하기도 했다. 또한 취미 삼아 희곡을 썼고, 궁정 야외극을 몇 편 남겼으며, 토머스 키드와 토머스 로지를 학교에서 가르쳤다. 어떤 사람들은 그를 「사랑의 헛수고」에 등장하는 거만한 시골학교 교장 홀로퍼니스의 모델로 본다. 그렇다면 셰익스피어가 멀캐스터를 알거나 그의 글을 읽었을 가능성이 높다고 볼 수 있다.

셰익스피어는 골턴의 다음과 같은 이론에도 영감을 주었을 것으로 짐작된다. 셰익스피어의 두 연극 「희극의 실수」와 「십이야」에는 쌍둥이를 혼동하는 이야기가 나온다. 그 자신이 쌍둥이의 아버지였던 셰익스피어는 똑같이 생긴 쌍둥이를 이용해 대단히 독창적인 줄거리를 만들었다. 그러나 골턴의 지적대로, 셰익스피어는 「한여름 밤의 꿈」에서 '사실상의 쌍둥이' 즉, 완전한 남이면서 함께 양육된 두 사람을 소개했다. 허미아와 헬레나는 '떨어져 있는 것처럼 보이지만 한 부분이 붙어 있는 한 쌍의 체리'[7]와 같지만, 외모상으로 달라 보일 뿐 아니라 서로 다른 남자에게 끌리고 결국에는 격한 싸움을 벌인다.

골턴은 여기서 힌트를 얻었다. 이듬해 그는 「쌍둥이의 역사, 본성과 양육의 상대적 영향력의 기준」이란 논문을 썼다. 마침내 그는 자신의 족보에 의존하지 않고 썩 괜찮은 방법으로 유전 가설을 시험했다. 놀랍게도 그는 두 종류의 쌍둥이가 있음을 추론해냈다. '한 난자의 두 생식점'에서 태어난 일란성 쌍둥이와, '각기 다른 난자'에서 태어난 비일란성 쌍둥이였다. 그러나 두 종류의 쌍둥이 모두 양육 환경은 같았다. 따라서 만약 일란성 쌍둥이가 이란성 쌍둥이보다 더 비슷한 행동을 보이면, 유전의 영향이 입증되는 셈이었다.

골턴은 35쌍의 일란성 쌍둥이와 23쌍의 이란성 쌍둥이를 대상으로 유사점과 차이점을 보여주는 일화들을 수집했다. 태어날 때부터 서로 닮은 쌍둥이는 평생 외모는 물론이고 질병, 성격, 취향이 비슷했다. 어느 쌍둥이는 같은 해, 같은 치아에 심한 치통을 앓았다. 또 다른 쌍둥이는 영국의 끝과 끝에서 같은 시기에 서로에게 줄 선물로 똑같은 샴페인 잔을 골랐다. 반면에 다르게 태어난 쌍둥이들은 나이가 들면서 더욱 달라졌다. 한 응답자는 이렇게 말했다. "그들은 몸도 마음도 아주 달랐다. 서로의 차이는 해가 갈수록 커져만 갔다. 외부적 영향은 동일했고, 떨어져 산 적도 없었다." 골턴은 자신의 결론이 미칠 파장에 스스로 당황했던 것 같다. "본성의 힘이 양육보다 훨씬 크다는 결론을 피하기는 불가능하다. 내가 우려하는 바는, 내 증거로 인해 너무 엄청난 것이 입증되지 않았나 하는 것이고 오히려 그 때문에 의혹을 사지 않을까 하는 것이다. 양육이 거의 무가치하다는 것은 우리의 모든 경험에 반하기 때문이다."[8]

떨어져 자란 쌍둥이

오늘날의 눈으로 보면 사실 골턴이 제시한 최초의 쌍둥이 연구는 허점 투성이다. 일화 중심이고 분량이 적으며, 순환 논법에 빠져 있다. 즉 동일해 보이는 쌍둥이는 동일하게 행동한다는 논법. 또한 그는 일란성 쌍둥이와 이란성 쌍둥이를 유전학적으로 구분하지 않았다. 그러나 이 연구는 설득력이 놀랍다. 생애 말기에 골턴의 유전적 신념은 이미 회의의 대상에서 정통 이론으로 탈바꿈하는 데 성공했다. 1892년 《네이션》은 이렇게 선언했다. "본성은 신체적 능력만큼이나 마음의 능력도 결정적으로 제한한다. 이런 문제에 있어서는 어느 사상가보다 '골턴의' 견해가 우세하다."[9] 마음은 백지 상태이고 경험이 그 위에 자신의 기록을 남긴다고 봤던 존 로크, 데이비드 흄, 존 스튜어트 밀의 경험론은 개인의 유전적 운명이라는 신칼뱅주의적 개념으로 대체되었다.

이 발전 과정을 바라보는 데는 두 가지 방법이 있다. 하나는 '편리한 어구'에 이끌려 잘못된 이분법을 만들어낸 죄로 골턴을 저주하는 것이다. 우리는 그를 20세기의 사악한 영혼으로 볼 수 있다. 그로 인해 이후 3세대가 환경 결정론과 유전 결정론의 양극을 시계추처럼 오가는 화를 입었기 때문이다. 우리는 골턴의 동기가 처음부터 우생학에 있었던 사실에 공포를 느낄 수도 있다. 1869년 『유전적 천재성』의 바로 첫 페이지에서 그는 이미 '현명한 결혼'의 장점을 찬양했고, 낙오자들의 증식으로 '인간 본성이 타락'하는 것을 개탄했으며, 진보적인 품종 개량으로 인간 본성을 변화시켜야 할 공권력의 '의무'를 강조했다. 바로 이러한 제안이 후에 우생학이라는 사이비 과학으로 발전했다. 따라서 돌이켜보면 그가 제기한 이론은 다가올 세기에 나치 독일뿐 아니라 보다 관대한 나라에서까지 수백만의 사람을 불행과 잔인함으로 밀어넣었다고도 볼 수 있다.[10]

이 모든 것이 사실일 수도 있지만, 한편 골턴이 그 모든 결과를 예상해야만 했다고 몰아붙이는 것은 물론이고, 골턴이 없었다면 그런 일이 전혀 일어나지 않았으리라 예상하는 것은 다소 가혹한 일이다. 그 편리한 대구는 아마도 다른 누군가가 곧 떠올렸을 것이다. 보다 관대한 눈으로 보면 골턴은 시대를 앞서 비범한 진리 즉, 인간 행동의 많은 측면이 어떤 식으로든 마음속에서 시작된다는 것, 그리고 인간은 사회가 주무르는 대로 빚어지는 찰흙덩어리도 아니고 환경의 희생자도 아니라는 진리를 발견한 사람일 수 있다. 더 나아가, 과장된 면도 있겠지만, 이 개념이 20세기 동안 환경 결정론의 레닌과 마오 그리고 그 추종자들의 독재 속에서 자유의 불꽃이 꺼지지 않도록 계속 불을 지피는 역할을 했다고 주장할 수도 있다. 골턴이 유전자에 대해 아무것도 몰랐던 것을 감안하면 그의 유전학적 통찰력은 대단한 것이었다. 그의 생각이 쌍둥이 연구를 통해 과학적으로 입증되기까지는 한 세기 이상이 걸렸다. 본성과 양육을 굳이 떼어놓고 보자면, 같은 사회에 속한 사람들의 성격, 지능, 건강상 차이를 규명하는 문제에 있어서는 본성이 공통의 양육보다 우세하다고 할 수 있다. 밑줄 친 단서 조항에 주목하라.*

이것은 최근의 상황이다. 20년 전만 해도 사정은 매우 달랐다. 쌍둥이 연구를 통해 유전의 비밀을 파악한다는 개념은 1970년대까지도 암흑 속에 묻혀 있었다. 골턴 이후 규모가 큰 두 번의 쌍둥이 연구는 참혹하고 수치스러웠다. 아우슈비츠에서 요제프 멩겔레는 쌍둥이를 좋아하기로 악명이 자자했다. 그는 수용소에 도착하는 쌍둥이들을 남김없이 색출해 특별 연구 시설에 격리시켰다. 역설적이게도 이 광적인 호감은 쌍둥이들의 높은 생존율로 이어졌다. 아우슈비츠에서 살아남은 어린 아이들 중 대다수가 쌍둥이였다. 잔인하고 때로는 치명적인 실험 과정을 견딘 대가로 최소한의 식량이 공급된 덕분이었다. 그렇다 해도 생존자는 극소수였다.[11]

한편 영국에서는 교육 심리학자 시릴 버트가 떨어져 자란 일란성 쌍둥이들을 꾸준히 조사했고, 이를 토대로 유전이 지능에 미치는 영향을 계산했다. 1966년 그는 최종 결과를 발표하면서, 떨어져 양육된 쌍둥이 53쌍을 발견했다고 주장했는데, 이것은 대단히 큰 표본이었다. 결국 IQ의 유전성이 매우 높다는 버트의 결론은 영국 교육 정책에도 영향을 미쳤다. 그러나 그의 데이터 중 최소한 일부가 조작된 것이 거의 틀림없다는 사실이 후에 밝혀졌다. 심리학자 레온 카민은 상관성이 소수점 셋째자리까지 정확히 똑같고, 데이터 세트를 수십 년까지 확대해도 마찬가지라는 사실을 발견했다. 이와 동시에 《선데이 타임스》는 버트의 공동 저자 두 명이 아마 존재하지 않

* 통계학적으로 양육 환경이 같으면 행동의 차이 중 50퍼센트가 유전자의 영향이라고 한다. 주디스 리치 해리스의 『양육 가설*The Nurture Assumption*』을 쌍둥이 연구와 함께 설명한 스티븐 핑커의 『빈 서판*The Blank Slate*』 제19장 참조 : 옮긴이.

는 인물인 것 같다고 주장했다. 그러나 한 명은 모습을 드러냈다.[12]

이런 역사로 1970년대에 쌍둥이 연구는 지저분한 주제로 인식되었다. 그러나 오늘날에는 미국, 네덜란드, 덴마크, 스웨덴, 호주 등에서 특히 활발한 행동유전학의 중요한 수단으로 다시 태어났다. 오늘날의 연구는 현대적인 과학답게 정교하고 논쟁적이고 수학적이며 많은 비용이 들어간다. 그러나 그 핵심에는, 인간 쌍둥이 연구는 본성과 양육의 영향을 식별하는 훌륭한 자연 실험이라는 골턴의 통찰이 자리잡고 있다.

이런 점에서 행운의 여신은 인간에게 관대했다. 동물의 왕국에서 일란성 쌍둥이가 태어나는 경우는 상당히 드물다. 예를 들어 쥐는 한 배에서 여러 새끼를 낳지만 일란성 쌍둥이는 없다. 인간도 때로는 한 배에서 여럿을 낳는다. 백인 가운데 125명 중 한 명 꼴로 두 명의 이란성 쌍둥이, 즉 각기 다른 수정란에서 성장한 쌍둥이를 낳는다. 이 비율은 아프리카에서는 높아지고 아시아에서는 낮아진다. 이에 반해 일란성 쌍둥이, 즉 하나의 수정란에서 성장한 쌍둥이를 낳는 경우는 250명 중 한 명 꼴이다. 유전자 검사가 없으면 일란성 쌍둥이와 이란성 쌍둥이를 확실히 구별할 수 없지만, 어쩔 수 없는 증거가 있다. 일란성 쌍둥이는 대개 귀가 똑같다.[13]

행동유전학은 일란성 쌍둥이는 얼마나 비슷하고 이란성 쌍둥이는 얼마나 다른가, 그리고 각각 다른 가정에 입양되었을 때 어떤 성인으로 성장하는가를 측정하는 간단한 학문이다. 그 결과는 어떤 특성의 '유전율heritability, 또는 유전력' 추정치로 나타난다. 유전율은 애매하고 오해하기 쉬운 개념이다. 우선 유전율은 인구 전체의 평균값이기 때문에 개인에게는 의미가 없다. 예를 들어, 허미아가 헬레나보다 지능 유전율이 더 높다고 말하는 것은 불가능하다. 그리고 만약 신장의 유전율이 90퍼센트라고 한다면, 그것은 내 키의 90퍼센트가 유전자에서 나왔고 10퍼센트가 음식에서 나왔다는 뜻이 아니라, 특정 표본 내에서 신장의 편차가 유전자에 90퍼센트, 환경에 10퍼센트 기인한다는 의미이다. 한 개인의 경우는 신장 차이란 것이 없고 따라서 유전율도 없다.

다음으로 유전율은 절대적인 수치가 아니라 단지 차이를 보여준다. 대부분의 사람들은 열 개의 손가락을 갖고 태어난다. 손가락 수가 적은 사람은 대개 사고로 잃어버린 경우로 환경의 영향이라 할 수 있다. 따라서 손가락 수의 유전율은 제로에 가깝다. 환경이 열 손가락을 갖게 된 원인이라 주장하는 것은 불합리하다. 우리가 열 손가락을 갖는 것은 유전적으로 열 개의 손가락이 성장하도록 설계되었기 때문이다. 환경적으로 결정되는 것은 손가락 수의 차이고 우리가 열 손가락을 가졌다는 사실은 유전적이다. 그러므로 역설적이지만 인간의 본성에 있어 유전율이 낮은 특징일수록 유전적으로 결정되는 부분이 많은 것이다.[14]

지능도 마찬가지다. 허미아의 지능이 유전자 때문이라고 말하는 것은 옳지 않을 수 있다. 음식, 부모의 보살핌, 교육, 책 등이 없으면 지능이 제대로 형성될 수 없는 것은 분명하다. 그러나 이 모든 이점을 공유한 사람들의 표본에서, 시험을 잘 본 사람들과 그렇지 않은 사람들 사이의 차이는 유전자 때문으로 봐야 한다. 이런 의미에서 지능의 차이는 유전적이다.

지리적 요인, 계층, 경제력 등의 우연 때문에 대부분의 학교에는 비슷한 배경 출신의 학생들이 모인다. 정의상 모든 학교는 학생들에게 비슷한 교육을 제공한다. 그러므로 학교는 환경 영향의 차이를 최소화하면서 본의 아니게 유전의 역할을 극대화해온 셈이다. 이런 상황에서 성적이 우수한 학생과 그렇지 않은 학생의 차이는 불가피하게 유전자 탓으로 돌려진다. 왜냐하면 변수는 그것뿐이기 때문이다. 여기에서도 유전율은 무엇을 결정하는 요인이 아니라 차이를 보여주는 기준이다.

마찬가지로 모든 운동선수에게 평등한 기회와 평등한 훈련이 주어지는 능력주의 사회에서 가장 우수한 운동선수는 가장 좋은 유전자를 가진 사람일 것이다. 운동 능력의 유전율은 100퍼센트에 근접할 것이다. 소수의 특권층에게만 충분한 음식과 훈련의 기회가 돌아가는 정반대의 사회에서는 배경과 기회가 승리를 결정한다. 이 경우에 유전율은 제로가 된다. 따라서 역설적인 얘기지만, 사회가 평등할수록 유전율은 높아지고 유전자가 중요해질 것이다.

우연의 일치

지금까지 우리는 현대의 쌍둥이 연구 결과를 언급하기에 앞서 단서 조항들을 신중하게 검토했다. 우리의 이야기는 1979년의 한 기사에서 시작된다. 당시 미네아폴리스의 한 신문에 오하이오 서부 출신으로 40세에 재회한 일란성 쌍둥이 남자들의 기사가 실렸다. 짐 스프링거와 짐 루이스는 생후 몇 주 만에 각기 다른 가정에 입양되어 성장했다. 그 기사에 흥미를 느낀 심리학자 토머스 부처드는 두 사람의 유사점과 차이점을 기록하기 위해 면담을 요청했다. 한 달

안에 두 사람이 다시 만난 자리에서 부처드와 동료들은 하루 동안 짐 쌍둥이를 조사하면서 놀랄 만한 유사점들을 발견했다. 헤어스타일은 달랐지만 얼굴과 목소리는 구분하기 어려울 정도로 똑같았다. 두 사람의 병력 또한 아주 비슷했다. 고혈압, 치질 수술, 편두통, 사팔눈, 줄담배, 살렘 담배, 손톱 물어뜯기, 같은 나이에 체중 증가 등. 마음도 마찬가지였다. 두 사람 모두 승용차를 개조한 차로 자동차 경주를 즐겼고, 야구를 싫어했다. 둘 다 목공소를 운영했다. 둘 다 정원의 나무 등걸 주위에 흰색 좌석을 설치해 놓았다. 휴가 때는 플로리다의 똑같은 해변으로 갔다. 우연의 일치 중 일부는 사실 우연의 일치였다. 둘 다 애완견에게 토이라는 이름을 붙였다. 둘 다 아내 이름이 베티였다. 둘 다 린다라는 이름의 여성과 이혼했다. 둘 다 첫 아이 이름이 (한 명은 Alan이고 다른 한 명은 Allen이었지만) 제임스 앨런이었다.

부처드는 떨어져 자란 쌍둥이가 함께 자란 쌍둥이만큼 비슷할 뿐 아니라 어쩌면 그들보다 더 비슷하지 않을까 하는 생각이 떠올랐다. 한 가족 내에서는 차이가 과장될 수 있다. 가령 쌍둥이 중 한 명이 말을 더 많이 하면 다른 한 명은 더 적게 하는 식이다. 현재 이것은 사실이라고 알려져 있다. 짐 형제처럼 아주 어렸을 때 헤어지게 된 쌍둥이들은 나중에 헤어지게 된 쌍둥이들보다 유사점이 더 많다.

짐 쌍둥이 기사를 맨 처음 썼던 기자가 면담이 끝난 후 부처드를 인터뷰했고, 그 내용을 소개한 기사는 대중매체의 관심을 한몸에 받았다. 그런데 짐 쌍둥이가 자니 카슨의 「투나잇」 쇼에 출연하면서부터 사태는 눈덩이처럼 불어나기 시작했다. 전국 각지에서 쌍둥이들이 전화를 걸기 시작한 것이다. 부처드는 그들을 미네소타로 초대해 신체 검사와 심리 검사를 시작했고, 이를 위해 결국에는 18명의 팀을 운영해야 했다. 1979년 부처드가 만난 재회한 쌍둥이는 12쌍이었고, 1980년에는 21쌍, 그 다음 해에는 39쌍이었다.[15]

바로 그해 수잔 파버는 떨어져 자란 일란성 쌍둥이에 대한 모든 연구를 믿을 수 없는 것으로 일축하는 책을 발표했다.[16] 그런 연구들은 유사점을 과장하고 차이점을 무시했으며, 많은 쌍둥이들이 양육되기 전 유아기에 여러 달을 함께 보내거나 과학자들에게 발견되기 전 여러 달 동안 서로 만났다는 사실을 교묘히 회피했다는 것이 그녀의 주장이었다. 시릴 버트의 연구를 포함해 몇몇 연구는 완전히 조작되었을 가능성까지 제기되었다. 파버의 책은 사형선고나 마찬가지였지만, 부처드는 그것을 보다 완벽한 연구를 요구하는 도전장으로 보았다. 그런 비난에 맞대응하지 않기로 결심한 그는 쌍둥이에 관한 모든 정보를 신중하게 기록했다. 일화는 물론이고, 유사성에 대한 실제적인 정성적(수량적) 정보를 수집했다. 책이 출판되었을 때 그의 데이터는 파버의 비난에 거의 난공불락이었다. 그러나 그것으로는 기존 과학계를 설득하지 못했다. 비판가들은 여전히 그가 자신의 가정 외에는 어떤 것도 입증하지 못했다고 공격했다. 물론 쌍둥이는 비슷할 수 있지만, 그것은 비슷한 도시, 비슷한 교외의 고만고만한 중산층 가정에서 성장한 결과라는 것이었다. 쌍둥이는 같은 문화적 바다에서 헤엄치고 같은 서구적 가치관을 배웠다.

좋아, 그렇다면……. 그는 떨어져 자란 이란성 쌍둥이를 연구하기 시작했다. 이란성 쌍둥이도 같은 자궁에서 태어났고 서구식으로 양육된 사람들이었다. 만약 비판가들이 옳다면 그들 역시 놀라울 정도로 비슷한 마음을 가져야 한다.[17] 과연 그런가?

종교적 근본주의를 살펴보자. 최근의 연구에서 부처드는 신앙에 관한 설문 조사를 통해 개인들이 종교적으로 얼마나 근본주의적인가를 측정했다. 떨어져 자란 일란성 쌍둥이의 경우 조사 결과 밝혀진 상관성 점수는 62퍼센트인 반면 떨어져 자란 이란성 쌍둥이의 경우는 2퍼센트에 불과했다. 부처드는 종교적 성향을 측정하는 보다 광범위한 방법을 적용해 설문 조사를 반복했고, 58퍼센트 대 27퍼센트라는 유력한 결과를 얻어냄으로써, 떨어져 자란 일란성 쌍둥이와 떨어져 자란 이란성 쌍둥이의 차이를 다시 한번 입증했다. 그는 이른바 '우익적 태도'를 확인할 수 있는 또다른 설문 조사를 실시했다. 이때에도 떨어져 자란 일란성 쌍둥이들은 69퍼센트의 높은 상관성을 보였고 떨어져 자란 이란성 쌍둥이들은 상관성을 전혀 보이지 않았다. 부처드는 또다른 설문 조사에서 개별적인 어구를 제시하고 각각에 대해 찬성과 반대를 물었다. 가령 이민자, 사형, X등급 영화 등에 대한 찬반 여부 등. 이민자에 대해 부정적으로, 사형에 대해 긍정적으로 대답하는 사람을 보다 '우익적'으로 판정하는 방식이었다. 일란성 쌍둥이의 상관성은 62퍼센트였고, 이란성 쌍둥이의 상관성은 단 21퍼센트였다. 호주에서 실시하고 있는 대규모 연구에서도 큰 차이들이 밝혀지고 있다.[18]

부처드는 하나님 유전자나 낙태 반대 유전자가 있음을 입증하려는 것이 아니다. 또한 환경이 종교적 성향을 세부적으로 결정한다고 주장하는 것도 아니다. 예를 들어 이탈리아 사람들이 가톨릭을 믿고 리비아 사람들이 이슬람을 믿는 이유가 서로 다른 유전자 때문이라고 주장하는 것은 우습다. 그는 단지 종교와 같이 그렇게 전형적인 문화 현상에서도 유전자의 역할이 무시될 수 없으며 그 영향력이 측정될 수 있다고 주장하는 것이다. 인간 본성에는 부분적으로 유전되는 종교적 측면이 있고, 그것은 성격의 다른 특질들과 뚜렷이 구분된다. (가령 외향성 같은 성격의 다른 척도들과 상관성이 별로 없다.) 이것은 간단한 설문 조사로 파악할 수 있으며, 이를 통해 우리는 특정 사회 내에서 누가 결국 근본주의적 신자가 될 것인가를 예측할 수 있다.

이렇게 간단한 연구만으로도 행동유전학을 비판하는 사람들의 반대를 논박할 수 있다는 사실에 주목해보자. 많은 사람들이 설문 조사는 사람들의 진짜 생각을 너무 단순하게 측정하는 조잡하고 믿을 수 없는 도구라고 주장한다. 그러나 오히려 그 단순성이 조사 결과를 보수적으로 만든다. 측정상 오류가 배제될 수 있다면 그 효과는 더욱 커질 것이다. 그리고 많은 사람들이, 떨어져 자란 일란성 쌍둥이가 그의 주장대로 그렇게 다른 생활을 하지 않았다고 주장한다. 쌍둥이들은 대개 실험 전에 이미 몇 년 동안 서로 만나왔다. 그러나 이것이 사실이라면 떨어져 자란 이란성 쌍둥이들도 그래야 한다. 같은 이유로, 부처드가 연구에 유리한 쌍둥이들을 끌어들여서 서로 비슷한 면이 더 많은 쌍둥이들을 선별한다는 주장도 무의미해진다.[19] 부처드의 연구가 밝히는 점은 일란성 쌍둥이와 이란성 쌍둥이의 상대적 차이지, 절대적 유사성이 아니다. 또 어떤 사람들은 본성과 양육이 상호 작용하므로 둘을 분리하는 것은 불가능하다고 말한다. 사실 그렇지만, 떨어져 자란 쌍둥이가 함께 자란 쌍둥이와 크게 다르지 않다는 사실은 그런 상호 작용이 생각만큼 강하지 않다는 것을 시사한다.

이 책을 준비하면서 나는 부처드의 연구를 신랄하게 비판하는 많은 사람들의 견해를 접했다. 그들은 이미 오래전에 입증된 주장에 만족하지 못하고서, 부처드의 연구 자금이 파이어니어 재단에서 나왔다는 사실을 대놓고 지적하곤 했다. 1937년 방직 산업의 백만장자가 설립한 이 재단은 뻔뻔스럽게도 우생학을 지지하고 있다. 그 헌장은 다음과 같다. "인류의 유전과 우생학 문제를 연구하고 조사하는 일을 전반적으로 수행하거나 지원하고, 인간의 유전자 연구에 도움이 될 수 있는 동식물 연구와 조사, 그리고 미국 국민과의 특별한 관계 속에서 인류의 문제를 개선하기 위한 연구와 조사를 광범위하게 수행하고 지원한다."[20] 뉴욕에 본부를 둔 이 재단은 주로 나이 많은 전쟁 영웅과 변호사들로 구성된 이사회가 운영한다.

부처드의 연구를 지원하는 그들의 동기는 아마 유전자가 행동에 영향을 미친다고 믿고 싶은 데 있을지 모른다. 그래서 그런 결론에 어울리는 연구 결과를 얻어낼 만한 과학자에게 돈을 주었는지 모른다. 그러나 이 사실이 버지니아, 호주, 네덜란드, 스웨덴, 영국에서 행해진 비슷한 쌍둥이 연구자들은 물론이고 부처드와 그의 많은 동료들이 연구비 후원자들의 만족을 위해 데이터를 조작했음을 의미하는가? 이는 상당히 억지스런 얘기로 들린다. 게다가 부처드를 단 몇 분만 만나 봐도 누구나 그가 호락호락하고 어리석은 사람이 아님은 물론 우생학 운동을 부활시키기 위해 애간장을 태우는 광포한 결정론자가 아님을 금방 알 수 있다. 그가 파이어니어 재단의 돈을 받은 것은 그 돈에 어떤 조건도 붙어 있지 않아서였다. "내가 어떤 생각을 하고 어떤 글을 쓰고 어떤 일을 하든 나를 구속하지 않을 때에만 돈을 받는 것이 내 원칙이다."[21]

물론 그런 연구들이 보도되는 방식에는 문제가 있다. 'X에 해당하는 유전자' 란 기사 제목은 특히 유전자가 자기 앞에 서 있는 모든 장애물을 단숨에 밀어붙이는 막강한 불도저라는 평판을 조장하기 때문에 큰 해를 끼친다. 그러나 애초에 이 평판을 만들어낸 책임은 양육을 옹호하는 사람들에게 있다. 그들은 행동이란 불가피한 것이 아니기 때문에 유전자는 끼어들 수 없다고 주장하는 과정에서 유전자를 필연성과 등치시킨다. 양육을 옹호하는 사람들은 'X에 해당하는 유전자' 란 그 행동(X)을 항상 그리고 반드시 야기하는 유전자를 의미한다고 반복해서 말한다. 이에 대해 본성을 옹호하는 사람들은 그 유전자가 다른 형태들과 비교해 단지 행동 X의 가능성을 상대적으로 높여준다는 것을 의미한다고 설명한다.[22]

영국의 쌍둥이 연구가 탈리아 엘리는 1999년 영국과 스웨덴에 사는 1,500쌍의 일란성 쌍둥이와 이란성 쌍둥이로부터 얻은 증거를 토대로 어린이가 학교에서 불량배가 될 가능성은 유전자의 영향이 크다고 선언했다. 이때 기자가 그녀의 결론을 평상시처럼 간단하게 '괴롭히는 행동은 유전적이다' 라고 표현했다면 그녀는 불만을 터뜨렸어야 하는가, 사과를 늘어놨어야 하는가?[23] 보다 정확한 표현은 '괴롭히는 행동의 차이는 전형적인 서구 사회에서 유전적일 수 있다' 겠지만, 기자 입장에서 뉴스 편집자가 그런 단서 조항을 삽입하리라 기대하기는 어려울 것이다.

여기서 우리는 1980년대에 엄격한 조건하에서 시행된 쌍둥이 연구들이 맨 처음 공개되었을 때 얼마나 큰 충격을 불러일으켰는지를 돌이켜볼 필요가 있다. 서구의 중산층 사이에서도 성격 차이는 유전자의 도움을 전혀 받지 않고 오직 경험의 차이에 의해서만 형성된다는 믿음이 지배적이었다. 유행하는 가설은 '모든 것이 유전자에 있는 것은 아니다'가 아니라 '어떤 것도 유전자에 있지 않다'였다. 다음은 부처드가 처음으로 충분한 데이터를 얻었던 해인 1981년에 발행된 인성심리학의 한 주요 교과서에서 따온 인용문이다. "동일한 유전적 자질을 가진 쌍둥이가 서로 다른 가정에서 양육되면 얼마나 엄청난 성격상의 차이가 발생할지 상상해보라."[24] 부처드를 포함해 모두가 그렇게 생각했다. 그의 솔직한 말을 들어보자. "사실 처음 시작할 당시 나는 그런 종류의 것들이 유전자의 영향을 받을 수 있다고 믿지 않았다. 내 생각을 바꿔놓은 것은 증거였다."[25] 쌍둥이 연구는 성격에 대한 이해에 진정한 혁명을 몰고 왔다.

그러나 행동유전학의 성공은 곧 쇠퇴로 이어졌다. 그 결과는 따분할 정도로 예측이 가능하다. 모든 것이 유전 가능하다고 입증되기 때문이다. 골턴이 원했던 것처럼 이 세계를 유전적 요인과 환경적 요인으로 분류하는 것은 고사하고, 거의 모든 것에서 엇비슷하게 높은 유전율을 발견한다. 부처드는 처음 시작했을 때 성격을 판단하는 어떤 척도가 다른 척도보다 더 유전성이 높을 것이라 기대했다. 그러나 떨어져 자란 쌍둥이를 연구하면서 여러 나라의 표본들을 끊임없이 확대시켜봐도 결론은 항상 명백했다.

서구 사회에서 유전율은 거의 모든 척도에서 항상 높게 나온다. 즉 떨어져 자란 일란성 쌍둥이는 떨어져 자란 이란성 쌍둥이보다 훨씬 더 비슷하다.[26] 두 개인 간의 차이는 가정적 요인보다는 유전적 차이에서 더 많이 비롯된다. 오늘날 심리학자들은 성격을 다섯 차원으로, 이른바 '빅 파이브' 요소로 구분한다. 즉 개방성, 성실성, 외향성, 친화성, 정서안정성 (Openness, Conscientiousness, Extroversion, Agreeableness, Neuroticism의 첫글자들을 따와 OCEAN으로 부르기도

한다)이다. 설문 조사를 통해 각 차원의 개인 점수를 뽑으면, 차원에 따라 다르게 나온다. 가령 어떤 사람은 개방적이고(O), 까다롭고(C), 외향적이고(E), 질투심이 강하고(A), 침착할(N) 수 있다. 각 차원에서 성격 차이의 40퍼센트를 약간 넘는 부분이 직접적으로 유전적 요소에 기인하고, 10퍼센트 미만이 공통적 환경 요소(대개는 가정 환경)에서 기인하고, 약 25퍼센트는 혼자 경험하는 단독 환경(질병과 사고에서 학교 친구에 이르는 모든 것)의 영향에 기인한다. 나머지 25퍼센트는 측정상의 오류로 본다.[27]

어떤 의미에서 이 쌍둥이 연구는 '성격' 이란 말에 어떤 의미가 있음을 입증한다. 누군가를 어떤 성격의 소유자라고 설명할 때 우리는 다른 사람의 영향이 미치지 못하는 그만의 고유한 본성을 가리킨다. 그것은 이론상 그에게만 고유한 어떤 것이 있음을 의미한다. 그러나 한 세기 동안 프로이트의 이론을 확신해온 우리로서는 그 고유한 특성이 가정 환경의 영향을 거의 받지 않는다는 사실을 직관적으로 부인하게 된다.[28]

이 점에서 성격은 체중만큼이나 유전적이다. 한 연구에 따르면, 체중에 있어 두 형제의 상관성은 34퍼센트라 한다. 부모와 자식 간의 유사성은 그보다 약간 낮은 26퍼센트다. 이 유사성 중 얼마나 많은 부분이 그들이 같이 살고 같은 음식을 먹는다는 사실에 기인하고, 또 얼마나 많은 부분이 그들이 같은 유전자를 가지고 있다는 사실에 기인하는가? 한 가정에서 자란 일란성 쌍둥이는 80퍼센트의 상관성을 보이는 반면 함께 자란 이란성 쌍둥이는 43퍼센트의 유사성에 그친다. 이것은 유전자가 공통의 식습관보다 더 중요하다는 것을 의미한다. 입양아는 어떨까? 입양아와 양부모의 상관성은 4퍼센트고, 혈통상 무관한 형제들 간의 유사성은 1퍼센트에 불과하다. 이와 대조적으로 각기 다른 가정에서 자란 일란성 쌍둥이는 체중의 유사성이 72퍼센트나 된다.[29]

결론: 체중은 식습관이 아니라 주로 유전자 탓이므로 당장 다이어트 비디오를 버리고 아이스크림이나 실컷 먹어라? 물론 아니다. 위의 연구는 체중의 원인에 대해 어떤 말도 하지 않는다. 다만 한 가족의 체중 차이가 무엇 때문인지를 말할 뿐이다. 같은 음식을 먹는다는 조건하에서 어떤 사람들은 살이 더 많이 찐다. 서구 사회에서 사람들이 더 뚱뚱해지는 것은 유전자의 변화 때문이 아니라 더 많이 먹고 운동을 적게 해서이다. 그러나 같은 음식을 먹는데도 뚱뚱해지는 사람들은 특정한 유전자를 가진 사람일 것이다. 이렇게 체중의 편차는 유전적인 반면 평균적인 체중 변화는 환경적이다.

사람의 성격을 제각각으로 만드는 것은 어떤 종류의 유전자일까? 유전자는 단백질 분자를 만드는 명령어 집합이다. 이 단순한 디지털 축도로부터 복잡한 성격으로 건너뛴다는 것은 불가능해 보인다. 그러나 역사상 처음으로 그런 일이 가능해졌다. 성격의 변화를 야기하는 유전자 배열의 변화가 발견되고 있다. 건초 더미에서 바늘 몇 개가 발견되고 있는 것이다. 뇌에서 유도된 신경작용 인자라는 뜻의 단백질 유전자 BDNF는 11번 염색체 위에 있으며, 비교적 짧은 편에 속하는 유전자인 암호 문자가 1,335개인 DNA 덩어리다. 유전자는 문자 네 개의 암호로 특별한 단백질을 요리하는 완벽한 방법을 간직하고 있는데, 그 단백질은 뇌에서 뉴런의 성장을 촉진할 뿐 아니라 그 이상의 기능도 수행하는 일종의 비료 같은 단백질이다. 동물의 경우 그 유전자의 192번째 문자는 G이지만, 사람 중에는 A인 경우도 있다. 인간 유전자의 약 4분의 3은 G형이고, 4분의 1은 A형이다. 긴 단락에서 단 하나의 문자가 다른 이 차이 때문에 약간 다른 단백질, 즉 66번째 자리에 발린 대신 메티오닌(둘 다 아미노산의 일종)이 있는 단백질이 만들어진다. 모든 사람의 유전자는 한 쌍이므로, 그것은 이 세상에 세 종류의 사람이 존재한다는 것을 의미한다. 즉 BDNF 유전자에 메티오닌이 두 개인 사람, 발린이 두 개인 사람, 메티오닌과 발린이 각각 하나씩인 사람이다. 사람들에게 성격을 묻는 설문지를 주면 그들이 어떤 종류의 BDNF를 갖고 있는지를 알 수 있고, 그 결과 놀라운 사실을 발견할 수 있다. 메트-메트 유형은 발-메트 유형보다 신경증이 두드러지게 낮고, 발-메트 유형은 발-발 유형보다 훨씬 낮다.[30]

심리학자들은 신경증을 여섯 측면으로 분류한다. 이 중 네 측면인 우울증, 자의식, 불안, 취약성은 발-발 유형이 가장 높고 메트-메트 유형이 가장 낮다. 성격의 다른 12측면 중에서는 감정의 개방성 한 측면만이 연관성을 보인다. 다시 말해 이 유전자는 특별히 신경증에 영향을 미치는 것이다.

그렇다고 너무 흥분하지 말자. 이 발견은 사람들의 차이 중 약 4퍼센트라는 아주 작은 부분만을 설명한다. 따라서 연구가 행해진 미시건 주 테컴세 시에 사는 257가족들만의 특징일 수 있다. 또 그것이 가장 확실한 신경증 유전자가 아닐 수도 있다. 그러나 최소한 테컴세에서는 그 유전자의 차이를 통해 두 사람의 성격 차이를 어느 정도 일관된 표준적 방법으로 설명할 수 있다. 그것은 또한 우울증과 아주 강한 연관성을 보이는 최초의 유전자이기 때문에, 아주 흔하면서도 치료가 매우 어려운 현대인의 그 고질병에 대해 작은 희망을 품게 해준다. 여기서 내가 말하고 싶은 바는 그 하나의 유전자가 특히 중요하다는 것이 아니라, DNA 암호 문자의 변화로부터 성격상의 실질적 차이로 건너뛰는 것이 얼마나 쉬운가를 그 유전자가 입증한다는 점이다. 나를 포함해 어느 누구도 아직은 그렇게 작은 변화가 어떻게 또는 왜 성격 차이를 낳는가를 말할 순 없지만, 그렇다는 사실은 거의 분명하다고 말할 수 있다. 행동유전학을 비판하는 사람들도 '유전자는 단백질의 요리법일 뿐, 성격의 결정 요소는 아니다' 라는 이 사실은 무시하지 못할 것이다. 단백질 요리법의 한 변화는 실제로 성격의 변화를 일으킬 수 있다. 더구나 비슷한 역할을 한다고 추정되는 다른 유전자들도 수면 위로 떠오르고 있다.

그러므로 양육의 차이보다 유전자의 차이가 성격 차이에 더 큰 영향을 미친다고 결론을 내려도 큰 잘못은 아니다. 허미아와 헬레나는 함께 성장했지만, 셰익스피어의 「십이야」에 등장하는 인물들인, 떨어져 자란 세바스찬과 바이올라 보다 서로 비슷하지 않다. 아이를 두 명 이상 키워본 부모라면 아이들이 아주 다른 성격을 갖게 된다는 것과 그 차이가 환경 때문이 아니란 것을 쉽게 알 것이다. 그러나 이때 부모는 거의 틀림없이 선천적인 차이를 보게 된다. 부모는 각 아이를 거의 동일한 환경에서 양육하기 때문이다. 떨어져 자란 쌍둥이 연구에서 발견되는 놀라운 결과는 어떤 환경에서도 성격 차이는 대개 선천적이라는 점이다. 가정 환경이 달라진다고 해서 성격에 영향을 미치지는 않는다. 이 결론은 쌍둥이 연구로부터 가장 분명하게 나오지만, 입양에 대한 연구나 쌍둥이와 입양아의 관계에 대한 연구에서도 충분히 입증된다.

· 한 가정에서 양육된 것이 심리적 특성에 미치는 효과는 무시해도 될 만하다.[31]

· 공통의 환경은 성인의 성격 차이에 큰 영향을 미치지 않는다.[32]

이런 진술은 곧 가족은 중요하지 않다는 주장으로 발전할 수 있다. 그리고 한술 더 떠 아이들을 돌보지 않아도 된다는 논리로 이어질 수 있다. 그래도 아이들의 성격에는 영향이 없기 때문이다. 바로 이런 인상을 남기기 때문에 일각에서는 과학자들을 비난하기도 한다. 그러나 과학자들의 글을 조금만 읽어보면 그런 오류를 아주 신중하게 부인하고 있음을 알 수 있다. 행복한 가정은 성격 이외에 다른 것들, 가령 행복을 제공한다. 아이는 성격 발달을 위해 가정에서 양육될 필요가 있다는 점에서 가족은 성격에 중요하다. 성장할 가정이 있는 한 그 가정이 큰가 작은가, 부유한가 가난한가, 대가족인가 단출한가, 나이가 많은가 적은가 등은 크게 중요하지 않다. 가족은 비타민 C와 같다. 그것이 없으면 병이 들지만, 일단 섭취하면 많이 먹는다고 더 건강해지진 않는다.

능력주의를 좋아하는 사람들에게 이것은 신나는 발견이다. 소외된 계층의 사람들을 차별하거나 특이한 가정에서 자란 사람들을 경계할 이유가 없어지기 때문이다. 특별한 성격을 불우한 유년 탓으로 돌리는 일도 없어진다. 환경 결정론은 유전 결정론만큼이나 무의미한 이론으로, 이것은 내가 이 책이 끝날 때까지 다룰 핵심 주제다. 우리는 다행히 둘 중 어느 것도 믿을 필요가 없다.

쌍둥이 성격 연구에 대한 어떤 비판이 있는데, 나는 유전자가 본성의 대리자인 동시에 양육의 대리자라는 내 주장에 그 비판을 반드시 포함시키고자 한다. 그것은 유전이 환경에 전적으로 의존한다는 사실에 기초한 비판이다. 동등한, 아니 동일한 양육 패턴을 경험한 중산층 미국인 집단에서는 성격의 유전율이 높게 나타날 것이다. 반면에 수단 출신의 고아나 뉴기니 원주민의 아이를 표본으로 하면 유전율은 현저히 떨어질 것이다. 여기에서는 환경이 중요해진다. 환경이 일정하면 변하는 것은 유전자다. 얼마나 놀라운가! 기억 유전자를 연구하느라 쌍둥이를 연구할 시간이 없는 팀 툴리는, '유전율이 생물학과 아무 관계가 없다는 걸 법정에서 증명할 수 있다'고 말한다.[33] 그러므로 쌍둥이 연구자들이 유전율 측정을 목적 자체로 제시한다면 그것은 자신이 판 함정에 빠지는 셈이 된다. 그래서 유전자가 성격에 영향을 미친다는 아주 강한 증거를 제공한 후 그들은 계속 무엇을 해야 할지 고민한다. 쌍둥이 연구는 그 자체로 어떤 유전자가 무엇에 관여하는가를 밝히는 데 도움이 안 되는 것으로 유명하다.

그 이유는 다음과 같다. 유전율은 대개 단일한 유전자가 작용하는 특징보다는 많은 수의 유전자들이 작용하는 특징에서 월등히 높아진다. 그리고 많은 수의 유전자가 관여할수록 유전율은 유전자의 직접적인 영향보다는 부수적 작용에 의해 야기된다. 예를 들어 범죄 성향은 유전율이 상당히 높다. 입양아는 양부모보다는 친부모에 훨씬 가까운 범죄 기록을 보인다. 이것은 특정한 범죄성 유전자가 있어서가 아니라 법을 준수하기 어렵게 만드는 선천적 특질들이 있어서이고 그 특질들이 유전되기 때문이다. 쌍둥이 연구자 에릭 터크하이머는 이것을 다음과 같이 설명한다. "우둔하거나, 매력이 없거나, 탐욕스럽거나, 충동적이거나, 정서적으로 불안정하거나, 알코올에 중독된 사람들이 범죄자가 될 가능성이 여느 사람들과 똑같다고 누가 생각하겠는가? 그리고 그런 특징들이 유전적 기여와 완전히 무관할 수 있다고 누가 생각하겠는가?"[34]

지능

쌍둥이 연구의 눈부신 성공과는 별도로 인간 행동의 몇몇 특징은 유전율이 아주 낮은 것으로 판명되었다. 유머 감각은 유전율이 낮다. 한 가정에 입양된 두 명의 형제는 유머 감각이 아주 비슷한 반면, 떨어져 자란 쌍둥이는 상당한 차이를 보인다. 음식 편애 성향도 유전율이 아주 낮다. 음식 편애 성향은 유전자가 아니라 어린 시절의 경험을 통해 형성된다. 쥐도 그렇다.[35] 사회적 정치적 태도는 공통 환경의 영향을 강하게 받는다. 부모의 자유주의적 성향 또는 보수주의적 성향이 자녀에게 그대로 전수되는 것으로 보인다. 종교의 종류 역시 유전보다는 문화적으로 전수된다. 반면 종교적 열의는 그렇지 않다.

지능은 어떠한가? IQ의 유전율에 대한 논쟁은 처음부터 격렬한 흔적을 남겼다. 최초의 IQ 검사는 조잡했고 문화적 편견이 가득했다. 1920년대 들어 미국 정부와 유럽 국가들은 지능이 상당히 유전적이라는 확신에 기초해, 우둔한 사람들의 과도한 번식을 막기 위해 정신 장애자들에 대한 강제 불임수술인 단종 정책을 시작했다. 모든 논쟁이 그랬듯이 IQ 논쟁도 1960년대에 갑작스런 혁명을 맞이했다. 그후로 IQ가 유전된다는 주장은 격렬한 탄핵 운동, 개인적 평판에 대한 맹공, 해고의 요구로 이어졌다. 그런 일을 겪은 최초의 과학자는 1969년 《하버드 교육평론》에 논문을 발표한 아서 젠슨이었다.[36] 1990년대 들어서는 사회가 지능과 인종에 따른 선택 결혼에 의해 분리되고 있다는 주장—리처드 헤른슈타인과 찰스 머레이의 『종형곡선이론』—이 다시 한번 학계와 언론계를 발칵 뒤집어놓았다.[37]

그러나 보통 사람들로 말할 것 같으면 그들의 의견은 한 세기 동안 거의 변하지 않았을 것이라 생각된다. 대부분의 사람들은 지적 업무를 수행하기 위한 선천적 적성인 '지능'을 믿는다. 아이를 많이 키워본 부모일수록 그 믿음은 더욱 강할 것이다. 물론 부모들은 교육을 통해 아이들의 지능을 이끌어내고 가르쳐야 한다고 생각한다. 그러나 그 속에는 선천적인 무언가가 있다고 생각한다.

떨어져 자란 쌍둥이건 함께 자란 쌍둥이건 쌍둥이 연구는 사람마다 각자 뛰어난 면이 다를지라도 그 이면에는 지능이라는 단일한 실체가 존재한다는 생각을 강하게 뒷받침한다. 다시 말해 지능을 구성하는 대부분의 요소들은 서로 연관되어 있는 것이다. 일반지능 검사나 어휘 검사에서 뛰어난 사람들은 대개 추상적 사고나 숫자열 완성 과제에도 뛰어나다. 100년 전 이 사실을 맨 처음 밝혀낸 사람은 골턴의 추종자인 통계학자 찰스 스피어만으로, 그는 일반지능을 뜻하는 공통요소 'g'라는 말을 만들어냈다. 다양한 IQ 검사들을 서로 연결시켜 얻어낸 g라는 기준은 오늘날에도 여전히 학생의 성적을 예측하는 유용한 기준으로 사용되고 있다. g는 다른 어떤 심리학 주제보다 더 많은 연구의 주제였다. 다중지능 이론들은 유행처럼 왔다가 사라지지만 상호 관련된 일반 지능이란 개념은 사라지지 않을 것이다.

g란 무엇인가? 통계학적 검사에서 그렇게 대단해 보이는 것이라면 틀림없이 뇌 속에 실질적인 증거가 존재할 것이다. 그렇다면 생각의 속도나 뇌의 크기와 관련이 있는 것일까? 아니면 그보다 더 미묘한 어떤 것일까? 우선 말할 수 있는 사실은 g유전자들을 검사해 보면 크게 실망한다는 점이다. 손상되었을 때 정신 지체를 야기하는 유전자들 중 어떤 것도 보다 미묘한 변화를 입었을 때는 지능에 어떤 영향도 미치지 않는 것으로 입증되고 있다. 지능이 높은 사람들의 유전자를 무작위로 검사해서 그들이 평범한 사람들과 지속적인 차이를 보이는 측면을 발견하려는 시도가 있었지만, 지금까지는 단 하나 6번 염색체상의 IGF2R 유전자와의 상관성이 밝혀졌을 뿐 2,000개 이상의 유전자가 어떤 상관성도 보이지 않았다. 이것은 단지 건초더미가 너무 크고 바늘이 너무 작다는 것을 의미할 수 있다. 후보 유전자들, 가령 신경 전달의 속도에 영향을 미치는 것으로 보이는 PLP는 아주 적은 양의 반응 시간과 관련이 있을 뿐이고 g와는 특별한 상관성을 보이지 않고 있다. 결국 빠른 뇌로 지능을 설명하는 이론은 가망이 없어 보인다.[38]

지능을 분명하게 예측할 수 있는 한 가지 신체적 특징은 뇌의 크기다. 뇌의 용량과 IQ의 상관성은 약 40퍼센트로, 작은 뇌를 가진 천재와 큰 뇌를 가진 둔재에게 많은 여지를 남기지만 그래도 강한 상관성을 보여주는 수치다. 뇌는 백색질과 회색질로 구성되어 있다. 2001년 뇌 스캐너 기술이 회색질의 양을 비교할 수 있는 단계에 도달하자 네덜란드와 핀란드의 두 연구에서는 뇌의 몇몇 부위에서 g와 회색질 양의 상관도가 아주 높다는 사실을 발견했다. 두 연구는 또한 일란성 쌍둥이 간의 회색질 양이 95퍼센트라는 높은 상관도를 보여준다는 사실을 발견했다. 이에 반해 이란성 쌍둥이의 상관도는 50퍼센트에 불과했다. 이 수치들은 유전자의 지배를 강하게 받는 동시에 환경의 영향과는 거의 관계가 없는 어떤 것이 있음을 가리킨다. 네덜란드 과학자 다니엘 포스투마의 말에 의하면, 회색질의 양은 '환경 요소가 아니라 전적으로 유전적 요소에 달려 있다'고 한다. 그 연구들이 실제적인 지능 유전자를 설명한 것은 아니었지만, 그런 유전자가 실제로 존재한다는 사실은 거의 분명하다. 회색질은 뉴런으로 이뤄져 있기 때문에, 새로 밝혀진 상관성은 똑똑한 사람이 평범한 사람보다 말 그대로 뉴런이나 뉴런의 연결부를 더 많이 갖고 있다는 것을 의미한다. ASPM 유전자가 뉴런의 수를 통해 뇌 크기를 결정한다는 사실이 발견된 후 제1장부터는 g의 유전자들이 언제라도 발견될 것만 같은 분위기다.[39]

그러나 g가 모든 것은 아니다. 쌍둥이 지능 연구는 또한 환경의 역할을 밝혀준다. 성격과는 달리 지능은 가족의 영향을 강하게 받는 것으로 보인다. 쌍둥이나 입양아 혹은 둘을 함께 묶은 표본의 IQ 유전율 연구는 모두 똑같은 결론으로 수렴되고 있다. IQ는 대략 50퍼센트가 '가법적으로* 유전적'이고, 25퍼센트가 공통 환경의 영향이고, 나머지 25퍼센트는 개인만이 겪는 단독 환경의 영향이다. 따라서 성격과는 달리 지능은 가족의 영향이 아주 크다고 말할 수 있다. 지적인 가정에서 자라는 아이는 지적인 사람이 될 가능성이 그만큼 높아진다.

* 개개인의 서로 다른 유전자들과는 상관없이 같은 작용을 하는 유전자들, 다시 말해 일정한 특성에 해당하는 유전자들의 영향만을 계산한다. : 옮긴이.

그러나 평균 수치를 내는 이 연구는 훨씬 더 흥미로운 두 가지 특징을 드러내준다. 첫째는, IQ 편차가 평균보다 훨씬 더 환경적이면서 훨씬 덜 유전적인 표본이 있다는 것이다. 에릭 터크하이머는 IQ의 유전율이 사회경제적 지위에 따라 크게 좌우된다는 사실을 발견했다. 극도로 가난한 환경에서 자란 쌍둥이가 다수 포함된 쌍둥이 표본은 빈부의 격차를 극명하게 보여주었다. 가장 가난한 어린이들의 경우 IQ 점수의 거의 모든 편차가 유전이 아닌 공통 환경으로 설명되었고, 부유한 가정은 그 반대였다. 다시 말해 연간 소득이 몇천 달러에 불과한 생활은 지능에 악영향을 미칠 수 있다. 반면 연간 소득 4만 달러에서 40만 달러까지는 별 차이가 없었다.[40]

이 발견은 정책적으로 분명한 방향을 알려준다. 중산층의 불평등 억제보다는 극빈층을 구제하는 정책이 기회의 평등에 더 효과적으로 기여한다는 것을 의미하기 때문이다. 그리고 내가 앞에서 언급한 사실, 즉 성취도의 편차는 전적으로 유전자 때문이지만 그렇다고 해서 환경이 중요하지 않은 것은 아니라는 사실을 다시 한번 확증해준다. 대부분의 표본에서 그렇게 강한 유전적 영향이 발견되는 이유는 대부분의 사람들이 적당히 행복하고 풍요로운 가정에서 살기 때문이다. 만약 그렇지 않다면 아주 다른 결과가 발견될 것이다. 이것은 성격에도 거의 그대로 적용된다. 부모가 엄격한 양육법으로 자녀의 최종 성격을 변화시키기는 불가능할지 모른다. 그러나 부모가 자식을 하루에 10시간씩 방에 가둬놓는다면 충분히 가능한 일이다.

체중의 유전율을 기억해보자. 음식을 마음껏 먹을 수 있는 서구 사회에서 살이 빨리 찌는 사람은 먹는 것에 더 많이 끌리는 사람이다. 그러나 거의 모든 사람이 극도의 가난에 시달리고 있는 수단이나 버마의 외진 마을은 모두가 굶주림을 겪을 것이고 단지 부유한 사람들만 뚱뚱할 것이다. 여기서는 체중의 편차가 유전적이 아니라 환경적이다. 과학자들의 용어로, 환경의 영향은 비선형적이다. 즉 양극단에서는 환경이 결정적인 영향을 미치는 반면, 중간 부분에서의 웬만한 환경 변화는 별 효과를 내지 못한다.

평균 수치 속에 숨겨진 두 번째 놀라운 사실은, 연령이 증가할수록 유전자의 영향이 높게 나오고 환경의 영향이 낮게 나온다는 것이다. 나이가 들수록 가족 배경을 보고 IQ를 예측하기는 어려워지고 유전자를 보고 예측하기는 쉬워진다. 똑똑한 부모에게서 태어난 고아가 바보 가정에 입양되면 학교 성적은 형편없지만 중년에는 양자역학을 연구하는 뛰어난 교수가 될 수 있다. 지능이 낮은 부모에게서 태어난 고아가 노벨상을 받은 부모에게 입양되면 학교 성적은 뛰어나지만 중년에는 독서나 깊은 사고가 불필요한 직업을 가질 수 있다.

서구 사회에서 '공유 환경'이 IQ의 차이에 미치는 영향은 20세 이하의 사람의 경우 대략 40퍼센트로 나온다. 그런 다음 나이가 많아질수록 급속히 제로에 가까워진다. 이와 반대로 유전자가 IQ 차이에 미치는 영향은 유아기의 20퍼센트에서 유년기에는 40퍼센트로, 성년기에는 60퍼센트로, 중년 이후에는 80퍼센트로 높아진다.[41] 다시 말해 특정한 환경에서 양육된 효과는 그 환경에 속해 있는 동안에는 높지만 그 시기를 벗어나면 감소하는 것이다. 입양된 형제들은 함께 자라는 동안에는 IQ가 비슷하다. 그러나 성인이 되었을 때는 완전히 무관해진다. 성년기에 지능은 성격과 같아진다. 즉 유전적인 면이 크고, 일부는 개인의 단독 환경이 영향을 미치고, 가족의 영향은 거의 없다. 이로써 유전자는 일찍 영향을 미치고 양육은 늦게 영향을 미친다는 과거의 직관적 개념은 완전히 뒤집어진다.

이 개념 속에서 우리는 아동의 지적 경험은 다른 사람에 의해 제공된다는 사실을 읽을 수 있다. 반면에 성인은 자신의 지적 도전을 스스로 창출한다. 이때 '환경'은 고정된 실체가 아니라, 행위자 자신이 능동적으로 선택하는 여러 영향들의 독특한 구성물이 된다. 특정한 유전자를 가진 개인은 특정한 환경을 경험하기가 쉽다. '운동적인' 유전자를 가진 사람은 스포츠에 종사하길 원하게 되고, '지적인' 유전자를 가진 사람은 지적 활동을 추구하게 된다. 유전자는 양육의 중개인이다.[42]

체중에는 유전자가 어떤 영향을 미칠까? 아마도 식욕 조절을 통해서일 것이다. 부유한 사회에서 체중이 많이 나가는 사람들은 남들보다 배가 더 고파서 더 많이 먹는 사람일 것이다. 유전적으로 뚱뚱한 서양인과 유전적으로 마른 서양인의 차이는 전자가 아이스크림을 사먹을 가능성이 더 높다는 사실에 있다. 그렇다면 그의 비만은 유전자 때문인가 아이스크림 때문인가? 분명히 둘 다 때문이다. 유전자는 그를 집밖으로 끌고 나가서 환경 요인 즉 아이스크림에 노출시킨다. 분명 지능의 경우와 아주 똑같다. 유전자는 적성보다 식욕에 더 많은 영향을 미친다. 유전자는 똑똑하게 만들기보다는 공부를 즐기도록 만든다. 공부를 즐기는 사람은 공부에 시간을 더 많이 들이고 그래서 더 똑똑해진다. 본성은 단지 양육을 통해서만 효과를 발휘한다. 본성은 식욕을 채울 수 있는 환경을 찾아 나서도록 자극하는 역할을 한다. 환경은 작은 유전적 차이들을 곱하는 역할을 하며, 그런 방식으로 운동을 좋아하는 아이는 운동장으로 끌고 가 보상을 주고 영리한 아이는 도서관으로 끌고 가 보상을 준다.[43]

행동유전학의 주요한 결론은 우리의 직관과 정반대로 대립한다. 행동유전학에서는 본성이 성격, 지능, 건강을 결정하는 중요한 역할을 한다고 즉, 유전자가 중요하다고 이야기한다. 그러나 그 때문에 양육이 희생된다고 얘기하진 않는다. 오히려 그 과정을 확인하는 데는 어쩔 수 없이 양육이 덜 중요한 것은 사실이지만 일란성 및 이란성 쌍둥이를 대상으로 환경 실험을 할 수는 없다. 양육도 유전만큼이나 중요하다는 사실을 분명하게 입증한다. 본성은 양육을 압도하지 않고, 양육과 경쟁하지도 않는다. 둘은 본성 대 양육의 경쟁을 벌이는 라이벌이 아니다.

역설적인 얘기지만, 서구 사회가 지능의 유전율이 아주 높은 수준까지 도달했다면 그것은 배경이 그다지 중요하지 않은 일종의 능력주의 사회에 도달했다는 것을 의미한다. 이것은 또한 유전자에 관한 놀라운 사실을 드러낸다. 유전자의 차이는 인간 행동의 정상적인 범위 내에서 발생한다. 유전자는 비타민 C나 가족과 같아서 정상 기능을 발휘하지 못할 때에만 문제를 일으킨다. 손상된 유전자는 희귀한 질병뿐 아니라 희귀한 정신적 결함도 야기할 수 있다. 심한 우울증, 정신 질환, 정신 장애는 드물고 이상한 양육에 의해 야기될 수도 있지만, 희귀한 유전적 변이에 의해서도 야기될 수 있다. 그렇다면 만약 모두에게 정상적인 유전자와 정상적인 가정이 주어진다면 사람들의 성격과 지능은 거의 비슷한 잠재력을 갖게 되므로 그런 사회는 완벽한 유토피아가 될 것이다. 나머지 세부적인 사항들은 우연이나 상황으로 귀착될 것이다.

그러나 실제는 그렇지 않다. 행동유전학은 정상적인 경험의 범위 내에서 우리의 행동에 영향을 미치는 보편적인 유전적 차이가 있음을 매우 극명하게 보여준다. 발-발 형과 메트-메트 형은 BDNF 유전자에만 있는 것이 아니라 성격과 지능을 비롯해 마음의 여러 측면에 영향을 미치는 다른 많은 유전자에도 있다. 17번 염색체상에 있는 안지오텐신 변환 효소$_{ACE}$유전자의 형태에 따라 어떤 사람들은 다른 사람들보다 유전적으로 근육의 힘을 쉽게 기를 수 있는 것처럼,[44] 어떤 사람들은 아직 알려지지 않은 유전자들의 형태에 따라 유전적으로 교육을 더 잘 흡수할 수 있는 능력을 갖는다. 이 돌연변이는 희귀하다기보다는 오히려 보편적이다.

진화생물학의 관점에서 이것은 치욕스런 일이다. 어떤 이유로 '정상적인' 유전적 차이, 보다 정확한 용어로 다형성(多形性)이 그렇게 보편화되었을까? '똑똑한' 유전자는 점차 '미련한' 유전자를 몰아내고, 침착한 유전자는 흥분하기 쉬운 유전자를 몰아낼 것이 분명하지 않은가. 생존이나 짝짓기 전략에 있어서는 한쪽이 다른 쪽보다 어쩔 수 없이 우월하다. 따라서 결국에는 한쪽의 주인이 번식력이 우수한 조상으로 올라서지 않겠는가? 그러나 유전자가 이런 식으로 멸종된다는 증거는 존재하지 않는다. 인간들 사이에는 다양한 유전자 형태들이 행복하게 공존하는 것 같다.

불가사의한 일이지만 인류는 과학을 통해 예상할 수 있는 것보다 더 많은 유전적 차이를 가지고 있다. 행동유전학은 무엇이 행동을 결정하는가를 밝히는 것이 아니라 무엇이 다른가를 밝히는 것임을 기억하자. 그렇다면 우리는 그것이 바로 유전자라는 답을 얻게 된다. 일반인들의 생각과는 반대로 대부분의 과학자들은 불가사의를 좋아한다. 그런 과학자들은 객관적 사실을 나열하기보다는 새로운 수수께끼를 발견하는 일에 몰두한다. 실험실에서 흰 가운을 입고 일하는 사람들은 아주 작은 수수께기나 역설을 발견하지 않을까 하는 막연한 희망 속에 평생을 보낸다. 다음이 바로 그런 예다.

이 수수께끼를 설명하는 이론은 많지만 충분히 만족스런 이론은 전무하다. 어쩌면 우리 인간은 다양한 돌연변이를 번식시키는 테크놀로지를 가지고 우리 자신을 유지함으로써 자연 선택의 힘을 느슨하게 해왔는지 모른다. 그렇다면 왜 다른 동물들에게도 그와 똑같은 차이가 존재하는 것일까? 아마 어떤 균형을 이루는 미묘한 형태의 선택이 있어서 그로 인해 항상 희귀한 변형체들이 선호되고 그럼으로써 희귀한 유전자의 멸종이 방지되는 것인지 모른다. 이 개념은 면역계 내의 변이성을 잘 설명한다. 질병은 평범한 유전자 형태를 공격함으로써 희귀한 유전자 형태에게는 호의를 베풀기 때문이다. 그러나 이것이 성격의 다형성을 보존하는 이유에도 곧바로 적용되기는 어렵다.[45] 어쩌면 짝짓기 선택이 다양성을 촉진하는지 모른다. 혹은 우리가 들어보지 못한 어떤 새로운 이유가 있을지 모른다. 1930년대에 다형성을 설명하는 진화론자들이 격렬한 논쟁을 벌였지만 견해 차이는 아직 해결되지 않고 있다.

긍정적인 면을 강조하다

보통 이 시점에서 행동유전학에 관한 책은 본성 대 양육 논쟁의 어느 한편을 격렬하게 비난하곤 했다. 나 역시 쌍둥이 연구가 애매한 동기, 잘못된 구상, 어리석은 해석으로 가득 차 있으며 파시즘과 운명론을 불러들일 가능성이 있다고 주장하거나, 그것이 선천적 성격이나 마음의 재능 같은 것은 없으며 모든 것이 사회의 잘못이라고 주장하는 열광적인 빈 서판의 도그마를 바로잡을 수 있는 타당하고 합리적인 해결책이라고 주장할 수 있다.

그러나 나는 양쪽 견해에 똑같이 공감한다. 나는 본성 대 양육 논쟁을 더 혼란스럽고 지저분하게 만들 수 있는 그런 주장을 단호히 거부한다. 철학자 재닛 래드클리프 리처즈는 이 문제를 다음과 같이 멋지게 지적했다. "이 논쟁에 참여한 사람들이 상대방에 대해 어떤 주장을 전개했는지를 자세히 따라가 보면 잘못된 인용, 왜곡된 인용, 의도적인 엉터리 해석, 잘못된 해석 등이 너무 많다는 사실에 새삼 놀라게 된다."[46] 내 경험상 과학자들은 상대방을 비난할 때 오류를 범하는 경우가 가장 많다. 자신이 좋아하는 개념이 옳고 따라서 다른 개념은 틀리다고 주장할 때 그들은 대개 앞에서는 옳고 뒤에서는 틀린다. 그럴 때 두 이론은 부분적으로 옳을 가능성이 높다. 어느 지류가 나일강의 발원지인가를 놓고 싸우던 탐험가들처럼 과학자들도 나일강에는 두 지류가 모두 필요하다는 중요한 사실을 놓치고 지류에 매달린다. 유전자의 영향을 발견했으니 환경은 아무 역할도 하지 않는다는 주장은 헛소리에 불과하다. 환경 요인을 발견했으니 유전자는 아무 역할도 하지 않는다는 주장 역시 잠꼬대에 불과하다.

바로 IQ 이야기가 그런 현상의 분명한 예를 보여준다. 발견자 제임스 플린의 이름을 딴 이른바 플린 효과는, 평균 지능지수가 10년마다 최소 5점씩 꾸준히 상승하고 있다는 놀라운 현상을 말한다. 이것은 IQ가 환경의 영향을 받는다는 것을 의미한다. 할아버지 시절로 돌아가면 우리가 모두 천재라니, 도무지 믿기지 않는 얘기다. 그러나 그것이 양육이건 교육이건 정신적 자극이건, 현대 생활의 어떤 면이 각 세대의 지능지수를 부모보다 높게 끌어올리고 있는 것은 분명한 사실이다. 따라서 플린은 아니지만 일부 양육론자들은 유전자의 역할은 생각보다 작은 것이 틀림없다고 말한다. 그러나 신장의 경우를 보면 전혀 그렇지 않다는 생각이 든다. 영양 섭취가 개선된 덕분에 각 세대는 부모보다 키가 커졌지만, 그래서 신장이 생각했던 것보다 덜 유전적이라고 주장하는 사람은 없다. 오히려 갈수록 많은 사람들이 자신에게 잠재된 최대 신장에 도달하고 있기 때문에 신장 차이의 유전율은 아마도 계속 높아지고 있을 것이다.

플린 자신은 욕구가 적성을 강화하는 방식을 통해 플린 효과를 이해할 수 있다고 생각한다. 20세기 사회는 학업과 관련된 지적 성취를 추구하는 아이들에게 갈수록 많은 보상을 제공했다. 아이들은 그 보상에 대한 반응으로 뇌의 그 부분들을 더욱 훈련시키게 된다. 이로부터 유추하자면, 야구의 발명은 보다 많은 아이들이 야구 기술을 연습하게 만들었고, 그 결과 각 세대는 야구를 더욱 잘하게 되었다. 두 일란성 쌍둥이가 야구 능력이 비슷한 것은 그들이 처음에 비슷한 적성을 가지고 시작했고, 그래서 그들은 야구라는 게임에 똑같은 욕구를 갖게 되었고, 그래서 비슷한 연습 기회를 가졌기 때문이다. 중요한 것은 적성과 욕구이지, 둘 중 어느 하나가 아니다. 일란성 쌍둥이는 서로 같은 유전자를 갖고 있고, 그래서 똑같이 밖으로 달려나가 똑같은 경험을 한다.[47]

유토피아

말년에 이르러 프랜시스 골턴은 많은 뛰어난 인물들에게 찾아오는 유혹에 굴복하고 말았다. 유토피아를 글로 썼던 것이다. 플라톤에서 토머스 모어까지 이상적인 사회를 묘사한 모든 글처럼 그의 책도 제정신으로는 도저히 살기 힘든 전체주의 국가를 묘사하고 있다. 사실 인간 본성을 위해서는 다원주의가 필수적이라는 생각은 이 책 전체에서 계속 반복될 주제다. 어쨌든 골턴은 인간 본성에 있어 유전적 요소가 중요하다는 점에서는 옳았지만, 양육이 중요하지 않다고 생각한 점에서는 틀렸다.

골턴이 그의 책을 쓴 때는 80줄에 들어선 1910년이었다. 『캔세이웨어』라는 제목의 그 책은 인구통계학 교수인 도나휴의 일기 형식이다. 교수는 캔세이웨어라는 곳에 도착하는데, 그곳은 완전한 우생학적 정책에 따라 위원회에 의해 지배되고 있다. 그는 오거스타 올팬시 양을 만나는데, 그녀는 우생학 대학에서 막 우등 과정 시험을 치르려 하고 있다.

캔세이웨어의 우생학 정책은 미스터 네버워즈가 창안했다. 그는 인류의 혈통 개선을 위해 자신의 돈을 남겼다. 우생학 시험을 통해 뛰어난 유전적 재능을 보여주는 사람은 여러 가지 보상을 받는다. 보통 성적으로 시험을 통과하는 사람은 매우 제한된 번식만을 허락받는다. 시험에서 떨어진 사람은 노동자 집단 거주지로 보내진다. 그곳에서는 특별히 힘든 일이 부여되진 않지만 모두가 독신으로 살아야 한다. 부적절한 자들의 번식은 국가적 범죄다. 도나휴는 오거스타를 따라 많은 파티에 가본다. 곧 22세가 되는 그녀는 그런 파티에서 잠재적 파트너들을 만난다.

골턴에게는 다행이었지만, 메두인 출판사는 소설의 출판을 거절했고, 조카의 딸인 에바는 소설이 광범위하게 유통되는 것을 막기 위해 갖은 노력을 기울였다.[48] 그녀는 적어도 그 소설이 얼마나 난처하고 부끄러운 작품인가를 알고 있었다. 하지만 골턴의 통제사회가 20세기의 끔찍한 사건들을 예언하고 있다는 사실은 꿈에도 몰랐을 것이다.

4

원인을 둘러싼 광기

'원인' 이란 말은 미지의 신을 모시는 제단이다.

윌리엄 제임스[1]

20세기는 '결정론' 이란 용어를 남발한 세기였는데, 그 중 최악은 유전적 결정론이었다. 유전자는 운명이라는 무자비한 괴물로 묘사되었고, 연약한 자유의지를 차지하려는 괴물의 음모는 양육이라는 정의의 기사만이 꺾을 수 있었다. 이 관점은 나치의 잔혹 행위가 끝난 1950년대에 정점에 이르렀지만, 철학적 탐구의 일각에서는 훨씬 그 이전부터 모습을 드러내고 있었다. 정신의학 분야에서는 이 견해에 입각한 치료법이 생물학적 이론을 누르고 활발히 채택되었는데, 그 시기는 바로 골턴이 인간 행동의 유전성을 더욱 폭넓게 주장하던 1900년경이었다. 이후의 역사를 볼 때 양육을 중시하는 정신의학적 관점이 독일어를 사용하는 세계에서 최초로 발생했다는 것은 씁쓸한 역설이 아닐 수 없다.

지그문트 프로이트 이전에 정신의학의 초기 역사를 이끈 핵심 인물은 에밀 크레펠린이었다. 1856년에 태어난 크레펠린은 1870년대에 뮌헨에서 정신의학을 공부했지만, 즐겁게 공부하지는 못했다. 시력이 나빴던 그는 죽은 뇌 조각을 현미경에 놓고 보는 것을 싫어했다. 당시 독일만의 전문분야였던 정신의학은 정신질환의 원인을 뇌에서 발견할 수 있다는 개념을 토대로 창시되었다. 심장병이 심장 부위의 문제 때문에 발생하듯, 마음이 뇌의 산물이라면 당연히 마음의 질병은 뇌 기능의 이상에서 발생하리라는 것이었다. 정신과 의사들은 심장외과 의사처럼 신체적 결함을 진단하고 치료하려 했다.

크레펠린은 그런 사고를 180도 뒤집었다. 여러 곳을 전전하던 그는 1890년 결국 하이델베르크에 정착해, 정신병 환자들을 현재의 증상이나 뇌의 모습에 따라 분류하는 것이 아니라 그들의 개인사에 따라 분류하는 새로운 방법을 개척했다. 그는 각 환자의 개인 카드 기록을 수집했고, 그럼으로써 개개인의 역사를 볼 수 있었다. 병의 종류가 다르면 진행 상황도 다르다는 것이 그의 주장이었다. 각 질병의 특징을 분류할 수 있으려면 장기간에 걸친 각 환자의 정보를 수집하는 수밖에 없었다. 진단은 예후의 아버지가 아니라 자식이었다.

당시 정신의학자들은 특정한 증상을 호소하는 환자가 점점 늘어나는 현상을 목격하고 있었다. 환자들은 주로 20대 젊은이들로, 망상, 환각, 정서적 무관심, 사회적 무감각 등으로 고통받고 있었다. 크레펠린은 처음으로 이 새로운 질병을 조발성치매로 분류하고 설명했다. 오늘날 이 병은 크레펠린의 제자인 위겐 블로일러가 1908년에 붙인 '정신분열증'이라는 별 도움이 안 되는 이름으로 불린다.

당시에 정신분열증이 정말로 급증했는지 아니면 단지 정신병 환자들이 처음으로 가족의 울타리에서 나와 시설에 수용됨에 따라 갑자기 주목을 받게 된 것인지에 대해서는 오늘날 많은 논란이 일고 있다. 증거를 종합해보면, 실제로 19세기에 정신질환이 증가했고 특히 정신분열증은 19세기 중반까지도 희귀한 병이었다는 결론에 이르게 된다.

정신분열증은 형태와 심각성이 다양하지만, 그럼에도 일관된 주제들이 관통한다. 환자들은 자신의 생각을 큰 소리로 듣는다. 과거의 환자들은 그냥 어떤 목소리가 들린다고 표현했지만 오늘날에는 주로 CIA가 자신의 머릿속에 어떤 장치를 심어놓았다는 식으로 표현한다. 환자들은 또한 다른 사람들이 자신의 생각을 읽는다고 상상하며, 모든 사건을 자신과 결부시키는 경향이 있어서, 가령 텔레비전 뉴스를 보면 방송 진행자가 자신에게 은밀한 메시지를 보내고 있다고 생각한다. 환자들의 편집증은 괴상한 음모 이론으로 이어져 치료를 거부하게 만든다. 뇌가 문제를 일으킬 수 있는 수많은 가능성을 고려할 때 그 정도로 일관된 증상을 보인다는 것은 정신분열증이 유사한 증상들의 집합이 아니라 단일한 질병임을 의미한다.

크레펠린은 조발성치매와, 조증과 울증이 크게 반복되는 다른 질병을 구별했다. 그는 이 병을 조울증이라 불렀는데 오늘날에는 대개 양극성 장애라 부른다. 그는 각 질환을 현재의 증거가 아니라 과정과 결과에 따라 구분했다. 사실 뇌 속의 어떤 차이에 의해 그 질환들을 구별하는 것은 훨씬 어려운 일이었다. 크레펠린은 정신의학이 해부학을 버리고 질병의 원인에 대해 불가지론의 입장을 취해야 한다고 말했다.

원인에 기초해 질병을 의학적으로 분류하거나 서로 다른 원인을 구별할 수 없다면, 우리의 병인론(病因論)적 관점은 어쩔 수 없이 불분명하고 모순된 채로 남을 것이다.[2]

그렇다면 원인이란 무엇인가? 인간 경험의 원인으로는 가장 분명한 것들만 열거하자면 유전자, 사고, 전염병, 출생 순서, 교사, 부모, 생활 환경, 기회, 우연 등이 있다. 때로는 하나의 원인이 매우 중요해 보이지만 항상 그렇지는 않다. 감기가 걸렸을 때 그 주된 원인은 바이러스지만, 폐렴에 걸렸을 때는 먼저 기아, 저체온, 스트레스 등으로 면역계에 이상이 생겨야 하기 때문에 박테리아는 기회주의자에 불과하다. 과연 그것을 '진짜' 원인으로 볼 수 있을까? 이와 마찬가지로 헌팅턴 무도병* 같은 '유전적' 질병은 단지 한 유전자의 어떤 변이에 의해 발생하고, 환경 요인들은 결과에 거의 어떤 영향도 미치지 않는다. 그러나 페닐케톤 뇨증(尿症)은 페닐알라닌을 타이로신으로 전환시키지 못해 생기는 일종의 지적 장애로, 돌연변이나 음식 속의 페닐알라닌 때문에 발생한다고 말할 수 있다. 따라서 보는 사람의 각도에 따라 본성이나 양육 어느 쪽을 원인으로 볼 수 있다. 많은 유전자와 다양한 환경 요소들이 작용하는, 가령 정신분열증 같은 경우 그 패턴은 훨씬 더 복잡해질 것이다.

이 장에서 나는 정신분열증의 원인을 조사한 다음, '원인'이란 개념을 아예 혼란 속으로 던져버리고자 한다. 이것은 우선 정신분열증의 원인이 여전히 수많은 가능성과 설명들이 난무하는 미해결의 문

---

* 의지와 상관없이 몸이 경직되거나 손발이 떨리는 중추신경계 퇴행성 질환을 말한다 : 옮긴이.

제이기 때문이다. 우리는 유전자나 바이러스나 음식이나 사고가 정신병의 첫째 원인이라고 믿을 수 있다. 그러나 혼란은 더 깊어지기만 한다. 과학이 정신분열증에 가까이 접근하면 할수록 원인과 증상의 경계는 더욱 모호해지기 때문이다. 환경 요인과 유전적 요인이 함께 작용하고 서로를 요구하는 것처럼 보여서 결국에는 무엇이 원인이고 무엇이 결과인지를 말하기가 불가능해진다. 본성과 양육의 이분법은 먼저 원인과 결과의 이분법을 극복해야 한다.

어머니 탓인가

정신분열증의 원인을 설명하기 위해 맨 처음 요청할 증인은 정신분석 학자다. 20세기 중반에 오랫동안 그 주제를 지배했기 때문이다. 정신병의 원인에 대한 크레펠린의 불가지론은 20세기 초 정신의학을 관통하여 큰 공백을 남겼고, 이 공백은 후에 프로이트 학파에 의해 채워졌다. 크레펠린은 정신질환에 대한 생물학적 설명을 거부하고 생활사를 강조함으로써 정신분석학의 길을 열었다. 그는 신경증과 정신 이상의 원인이 유년기에 있음을 강조했다.

1920년에서 1970년 사이 정신분석학이 특별히 확산된 것은 성공적인 치료보다는 마케팅 덕분이었다. 환자들과 유년에 대한 이야기를 나눔으로써 정신분석 전문의들은 처음으로 따뜻한 인정과 공감을 보여주었고, 이것이 그들의 인기를 높여주었다. 사실 다른 치료법들, 가령 바르비투르산염을 이용한 깊은 수면, 인슐린을 이용한 코마(혼수상태) 요법, 백질 절제술, 전기 충격 요법 등은 하나같이 불쾌하거나 중독성이 있거나 위험했다. 또한 정신분석의들은 무의식과 유년의 기억을 강조함으로써 '수용소를 나올 수 있는 티켓'을 제공했다. 실제로 정신분석은 아프다기보다는 불행한 사람들, 그리고 소파에 누워 자신이 살아온 이야기를 말할 기회가 절실했던 사람들에게 큰 도움이 되었다. 미국에서는 개인적 의료가 인기를 얻고 성공함에 따라 정신분석의들이 점차로 정신의학 분야를 점령하는 원동력이 되었다. 1950년대에는 정신의학의 교육까지도 정신분석의들이 지배하게 되었다. 개별 환자의 심리적 문제는 그 자신의 개인사에, 특히 사회적 원인 또는 '심인성'에 그 열쇠가 있었다.

'대화 요법'은 혁신적인 치료법이었다. 그러나 모든 발전이 그렇듯 정신분석도 자신의 한계를 벗어나, 다른 이론들이 도덕적으로나 사실적으로 불필요하다 못해 잘못된 설명을 하고 있다고 주장하기 시작했다. 정신병을 생물학적으로 설명하는 이론은 이단이 되었다. 모든 종교가 그렇듯이 정신분석도 회의를 믿음의 부족으로 몰아붙였다. 어떤 의사가 진정제를 처방하거나 정신분석학적 이야기에 의심을 던지면, 그것은 그 자신의 신경증을 표현하는 행위가 돼버렸다.

처음에 프로이트 학파는 심각한 정신병을 피하고 주로 신경증에 집중했다. 프로이트 본인도 정신병 치료를 경계했고, 비록 망상형 정신분열증이 억압된 동성애 충동의 결과라는 위험한 추측을 했지만, 자신의 방법으로는 그런 환자들을 치료할 수 없다고 생각했다. 그러나 자신감과 힘이 커지자 특히 미국의 분석의들은 정신병에 도전하고 싶은 유혹을 이겨내지 못했다. 1935년 독일 정신분석 전문의 프리다 프롬 라이히만은 프로이트식 치료법을 전문적으로 연구하는 연구소가 있는 메릴랜드 주 록빌의 체스넛로지에 도착했다. 거기서 그녀는 새로운 정신분열증 이론을 발전시켰다. 정신분열증이 환자의 어머니 때문에 발생한다는 것이었다. 1948년에 그녀는 다음과 같이 썼다.

> 정신분열증 환자들이 이유 없이 다른 사람을 의심하고 화를 내는 것은 유아기와 유년기에 중요한 사람들, 주로 정신분열증 성향을 가진 어머니에게서 심한 왜곡과 거부를 경험했기 때문이다.[3]

그 뒤를 이어, 자칭 프로이트의 상속자 브루노 베텔하임은 자폐증을 그런 식으로 진단해서 인기를 얻었다. 즉 자폐증은 자식을 차갑게 대함으로써 사회적 기술을 습득하는 자식의 능력을 망가뜨리는 '냉장고 같은 어머니' 때문에 발생한다는 것이었다. 베텔하임은 나치에 의해 다카우 수용소와 부헨발트 수용소로 보내졌다가 뇌물을 써서 최악의 수용소를 벗어났고 1939년 석방되었지만 어떤 이유에서였는지는 아직도 밝혀지지 않고 있다. 시카고로 이주한 그는 정서적 장애아들을 위한 고아원을 설립했다.[4] 그의 엄청난 명성은 1990년 그의 자살로 물거품처럼 사라졌다. 쌍둥이 연구로 인해 '냉장고 어머니 이론'은 완전히 소멸됐지만, 그 이론은 한 세대의 자폐아 부모들에게 양육에 대한 죄의식과 수치를 안겨주었다. 자폐증은 유전율이 90퍼센트다. 일란성 쌍둥이의 경우 한 명이 자폐증이면 다른 한 명도 자폐증일 확률은 65퍼센트인 반면 이란성 쌍둥이는 0퍼센트다.[5]

다음은 동성애자들 차례였는데, 이번에는 정서적으로 경직된 아버지나 위압적인 성격을 가진 어머니가 비난의 표적이었다. 몇몇 프로이트 분석가들은 아직도 이 이론을 고수한다. 최근의 한 책에는 다음과 같은 주장이 실려 있었다.

(남성 동성애자의) 아버지는—정서적으로, 실제적으로, 혹은 두 측면이 결합된 형태로—거부하거나, 회피하거나, 나약하거나, 집에 없으며, 부부생활은 불협화음으로 가득하다. 동성애자들은 아버지와의 관계가 부정적인 경향이 있고, 그들 중 절반은 (이성애자들이 4분의 1인 것과 비교해) 차갑거나 적대적이거나 소원하거나 유순한 아버지에 대해 분노와 두려움을 느낀다.[6]

어쩌면 이 말이 모두 맞는지 모른다. 만약 이성애자 아버지와 동성애자 아들의 관계가 '부정적'이지 않다면 그것은 기적일 것이다. 그러나 어느 것이 먼저인가? 가장 극단적인 프로이트 학파를 제외하고는, 동성애 성향 때문에 부자 관계가 그렇게 된 것이 아니라 그런 관계 때문에 동성애 성향이 발생한다고 생각하는 사람은 오래전에 사라졌다. 상관성은 인과 관계나 인과 관계의 방향을 조금도 알려주지 못한다. 정신분열과 자폐증에 부모의 양육을 끌어들이는 이론도 마찬가지다. 동성애자 아들의 아버지처럼 자폐아의 어머니도 아이의 행동에 좌절한 나머지 마음의 문을 닫는다. 정신분열 아동의 어머니들은 아이의 병이 발전하는 것을 보고 거칠게 반응할 수 있다. 결과와 원인이 뒤바뀌어 버린 것이다.[7]

정신분열증 아이를 키우면서 이미 지독한 스트레스에 시달리던 부모들에게 프로이트식 고소는 이겨내기 힘든 타격이었다. 그들의 주장이 한 세대의 부모들에게 안겨준 고통은 만약 그 이론을 뒷받침할 만한 증거라도 제시했다면 한결 덜했을 것이다. 그러나 중립적인 입장에서 보면 프로이트식 요법으로는 정신분열을 치료하지 못할 것임을 분명히 알 수 있었다. 실제로 1970년대가 되자 몇몇 정신병 전문의들이, 정신분석은 오히려 환자들의 증상을 악화시키는 것 같다는 사실을 용감하게 인정했다. '심리 요법만 받은 환자들의 결과는 치료를 받지 않은 대조군의 결과보다 크게 나빴다' 고 한 명은 처량하게 고백했다.[8] 그 무렵 정신분석은 이미 수만 명의 정신분열증 환자들을 치료하는 데 이용되고 있었다.

20세기 중반에 흔히 그랬듯이, '증거' 는 엄청난 가정 즉, 본성이 아니라 양육이 부모 자식의 유사성 대부분을 설명한다는 가정에 기초해 있었다. 정신분열증의 경우 분석가들이 생물학자들을 무시하지 않았더라면 그런 가정이 이미 쌍둥이 연구로 인해 효력을 잃었음을 알았을 것이다.

1920년대와 1930년대에 러시아에서 이주한 유대인 아론 로사노프는 캘리포니아 지역의 쌍둥이들에 관한 자료를 수집했고, 그것을 이용해 정신병의 유전율을 산출했다. 한쪽이 정신병을 앓고 있는 1천 쌍 이상의 쌍둥이 중 정신분열증 환자는 142명이었다. 일란성 쌍둥이는 양쪽 모두 정신분열증을 보인 비율이 68퍼센트인 반면 이란성 쌍둥이는 15퍼센트에 불과했다. 그는 조울증 쌍둥이에게서도 비슷한 차이를 발견했다. 그러나 유전자는 정신의학 분야에서 인기가 없었기 때문에 로사노프의 연구는 무시를 당하고 말았다. 사학자 에드워드 쇼터는 다음과 같이 말한다.

> 로사노프의 쌍둥이 연구는 양차 세계대전 중간 시기에 국제 정신의학계에 지대한 공헌을 한 것은 분명하지만, 미국 정신의학이 공인하는 역사는 정신분석을 중시하는 저술가들이 지배하는 탓에 그의 연구를 모른 척하고 넘어간다.[9]

1935년 독일에서 이주한 프란츠 칼만은 뉴욕의 정신분열증 쌍둥이 691명을 대상으로 비슷한 연구를 했고, 로사노프보다 더 확실한 일란성 쌍둥이는 86퍼센트, 이란성 쌍둥이는 15퍼센트라는 결과를 얻어냈다. 그러나 1950년 정신의학 세계회의에서 그의 목소리는 정신분석 학자들의 아우성에 파묻히고 말았다. 로사노프와 칼만은 둘 다 유대인이었음에도 쌍둥이 연구를 이용했다는 이유로 나치라는 비난까지 받았다. 반면에 정신분열증에 대한 어머니 이론은 그후 20년 이상 곤란한 상황으로부터 보호를 받았다.

현재는 '심리사회적 요인' 들의 영향은 아주 작다는 것이 일치된 의견이다. 핀란드의 한 입양아 연구에서는, 양어머니가 완곡한 용어로 이른바 '대화 이상 증세' 를 보이는 경우 정신분열증 환자에게서 태어나 그 밑에서 자란 입양아는 사고 장애를 겪을 가능성이 약간 높다는 사실을 밝혀냈다. 그러나 생물학적으로 정상적인 친부모에게서 태어난 아이들의 경우는 아무런 영향이 발견되지 않았다. 따라서 '정신분열증 어머니' 가 자식에게 미치는 영향은 단지 유전적 감수성*에 국한된다.[10]

유전자 탓인가

두 번째로 소환된 증인은 정신분열증이 유전자 때문이라고 믿는다. 그는 행동유전학의 모든 주장을 이용한다. 정신분열증은 분명히

* susceptibility, 침입한 병원체에 대항해 감염 또는 발병을 막을 수 있는 능력에 미치지 못하는 상태 : 옮긴이.

혈통을 따라 흐른다. 친사촌이 정신분열증이면 내 발병률은 두 배로 높아져 2퍼센트가 된다. 배 다른 형제나 고모가 정신분열증이면 다시 세 배로 높아져 6퍼센트가 되고, 친형제가 정신분열증이면 9퍼센트로 올라간다. 비일란성 쌍둥이가 정신분열증이면 발병률은 16퍼센트가 되고, 두 부모가 정신분열증이면 40퍼센트로 급증한다. 일란성 쌍둥이 한 명이 정신분열증인 것은 가장 높은 발병 요인이어서, 다른 한 명의 발병률은 약 50퍼센트에 이른다. 로사노프와 칼만의 수치보다 상당히 낮은 것은 보다 조심스런 진단 때문이다.

그러나 쌍둥이는 본성뿐 아니라 양육도 공유한다. 세이무어 케티는 1960년대부터 덴마크 입양아들을 연구하기 시작했다. 덴마크는 입양에 관한 데이터베이스를 어느 나라보다 잘 관리하고 있다. 그는 입양된 아이가 후에 정신분열증을 앓는 경우를 조사하여, 입양 가정의 구성원들보다는 친가족의 발병률이 10배나 높다는 사실을 밝혀냈다. 정반대로 정신분열증 환자에게 입양된 아이들의 경우에는 물론 발병률이 아주 낮다.[11]

이 모든 수치는 두 가지 중요한 사실을 말해준다. 첫째는 서구 사회에서 정신분열증은 유전율이 약 80퍼센트로, 체중과 거의 비슷하고 성격보다는 상당히 높다는 점이다. 그러나 둘째, 그 수치들은 많은 유전자가 관련돼 있다는 사실을 보여준다. 그렇지 않으면 이란성 쌍둥이의 수치는 일란성 쌍둥이의 수치에 훨씬 더 근접할 것이다.[12]

유전자 쪽의 증인은 따라서 신빙성이 꽤 높다. 단일 유전자에 의해 발생하는 질병 외에 유전의 증거를 그렇게 분명히 보여주는 질병은 거의 없다. 인간 게놈이 발표된 이 시대에 정신분열증의 유전자들을 확인하는 것은 큰 문제가 아니다. 1980년대에 유전학자들은 아주 자신 있게 그 유전자들을 찾기 시작했다. 정신분열증 유전자들은 유전자 사냥의 세계에서 가장 인기 있는 목표물이었다. 정신분열증 환자들의 염색체와 정상인 친척들의 염색체를 비교하는 방법으로 유전학자들은 공통적으로 차이를 보이는 염색체 부분을 확인했고, 어디서 그 유전자들을 찾아야 할지를 대략 알게 되었다. 1988년에 한 연구팀은 기록이 양호한 아이슬랜드 사람들의 족보를 이용해 유력한 결과를 얻어냈다. 그들은 5번 염색체의 한 조각이 정신분열증 환자들은 뚜렷하게 비정상적인 반면 가까운 친척들은 그렇지 않다는 사실을 발견했다. 거의 비슷한 시기에 또다른 연구팀도 우연히 비슷한 현상을 발견했다. 정신분열증이 5번 염색체의 한 조각과 뚜렷한 연관성을 보인 것이다.[13]

두 팀에게는 축하 세례가 쏟아졌다. '정신분열증 유전자'를 발견했다는 표제가 뉴스의 헤드라인을 장식했다. 사실 이 시기에는 우울증 유전자, 알코올 중독 유전자, 그밖의 여러 정신병 유전자들이 잇달아 발표되었다. 정작 과학자들 본인은 신중한 태도로 작은 인쇄물을 통해, 연구 결과는 임시적이며 그것은 정신분열증의 한 유전자일 뿐 '바로 그' 유전자는 아니라고 발표했다.

그러나 다가올 실망에 대비하는 사람은 거의 없었다. 많은 사람들이 똑같은 결과를 내보려 했지만 성공하지 못했다. 1990년대 말이 되자 사람들은 5번 염색체와의 연관성이 '오탐지'였음을 인정했다. 그것은 결국 신기루였다. 유전자가 마음의 복잡한 질병에 영향을 미친다는 생각은 지난 10년 동안 이런 식으로 착각이었음이 입증되었다. 최초의 실험도 잊혀져 갔다. 과학자들은 특정한 장애와 염색체의 한 부분이 연관돼 있다고 발표할 때는 아주 조심스런 태도를 취하게 되었다. 그리고 이제 같은 결과가 재확인될 때까지는 어느 누구도 그런 발표를 진지하게 받아들이지 않는다.

현재 정신분열증은 인간이 가지고 있는 대부분의 염색체상의 마커 일종의 유전자 표식인 마커들과 연결되고 있다. 단 여섯 개의 염색체(3, 7, 12, 17, 19, 21번)만이 정신분열증과 무관한 것으로 추정된다. 그러나 그 연결 중 영구적인 것은 거의 없으며, 연구마다 각기 다른 연결이 발견된다. 여기에는 충분한 이유가 있다. 집단이 다르면 돌연변이도 다르다. 정신분열증의 가능성을 높이는 유전자가 많으면 많을수록 비슷한 효과를 발휘하는 여러 돌연변이가 존재할 가능성이 그만큼 높아진다. 예를 들어 침실에 전등이 켜지지 않는다고 가정해보자. 전구가 나갔을 수 있고 퓨즈 때문일 수도 있고 스위치 고장일 수도 있고 심지어는 정전 때문일 수도 있다. 지난번에는 스위치 고장이었지만 이번에는 전구 때문이다. 스위치와의 연관성이 반복되지 않았음을 확인한 후 당신은 화를 내며 그것이 '오탐지'였음을 인정한다. 결국 문제는 스위치가 아니라 전구였다.

그러나 둘 다 때문일 수도 있다. 훨씬 더 복잡한 뇌에서는 잘못될 수 있는 곳이 수천 곳에 이른다. 유전자가 다른 유전자를 켜고 그것은 더 많은 유전자를 켜서 결국에는 가장 간단한 경로에도 수십 개의 유전자가 참여한다. 어느 하나만 잘못돼도 경로 전체가 두절된다. 그러나 우리는 모든 정신분열증 환자에게서 똑같은 유전자가 잘못되어 있기를 기대할 수 없다. 특정한 경로에 고장을 일으킬 수 있는 유전자가 많으면 많을수록 질병과 유전자의 연관성이 반복되기는 더욱 어렵다. 따라서 오탐지가 반드시 실망스럽거나 잘못된 것은 아니다. (통계학적 요행수로 맞아떨어지는 수도 있지만.) 또한 연관성 연구가 실패했다고 해서, 그것이 몇몇 사람들의 주장처럼 '신경유전학적 결정론'의 기본 개념 전체가 잘못되었음을 입증하지는 않는다. 정신분열증에서 유전자의 역할은 특정한 유전자를 발견하거나 발견하지 못하는 것으로 입증되는 것이 아니라 쌍둥이와 입양아 연구에 의해 입증된다. 반면에 연관성 연구는 헌팅턴 무도병 같은 단일 유전자 질병의 경우에는 적절하지만 정신병에는 대체로 만족할 만한 결과를 보여주지 못한다.

시냅스 탓인가

세 번째 증인을 요청해보자. 어떤 과학자들은 정신분열증 환자들의 유전자를 확인하는 대신, 그들의 뇌에서 생화학적 차이를 찾기 시작했다. 그 차이를 찾으면 어느 유전자가 그 생화학적 과정을 통제하는가를 추적할 수 있고 그래서 '후보 유전자'를 조사할 수 있다는 생각에서였다. 첫 번째 조사 대상은 도파민 수용체였다. 도파민은 '신경전달물질'이고, 도파민 수용체는 뉴런들 간의 화학적 연결 체계다. 한 뉴런이 세포들 사이의 시냅스 속에 도파민을 방출하면 (시냅스는 특별히 좁은 틈이다.) 이웃 뉴런은 전기적 신호를 전하기 시작한다.

도파민은 1955년부터 연구의 초점이 될 운명이었다. 그해 클로르프로마진이란 진정제가 정신분열증 환자들에게 처음으로 널리 사용되었기 때문이다. 잔인한 뇌 절제술과 무익한 정신분석 사이에서 방황하던 의사들에게 그 약은 신이 보낸 선물이었다. 그것은 정말로 제정신을 회복시켰다. 정신분열증 환자들은 처음으로 수용소 밖에서의 정상적인 생활을 꿈꿀 수 있었다. 그러나 얼마 후 끔찍한 부작용들이 발생하면서 환자들이 투약을 거부하는 문제가 발생했다. 클로르프로마진은 일부 환자들에게 파킨슨씨 병과 비슷한 운동신경의 진행성 퇴화를 야기했다.

그러나 그 약은 치료제는 아니었지만 어쨌든 원인과 관련된 중요한 단서를 제공하는 것은 분명했다. 클로르프로마진과 그 이후의 약들은 도파민 수용체를 막아서 도파민의 접근을 방해하는 화학물질이었다. 게다가 가령 암페타민처럼 뇌의 도파민 수치를 증가시키는 약들은 증세를 자극하거나 악화시킨다. 셋째, 뇌의 영상을 보면 도파민이 공급되는 부위들이 정신분열증 환자들에게서 가장 특이한 형태로 나타난다. 정신분열증은 신경전달물질의 장애 특히 도파민과 관련된 문제인 것이 분명하다.

뉴런 위의 도파민 수용체는 모두 다섯 종류다. 그 중 D2와 D3 두 가지가 일부 정신분열증 환자에게서 불완전한 형태로 발견되었지만, 이번에도 그 결과는 실망스러울 정도로 약하고 좀처럼 반복되지 않고 있다. 게다가 최고의 정신병 치료제는 D4 수용체를 막는 작용을 한다. 설상가상으로 D3 유전자는 3번 염색체상에 있는데, 이 염색체는 연관성 연구에서 한 번도 정신분열증과 관련된 적이 없는 여섯 개의 염색체에 속한다.

정신분열증을 도파민으로 설명하는 도파민 이론은 생쥐 때문에 인기를 잃고 말았다. 생쥐에게 잘못된 도파민 신호를 보내도 전혀 정신분열증 환자처럼 행동하지 않는다는 사실이 밝혀진 것이다. 최근에는 뇌 속의 또다른 신호 체계인 글루탐산 체계에 관심이 집중되고 있다. 정신분열증 환자의 뇌에는 도파민이 너무 많은 것처럼, 특정한 종류의 글루탐산 수용체(NMDA 수용체)의 활동이 너무 적다. 세 번째 가능성은 세로토닌 신호 체계다. 이번의 관심은 보다 성공적이었다. 후보 유전자 중 하나인 5HT2A가 특히 정신분열증 환자들에게서 종종 결함을 보일 뿐 아니라, 연관성 연구에서 주목받는 염색체 중 하나인 13번 염색체상에 있기 때문이다. 그러나 그 효과는 여전히 실망스러울 정도로 약하다.[14]

2000년이 되었지만 연관성 연구도, 후보 유전자 연구도 어느 유전자가 정신분열증의 유전에 책임이 있는가의 문제를 해결하지 못했다. 그 무렵 인간 게놈 프로젝트가 완성 단계에 있었고 그래서 모든 유전자가 최소한 컴퓨터 안에서는 완전하게 모습을 드러냈지만, 도대체 문제가 되는 몇 개의 유전자를 어떻게 찾는단 말인가? 피츠버그의 팻 레빗과 그의 동료들은 죽은 정신분열증 환자들의 전두피질 샘플을 조사해, 어느 유전자들이 이상하게 활동했는가를 조사했다. 그들은 이것을 실험대상자들의 섹스, 사망 후 시간, 연령, 뇌 산성도와 자세히 일치시켜 보았다. 그런 다음 거의 8,000개에 달하는 유전자 샘플을 미세배열 기법으로 조사해, 정신분열증 환자들에게서 다르게 표현된 것으로 보이는 유전자들을 찾아냈다. 첫 번째는 '시냅스전 분비 기능'과 관련된 유전자 집단이었다. 쉽게 말해 이것은 뉴런으로부터 화학적 신호들, 가령 도파민과 글루탐산 신호들을 생산하는 일에 관여하는 유전자를 의미한다. 특히 그 중 두 유전자가 정신분열증 환자들에게서 활동이 약했다. 놀랍게도 두 유전자는 연관성 연구에서 정신분열증과의 연관성이 발견되지 않은 염색체에 속하는 3번과 17번 염색체상에 있다.[15]

그러나 또다른 유전자도 부상했다. 이 연구는 1번 염색체상에 있는 한 유전자를 자세히 분석하고 있다. RGS4라 불리는 이 유전자는 시냅스의 하류면, 즉 화학적 신호를 받는 쪽 끝에서 활발하다. 레빗이 연구한 열 명의 정신분열증 환자들에게서 그 유전자의 활동은 극도로 축소되어 있었다.

동물의 경우 RGS4의 활동은 극심한 스트레스를 받으면 축소된다. 어쩌면 스트레스가 정신분열증을 초래한다는 사실이 정신분열증의 보편적 특징일 수 있다. 프린스턴 대학의 뛰어난 수학자 존 내시는 체포와 실직에, 게다가 양자역학 문제를 해결하지 못한 절망감이 더해져 벼랑 끝으로 떨어진 것일 수 있다. 햄릿의 경우는, 어머니가 부친 살해자와 결혼하는 것을 보면 누구라도 미치지 않을 수 없을 것이다. 만약 그런 스트레스가 RGS4의 활동을 억제한다면 그리고 RGS4의 활동이 약한 사람이라면, 스트레스가 정신분열증을 촉발할 것이다. 그러나 이것은 RGS4가 정신분열증의 원인임을 의미한다기보다는 그 결함이 스트레스에 따른 증상 악화의 원인임을 의미할 뿐이다. 그것은 차라리 증상에 가깝다.

그러나 여기서도 우리는 신중을 기해야 한다. 미세배열 기법은 그 병을 유발하는 유전자뿐 아니라 그 병에 대한 반응으로 발현이 변화된 유전자까지도 선택한다. 결과와 원인이 뒤섞일 수 있는 것이다. 유전자 발현의 정도는 반드시 유전적으로 결정되진 않는다. 이것은 이 책에서 계속 반복될 중요한 쟁점이다. 유전자는 각본을 쓸 뿐 아니라 또한 배역을 맡는다.

그러나 미세배열 기법이 제공하는 증거는 원인과 결과를 가려내지는 못해도, 최소한 정신분열증이 시냅스와 관련된 질병이라는, 약물 치료법에서 제공하는 암시를 뒷받침한다. 뇌 부위들 중에서도 특히 전두앞피질에 있는 뉴런의 연접 부위에 문제가 있는 것이다.

바이러스 탓인가

네 번째 증인을 소환해보자. 그는 정신분열증의 원인이 바이러스라고 믿는다. 그래서 정신분열증은 유전율이 높지만 그것이 다는 아니라고 지적한다. 쌍둥이 연구와 입양아 연구는 환경 요인의 역할에 큰 여지를 남긴다. 뿐만 아니라 한 걸음 더 나아가 양육의 역할을 강조한다. 유전학자들이 얼마나 많은 수의 유전자를 발견하든 간에 환경의 영향이 축소될 이유는 전혀 없다. 자연과 양육은 서로를 희생시키지 않는다는 점을 기억하자. 함께 공존하고 함께 일할 공간은 충분하다. 어쩌면 우리가 물려받는 것은 단지 감수성(병원체에 대항해 감염 또는 발병을 막을 수 있는 능력에 미치지 못하는 방어력 상태)뿐인지 모른다. 어떤 사람들이 건초열에 약한 감수성을 물려받는 것처럼 말이다. 그러나 건초열의 원인은 분명 꽃가루다.

쌍둥이 연구는 두 명의 일란성 쌍둥이가 함께 정신분열증을 앓을 확률이 50 대 50이라고 밝혔다. 두 명은 동일한 유전자를 갖고 있으므로 비유전적 요인이 확률의 절반을 차지하는 것이 틀림없다. 게다가 두 일란성 쌍둥이가 각기 다른 배우자와 결혼해서 아이를 낳는다고 가정해보자. 한 명은 정신분열증이고 다른 한 명은 정상이다. 그러면 아이들은 어떻게 될까? 정신분열증 쌍둥이의 아이들은 분명 발병률이 상당히 높겠지만, 정상인 다른 한 명의 아이들은 어떨까? 당신은 질병을 피한 그 정상인 쌍둥이는 높은 발병률을 자식들에게 물려줬을 가능성이 더 낮을 것이라 예상할 것이다. 그러나 애석하게도 그렇지 않다. 아이들은 정상인 아버지에게서도 똑같은 발병률을 물려받는다. 이것은 취약한 유전자를 가진 것이 질병에 걸리는 필요조건이지 충분조건은 아님을 입증한다.[16]

정신분열증의 비유전적 요인을 찾는 연구는 유전자를 찾는 연구보다 훨씬 이전으로 거슬러 올라간다. 그러나 극적인 전기를 맞은 것은 아이슬란드 사람들에게서 최초의 유전적 고리가 발견된 1988년이었다. 이 이야기의 무대 역시 북유럽이다. 로빈 셰링턴이 레이키아빅의 염색체를 검사하는 동안 사르노프 메드닉은 헬싱키 정신병원에서 의료 기록을 열심히 검토했기 때문이다. 메드닉은 정신분열증에 관한 유명한 사실, 즉 정신분열증 환자들이 여름보다는 겨울에 더 많이 태어난다는 사실을 설명하려고 노력하는 중이었다. 이것은 계절이 정반대인 양 반구 모두에 적용되는 사실이다. 효과는 크지 않지만 통계수치를 어떻게 주무르든 무시할 수 없는 엄연한 사실이었다.

유행성 독감은 주로 겨울에 발생한다는 것이 메드닉의 직감이었다. 어쩌면 독감 때문에 어머니가 잠재적 정신분열증 환자를 출산하게 되는지 모른다. 그래서 그는 1957년에 유행했던 독감의 영향을 밝히기 위해 헬싱키 병원 자료를 조사했다. 아니나 다를까, 독감이 유행했던 기간에 임신 두 번째 3개월(2기)이었던 아이들이 임신 1기나 3기였던 아이들보다 정신분열증을 더 많이 앓았다.

그런 다음 메드닉은 미래의 정신분열증 환자들을 출산할 산모들의 1957년 산과 기록을 조사했다. 그들은 임신 1기나 3기보다 두 번째 3개월인 2기에 독감에 더 많이 걸렸던 사실이 드러났다. 같은 시기에 덴마크에서 역사적 접근방법으로 실시된 한 연구에서도 그의 연구를 뒷받침하는 결과가 나왔다. 독감이 유행했던 1911년과 1950년 사이에 더 많은 정신분열증 환자들이 태어났던 것이다. 그리고 산모의 독감 발병률이 가장 높았던 시기는 임신 6개월이었고 그 중에서도 특히 23주째가 가장 높았다.

이렇게 해서 정신분열증의 바이러스 가설이 탄생했다. 임신 기간 중 특히 임신 2기에 독감에 감염되면 태아의 미성숙한 뇌에 어떤 손상이 발생해 여러 해가 지난 후 정신 이상으로 발전할 수 있다는 이론이었다. 물론 산모가 독감에 걸렸다고 해서 모든 아이가 나중에 정신분열증 환자가 되는 것은 아니다. 그 효과는 유전자에 달려 있다. 보는 각도에 따라 어떤 사람들은 유전적으로 바이러스의 공격에 취약하거나 유전자의 영향에 취약한 것이다.[17]

독감 이론을 뒷받침하는 흥미로운 단서가 '단일융모막' 쌍둥이 이야기에서 포착되고 있다. 일란성 쌍둥이 중 약 3분의 2는 훨씬 더 친밀하다. 그들은 같은 수정란에서 발생할 뿐 아니라 자궁 안의 같은 융모막 안에서 성장하고 같은 태반을 사용한다. 심지어는 하나의 양막 안에서 성장하는 '단일양막 쌍둥이'도 있다. 쌍둥이화가 늦게 발생할수록 두 쌍둥이는 단일융모막 쌍둥이일 가능성이 높다. 단일융모막 쌍둥이는 임신 기간 중 같은 물에서 헤엄치기 때문에 비유전적 영향도 똑같이 받을 것이다. 그들은 심지어 공통의 태반을 통해 혈액도 공유하므로 같은 바이러스를 만날 것이다. 따라서 과연 단일융모막 쌍둥이가 다른 일란성 쌍둥이보다 정신분열증을 함께 앓을 가능성이 높은지를 확인하는 것은 흥미로운 일이다. 그러나 문제는 그런 자료를 모으기가 어렵다는 것이다. 우선 그런 쌍둥이를 찾아야 하고, 그 중에서도 출생 기록을 확인할 수 있는 동시에 그들이 같은 융모막에 있었는지 아닌지를 알려줄 만큼 상세한 기록을 가진 정신분열증 쌍둥이를 찾아야 한다. 당연히 그런 자료는 발견되지 않고 있다.

그러나 몇 가지 눈에 띄는 징후가 존재한다. 어떤 단일융모막 쌍둥이들은 거울 영상을 보여준다. 즉 곱슬머리와 지문이 서로 반대로 형성되고, 글을 쓸 때도 서로 다른 손을 사용한다. 뿐만 아니라 지문의 세부 형태가 더 비슷하다. 지문은 임신 4개월경에 형성된다. 미주리 대학의 제임스 데이브스는 이 특징이 단일융모막 쌍둥이의 대략적인 증거가 된다는 전제하에 분리융모막 쌍둥이보다 단일융모막 쌍둥이의 정신분열증 일치율이 훨씬 높다는 사실을 밝혀냈다. 그는 이것이 바이러스가 정신분열증에 미치는 영향의 증거일 수 있다고 생각한다. 물을 공유하면 바이러스도 공유할 확률이 높기 때문이다. 그러나 단일융모막 쌍둥이의 일치는 바이러스 감염이 아니라 단지 모든 종류의 우연한 사건에 똑같이 노출된다는 것을 의미할 수 있다.[18]

다른 전염병 매개체들도 정신분열증에 취약한 상태로 이어지는 일련의 사건들을 촉발할 수 있는데, 대표적인 것으로는 헤르페스 바이러스와 가끔 고양이에게서 옮는 원생동물 질병인 주혈원충병(住血原蟲病)이 있다. 주혈원충병은 임신한 여성의 태반을 통해 태아의 눈을 멀게 하거나 발달을 지체시킬 수 있다. 또한 후에 정신분열증을 야기할 수 있다고 추정된다. 출산 합병증을 비롯해 발달기의 태아가 입을 수 있는 다른 손상들도 정신분열증의 발병 요소임이 오래전에 밝혀졌다. 그러나 이와 관련된 증거들은 정확한 해석이 어렵다. 정신분열증 산모 자신이 출산 합병증을 잘 겪기 때문이다. 그럼에도 전자간증(분만 전 경련)에 의한 자궁 내 산소 부족은 정신분열증 발병을 9배나 증가시킨다. 의사들이 저산소증이란 세심한 용어로 부르지만 사실은 분만 중 반(半)질식 상태에 해당하는 것도 분명한 위험 요소인 것이다. 그런데 이 경우도 유전자와의 상호작용을 보여준다. 정상적인 유전자를 가진 사람은 저산소증 상황을 더 잘 견딜 수 있다. 아니면 쉬운 출산으로 유전적 운명을 속여먹을 수도 있다.[19]

저산소증은 쌍둥이들이 취약한 유전자를 함께 가지고 있으면서도 동일한 발병률을 보이지 않는다는 사실의 이유가 될 수 있다. 분만 중이나 그 전에 쌍둥이 중 한 명만이 저산소증을 경험하면, 그 때문에 후에 둘 중 한 명만 정신분열증을 앓을 수 있다.

그러나 보다 흥미로운 또다른 가능성이 있다. AIDS를 일으키는 바이러스는 일종의 레트로바이러스인데, 이것은 AIDS에 감염되면 그 바이러스의 유전자들이 세포의 염색체 속으로 들어가 그곳의 DNA와 결합한다는 것을 의미한다. 그런 일은 정자나 난자가 아니라 혈액 세포에서 일어나기 때문에, 그 유전자는 자손에게 전달되지 않는다. 그러나 아주 오래전 어느 때에 한 번이 아닌 여러 번에 걸쳐 유사 레트로바이러스가 요행히 생식세포를 감염시키는 일이 발생했다. 우리가 이 사실을 아는 것은, 전염성 바이러스를 만드는 요리법에 해당하는 완전한 레트로바이러스 게놈의 여러 가지 사본들이 인간 게놈에 포함되어 있기 때문이다. 인간 내생 레트로바이러스human endogenous retroviruses의 약자인 허브herv로 불리는 그것은 침입자로 들어와 우리 자신의 유전자 속에 자리를 잡았고, 그래서 우리는 자식에게 그것을 물려준다. 사실 인간 게놈에서 가장 흔한 모티프들 속에 이 바이러스 게놈의 축약판들이 포함돼 있다. 이른바 점핑 유전자라 불리는 그것은 우리 DNA의 거의 4분의 1을 구성한다. 우리 인간은 DNA 차원에서 보면 상당 부분 바이러스의 후손인 셈이다.

다행히 그 바이러스 DNA는 메틸화라 불리는 메커니즘에 의해, 일종의 가택 연금 상태로 갇혀 지낸다. 그러나 허브가 탈출해서 몸 안에 바이러스를 만들고 세포들을 감염시킬 위험이 항상 존재한다. 행여 그런 일이 일어나면 그 의학적 결과도 끔찍하겠지만 그것이 본성 대 양육 논쟁에 몰고 올 철학적 손상 또한 엄청날 것이다. 그것은 다른 바이러스처럼 일종의 전염병이지만, 우리 자신의 유전자 안에서 시작되어 부모로부터 자식에게 유전자 집단으로 전달된다. 겉으로 봐서는 유전병 같지만 전염병처럼 작용할 것이다.

몇 년 전 바로 그런 사건이 다발경화증의 원인일지 모른다는 증거가 출현하기 시작했다. 다발경화증은 증상에 있어 정신분열증과 판이하지만 둘 사이에는 몇 가지 우연의 일치가 있다. 둘 다 성년 초기에 발생하고, 둘 다 겨울에 태어난 사람들에게서 흔하다. 그래서 캐나다 과학자 파로미타 뎁-린커는 한 명만 정신분열증을 앓는 일란성 쌍둥이 세 쌍의 DNA를 분석했다. 환자 쌍둥이의 DNA와 정상인 쌍둥이의 DNA를 비교해서 그녀는 보다 활동적이거나 사본의 수가 더 많이 존재하는 한 허브를 환자 쌍둥이에게서 발견했다.[20] 존스 홉킨스 대학의 로버트 욜켄과 그의 동료들 역시 정신분열증 환자에게서 허브의 활동 증거를 찾았다. 그들은 독일 하이델베르크에서 정신분열증으로 처음 진단을 받은 35명, 아일랜드에서 여러 해 동안 정신분열증을 앓던 20명, 두 장소에서 추출한 30명의 건강한 대조군의 뇌 척수액을 검사했다. 독일 환자 중 10명과 아일랜드 환자 중 1명에게서 허브 유전자의 활동 증거가 발견되었고, 대조군에서는 전혀 발견되지 않았다. 게다가 활성화된 그 레트로바이러스는 다발경화성과 연관된 것과 같은 집단에 속하는 허브였다.[21]

이 중 어떤 것도 허브가 그 병과 관계가 있다거나 그 병의 원인이라는 것을 입증하지 못하고 다만 어떤 관계를 암시할 뿐이다. 만약 정말로 허브가 정신분열증을 일으키고, 그 자체는 자궁 내의 인플루엔자 감염에 의해 촉발되고, 뇌에서 전두피질이 발달하는 동안 다른 유전자들을 방해한다면, 그것은 왜 정신분열증이 유전율이 높은 동시에 사람마다 다른 유전자와 관련되는가를 한꺼번에 설명할 것이다.

발달 탓인가

다섯 번째 증인은 생쥐다. 그는 보통 쥐가 아니라 1951년 우리 안에서 아주 이상하게 행동했던 쥐다. 그는 마치 춤을 추듯이 이상한 '갈짓자' 행동을 했다. 그러나 제2장에서 언급했던 일본의 춤추는 쥐와는 다른 행동이었다. 당연히 한 과학자가 그 현상에 주목했고, 역교배를 통해 그 원인이 양쪽 부모에게서 물려받은 한 유전자에 있음을 입증했다. 갈짓자 쥐의 뇌는 약간 엉망이다. 안쪽 면에 있어야 할 몇 개의 세포층이 바깥 면에 있기 때문이다. '갈짓자' 유전자는 1995년 생쥐의 5번 염색체에서 발견되었고, 1997년에는 인간의 유전자도 발견되었다. 7번 염색체상의 그 유전자는 생쥐의 단백질과 94퍼센트 일치하는 단백질을 생산했다. 그것은 12,000개 이상의 암호 문자를 가진 아주 큰 유전자로, 무려 65개의 축색돌기라 불리는 '단락'으로 나뉜다. 이후의 실험들을 통해, 갈짓자 단백질은 생쥐와 인간 모두 태아의 뇌 구성에 필수적 기능을 하는 단백질임이 밝혀졌다. 뉴런에게 어디서 성장하고 언제 멈출지를 일러줌으로써 뇌의 세포층을 조직적으로 형성한다.

그것이 대체 정신분열증과 무슨 관계가 있단 말인가? 1998년 일리노이 주립대학의 한 연구팀은 갓 사망한 정신분열증 환자의 뇌에서 갈짓자 단백질의 양을 측정하여, 그 양이 정상인 사망자의 절반이라는 사실을 밝혀냈다.[22] 새로운 용의자가 출현한 것이었다. 무질서한 뉴런 이동은 정신분열증의 한 특징인데, 갈짓자 유전자는 뉴런 이동의 조직자 중 하나다. 그것은 또한 시냅스가 형성되는 곳인 '수상돌기극'의 유지를 돕기 때문에, 그 부족은 시냅스의 결함으로 이어질 수 있다. 독감 이론을 지지하는 사람들은 즉시, 외부로부터 생쥐의 뇌에서 갈짓자의 발현을 50퍼센트 줄이는 한 가지 방법은 인간의 독감을 생쥐의 태아에 감염시키는 것임을 깨달았다.[23] 다시 말해 갈짓자는 정신분열증의 여러 이론들을 하나로 묶는 것 같았다.[24]

가엾은 갈짓자 생쥐는 즉시 엄청난 관심의 초점이 되었다. 정신분열증의 동물 모델로 선발될 수도 있었다. 갈짓자 행동은 생쥐가 양쪽 부모로부터 결함 있는 유전자를 물려받았을 때만 나타난다. 결함 있는 유전자를 한 개만 가진 생쥐는 겉으로는 정상으로 보이지만, 실은 그렇지 않다. 그 생쥐는 미로를 통과하는 속도가 훨씬 느리고 성공률도 크게 떨어진다. 사회성도 정상 생쥐보다 떨어진다.

이것을 설치류의 정신분열증으로 보긴 어렵지만, 그래도 몇 가지 유사점이 있다. 그러나 1990년대에 사우디아라비아와 영국에서 갈짓자 행동을 보이는 두 인간 가족이 발견된 이후 갈짓자 유전자가 정신분열증의 주요 원인임이 입증될 것이란 희망은 사라지기 시작했다. 두 가족 모두 사촌끼리 결혼했고 그로 인해 갈짓자 유전자에 결함이 발생해 소뇌 형성부전을 수반한 이형성증이란 장애를 갖게 되었다. 이 장애는 대개 생후 4년 이내에 치명적인 결과를 보인다. 만약 갈짓자 유전자의 결함이 정신분열증의 원인이라면 이 불행한 아이들의 친척들 중 겉보기에 정상인 몇몇 아이들이 정신분열증을 앓아야 할 것이다. 그들도 한 유전자에 그 변이형을 갖고 있기 때문이다. 그러나 비록 사우디아라비아의 가족은 자세히 연구하진 못했지만, 지금까지 두 가족에서 정신분열증 환자가 나온 예는 없다. 정신분열증 이야기가 종종 그렇듯이 이번에도 장밋빛 희망은 물거품으로 끝났다. 갈짓자 단백질의 감소는 정신분열증의 일부이고 어쩌면 결정적인 일부일 수 있지만, 주요 원인들 중 하나는 아닌 것으로 생각된다.[25]

이상한 일이지만 갈짓자 단백질의 감소는 정신분열증에만 국한되지 않고 심각한 양극성 장애와 자폐증 환자에게서도 공통적으로 발견된다. 마치 갈짓자 단백질의 감소가 뇌의 부위에 따라 혹은 발달 기간 중의 발생 시기에 따라 각기 다른 뇌 질환을 일으키는 것처럼 보인다. 갈짓자와 독감은 둘 다 자궁 내에서의 일들과 관련이 있다. 얼핏 보아 이것은 참 어리둥절한 일이다. 정신분열증의 가장 큰 특징은 성년기의 질병이라는 것이기 때문이다. 돌이켜보면 정신분열증 환자들이 어렸을 때 불안했고 걸음이 느렸고 언어 이해가 서툴렀다고 확인되기는 하지만,[26] 대부분은 사춘기 이후까지도 결코 증세를 보이지 않는다. 어떻게 자궁에서 발생한 질병이 성년기에 나타날 수 있을까?

어떤 과학자들은 정신분열증의 신경발달 모델을 통해 이 수수께끼를 설명한다. 1987년 다니엘 와인버거는, 증상이 나타날 때쯤에 원인은 이미 존재하지 않는다는 점에서 정신분열증은 다른 뇌 질환과 다르다고 주장했다. 손상이 아주 일찍 발생하지만 나중에야 분명해지는 것은 한참 후에 일어나는 정상적인 뇌 성숙 과정 때문이다. 즉 초기의 효과들이 성년기에 근접하면서 진행되는 발달에 의해 '가면을 벗는' 것이다. 가령 알츠하이머 병이나 헌팅턴 병과는 달리 정신분열증은 뇌의 퇴화가 아니라 뇌 발달과 관련된 질병이다.[27] 예를 들어 사춘기 후기와 성년기 초기에 뇌는 대규모 변화를 겪는다. 수많은 배선들이 처음으로 고립되고 수많은 연결부위들이 '가지 치듯' 잘려나간다. 즉 뉴런 사이의 시냅스들이 잘려나가고 강한 시냅스들만 남는다. 아마도 정신분열증 환자들의 경우는, 시냅스들이 여러 해 전에 적절히 자라지 못한 것에 대한 반응으로 전두앞피질에서 가지 치기가 너무 많이 일어나거나, 목표지점으로 이동 또는 확장하는 뉴런이 너무 적은 것이라 추정된다. 그런 효과를 완화하거나 악화시키거나, 또는 그에 반응하는 유전자가 많을 것이고, 따라서 그 유전자를 '정신분열증 유전자'라 부를 수도 있겠지만, 그래도 그것들은 원인보다는 증상에 가깝다. 정신분열증의 진정한 '원인'을 찾아야 한다면 최초의 뇌 발달에 영향을 미치는 유전자들을 봐야 한다.[28] 정신분열증이 나타나는 시기가, 젊은이들이 낯선 성인의 세계에서 발판을 마련하고 짝을 구하기 위해 가장 치열하게 경쟁하는 시기와 일치하는 것은 아마 우연이 아닐 것이다.

대부분의 과학자들은 이런 의미에서 정신분열증이 기질성 질환,

발달의 질병, 시간의 차원인 4차원의 질병이라는 데 동의한다. 정신분열증은 뇌의 정상적 성장과 분화에 문제가 발생해서 발병한다. 그 앞에서 우리는 신체(뇌)가 모형 비행기처럼 만들어지는 것이 아님을 다시 한번 상기하게 된다. 신체는 성장하고 그 성장은 유전자의 지시를 받는다. 그러나 유전자는 서로 반응하고, 환경적 요인에 반응하고, 우연한 사건에 반응한다. 유전자는 본성이고 나머지는 양육이라고 말하면 그것은 틀린 말임이 거의 분명하다. 유전자는 양육의 자기 표현 수단이고, 양육은 유전자의 자기 표현 수단이다.

음식 탓인가

그러나 과학을 사랑하는 사람은 문제가 합의점에 이르러도 결코 만족하지 못한다. 여섯 번째 증인은 분위기를 깨기로 결심했다. 그는 유전자, 발달, 바이러스, 신경전달물질이 모두 일정한 역할을 담당하지만 어느 것도 정신분열증의 원인을 근본적으로 설명하는 요인은 못 된다고 믿는다. 그것들은 모두 증상일 뿐이다. 정신분열증을 이해하는 열쇠는 우리가 먹는 음식에 있다는 것이 그의 주장이다. 특히 발달 중인 뇌는 이른바 필수지방산들을 필사적으로 요구하는데, 정신분열증을 일으키는 유형의 뇌는 그것을 더 많이 요구한다. 만약 음식 속에 그 지방이 부족하면 결과는 정신분열증으로 나타날 수 있다.

1977년 2월 화창하지만 살을 에듯이 추운 어느 날, 몬트리올 거리를 걷던 한 영국 의학자는 '유레카'의 순간을 경험했다. 데이비드

호로빈은 정신분열증과 관련된 이상한 사실들을 톱니바퀴처럼 끼워 맞추기 위해 애쓰고 있었다. 그것은 모두 그 질병의 비정신적 측면과 관련된 사실이자 종종 잊혀지는 사실이었다. 첫째, 정신분열증 환자들은 거의 관절염을 앓지 않는다. 둘째, 정신분열증 환자들은 놀랄 정도로 고통에 둔감하다. 셋째, 그들의 정신병은 열병을 앓을 때(놀라운 사실이지만, 말라리아가 정신분열증의 치료법으로 시도된 적이 있었다. 일시적이었지만 효과가 있었다.) 일시적으로 크게 호전된다. 호로빈의 머릿속에 맴도는 네 번째 톱니바퀴는 새로운 것이었다. 그는 당시 콜레스테롤 과다증인 고지혈증을 치료하는 약으로 이용되던 니아신이란 화학물질이 정신분열증 환자들의 피부에만 홍조를 일으키지 않는다는 사실을 금방 알게 되었다.[29]

갑자기 모든 조각이 딱 맞아떨어졌다. 홍조증, 관절염, 통증 반응은 모두 세포막으로부터 방출되는 아라키돈산이란 지방 분자에 달려 있다. 이 지방 분자는 호르몬 물질인 프로스타글란딘으로 전환되고, 그것이 염증, 홍조, 통증의 신호를 발생시킨다. 열병에 걸려도 아라키돈산이 방출된다. 따라서 어쩌면 정신분열증 환자들은 세포막으로부터 정상적인 양의 아라키돈산이 방출되지 못하고, 이것이 통증과 관절염과 홍조에 대한 내성을 높이는 동시에 정신적 문제를 야기하는 것일 수 있었다. 열병에 걸리면 아라키돈산 수치가 정상 수치로 높아서 뇌 기능이 회복되었다. 당연히 호로빈은 자신의 가설을 《란셋》에 발표한 다음 거실에 앉아서 박수갈채를 기다렸다. 그러나 돌아오는 것은 침묵뿐이었다. 당시 정신분열증 전문가들은 도파민 가설에 너무 몰두한 나머지 다른 이론에 대해서는 고려는 고사하고 눈길조차 주지 않았다. 정신분열증은 뇌 질환인데 지방에 관한 이야기가 무슨 상관이란 말인가.

호로빈은 통념에 도전하길 좋아하는 모험가답게 조금도 낙심하지 않았다. 그러나 1990년대에 들어서야 그의 예감을 뒷받침하는 증거가 나오기 시작했다. 곧 정신분열증 환자들의 아라키돈산 결핍이 보도되었고, 아라키돈산의 높은 산화율도 함께 보도되었다. 세부적인 면모가 무지의 안개를 뚫고 시야에 들어오기 시작했다. 모든 것을 종합해 볼 때, 정신분열증 환자는 세포막에서 아라키돈산이 너무 쉽게 누출되거나, 한번 방출된 아라키돈산이 쉽게 세포막과 재결합하지 못하거나, 아니면 둘 다였다. 두 과정 모두 효소 결함의 결과이고 효소는 유전자에 의해 만들어지므로, 호로빈은 기꺼이 정신분열증을 환자들의 유전학적 소질(素質)로 인정했다. 그러나 그는 정신분열증을 설명하고 더 나아가 그것을 치료하는 데 음식이 중요한 역할을 한다고 생각했다.

이 시점에서 우리는 지방과 지방산의 성격과 기능을 장황하게 탐구할 필요가 있을 것 같다. 그러나 나는 당신이 이 책을 구입한 이유가 생화학과 사랑에 빠져서가 아니었다는 점이 걱정스럽다. 따라서 나는 간결한 몇 개의 문장으로 핵심적인 사실들만 요약하고자 한다. 우리 몸의 각 세포는 외막으로 둘러싸여 있고 그 외막은 주로 인지질이라는 지방성 분자로 이루어져 있다. 인지질은 날이 세 개인 포크같이 생겼는데, 각 날은 하나의 긴 지방산에 해당한다. 지방산은 포화지방산에서 고도불포화지방산에 이르기까지 수백 종이고, 고도불포화지방산의 중요한 특징은 보다 유연하고 부드러운 날을 만든다는 것이다. 이것은 특히 뇌에서 중요하다. 뇌 세포의 막은 복잡한 형태를 취해야 할 뿐 아니라, 세포 연접이 추가되거나 사라지는

데 따라서 신속히 변해야 하기 때문이다. 그래서 뇌는 다른 세포조직보다 더 많은 고도불포화지방산을 필요로 한다. 뇌의 건조 중량 중 약 4분의 1은 단 네 종류의 고도불포화지방산으로 이루어져 있다. 그 네 종류는 필수지방산으로 알려져 있는데, 그런 이름이 붙은 것은 우리의 태만한 조상들이 애초에 그 지방산들을 만드는 능력을 개발하지 않았기 때문이다. 필수지방산을 만드는 방법은 조류와 박테리아만 알고 있어서 우리는 먹이사슬의 맨 밑바닥부터 뒤져가면서 그것을 섭취한다. 만약 포화지방이 풍부하고 필수지방산이 부족한 음식을 먹는다면 그 사람은 생선을 많이 먹는 사람보다 뇌 세포막이 덜 유연할 것이다. 이것으로는 생선이 전통 식단의 큰 부분을 차지하는 노르웨이와 일본에서 정신분열증이 다른 나라와 똑같이 발견된다는 사실이 설명되지 않는다.

호로빈의 이론을 시험해보는 분명한 방법은 정신분열증 환자들에게 필수지방산을 먹게 해보는 것이다. 그의 동료 말콤 피트를 비롯해 몇몇 사람들이 그 방법을 시작했다. 놀랍진 않아도 용기를 가질 만한 결과가 나오고 있다. 필수지방산이 풍부한 어유(魚油)를 매일 다량 섭취하면 정신분열 증상이 어느 정도 호전된다. 새로 정신분열증 진단을 받은 31명의 인도 환자들에게, 네 가지 주요 필수지방산 중 하나인 EPA(에이코사펜타엔산)를 이중맹검법(의사와 환자 모두 어느 환자가 진짜 약을 먹고 있는지 몰랐다.)으로 투여한 결과, 10명이 항정신병약을 먹지 않아도 될 정도로 호전되었다. 위약을 투여한 29명의 대조군은 단 한 명도 호전되지 않았다. EPA는 신경세포막에서 아라키돈산을 제거하는 효소를 억제함으로써 세포막 속의 아라키돈산을 보호한다. 대부분의 정신병 치료약은 나른함과 체중 증가에서 파킨슨씨 병의 여러 증상에 이르기까지 지독한 부작용을 수반하기 때문에 이것은 흥미로운 뉴스가 아닐 수 없다.

지방산 이야기는 다양한 유전자 가설의 경쟁자가 아니다. 신경계와 관련된 많은 증상들이 지방산과 연관된다. EFA는 사춘기에 신경세포 연접부의 가지 치기를 조절하는 것으로 알려져 있다. 여성은 음식물로부터 EFA를 만드는 능력이 뛰어나기 때문에 정신분열증에 잘 걸리지 않는다. 사춘기의 기아, 분만시의 산소 결핍, 스트레스, 독감이 모두 성장하는 뇌에 EFA 공급을 감소시키는 것으로 알려져 있다. 독감 바이러스는 실제로 아라키돈산의 형성을 억제하는데, 아마도 아라키돈산이 생체 방어체계에 필요한 부분이기 때문일 것이다.

지방산 이론의 보다 직접적인 증거가 정신분열증과 관련된 몇몇 유전자로부터 발견되고 있다. 그 중 한 유전자는 인지질 포크의 중간 날을 제거하는 단백질이자 보통 EFA라 불리는 인지질 가수분해효소 A_2를 만든다. 또한 배달 트럭처럼 지방산을 뇌로 운반하는 아포 D(아포지단백 D)를 만드는 유전자는 다른 뇌 부위나 신체에서와는 달리 정신분열증 증상과 가장 관계 깊은 뇌 부위(전두앞피질)에서 세 배로 활발하다. 마치 전두앞피질이 이들 지방산의 부족을 느끼고서 이를 보상하기 위한 시도로 아포 D 유전자를 발현시키는 것처럼 보인다. 그런데 아포 D 유전자는 연관성 연구에서 '정신분열증 유전자'가 전혀 탐지되지 않은 3번 염색체상에 있다. 항정신병약 클로자핀이 정신분열증에 효과를 보이는 한 가지 이유는 아포 D의 합성을 촉진하는 능력에 있다. 호로빈의 가설은 완전한 정신분열증에는 두 가지 유전적 결함이 필수적이라는 것이다. EFA를 세포막에 결합시키는 능력을 떨어뜨리는 결함과 그것을 쉽게 빼앗아가는 유전적 결함이 그것이다. (각 결함은 몇몇 유전자들의 영향 때문일 것이다.) 두 유전적 결함 외에도 그 정신병의 촉발에는 외부 사건이 필요하고, 다른 유전자들도 결과를 수정하거나 방해한다.[30]

흙 속의 진주

정신분열증은 지역적으로 인종적으로 별 차이 없이 100명 당 한 명 꼴로 발병한다. 그것은 호주 애버리진 원주민과 이누잇 족에게서도 아주 똑같은 형태로 나타난다.[31] 이것은 특이한 현상이다. 많은 유전적 질병들이 특정 인종 집단에서 특이한 형태를 띠든지 한 집단에서 훨씬 더 높은 비율로 나타나기 때문이다. 그것은 어쩌면 정신분열증의 소질을 부여하는 돌연변이가 아주 오래전 인류의 조상이 아직 아프리카에 머물러 있을 때 발생했음을 의미할 수 있다. 석기시대에는 정신분열증 환자가 성공적인 번식은 고사하고 생존에도 치명적이기 때문에 이 병의 보편성은 그저 혼란스럽다. 왜 그 유전적 변이는 사라지지 않는 것일까?

사람들은 정신분열증이 성공적이고 지적인 가족에서도 발생한다는 점에 주목해왔다. 크레펠린과 같은 시대의 영국인 헨리 모즐리는 그런 근거로 우생학을 거부했다. 정신질환의 흔적을 가진 사람을 단종시키면 수많은 천재들도 함께 사라지리라는 것을 알았기 때문이다. 가벼운 정신분열증을 앓는 사람들—대개 '정신분열형(型)' 이라 불린다—중에는 유난히 똑똑하고, 자신감이 높고, 집중력이 뛰어난 사람이 많다. 골턴은 이렇게 표현했다. "특별한 능력을 가진 사람들의 가까운 친척들 중에 정신병자가 자주 발견된다는 사실에 항상 놀라곤 한다."[32]

이 특이함이 그들을 위대한 성공으로 이끌었는지 모른다. 아마도 수많은 위대한 과학자, 지도자, 종교적 예언자들이 정신병이라는 화산의 분화구 가장자리를 맴도는 것처럼 보이고 정신분열증을 앓는 친척이 많다는 것은 우연의 일치가 아닐 것이다.[33] 제임스 조이스, 알버트 아인슈타인, 칼 구스타프 융, 버트런드 러셀의 가까운 친척 중 정신분열증 환자가 있었다. 아이작 뉴턴과 임마뉴엘 칸트는 둘 다 '정신분열형'이라 할 만했다. 이상할 정도로 정확한 어느 연구에서는 뛰어난 과학자 중 28퍼센트, 작곡가 중 60퍼센트, 화가 중 73퍼센트, 시인 중 무려 87퍼센트가 약한 정도의 정신적 장애를 보였다고 계산한다.[34] 프린스턴의 수학자 존 내시가 30년 만에 정신분열증에서 회복하고 게임 이론 연구로 노벨상을 수상한 후 말했던 것처럼, 정신병 발작의 중간중간에 합리성을 되찾은 순간들이 결코 반갑지만은 않았을 것이다. "합리적 사고는 나와 우주와의 관계에 대한 생각에 한계를 강요한다."[35]

미시건 대학의 정신의학자 랜돌프 네스는 정신분열증이 '낭떠러지 효과'*의 진화론적 예라고 생각한다. 수많은 유전자 속의 돌연변이는 모두 유익하지만 모든 돌연변이가 한 사람에게 집중되거나 너무 지나치게 진화하면 갑자기 재앙으로 돌변한다. 통풍이 바로 이런

* 자신이 정통한 분야에 대해서는 업무 수행 능력이 탁월하지만 조금이라도 그 분야를 벗어나면 일시에 모든 문제 해결 능력이 붕괴되는 현상을 말한다. 인간이 개발해낸 각종 컴퓨터 시스템이나 정교하게 프로그램된 기계, 로봇 등이 비정상적인 지시를 받을 경우 오작동을 일으키는 상황에 주로 사용된다 : 옮긴이.

종류의 낭떠러지 질환이다. 관절 속의 높은 요산(尿酸) 수치는 조숙한 노화를 예방하지만, 어떤 사람들은 그 수치가 너무 높아 관절에 통증을 일으키는 결석이 생긴다. 어쩌면 정신분열증도 좋은 면이 너무 지나쳐 생기는 현상인지 모른다. 일반적으로 뇌 기능에 좋은 유전적 환경적 요인들이 한 개인에게 한꺼번에 몰린 결과일 수 있다. 바로 이런 이유로 정신분열증 소질을 부여하는 유전자들이 사멸하지 않았는지 모른다. 단결만 하지 않으면 각각의 유전자는 소유자의 생존에 유익하다.

정신적 혼란

20세기 동안 각각 본성과 양육의 이념으로 무장한 두 군대는 마치 중세의 전쟁처럼 질병이라는 성채들을 향해 포위 공격을 퍼부었다. 괴혈병과 펠라그라는 비타민 결핍으로 설명되어 양육의 수중에 떨어졌고, 혈우병과 헌팅턴 병은 유전적 돌연변이로 설명되어 본성의 칼에 함락되었다. 두 군대의 경계에 자리잡은 정신분열증은 프로이트 이론의 성채로 오랫동안 양육의 지배하에 있었다. 그러나 본성 대 양육 전쟁의 템플 기사단인 프로이트 학자들은 이 성채에서 퇴각한 지 수십 년이 지났지만 유전학자들은 성채를 확실히 점령하지 못했고 어쩔 수 없이 휴전을 요청하면서 해자를 넘어오는 양육론자 군대를 맞아들이고 있다.

정신분열증이 처음 확인된 지 100년이 지난 지금 확실하게 말할 수 있는 단 두 가지 사실은, 냉정한 어머니에게 책임을 돌리는 것이 완전한 오류라는 것과 이 증후군의 유전율이 높다는 것이다. 그 외에는 두 설명을 어떻게 조합하든 거의 모든 이론이 가능하다. 많은 유전자가 정신분열증의 감수성에 확실한 영향을 미치고 그에 대응하지만, 그 병을 야기한다고 볼 수 있는 유전자는 좀처럼 보이지 않는다. 태아기의 감염이 여러 환자에게 결정적인 영향을 미친 것으로 보이지만, 그것은 필요조건도 아니고 충분조건도 아니다. 음식은 증상을 악화시킬 수 있고 심지어는 증상을 촉발할 수도 있지만, 그 대상은 유전적으로 취약한 사람들로만 국한된다.

정신병의 경우는 본성 이론도, 양육 이론도 원인과 결과를 구별하는 데 큰 도움이 되지 못한다. 인간의 뇌는 단순한 원인을 찾도록 설계되어 있다. 그것은 우연한 사건들을 피하고 대신 A와 B가 함께 있으면 A가 B의 원인이든지 B가 A의 원인이라고 추론하기를 좋아한다. 이 경향은 정신분열증 환자들에게서 가장 강하게 나타난다. 그들은 아주 명백한 우연 속에서조차 인과 관계를 본다. 그러나 A와 B는 종종 다른 어떤 것의 두 증상일 때가 많다. 혹은 더욱 골치아프게도 A가 B의 원인이자 결과일 때도 있다.

이제 우리는, 본성과 양육이 모두 중요하다는 완벽한 설명을 얻게 되었다. 나는 정신분열증이 본성과 양육을 뒤죽박죽으로 만들 것이라 약속했는데, 결국 그렇게 되었다. 크레펠린은 현명하게도 원인에 대해 불가지론의 입장을 취했다. 그의 뒤를 이은 의학자들이 현대과학의 모든 수단을 동원했지만 원인을 찾는 데는 실패하고 말았다. 그들은 원인과 결과를 구별하는 것조차 성공하지 못했다. 대신, 정신분열증에 대한 궁극적 설명에 본성과 양육이 아주 평등한 입장으로 포함될 가능성이 매우 높아 보인다.

5

4차원의 유전자

요리책에 적힌 대로 한 마디 한 마디 따라하다 보면 결국 오븐 속에서 케이크가 완성된다. 그 케이크를 잘게 부순 다음, 이 부스러기는 요리법의 첫 단어에 해당하고 저 부스러기는 두 번째 단어에 해당한다고 말하기는 불가능하다.

리처드 도킨스[1]

제네바 자연사 박물관에서 연체동물관을 관리하는 일을 우습게 봐서는 안 된다. 장 피아제는 그 일을 제안받았을 때 이미 달팽이와 그 사촌들에 관해 20편에 가까운 논문을 썼을 정도로 자격이 충분했다. 그러나 그는 거절했고 그 이유는 충분했다. 아직 학생이었기 때문이다. 그는 계속해서 스위스의 연체동물에 대한 박사학위 논문을 준비했지만, 그가 자연사에 집착하는 것을 경계한 대부의 충고에 따라 연체동물학을 접고 취리히와 소르본 대학에서 철학 공부를 시작했다. 그러나 그의 명성은 1923년 제네바의 루소 대학에서 시작한 세 번째 경력에서 비롯되었다. 아직 젊은 나이인 1926년부터 1932년 사이에 그는 아동 심리에 관한 다섯 권의 중요한 책을 발표했다. 현대의 부모들이 어린 자식을 보면서 아이가 각 발달 단계에 해당하는 기준을 통과하는가에 집착하게 된 것도 다름 아닌 피아제 때문이다.

피아제 이전에도 아동을 동물처럼 관찰한 사람이 있었다. 다윈도 자신의 아이들을 그렇게 관찰했다. 그러나 피아제는 아동을 미숙한 성인이 아니라 특유의 심리를 가진 생물로 생각한 최초의 사람이었다. 그는 5세 아동이 지능 검사에서 범하는 '오류'는 독특하지만 일관되게 작동하는 심리적 방식을 드러낸다고 보았다. '지식은 어떻게 증가하는가?'라는 질문을 통해 그는 아동의 마음이 유년기 동안 경험에 반응하면서 지속적이고 점증적으로 형성되는 것을 보았다. 모든 아이는 일련의 발달 단계를 거치는데, 정도는 달라도 경험하는 순서는 항상 같다. 먼저 감각운동 단계(0~2세)에서 유아는 반사 작용과 반응 행동만을 보이고, 사물을 감추면 사라진다고 생각한다. 다음으로 자아중심적 호기심을 보이는 전조작 단계(2~6세)가 온다. 그 다음은 구체적 조작 단계(6~11세)이고, 마지막으로 사춘기의 문턱에서 추상적 사고와 추론적 사고가 시작되는 형식적 조작 단계(12세 이후)가 온다.

피아제는 발달의 연속성을 인식했지만, 아이가 '준비'되었을 때 비로소 걷거나 말할 수 있는 것처럼 이른바 지능의 요소들도 외부 세계로부터 일방적으로 흡수되는 것이 아니라고 주장했다. 지능의 요소들은 성장하는 뇌가 그것을 학습할 준비가 되었을 때 나타난다.

피아제는 인지 발달을 학습이나 성숙이 아니라, 둘의 조합인 동시에 성장하는 마음이 외부 세계에 적극적으로 관여하는 과정으로 보았다. 그리고 지적 발달에 필요한 심적 구조는 유전적으로 결정되지만, 뇌의 발달 과정에는 경험과 사회적 상호 작용으로부터 오는 되먹임(피드백)이 필요하다고 생각했다. 되먹임은 동화와 적응이라는 두 형태로 나뉜다. 아이는 예상된 경험을 흡수하고, 예상치 못한 경험을 통해 인지구조를 조절한다.

본성 대 양육이란 면에서 볼 때 피아제는 내 사진 속의 12명 중 경험론자나 선천론자의 범주에 넣을 수 없는 유일한 사람이다. 그와 같은 시대 사람인 콘라트 로렌츠와 B. F. 스키너는 각각 본성과 양육을 옹호하는 극단적 입장을 취했지만, 피아제는 신중하게 중용의 길을 택했다. 단계별 발달을 강조하는 과정에서 피아제는 유년기의 인지발달이 환경과의 상호 작용을 통해 이루어진다는 형성적 경험의 이론을 미리 보여준다. 구체적인 면에서는 틀린 것이 많았다. 아동이 사물의 조작을 통해서만 그 공간적 특성을 이해한다는 가설은 옳지 않음이 입증되었다. 공간적 이해는 그보다 선천적인 면에 훨씬 더 많이 의존한다. 아주 어린 아이들도 다뤄보지 않은 사물들의 공간적 특성을 이해할 줄 안다. 그러나 피아제는 인간 본성의 4차원을 진지하게 받아들인 최초의 학자로 인정받기에 충분하다. 인간 본성의 4차원은 바로 시간의 차원이다.[2]

선천론의 과잉

이 개념은 얼마 후 동물학자들에 의해 재발견되어, 1950년대와 1960년대의 본성 대 양육 논쟁 중 가장 유명한 콘라트 로렌츠와 다니엘 레어만의 논쟁에서 중요한 역할을 담당했다. 레어만은 격정적이고 조리 있는 뉴욕 사람이었다. 조류 관찰에 남다른 열정이 있던 그는 인간 행동을 폭넓게 암시하는 산비둘기의 행동을 발견했다. 수컷비둘기의 구애 춤은 암비둘기의 호르몬에 변화를 일으킨다. 그렇다면 외부 경험이 신경계를 통해 유기체의 내적, 생물학적 변화를 야기하는 셈이 된다. 그는 몰랐지만, 그런 반응은 유전자의 스위치가 켜지고 꺼짐으로써 일어난다.

비둘기 연구가 정점에 도달하기 전인 1953년, 레어만은 제2차 세계대전 당시 미국 정보기관에서 독일군 무선 암호를 해독할 당시에 배운 독일어 실력을 이용해 로렌츠의 저서를 영어로 번역했다. 그의 목적은 로렌츠의 이론을 비판하는 데 있었다. 심지어 니코 틴버겐도 레어만의 글을 읽고 자신의 관점을 수정했다. 오스트리아인인 로렌츠는 본능을 옹호하고 있었다. 출생 후 정상적인 경험에서 격리된 동물도 어떤 정상적인 행동을 보인다는 점에서 그런 행동은 선천적이라는 것이 그의 생각이었다. 그는 대부분의 동물이 정교하고 복잡한 행동 패턴을 보이는 것은 경험 때문이 아니라 유전자 때문이라고 말했다. 그에 대한 비판에서 레어만은 로렌츠가 발달에 대한 언급, 즉 그 행동이 어떻게 나왔는가에 대한 설명을 깡그리 생략했다고 공격했다. 행동은 유전자로부터 완성된 형태로 튀어나오지 않는다. 유전자가 뇌를 형성하면 뇌가 경험을 흡수한 다음 행동을 내보낸다는 것이었다. 그런 체계에서 선천적이란 말이 무슨 의미가 있겠는가?[3]

로렌츠는 자세히 대답했고 레어만은 다시 응답했지만, 두 사람은 대체로 동문서답에서 벗어나지 못했다. 레어만은, 행동은 자연 선택의 산물이지만 그렇다고 해서 그 행동을 경험 없이 발생한다는 의미에서 '선천적'이라 볼 수 없다고 주장했다. 비둘기가 같은 종의 짝을 좋아하는 성향을 가지려면 어미 비둘기를 경험해야 한다. 그러나 찌르레기의 경우는 다르다. 찌르레기나 뻐꾸기는 부모를 보지 못하고 따라서 진정한 '선천성'에 의존해 짝을 찾는다. 반면에 로렌츠는, 행동이 자연 선택에 의해 선택된 것이 분명하고 다 자란 동물이 정상적인 경험을 통해서 나온 행동과 똑같은 행동을 보이는 한 그 행동이 어떻게 산출되는가는 중요하지 않다고 보았다. 그에게 선천적이라는 말은 불가피하다는 뜻이었다. 로렌츠는 항상 '어떻게'보다 '왜?'에 관심이 많았다.

이 문제를 만족스럽게 해결한 사람은 틴버겐이었다. 그는 동물 행동을 연구하는 사람이라면 특정한 행동에 다음의 네 가지 질문을 던져야 한다고 말했다. 어떤 메커니즘이 그 행동을 유발하는가? 개인에게서 그 행동이 어떻게 발달하게 되는가(레어만의 질문)? 그 행동은 어떻게 진화했는가? 그 행동의 기능 또는 생존 가치는 무엇인가(로렌츠의 질문)?[4]

논쟁은 1972년 레어만의 사망으로 막을 내렸다. 그러나 몇십 년이 흐른 후 레어만의 발달 이론은 행동유전학과 진화심리학을 주장하는 선천론자들이 너무 지나쳤다고 생각하는 사람들을 끌어모으는 하나의 구심점이 되었다. 이 '발달론의 도전'은 여러 형태로 표출되고 있지만, 핵심적인 내용은 많은 생물학자들이 너무 그럴듯하게 이런저런 행동에 '해당하는 유전자'를 거론하면서 행동이 유전자의 영향을 받게 만드는 해당 체계의 불확실성, 복잡성, 순환성을 무시하고 있다는 주장으로 모아진다. 철학자 켄 샤프너에 따르면 발달론의 도전은 다섯 가지 요점으로 압축된다고 한다. 즉 유전자는 다른 원인들과 동등하다는 점, 유전자는 '사전 형성자'가 아니라는 점, 유전자의 의미는 상황에 크게 좌우된다는 점, 유전자와 환경의 영향은 정교하게 연결돼 있어 구분할 수 없다는 점, 정신은 발달 과정으로부터 예측할 수 없이 '출현'한다는 점이다.[5]

가장 강력한 형태의 도전은 동물학자 매리 제인 웨스트 에버하드의 주장일 것이다. 그녀는 발달의 메커니즘을 유전학적 메커니즘과 같은 수준으로 끌어올린 '2차 진화론적 통합'으로, 1930년대에 멘델과 다윈을 결합했던 1차 진화론적 통합을 뒤집었다.[6] 예를 들어, 이것은 내가 제시하는 예이다. 손등에 난 혈관의 모양을 보자. 양손 모두 혈관은 동일한 목적지에 도달하지만 그 경로는 약간 다르다. 이것은 양손의 유전 프로그램이 달라서가 아니라 그 유연성 때문이다. 다시 말해 유전 프로그램은 국지적인 방향 결정을 혈관 자체에 위임한다. 발달은 환경에 적응한다. 즉 발달은 다양한 환경에 대처할 줄 알고, 그러면서 효과적인 결과에 도달한다. 만약 동일한 유전자 집단에서 서로 다른 발달이 나온다면, 서로 다른 유전자가 동일한 결과를 낳을 수도 있다. 기술적인 용어로 말해, 발달은 작은 유전적 변화들을 '완충'시킬 줄 아는 것이다. 이것은 두 가지 흥미로운 현상을 설명할 수 있다. 첫째, 늑대와 같은 야생 종은 순종 개같이 동종 번식된 종류보다 개별적인 유전자 변이에 훨씬 덜 민감하다. 그들은 유전적 다양성에 의해 작은 차이를 완충한다. 다음으로는,

한 인구 집단 내에 각 유전자는 약간씩 다른 여러 유형으로 존재한다는, 자칫 혼란스러워 보이는 사실을 설명할 수 있다. 야생동물뿐 아니라 인간도 그렇다. 많은 유전자가 약간 다른 두 형태로 존재하면서 염색체 쌍을 이룬다. 이 때문에 생물은 다양한 환경에서도 정상적인 신체가 발달할 수 있는 유연성을 갖게 된다.

행동의 발달도 신체구조의 발달만큼이나 유연성과 완충력이 높다.[7] 보다 약한 형태의 발달론에서는 행동유전학자들에게 너무 단순화된 결론을 이끌어내거나, '동성애 유전자' 나 '행복 유전자' 가 헤드라인에 오르도록 기자들을 부추기지 말 것을 주문한다. 유전자는 거대한 팀을 이뤄 일을 하고, 구체적인 목표로 직접 돌진하는 것이 아니라 융통성 있는 발달 과정을 통해 목표에 도달한다. 생쥐, 파리, 벌레의 유전자와 행동을 실제로 연구하는 사람들은 과도한 단순화의 위험을 잘 알고 있으므로 때로는 발달론자들의 성화에 조금은 짜증이 난다고 말한다. 그들은 복잡성과 유연성을 강조하는 만큼 발달 역시 유전적 과정에서 비롯된다는 점을 중시한다. 그들의 실험은 복잡성, 가소성, 순환성을 확인하는 동시에, 환경이 발달에 영향을 미치는 것은 단지 유전자의 스위치를 켜고 끄는 것으로만 가능하다는 사실을 입증한다. 초파리의 구애 행동을 연구하는 분야의 개척자인 랄프 그린스펀은 그것을 다음과 같이 설명한다.

> 구애하는 능력이 유전자의 지시를 받는 것처럼, 경험을 통해 학습하는 능력도 유전자의 지시를 받는다. 이 현상에 대한 연구는 행동이 신체의 다양한 일을 책임지는 유전자들의 복잡한 상호 작용에 의해 조절된다는 것을 한층 강하게 뒷받침한다.[8]

주방에서

유기체의 4차원에 대해 생각할 때에는 몇 가지 유용한 우화가 떠오르는데, 우화는 항상 시각적으로 생생한 그림을 제공한다. 내 생각에 비유는 좋은 과학 저술의 혈액(하!)이다. 이제 그 중 두 가지를 자세히 얘기해 보고자 한다.

첫째는 수로화(개체 발생 과정이 주어진 환경 조건에 의해 정해지고 그 과정에 따라 특정 방향으로 진행하는 형태)의 우화인데, 이 말은 영국의 발생학자 콘라트 워딩턴이 1940년에 만들었다.[9] 공 하나가 산꼭대기에 있다고 생각해보자. 처음에는 완만하게 구른다. 그러나 잠시 후 계곡들이 나타나면 공은 그 중 한 계곡의 물길을 따라 구른다. 어떤 산은 여러 계곡들이 하나의 물길로 합쳐지고, 또 어떤 산은 계곡들이 몇 개의 물길로 나뉜다. 공은 동물이다. 계곡이 합쳐지는 산은 가장 '선천적인' 행동 발달을 가리킨다. 이때 유기체는 어떤 경험을 하든 거의 비슷한 결과에 이른다. 계곡이 여러 물길로 갈라지는 산은 훨씬 더 '환경적으로' 결정되는 행동을 가리킨다. 그러나 두 행동 모두 유전자, 경험, 발달이 어우러져야 한다. 예를 들어 문법은 수로화의 정도가 매우 높고 어휘는 낮다. 지금 창 밖에서 들려오는 굴뚝새의 공식화된 노래는 그와 함께 들려오는 개똥지빠귀의 모방적이고 창조적인 노래보다 훨씬 더 수로화되어 있다.[10]

선천적 행동을 수로화된 발달과 동일시하는 것이 제한적이지만 유용한 개념인 것은 특히 그것이 유전자 대 환경의 이분법을 말끔히 해결하기 때문이다. 유전자에 의해 상세히 규정되는 행동이라도 환경에 의해 다른 물길로 던져질 수 있는 것이다. 만약 대부분의 사회에서 성격과 IQ의 유전율이 높다면(제3장), 이것은 성격과 IQ의 발달이 좁은 수로화를 따라 진행된다는 것을 의미한다. 만약 그 공을 아주 멀리 던져서 다른 물길로 들어서게 만들려면 아주 다른 환경이 필요할 것이다. 그러나 환경은 여전히 중요하다. 공은 어쨌든 굴러갈 산이 필요하다.

다음 설교를 위해 나는 또다른 우화를 소개하고자 한다. 이번에는 레어만의 영향을 크게 받은 영국의 동물행동학자 팻 베이트슨이 1976년에 만든 주방의 우화다.

> 행동과 심리의 발달 과정은 요리와 분명한 비유적 유사성이 있다. 재료와 재료를 결합하는 방식이 모두 중요하다. 타이밍 또한 중요하다. 이 비유에서 재료는 수많은 유전적 · 환경적 요인을 가리키고, 요리는 생물학적 · 심리적 발달 과정을 가리킨다.[11]

주방 비유는 본성과 양육 논쟁의 양편 모두에게 인기를 끌었다. 리처드 도킨스는 1981년 케이크 굽기 비유를 이용해 유전자의 역할을 강조했다. 그의 첫째 가는 비판가 스티븐 로즈도 몇 년 후 똑같은 비유를 이용해 행동이 '우리의 유전자에 있지 않다'고 주장했다.[12] 요리 비유는 완벽하지는 않지만—두 재료가 합쳐져 제3의 것을 만들어내는 발달의 연금술을 설명하진 못한다—인기를 누릴 자격은 충분하다. 발달의 4차원을 아주 잘 표현하기 때문이다. 피아제가 언급했듯이 특정한 인간 행동의 발달은 특정한 시간에 정해진 순서대로 일어난다. 완벽한 수플레를 요리하려면 적절한 재료뿐 아니라 적절한 요리 시간과 적절한 순서를 지켜야 한다.

그리고 요리 비유는 몇 개의 유전자가 하나의 복잡한 유기체를 창조하는 과정을 쉽게 설명한다. 공상과학 소설가 더글러스 애덤스는 갑작스런 죽음을 맞이하기 얼마 전 내게 보낸 이메일에서, 3만 개의 유전자가 인간의 본성을 지정하기에 너무 적다는 주장을 비판했다. 그는 케이크를 만들 때 건축가의 청사진 같은 것을 이용해야 한다면 건포도 하나하나의 정확한 벡터, 잼 덩어리들의 형태와 크기 등을 정확히 설명해야 하므로 너무 복잡한 서류가 될 것이라고 말했다. 반면 케이크 요리법은 한 단락이면 족하다. 만약 게놈이 요리법이면, 즉 재료들을 특정한 시간 동안 특정한 방법으로 '요리'하는 지시문들이라면 유전자는 3만 개로도 충분하다. 우리는 가령 오른팔이 그런 과정을 통해 성장하는 것을 단지 상상하는 것이 아니라, 과학적 문헌으로부터 그 기본 원리들이 유전자별로 하나씩 출현하는 것을 보게 될 것이다.

그러나 그와 똑같은 일을 신체가 아닌 행동에 대해서도 상상할 수 있을까? 대부분의 사람들은 유전자에 의해 만들어진 분자가 아이의 마음에 본능을 발생시킨다는 생각이 너무 놀라워서 그것을 이해할 수 없는 과정으로 생각하고 쉽게 포기한다. 이제 나는 엄청난 일에 도전해보고자 한다. 유전자가 어떻게 행동의 발달을 일으키는가를 설명하려는 것이다. 이 책에서 지금까지 나는 어떻게 부부 유대의 본능이 옥시토신 수용체 유전자를 통해 형성되는지, 그리고 어떻게 성격이 BDNF 유전자의 영향을 받는지를 설명했다. 그런 체계를 분석하는 것도 유용하다. 그러나 우리는 하나의 엄청난 문제에 직면하게 된다. 뇌는 어떻게 애초부터 그런 식으로 만들어지는가? 내측편도에서 발현된 옥시토신 수용체가 도파민 체계를 촉발시켜 사랑하는 사람에 대한 중독성 감정이 만들어졌다고 설명하면 아무 문제가 없다. 그러나 도대체 누가 어떻게 그 고약한 기관을 그런 식으로 만들었을까?

게놈 조직화 장치가 솜씨 좋은 요리사이고, 그의 일이 뇌라는 수플레를 굽는 것이라 상상해보자. 그는 어떻게 요리를 시작할까?

마음속의 푯말들

먼저 후각을 생각해보자. 후각은 유전적으로 결정되는 감각이고 그래서 유전자와 냄새가 일 대 일로 대응한다. 쥐의 코에는 1,036개의 후각 감지기가 있고, 각각의 감지기는 약간씩 다른 후각 수용체 유전자를 표현한다. 다른 여러 면에서도 그렇지만 이 면에서도 역시 인간은 궁색하다. 인간의 온전한 후각 수용체 유전자는 347개뿐이고, 여기에 유사유전자라 불리는 낡고 녹슨 많은 유전자들이 곁들여 있다.[13] 쥐의 경우 각 세포는 신경섬유(축색돌기)를 하나씩 뻗어 뇌의 후각망울 속에 있는 각 단위로 보낸다. 놀랍게도, 같은 종류의 수용체 유전자를 발현시키는 세포들은 자신의 축색돌기를 정확히 한 단위나 두 단위로만 보낸다.

예를 들어 쥐의 코 속에 있는 몇백 개에 이르는 모든 P_2 신경세포는 동일한 수용체 유전자를 발현시키고 자신의 모든 전기적 신호를 뇌 속의 단 두 초점을 자극하는 데로 공급한다. 신경세포는 90일 정도밖에 못 살기 때문에 꾸준히 교체된다. 새로 교체된 신경세포는 뇌를 향해 성장해서 전임자가 도달했던 지점과 똑같은 곳에 정확히 도달한다. 콜럼비아 대학에 있는 리처드 액셀 연구소의 한 연구팀은 P_2 세포를 그것들만 디프테리아 독소를 발산하게 만들어서 모두 죽인 다음, 새로 교체된 P_2 세포들이 손 잡아줄 '동료' 없이도 길을 잘 찾아가는지를 관찰했다. 그들은 잘 찾아갔다.[14]

냄새가 그렇게 기억을 잘 환기시키는 이유가 여기에 있는지 모른다. 후각 신경세포는 뇌의 동일한 초점에 충성심이 아주 높아서, 어린 시절에 신경세포가 사라졌더라도 어른이 되어 생겨난 세포들은 정확한 길을 따라 뇌에 도달한다. 액셀과 동료들은 P_2 세포에서 냄새 수용체 유전자를 제거했다. 그랬더니 P_2 세포들은 더 이상 목표를 향해 성장하지 못하고 정처 없이 뇌 속을 방황했다. 이번에는 P_2 냄새 수용체 유전자를 P_3로 교체했더니, 축색돌기는 뇌 속의 P_3를 목표로 삼아 곧바로 돌진했다.[15] 이것은 특정한 냄새 감각이 발달하려면 코 속에서 유전자가 발현해야 하고 뇌 속에서도 그것과 일치하는 유전자가 발현해야 하며 축색돌기가 성장해서 둘을 연결시켜야 한다는 사실을 입증한다.

이런 일이 어떻게 일어나는가를 최초로 설명한 사람은 12명의 털보들과 같은 시대를 풍미한 산티아고 라몬 이 카할(1852-1934)이라는 낭만주의적인 인물이었다. 그는 스페인의 영웅으로 손색이 없을 만큼 예술적이고, 화려하고, 부지런하고, 강건했다. 뇌가 끊임없이 연결된 신경섬유의 망이 아니라, 서로 접촉해 있으면서도 독립성을 유지하는 수많은 세포들로 이루어져 있다는 사실을 세상에 널리 알린 사람이 바로 카할이었다. 그는 이 발견으로 약간 과한 명예를 누리고 있다. 그것은 노르웨이 탐험가이자 정치가인 프리트요프 난센을 포함해 최소 다섯 명의 다른 과학자들과 함께한 발견이었기 때문이다. 그러나 난센은 워낙 유명인이어서 카할에게 자신의 몫을 나눠 줬다고도 볼 수 있다. 그런데 여기에서 나는 카할의 또다른 직관에 흥미를 느낀다. 그는 신경계가 신경들로 구축되어 있고 그 신경은 화학물질을 향해 성장한다고 말했다. 그는 신경들이 어떤 특별한 물질의 증감에 의해 목적지로 이끌린다고 생각했다. 이 점에 있어 그는 절대적으로 옳았다.

맥베드의 마녀처럼 나는 이제 내 요리법에 개구리 눈알을 추가할 것이다. 개구리는 쌍안시를 가지고 있어 지나가는 파리를 보고 거리를 측정하기가 아주 유리하다. 반면에 올챙이는 머리 옆면에 눈이 달려 있다. 올챙이는 개구리로 성장하기 때문에 그 눈은 생애 중간에 새로운 위치로 이동해야 한다. 문제는, 이제 두 눈의 시야가 중복되어 같은 장면을 보게 된다는 것이다. 개구리의 뇌는 각 눈의 왼쪽 절반에서 입력되는 정보를 받아서 그것을 함께 처리하도록 뇌의 같은 부위에 보내야 한다. 그러려면 GOD는 눈에서 뇌로 연결된 배선을 변경해야 한다. 각 눈의 절반에서 나온 신경세포는 각각 뇌의 반대편으로 건너가야 하고, 나머지 절반에서 나온 신경세포는 원래 자리에 머물러 있어야 한다. 믿을 수 없는 이야기 같지만 크리스틴 홀트와 신이치 나카가와의 연구 덕분에 우리는 그 일이 어떻게 진행되는지를 정확히 이해할 수 있게 되었다.[16]

망막 속의 각 세포는 뇌의 '시각 덮개'를 향해 축색돌기를 하나씩 뻗는다. 축색돌기 끝에는 '성장원추'라는 것이 있는데, 성장원추는 기관차처럼 축색돌기의 끝을 똑바로 당기거나 방향을 바꾸거나 정지하는 일을 한다. 각각의 운동은 성장원추를 끌어당기거나 쫓아버리는 화학물질에 대한 반응으로 일어난다. 올챙이의 두 눈에서 나온 성장원추들이 일종의 네거리나 교차점에 해당하는 시신경교차에 도달하면 서로를 지나쳐 반대편으로 들어가서, 올챙이 뇌의 우반구는 왼쪽 눈에 반응하고 좌반구는 오른쪽 눈에 반응하게 된다. 오른쪽 눈의 왼쪽 절반에서 나온 신경과 왼쪽 눈의 왼쪽 절반에서 나온 신경이 한자리에 모이고 두 눈의 오른쪽 절반에서 나온 신경들이 또 한자리에 모이면, 개구리는 스테레오로 볼 수 있게 되고 날아가는 파리의 거리를 더욱 정확히 판단할 수 있게 된다. 개구리가 되어 각 망막에서 새 축색돌기가 자라 뇌를 향해 출발하는 경우에도, 그 중 절반은 시신경교차를 넘어 반대편으로 가고 나머지 절반은 뇌의 같은 쪽으로 진행한다. 홀트와 나카가와는 실제로 이런 변화가 어떻게 발생하는지를 밝혀냈다.

먼저 시신경교차 안에 있는 유전자 하나가 켜진다. 그 유전자는 에프린 B란 단백질을 만드는데, 이 단백질은 성장원추를 쫓아버린다. 그것은 각 눈의 한쪽 절반에서 나온 성장원추들만 쫓아버리는데, 이것은 망막의 신경세포들 중 절반에서만 에프린 B 수용체 유전자가 발현되기 때문이다. 쫓겨난 성장원추들은 시신경교차를 건너지 못하고 눈과 같은 쪽에 있는 뇌로 들어간다. 눈의 나머지 절반에서 나온 신경세포들은 그 수용체가 발현되지 않았기 때문에 에프린 B의 신호를 무시하고 뇌의 반대편으로 건너간다. 그 결과 개구리는 쌍안시를 갖게 되어 파리와의 거리를 측정할 수 있게 된다.

적절한 시간에 적절한 장소에 적절한 패턴으로 발현된 두 유전자 에프린 B와 에프린 B 수용체를 이용해 이제 개구리는 쌍안시에 필요한 배선을 갖추었다. 생쥐의 태아에서도 정확히 같은 유전자들이 정확히 같은(상응하는) 자리에서 발현되는 반면, 물고기나 새끼새는 그 유전자들이 침묵을 지키기 때문에 쌍안시가 형성되지 않는다. 그래도 괜찮다. 물고기와 닭은 눈이 머리 앞쪽이 아니라 옆쪽에 붙어 있기 때문이다.

'축색돌기 안내자'인 에프린 B는 그런 기능을 하는 극소수의 단백질 중 하나다. 축색돌기 안내자 단백질은 모두 네 종류 즉 네트린, 에프린, 세마포린, 슬리트이다. 네트린은 보통 축색돌기를 유인하지만, 나머지 셋은 물리치는 성질이 있다. 몇몇 다른 분자들도 축색돌기 안내자의 역할을 하지만 그 수는 많지 않다. 이 얼마 안 되는 행복한 안내자들이 뇌 형성에 필요한 거의 모든 일을 도맡아하는 것처럼 보인다. 영장류에서 가장 하등한 벌레까지 과학자들이 관찰하는 모든 곳에서 그 네 종류의 안내자들이 성장원추를 끌어당기거나 쫓아내는 모습이 확인되기 때문이다. 엄청나게 단순한 체계지만 바로 그 단순한 체계가 1조 개에 달하는 뉴런과 수천 개의 연결부를 가진 인간의 뇌를 만들어낸다.[17]

축색돌기의 안내자 역할에 대한 분자생물학의 사례사를 하나 더 소개한 다음 당신과 함께 심리학의 구름 위로 올라가고자 한다. 개구리의 경우처럼 초파리도 축색돌기의 일부가 신체의 중앙선을 넘어 뇌의 반대편으로 들어가야 한다. 그러기 위해 축색돌기는 중앙선에 배치된 반발형 안내자 '슬리트'에 대한 민감도를 억제해야 한다. 중앙선을 넘고자 하는 축색돌기는 슬리트 수용체를 암호화하고 있는 로보라는 유전자의 발현을 억제해야 한다. 로보의 발현을 억제한 축색돌기는 슬리트에 둔감해져서 중앙선에 놓인 검문소를 자유롭게 통과한다. 일단 축색돌기가 중앙선을 넘어가면 로보는 다시 켜져서 축색돌기가 되돌아오는 것을 막는다. 그런 다음 축색돌기는 여분의 로보 유전자들인 로보2와 로보3을 끄면서 계속 앞으로 나아간다. 로보 유전자를 많이 끄면 끌수록 축색돌기는 중앙선에서 더 멀어진다.

이 유전자들은 파리에게서 발견되었지만, 얼마 후 제브라피시 중에서도 정확히 로보3에 해당하는 유전자가 작동하지 않아서 신경의 중앙선 횡단에 문제가 발생한 돌연변이가 발견되었다. 그런 다음 생쥐에게서 슬리트 셋과 로보 둘이 발견되었는데, 이것들 역시 파리의 경우처럼, 전뇌가 형성되는 동안 중앙선에서 교통 정리를 담당한다. 그러나 생쥐의 슬리트는 그 이상의 일을 한다. 즉 축색돌기를 뇌의 특정한 부위로 보내는 것이다.[18] 슬리트와 로보 유전자는 출생 후에도 오랫동안 뇌의 여러 부위에서 계속 스위치를 켜고 끄면서 축색돌기를 목적지까지 안내한다.[19] 그런 유전자와 관련하여 인간은 큰 생쥐와 똑같기 때문에, 이 발견은 인간의 정신 네트워크들이 어떻게 형성되는가를 이해하는 데 정말로 중요한 열쇠라 할 수 있다.

당신은 이것이 행동과 거리가 먼 이야기라 생각할 것이다. 사실 그렇다. 지금까지 내 목적은 그저 유전자들이 매우 복잡한 동시에 몇 개의 단순 규칙을 이용한 요리법에 따라 어떻게 뇌를 만들 수 있는가를 대략적으로 보여주고, 그래서 유전학의 4차원인 시간의 차원을 보여주는 것이었다. 나는 뇌 발달이 완전히 밝혀졌다거나 과학자들이 세부적인 연구에 돌입했다고 말할 생각이 전혀 없다. 결코 그렇지 않다. 과학이 원래 그렇지만, 과학자는 많은 것을 알수록 더 큰 무지에 직면한다. 아직도 짙은 안개가 우리의 시야를 가로막고 있다. 이제야 그 안개가 조금 약해져 무지의 심연이 언뜻 드러났을 뿐이다. 예를 들어 나는 당신에게 네트린과 에프린이 경험으로부터 어떤 영향을 받는지, 또는 축색돌기 안내자들이 뻐꾸기의 뇌에 어떻게 '뻐꾹뻐꾹' 노래하는 본능을 심어주는지를 이야기하지 못한다. 그러나 시작이 절반이다. 그리고 나는 그 시작이 유전적 환원주의에 의해 이루어졌음을 지적하고 싶다. 축색돌기 안내자와 관련된 개별 유전자들을 고려하지 않고 마음의 형성을 이해하려는 것은 나무를 심지 않고 숲을 가꾸려는 것과 같다.

여럿으로부터의 하나*

축색돌기 안내자들이 갈림길에 서서 지나가는 성장원추들에게 그 수용체에 따라 갈 길을 일러준다는 것은 이야기의 일부분에 불과하다. 신경이 어떻게 원하는 곳까지 갈 수 있는가를 설명하지만, 그곳에 도착했을 때 어떻게 올바로 연결되는가는 설명하지 못한다. 다시 우화의 힘을 빌어보자. 런던에 사는 한 여자가 뉴욕의 한 증권거래소에 스카우트 됐다고 가정해보자. 그녀는 런던에서 뉴욕까지 각종 표지판에 적힌 신호를 보고 반응하면서(기차역, 공항 터미널, 수속 창구, 탑승구, 대기실, 택시 승차장, 호텔, 지하철 등등) 새로 입사한 회사에 도착한다. 이곳에서 갑자기 그녀는 행동의 종류를 바꾼다. 이제는 새로운 사장과 미래의 동료들과 연결된다. 그들 중 일부는 그녀처럼 먼 곳에서 그곳으로 이동했다. 그녀는 그들을 방향과 관련된 단서가 아니라 이름이나 지위 같은 개인적 단서들을

* EX UNUM PLURIBUS, 미국 정부의 문장(紋章)에 새겨져 있는 라틴어 : 옮긴이.

통해 식별한다. 이와 아주 똑같이 GOD도 축색돌기를 목적지로 안내한 후에는 도착 즉시 그것을 다른 신경세포들과 연결시켜야 한다. 이제는 방향을 가리키는 신호가 아니라 신원을 알리는 명찰이 단서가 된다.

1980년대 말 과학자들은 우연의 도움으로, 축색돌기가 목적지에 도착했을 때 그것을 알아보는 유전자를 최초로 발견했다. 이 이야기는 1856년으로 거슬러 올라간다. 아우렐리아노 마에스트르 드 산 후안이란 이름의 스페인 의사는 후각 감각이 없고 성기와 고환이 아주 작은 40세의 남자를 부검하게 되었다. 남자의 뇌에는 후각망울이 없었다. 몇 년 후 오스트리아에서 또다른 사례가 발견되자, 의사들은 작은 성기를 가진 남자들을 대상으로 냄새를 맡을 수 있는지를 물었다. 흥분한 성의학자들은 이 사례를 코와 성기가 보이는 것만큼이나 실제로도 공통성이 크다는 증거로 삼았다. 제4장에서 언급했던 프란츠 칼만은 1944년 생식선이 작고 후각이 없는 증후군이 가계를 따라 전해지면서 주로 남자들에게 영향을 미치는 희귀한 유전병이라 설명했다. 다소 불공평하지만 이 증후군은 오늘날 스페인 의사의 이름이 아니라 칼만의 이름을 따서 '칼만 증후군'이라 불린다. 이름이 복잡하면 이런 손해를 본다.

칼만 증후군 유전자에 대한 연구는 X염색체로 집중되었고 (남자들은 여분의 X염색체 사본이 없다. 모계 쪽에게서만 물려받기 때문이다.) 곧 KAL-1이라는 유전자로 고정되었다. 다른 염색체상의 다른 두 유전자도 칼만 증후군에 관여할 가능성이 높지만 아직 확인되지 않고 있다. 최근에는 KAL-1 유전자가 어떤 일을 하는지 그리고 그것이 잘못되면 어떤 일이 발생하는지가 분명히 밝혀졌다. KAL-1 유전자는 임신 5주경에, 코나 생식선이 아니라 나중에 후각망울이 될 뇌 부위에서 켜진다. KAL-1이 아노스민이란 단백질을 만들면, 아노스민은 접착제 역할을 해서 세포들이 서로 달라붙게 한다. 아노스민은 후각망울을 향해 전진하는 후각 축색돌기의 성장원추에 중요한 일을 한다. 그 성장원추들이 생애 6주에 뇌에 도착하면 그곳에 있던 아노스민은 성장원추들을 부풀려 섬유속(纖維束)에서 나오게 탈선한다. 그러면 각각의 축색돌기는 더 이상의 전진을 멈추고 근처에 있는 세포들과 접속한다. 아노스민을 만드는 KAL-1 사본이 없는 사람은 축색돌기가 후각망울에 접속하지 못한다. 축색돌기들은 버림받았다는 느낌에 곧 시들어 버린다.[20]

그래서 칼만 증후군 환자에겐 후각이 없다. 그런데 성기는 왜 작을까? 성적 발달을 촉발하는 유전자들 역시 코에서 일생을 시작한다. 정확히 말하면 서골비(鋤骨鼻) 기관이란 이름의 오래된 페로몬 수용체에서다. 뇌에 축색돌기를 보내고 마는 후각 신경세포들과는 달리 이 신경세포들은 자신이 직접 뇌로 이동한다. 그들은 후각 축색돌기가 이미 만들어놓은 섬유속(철로)을 따라 이동한다. 아노스민이 없으면 그들은 목적지에 도달하지 못하고 따라서 핵심 과제인 생식선 자극 호르몬의 분비를 수행하지 못한다. 이 호르몬이 없으면 뇌하수체는 황체형성 호르몬을 혈액 속으로 방출하라는 지시를 받지 못한다. 황체형성 호르몬이 없으면 생식선이 성숙하지 못해서 테스토스테론 수치와 성적 욕구가 증가하지 못하고, 그 결과 사춘기 후에도 여성에게 성적으로 무관심해진다.[21]

만세! 마침내 우리는 뇌의 한 부위가 형성되는 과정을 통해 특정한 유전자로부터 특정한 행동에 이르는 경로를 추적하는 데 성공했다. 팻 베이트슨은 칼만 신드롬을 예로 들어, 유전자가 행동에 영향을 미치는 것은 사실이지만 그 연관성은 결코 직접적 · 직선적이 아니라고 강조한다. KAL-1 유전자를 성적 장애에 '해당하는 유전자'로 볼 수 없는 이유는 그것이 제기능을 발휘하지 못할 때에만 그런 장애가 나타나기 때문이다. 게다가 아노스민은 신체에서 몇몇 다른 기능도 담당하는 것으로 추정되며, 성적 발달에 미치는 영향 또한 간접적이다. 그리고 몇몇 다른 유전자도 제기능을 수행하지 못하면 보다 광범위한 인과관계의 다른 지점에서 문제를 일으켜 동일한 증상의 일부 또는 전부를 야기한다. 실제로 대다수의 칼만 증후군 사례들은 KAL-1보다는 다른 유전자의 돌연변이 때문이다.[22]

유전자와 행동의 관계는 결코 일 대 일 상응이 아니지만, 그럼에도 KAL-1은 신중하고 부수적인 의미에서 성적 행동의 한 부분에 '해당하는 유전자들 중 하나'라 할 수 있다. 아마도 레어만과 피아제라면, 그 유전자가 신경계의 발달을 통해 행동에 대한 자신의 영향력을 나타낸다고 주장했을 것이다. 그 유전자가 발달의 과정을 지시하면, 그것이 다시 행동의 발생을 지시한다. 오늘날 과학자들은 행동을 발달의 최종 형태로 간주할 수 있다는 놀라운 생각에 직면하고 있다. 새의 둥지는 날개만큼이나 유전자의 산물이다. 내 정원만이 아니라 영국 어디서나 대대로 노래지빠귀는 둥지 바닥을 진흙으로 채우고, 검은새는 풀로 채우고, 울새는 털로 채우고, 푸른머리되새는 깃털로 채운다. 둥지 짓기는 유전자의 표현이기 때문이다. 리처드 도킨스는 이 개념을 위해 '확장된 표현형'이란 말을 만들었다.[23]

나는 아노스민이 세포 접착제라 말했는데, 이것이 아노스민을 GOD의 유전자 생산물 포트폴리오 중에서 가장 흥미로운 종목으로 만든다. 아직은 그 역할을 막 이해하는 초기 단계지만, 세포접착 분자는 마치 명찰과 같아서 뇌 배선이 이루어지는 동안 신경세포들이 팀 동료를 인식할 수 있는 수단이라는 생각이 갈수록 믿음을 얻고 있다. 아노스민은 세포들이 군중 속에서 서로를 찾는 열쇠다. 나는 이 불확실한 주장의 근거로 다음의 실험을 제시하고자 한다. 그것은 내가 유전자와 뇌를 연구하면서 접하게 된 실험 중 가장 독창적인 것이었다.

실험의 지휘자는 래리 지퍼스키, 실험대상은 초파리였다. 파리는 겹눈이다. 즉 파리의 눈은 6,400개의 작은 육각형 관으로 이루어져 있고, 각 관은 장면 속의 작은 부분에 초점을 맞춘다. 각각의 관은 자신이 본 것, 주로 움직임을 보고하기 위해 정확히 여덟 개의 축색돌기를 뇌로 보낸다. 이 중 여섯 개는 초록색 빛에 가장 잘 반응하고, 일곱 번째는 자외선을, 여덟 번째는 파란색 빛에 반응한다. 처음 여섯 개는 뇌에서 일찍 만나는 층에서 멈추는 반면, 여덟 번째 축색돌기는 더 깊이 들어가고 일곱 번째는 가장 깊이 들어간다.[24] 지퍼스키는 여덟 개의 세포가 목적지에 도달하려면 그 여덟 세포와 그들의 목적지에서 세포 접착 단백질인 N-카데린을 만드는 유전자가 반드시 켜져야 한다는 사실을 최초로 입증했다. 그런 다음 연구팀은 파리의 유전자를 조작해서, 몇 개의 일곱 번째 세포에서 N-카데린 유전자의 돌연변이 형태가 발현되도록 한 다음, 정말 독창적으로 초록색 형광등을 켜서 파리의 돌연변이 세포와 정상 세포가 발달하는 과정을 비교했다. 세부적인 이야기는 경악을 자아낸다. 그것은 과학이 여전히 천재성과 예술성의 무대임을 느끼게 해준다. N-카데린이 없으면 일곱 번째 축색돌기는 정상적으로 발달해 목적지에 도달하지만, 그런 다음 어느 세포와도 연결되지 못하고 오그라들면서 방황한다. 처음 여섯 세포에도 같은 실험을 했더니 그들 역시 N-카데린 유전자의 발현이 없으면 목적지를 찾지 못했다. 결국 지퍼스키는, 축색돌기가 뇌 속의 목적지를 인식하려면 N-카데린이 그리고 비슷한 실험을 한 후 밝혀진 또다른 세포 접착제 유전자, LAR 유전자도 반드시 필요하다는 결론을 내렸다.[25]

현재 카데린과 그 일족은 생물학에서 가장 매력적인 분자에 속한다. 이런 명성을 얻게 된 것은 뇌의 배선이 진행되는 동안 신경세포들이 서로를 찾을 수 있게 해주는 역할 덕분이다. 그것들은 바다 밑에서 자라는 다시마 잎처럼 신경세포의 표면에 붙어 있다. 칼슘이 분비되면 막대기처럼 굳어져 인접한 세포에 붙어 있는 카데린을 움켜잡는다. 이렇게 해서 두 신경세포를 접착하는 것이 카데린의 일이다. 그러나 카데린의 끝이 서로 일치할 때에만 접착이 가능하다. 이 점에서 GOD는 세포에 따라 접착 단백질의 끝을 아주 다양하게 만드는 것으로 보인다. 이것은 부분적으로 카데린 유전자가 여러 종류로 존재하기 때문이지만, 그와 동시에 '선택적 짜깁기'라 불리는 완전히 다른 현상 때문이기도 하다. 여기서 잠시 유전자의 활동을 살펴보기로 하자. 유전자는 단백질 요리법을 암호화하고 있는 DNA 문자열이다. 그러나 대부분의 경우 유전자는 '의미'를 가진(아미노산을 지정하는) 몇 개의 짧은 배열과 그 중간에 낀 의미 없는 긴 배열들로 이루어져 있다. 그 의미 있는 부분을 엑손이라 부르고 의미 없는 부분을 인트론이라 부른다. 유전자가 RNA 사본으로 전사된 후부터 그것이 단백질로 번역되기 전까지, 인트론은 짜깁기라는 과정을 통해 제거된다.

1977년 이것을 발견한 리처드 로버츠와 필립 샤프는 노벨상의 영광을 안았다. 그런 후 월터 길버트는 짜깁기 과정이 무의미한 부분을 잘라내는 것 이상의 일임을 알아냈다. 어떤 유전자에는 각 엑손의 몇몇 대체 형태들이 나란히 놓여 있는데, 그 중 하나만 선택되고 나머지는 버려진다. 어느 형태를 선택하느냐에 따라 같은 유전자라도 약간 다른 단백질을 생산한다. 그런데 이 발견의 중요성이 완전히 인식된 것은 최근 들어서였다. 선택적 짜깁기는 드물거나 우연한 현상이 아니다. 그것은 인간이 가진 대략 절반의 유전자에서 발생하는 것으로 보이고,[26] 심지어 다른 유전자의 엑손을 자르는 경우도 있으며, 어떤 경우에는 한 유전자로부터 한두 형태가 만들어질 뿐 아니라 수백 내지 수천 형태가 만들어지기도 한다.

2000년 2월 래리 지퍼스키는 휴디 슈라는 이름의 대학원생에게 디스캠Dscam이란 단백질을 조사하도록 지시했다. 디스캠은 얼마 전 짐 클레멘스가 파리의 유전자에서 얻어냈고, 초파리 신경세포를 뇌 속의 목적지로 인도하는 데 필요한 단백질임이 디에트마 슈무커에 의해 입증되었다. 그 파리 유전자의 한 부분은 실망스럽게도 그에 해당하는 인간 유전자의 한 부분과 아주 달라 보였는데, 그것은 아직 알려지지 않은 메커니즘에 의해 다운증후군의 몇 가지 증상을 일으키는 유전자였다(Dscam은 다운증후군 세포 접착 분자 Down syndrome cell-adhesion molecule의 약자다). 슈는 디스캠의 여러 대안 형태 중 인간 유전자와 비슷한 배열을 포함하고 있는 변이형을 찾기 시작했다. 그리고 그런 배열은 찾을 수 없었지만, 놀랍게도 배열을 확인한 30개 정도의 디스캠이 모두 다른 형태를 띠고 있었다. 그때 갑자기 셀레라 사가 처음으로 초파리의 전체 게놈을 인터넷에 공개했다. 그 주말에 슈와 클레멘스는 그 데이터베이스를 이용해 디스캠 유전자를 판독해 보았다. 검색 결과가 나온 순간 두 사람은 자신의 눈을 의심하지 않을 수 없었다. 대체용 엑손은 몇 개가 아니라 무려 95개였다. 그 유전자의 24개 엑손 중 4개의 엑손이 대안적 형태들을 가지고 있었다. 4번 엑손은 12개의 판형, 6번 엑손은 48개, 9번 엑손은 33개, 17번 엑손은 2개의 판형을 가지고 있었다. 그것은, 만약 그 유전자가 가능한 모든 엑손 조합으로 짜깁기를 한다면 38,016 종류의 단백질을 만들 수 있음을 의미했다. 단 하나의 유전자에서![27]

디스캠을 발견했다는 소식은 즉시 유전학자들 사이에 퍼졌다. 많은 게놈 전문가들에게는 낙심천만한 일이었다. 갑자기 일이 엄청나게 복잡해졌다. 만약 하나의 유전자가 수천 종류의 단백질을 만들 수 있다면, 인간의 유전자를 나열하는 일은 그 유전자들로부터 만들어질 수 있는 엄청난 수의 단백질을 나열하는 일의 첫 걸음에 불과하기 때문이었다. 한편 그렇게 엄청난 복잡성은 인간 게놈 속의 유전자 수가 인간 본성을 설명하기에 너무 적고 그래서 인간은 분명 유전이 아닌 경험의 산물이라는 주장을 일축하기에 충분했다. 그렇게 주장하던 사람들은 갑자기 자기 꾀에 자기가 넘어간 꼴이 되었다. 3만 개의 유전자가 인간 본성의 세부적인 면들을 결정하기에 너무 적다고 주장했던 사람들이 이제는, 수십만 또는 수백만 종류의 단백질을 생산할 수 있는 게놈이라면 굳이 양육에 의존하지 않아도 인간 본성을 세부적으로 지정할 조합 능력이 충분하다고 인정하지 않을 수 없게 되었다.

우리는 이 이야기에 넋을 빼앗기지 말아야 한다. 선택적으로 짜깁기되는 유전자 중 그렇게 엄청난 잠재적 다양성을 보여주는 것은 아주 드물다. 인간이 몇 개 가지고 있는 디스캠 판형은 배선이 이루어지는 시기에 그 정도는 고사하고 아주 조금이라도 선택적으로 짜깁기되는 경우를 아직 보여주지 않고 있다. 그리고 초파리가 디스캠으로부터 만들 수 있는 38,016개의 단백질을 모두 만드는 것도 아니라고 알려져 있다. 6번 엑손의 48형태 모두가 기능적으로 교환이 가능하다는 것은 가능성을 남겨두고 있다. 그러나 지퍼스키는 9번 엑손의 여러 형태들이 여러 세포 조직에서 선택적으로 발견된다는 사실을 알게 되었고, 그에 따라 다른 엑손들도 그럴 수 있다고 생각하고 있다. 이 주제를 연구하는 과학자들 사이에는 그들이 비밀의 문을 그저 긁어대고 있다는 느낌이 팽배해 있다. 유전자들이 서로 어떻게 접착하는지, 그리고 RNA가 세포 안에서 어떻게 활동하는지의 문제가 새로운 생물학적 원리로 들어가는 열쇠라고 생각된다.

어쨌든 지퍼스키는 세포 인식(신경세포들이 복잡한 뇌에서 어떻게 서로를 찾는가)의 기초가 되는 분자 활동을 알게 되었다는 희망을 간직하고 있다. 디스캠은 구조 면에서, 면역계에서 다양한 병원균을 확인하는 데 사용되는 변화무쌍한 단백질인 면역 글로불린과 비슷하다. 병원균을 인식한다는 것은 뇌에서 신경세포를 인식하는 것과 꽤 비슷한 일이다.[28] 뇌에서 사용되는 카데린과 프로토카데린이라는 또 한 종류의 세포 접착 단백질 역시 면역 글로불린과 비슷한 특징을 보여준다. 그것들은 선택적 짜깁기를 이용해 자신의 신분을 아주 구체적으로 드러낸다. 게다가 그것들이 생산하는 단백질은 모두 세포 밖으로 튀어나와 변화무쌍한 꼬리를 흔들다가 일치하는 꼬리를 발견하면 서로 달라붙는다. 일단 다른 세포에서 나온 비슷한 단백질과 달라붙은 후에는 함께 단단한 다리를 이룬다. 이것은 일종의 유유상종 체계로 보인다. 즉 같은 엑손을 발현시키는 세포들은 하나로 결합해 시냅스 연접을 형성할 수 있다.

특히 프로토카데린은 대단히 흥미로운 모습을 보여준다. 총 60개에 달하는 그 유전자들은 5번 염색체상에 세 덩어리를 이루고 나란히 배열되어 있다. 각 유전자는 변화무쌍한 엑손들의 배열을 포함하고 있으며, 각각의 엑손은 개별적인 프로모터에 의해 제어된다.[29] 그 엑손들은 심지어 자신의 유전적 메시지를 재배열하기 위해 한 유전자 사본 내에서가 아니라 서로 다른 유전자 사본들 사이에서 선택적 짜깁기를 하는 것으로 보인다. 그렇다면 뇌에 형성될 수 있는 잠재적인 프로토카데린은 수천 개가 아니라 수십억 개가 된다. 비슷한 유형의 세포들이 인접해 있더라도 결국에는 미세하게 다른 프로토카데린을 합성하는 것이다. 프로토카데린을 연구하는 하버드의 두 교수는 이렇게 말한다. "따라서 프로토카데린은 뇌에서 신경세포의 연결을 지정하는 다양한 접착과 분자 암호를 제공한다."[30]

40여 년 전 로저 스페리라는 신경학자는, 뇌가 무차별적이고 거의 무계획적인 신경세포들의 망에 의한 학습과 경험을 통해 창조된다는 지도 교수의 이론을 뒤집기 시작했다. 그는 신경세포가 발달 초기에 자신의 신분을 확인하면 그후 자신의 프로그램을 쉽게 바꾸지 않는다는 사실을 발견했다. 도롱뇽의 신경을 절단하고 다시 생성시키는 방법에 의해 그는 새로 생겨난 신경세포가 이전의 것과 똑같은 자리로 찾아간다는 사실을 입증했다. 그는 또한 쥐와 개구리의 뇌를 재배선하는 방법을 이용해, 동물의 마음에 가소성의 한계가 있음을 입증했다. 쥐의 오른쪽 다리를 왼쪽 다리의 신경과 연결시켰더니 오른쪽 다리를 자극하면 왼쪽 다리를 움직였다. 스페리는 신경계의 결정론을 강조함으로써, 촘스키의 심리학적 혁명에 버금가는 선천론적 혁명을 신경과학에 일으켰다. 그는 심지어 각각의 신경세포가 자신의 목표물에 대한 화학적 친화력을 가지고 있으며 뇌는 결국 수많은 변화무쌍한 인식분자들에 의해 만들어진 것이라는 가정을 내세우기도 했다. 이 점에서 그는 시대를 앞선 사람이었다. 그는 이보다 덜 중요한 다른 연구로 노벨상을 받았다.

새로 생긴 뉴런들

그래서 발달에 관한 이야기는 얼핏 보기에 피아제와 레어만이 예상했던 것과는 아주 다른 결론으로 가는 것처럼 보인다. 쌍둥이 연구가 환경의 역할을 높이고 유전자의 역할을 낮추리라는 기대와 정반대의 결론에 이른 것처럼, 발달도 유전자에 의해 계획된 잘 짜여진 과정으로 보인다. 그렇다면 이제 우리의 논쟁에서 본성이 승리하고 발달론의 도전이 실패했다고 결론을 내릴 수 있을까?

천만의 말씀이다. 우선, 결정론적으로 제작된 기계라 해도 수정이 가능하다. 내 컴퓨터는 놀랄 만큼 상세히 지정된 회로를 갖추고 있지만, 그렇다고 새로운 프로그램에 대한 반응으로 그 연결 부위의 활동들이 수정되지 못하는 것은 아니다. 게다가 스페리 이후 유행에서 사라졌던 신경의 가소성이 다시금 인기를 회복하고 있다. 이것은 부분적으로 본성 대 양육 논쟁의 탄력성 때문이다. 스페리가 당시의 경험주의를 과도하다고 느꼈던 것처럼, 오늘날 과학자들은 선천론이 경계를 넘어섰다고 보고 있다. 그러나 여기에는 탄력성 이상의 이유가 있다. 성년기에 도달한 동물은 뇌의 피질에서 새 신경세포가 자라지 않는다는 개념은 신경학자 파스코 라키치에 의해 입증된 후 오랫동안 정통 이론으로 인정받고 있었다. 그런데 카나리아가 새 노래를 배울 때 뇌에 새 신경세포가 자란다는 사실이 페르난도 노테봄에 의해 밝혀졌다. 그래서 라키치 박사는, 새들이야 어떻든 포유동물은 새 신경세포가 자라지 않는다고 말했다.

이번에는 엘리자베스 굴드가 쥐의 뇌에서 새 신경세포를 확인했다. 라키치는 영장류로 퇴각했다. 굴드는 세 마리의 뾰족뒤쥐에게서 새 신경세포를 발견했다. 라키치는 더 고등한 영장류로 멀찌감치 퇴각했다. 굴드는 명주원숭이에게서 새 신경세포를 발견했다. 그러자 라키치는 구세계(아시아, 유럽, 아프리카)의 영장류로 이동했다. 굴드는 짧은꼬리원숭이에게서 새 신경세포를 발견했다. 오늘날에는 인간을 포함해 모든 영장류의 뇌에서 경험에 대한 반응으로 새 신경세포가 자라고 나태함에 대한 반응으로 기존 세포가 사라질 수 있다는 사실이 분명해졌다.[31] 뇌의 최초 배선은 결정론적으로 시작되지만 그 배선의 개량에는 경험이 필수적이라는 증거가 갈수록 뚜렷해지고 있다. 칼만 증후군의 경우 후각망울은 사용하지 않으면 시들어버린다. 정부의 지원금을 다루는 오래된 원칙 즉 '쓰지 않으면 사라진다'는 원칙이 마음에도 고스란히 적용된다.

입증에는 부정적인 증거도 중요하다. 경험의 중요성을 입증하는 가장 좋은 방법은 동물에게서 경험을 빼앗는 것이다. 시각피질의 경우 동물의 한쪽 눈을 태어날 때부터 가리면 그 눈은 뇌의 수용 부위를 반대편 눈에 뺏긴다. 이에 대해서는 다음 장에서 자세히 살펴보기로 하자.

그러나 내가 이 글을 쓰는 동안 홀리스 클라인은, 경험이 뇌 발달에 어떻게 영향을 미치는가를 보여주는 긍정적인 실험 증거를 막 발표했다. 그녀는 눈에서 나온 신경세포가 뇌의 목표지점에 가까워질 때 어떻게 행동하는가를 연구한다. 신경세포는 미리 결정된 것처럼 목표로 돌진하는 것과는 아주 다르게, 수많은 '더듬이'를 내보내는데 그 중 많은 수가 곧 오그라든다. 마치 마음이 맞는 신경세포들끼리 함께 점화할 수 있는 성공적인 연결점을 찾고 있는 것처럼 보인다. 클라인은 성장하는 올챙이의 시각 체계에 있는 신경세포들 중 네 시간 동안 빛으로 자극을 준 것과 네 시간 동안 어둠 속에 놓아둔 것을 비교한 끝에, 자극을 받은 세포가 무언가와 접촉하기 위해 더듬이를 훨씬 더 많이 내보냈음을 보여주었다. 신경세포는 '나한테 자극이 왔어. 이 뉴스를 누군가에게 알리고 싶어' 라고 외친다. 이것이 피아제가 주장했던 것처럼, 경험이 뇌의 발달에 영향을 미치는 방식일 수 있다. 클라인의 동료 캐럴 스보보다는 생쥐의 두개골에 난 창문을 통해 뇌 세포의 시냅스들이 경험에 대한 반응으로 형성되고 사라지는 것을 실제로 목격했다.[32]

교육의 요점은 마음에 사실들을 가득 채워넣는 것이라기보다는 삶에 필요한 뇌 회로를 연습시키는 것이다. 그렇게 연습할 때 뇌 회로가 발달한다. 놀랍게도 이 점은 인간이나 미세한 벌레나 똑같다. 예쁜꼬마선충은 환원주의자의 빛이다. 이 벌레는 뇌가 없는 대신 정확히 302개의 신경세포가 엄격한 프로그램에 따라 배선되어 있다. 그 모습을 보면 발달의 가소성이나 사회적 행동은 고사하고 가장 단순한 학습도 보여주지 못할 것이란 생각이 든다. 그 행동은 앞으로 꿈틀거리고 뒤로 꿈틀거리는 것 외에는 거의 없다. 그러나 이 벌레는 특정한 온도에서 반복적으로 음식을 발견하면 이 사실을 등록한 다음 그 온도에 대한 선호 성향을 보이고, 보상이 없으면 차츰 그 성향을 잃어간다. 이렇게 유연한 학습이 가능한 것은 NCS-1이란 유전자의 영향 때문이다.[33]

선충류는 학습을 할 뿐 아니라 유아기의 사회적 경험에 따라 성체가 되었을 때 서로 다른 '성격'을 갖기도 한다. 캐시 랜킨은 벌레의 일부는 학교에 보내고, 즉 세균 배양용 접시에 모아 기르고 나머지는 집에서 길렀다. 즉 접시에 따로따로 길렀다. 그녀가 접시 옆면을 톡톡 치면 벌레들은 그 소리를 듣고 운동 방향을 바꿨다. 사회적 환경에서 자라는 벌레들은 서로 충돌하는 데 익숙해 있어서 혼자 지내는 벌레들보다 그 두드림에 훨씬 예민했다.

랜킨은 사회적 선충과 고독한 선충의 차이가 어느 신경세포 사이에 있는 어느 시냅스 때문인가를 연구하기 위해 선충의 몇몇 유전자를 미리 조작해 놓았었다. 차이는 몇몇 감각뉴런과 '중간뉴런'의 시냅스에 글루탐산이 더 약한 것으로 나타났다. 흥미롭게도 그녀는 바로 그 시냅스들이 학습 중에 변화한다는 것을 발견했다. 두드리는 수업을 80번 받은 후 양쪽 벌레들은 그들이 진동하는 세계에서 산다는 사실에 익숙해졌고, 점차 방향 바꾸는 습성을 잃어버렸다. 학습을 한 것이다. 수업과 학습은 모두 같은 시냅스에 효과를 미쳤고, 같은 유전자들의 발현을 변화시켰다.[34]

하찮은 벌레의 행동 발달이 환경에 따라 유연성을 보인다는 사실은 발달론의 도전에 힘을 실어준다. 뇌도 없이 단 302개의 뉴런을 가진 유기체가 수업의 혜택을 받는다면, 본격적으로 양육되는 인간에게는 그 효과가 얼마나 대단하겠는가? 초기의 풍부한 사회적 환경은 포유동물의 행동에 장기적이고 돌이킬 수 없는 영향을 미치는 것이 분명하다. 1950년대에 해리 할로우는 (제7장에서 자세히 소개할 것이다.)는 같이 놀 친구도 없이 철사로 만든 어미 인형만을 넣어준 우리에서 혼자 자란 암컷 원숭이가 후에 자식을 낳았을 때 냉담한 어미가 된다는 사실을 우연히 발견했다. 암컷 원숭이는 자기 새끼들을 커다란 벼룩처럼 취급했다. 유년의 메마른 경험이 각인되어 계속 남아 있었던 것이다.[35]

이와 마찬가지로 어미와 격리되거나 인간의 손에서 자란 새끼쥐들도 그 경험의 영향이 영구적으로 남는다. 어미와 격리된 새끼들은 불안하고 공격적인 쥐로 자라고 약물 중독에 약간 더 취약한 특성을 보인다. 어렸을 때 어미가 많이 핥아준 쥐들은 자신의 새끼들을 많이 핥아주는데, 교차 양육 실험은 그것이 비유전적으로 전수되는 특성임을 보여준다. 즉 입양된 쥐는 친모보다 양모와 더 비슷하게 행동한다. 이 경우 환경의 영향은 새끼쥐의 유전자를 통해 간접적으로 발휘되는 것이 거의 분명하다.[36]

새끼들을 본 암컷 쥐는 처음에는 새끼들을 무시하지만 점차 모성적으로 변한다. 이렇게 반응하는 속도는 쥐에 따라 큰 차이가 있는데, 이 경우도 어렸을 때 어미가 많이 핥아줬던 쥐는 보다 빨리 반응한다. 마이클 미어니의 연구에 따르면, 그 반응에 관여하는 유전자는 옥시토신 수용체를 만드는 유전자인데, 새끼 때 어미가 많이 핥아준 쥐들에게서 더 쉽게 켜진다고 한다. 어미의 핥기는 그 유전자들의 에스트로겐 민감도를 변화시킨다. 자세한 과정은 아직 밝혀지지 않았지만, 어미의 핥기가 뇌의 도파민 체계에 영향을 미치고 그 도파민이 에스트로겐을 흉내내는 것으로 보인다. 여기에 신빙성을 더해주는 이야기가 있다. 어미의 양육 소홀은 도파민 체계의 발달에 관여하는 유전자의 발현에 분명한 변화를 야기하고, 그로 인해 불우한 환경에서 자란 동물은 약물에 더 쉽게 중독된다. 마약이 도파민 체계를 통해 마음을 보상하기 때문이다.[37]

톰 인젤의 연구실에서 일하던 달린 프랜시스는 두 종류의 쥐를 분만 전후에 바꿔치기 하는 실험을 했다. 그는 C57 계통의 쥐를 수정 직후 같은 종의 자궁과 BALB 종의 자궁에 착상시킨 다음 각각의 어미에게 양육시켰다. 그런 다음 교차 양육으로 성장한 쥐들을 대상으로 실험실에 사는 모든 쥐가 일상적으로 받는 다양한 실험 기준에 따라 여러 가지 능력을 테스트했다. 한 시험은 혼탁한 물에 잠긴 발판을 찾아 올라선 다음 그 장소를 기억하는 것이었다.

또다른 시험은 개방된 공간 한가운데서 주변을 탐험하는 용기를 측정했다. 세 번째 시험은 두 곳은 막혀 있고 두 곳은 열려 있는 십자형 미로를 탐험하는 것이었다. 원래 동종 번식한 쥐들은 종에 따라 시험 성적이 항상 일정한데, 이것은 그들의 행동이 유전자의 지시를 받는다는 것을 의미한다. BALB 종은 C57 종보다 개방된 공간에서 시간을 적게 보내고; 십자형 미로의 막다른 골목에서 시간을 많이 보내고, 숨겨진 발판을 더 빨리 찾아낸다. 그런데 달린의 교차 양육 실험에서, 분만 전이든 후든 C57 어미에게 교차 양육된 C57 쥐는 정상적인 C57 쥐들처럼 행동했다. 그러나 수정 직후 BALB 어미에게 교차 양육된(즉 BALB 어미의 자궁에 이식되어 자란) C57 쥐들은 BALB 쥐들처럼 행동했다. 미어니의 쥐들처럼 BALB 어미들은 C57 어미보다 새끼를 덜 핥기 때문에, 이것이 새끼들의 본성을 변화시킨 것으로 볼 수도 있다. 그러나 모성 행동의 이 효과는 BALB의 자궁에 달려 있다. C57의 자궁에서 태어난 C57 새끼들을 BALB 어미에게 교차 양육시키면 다른 C57 쥐들처럼 행동하는 동시에 BALB 쥐들과는 아주 다르게 행동한다. 인젤의 표현대로, 어머니 본성이 어머니 양육을 만난다는 증거다.[38]

정말로 놀라운 발견이 아닐 수 없다. 그것은 포유동물의 뇌 발달이 자궁에서 또는 출생 직후에 어떤 취급을 받는가에 따라 대단히 민감하게 좌우된다는 사실을 암시하지만, 그와 동시에 그 효과가 유전자를 통해 간접적으로 발휘된다는 사실을 암시한다. 그것은 발달이 성년기의 결과에 중요하다는 레어만의 주장을 아주 분명히 예증한다. 사실 그것은 유전자가 환경 속의 다른 동물들의 행동, 특히 부모의 행동에 의해 어떻게 좌우되는가를 보여줬다는 점에서 레어만보다 더 깊이 들어갔다고 볼 수 있다. 언제나처럼 이 발견도 극단적인 양육론을 뒷받침하지 않고 유전자가 활동해야 가능해지는 현상이기 때문이다. 극단적인 본성론도 뒷받침하지 않는다. 유전자의 발현이 얼마나 유연한가를 보여주기 때문이다. 그것은 유전자가 양육의 봉사자인 동시에 양육이 유전자의 봉사자라는 내 주장을 뒷받침한다. 그것은 GOD가 몇몇 유전자의 직무 내용에 다음과 같은 경고문을 포함시키고 있다는 것을 보여주는 훌륭한 예이다.

즉 발달 중에는 항상 모체 밖의 환경으로부터 들어오는 정보를 흡수하고 그에 따라 행동을 조절할 준비를 하라.

인큐베이터 유토피아

"엡실론의 태아는 엡실론의 유전과 마찬가지로 엡실론의 환경을 지녀야 한다는 생각이 군에게는 떠오르지 않는단 말인가?" 올더스 헉슬리의 1932년 소설 『멋진 신세계』에서 인공 부화 및 습성 형성 국장은 이렇게 말한다. 그는 학생들에게 인공 부화장의 수정실을 보여주고 있다. 그 안에서는 인공적으로 수정된 인간 태아들이 사회적 계급에 따라 각기 다른 조건으로 배양되고 있다. 뛰어난 알파급에서 공장 노동자인 엡실론급까지.

『멋진 신세계』보다 더 자주 오해의 희생양이 된 책도 드물다. 이 책은 오늘날 거의 자동적으로 극단적인 유전과학에 대한 풍자로, 본성에 대한 공격으로 간주된다. 그러나 이 책은 실은 전적으로 양육에 관한 이야기다. 헉슬리가 상상한 미래는 인간 태아를 인공적으로 수정시키고 또 일부는 인공적으로 복제한 다음(일명 '보카노프스키씨 법'), 영양분, 약물, 산소를 배급하는 정교한 시스템에 따라 다양한 계급의 구성원으로 성장시킨다. 그런 다음 어린 시절에 끊임없는 수면학습(잠자는 동안 세뇌시킴)과 파블로프식 강화학습을 부여해 각 개인이 자신에게 배정된 삶을 즐겁게 살아가도록 만든다. 열대지방에서 일할 사람은 열에 익숙하도록 개량되고, 로켓 우주선을 몰 사람은 우주 여행에 익숙하도록 개량된다.

대단히 쾌활한 여주인공 레니나는 운명적으로 비행하는 것, 예정부 부국장과의 데이트, 일회용 섹스, 장애물 골프, 행복의 약물 소마를 좋아하도록 유전자에 의해서가 아니라 부화실과 학교에서 주입한 것에 의해 예정되어 있다. 그녀의 숭배자 막스는 단지 태어나기 전 대용 혈액에 알코올이 잘못 주입된 결과로 그런 순응적 성향에 반발한다. 그는 레니나를 데리고 뉴멕시코의 한 새비지 보호구역으로 휴가를 간다. 그곳에서 그들은 백인 새비지인 린다와 그녀의 아들 존을 만난다. 그들은 존을 런던으로 데려와 아버지를 만나게 하는데, 그의 아버지는 다름아닌 인공 부화 및 습성 형성 국장임이 밝혀진다. 셰익스피어의 책을 우연히 독학으로 공부했던 존은 문명 세계를 꿈꾸지만, 직접 본 후에는 곧 환멸을 느껴 서리의 한 등대에 은거하다 그곳에서 영화 촬영기사에게 발각된다. 구경꾼들의 극성에 괴로워하던 그는 목을 매 자살한다.[39]

사람을 행복하게 만드는 약과 유전을 암시하는 구절들이 등장하지만 소설의 세부적인 내용과 그 끔찍한 세계의 특징들은 거주자들의 신체와 뇌가 발달하는 동안 외부에서 가해지는 환경적 요인들과 깊이 관련된다. 멋진 신세계는 본성의 지옥이 아니라 양육의 지옥이다.

6

형성기

아침이 하루를 보여주듯 유년은 그 사람을 보여준다.

존 밀턴의 「복낙원」 중에서[1]

양육은 되돌릴 수 있지만 본성은 되돌릴 수 없다. 이런 이유로 분별 있는 지식인들은 지난 1세기 동안 유전자를 강조하는 구슬픈 칼뱅주의보다는 희망적인 사회 개량론을 선호해왔다. 그러나 정반대의 행성이 있다면 어떻겠는가? 어떤 과학자가 우연히 양육에 대해서는 아무것도 할 수 없는 반면 유전자가 외부 세계에 대단히 민감하게 반응하는 지적 생물체와 그들이 사는 세계를 발견했다면?

가정은 여기까지만. 이 장의 목표는 우리가 바로 그렇게 전도된 세계에서 살고 있다는 점을 이해하자는 것이다. 인간이 부모의 보살핌이라는 좁은 의미에서 양육의 산물인 한 우리는 성년기까지 새로운 영향을 계속 표현할 것이고 그 영향은 우리가 살아가는 방식에 좌우된다. 이것은 과학이 전하는 깜짝 뉴스의 하나이고, 최근에 나온 가장 중요한 과학적 발견인 동시에 사람들에게 가장 알려지지 않은 소식이다. 심지어 이 사실을 발견한 사람들조차도 본성 대 양육의 이분법에 너무 깊이 빠져 있어서 그들의 발견이 얼마나 혁명적인지를 희미하게만 인식하는 실정이다.

1909년 동오스트리아 알텐베르크 근교의 다뉴브강 초원지대에서 여섯 살 난 소년 콘라트와 그의 친구 그레틀은 한 이웃으로부터 갓 부화한 두 마리의 새끼오리를 받았다. 오리들은 아이들을 각인시켜 그들을 부모로 알고 어디나 좇아다녔다. 64년 후 콘라트는 이렇게 말했다. "우리는 몰랐지만 그 과정에서 내가 오리들에게 각인되었던 것이다……. 평생의 행동이 어린 시절의 결정적인 경험에 의해 고착된다."[2] 1935년 그레틀의 남편이었던 콘라트 로렌츠는 새끼거위가 부화 직후 어떻게 처음 마주치는 움직이는 물체를 마음에 고착시켜 그것을 따라다니는가를 보다 과학적으로 설명했다. 그 움직이는 물체는 대개 어미지만 때로는 염소 수염을 기른 교수일 경우도 있다. 로렌츠는 시간의 좁은 창이 있어서 그 창을 통해 각인의 발생 과정을 들여다볼 수 있음을 깨달았다. 새끼거위는 부화한 후 15시간 이전이나 3일 이후에는 각인을 하지 못했다. 일단 각인을 하면 그 대상을 마음에 고착시켜 다른 양부모는 절대로 따라다니지 않았다.[3]

로렌츠 이전에도 각인을 설명한 사람이 있었다. 60여 년 전 영국의 박물학자 더글러스 알렉산더 스폴딩은 초기 경험이 어린 동물의 마음에 '찍힌다'고 말했는데, 사실상 각인과 똑같은 비유였다. 스폴딩에 대해서는 알려진 바가 아주 조금밖에 없지만, 그 조금이 상당히 이채롭다. 존 스튜어트 밀은 아비뇽에서 스폴딩을 만났고 후에 그를 버틀런드 러셀의 형을 가르치는 가정교사로 소개했다. 러셀의 부모인 암벌리 자작과 자작부인은 결핵환자인 스폴딩이 자식을 낳는 것은 잘못된 일이라 생각했다. 그러나 자연이 내려준 성적 충동을 거부하는 것도 똑같이 잘못된 일이라 생각한 그들은 이 딜레마를 확실한 방법으로 해결하기로 결정했다. 바로 암벌리 부인이 직접 나서는 것이었다. 그녀는 의무를 충실히 수행했지만 1874년 사망했고, 그 뒤를 이어 1876년에 남편도 사망했다. 사망 전 암벌리 자작은 스폴딩을 버틀런드 러셀의 후견인 중 한 명으로 임명했다. 이 사실이 세상에 알려지자 버틀런드 러셀의 할아버지인 러셀 백작은 대경실색하여 즉시 어린 버틀런드의 후견인 역을 인계받았고, 1878년 숨을 거두었다. 그 사이 스폴딩은 1877년 결핵으로 사망했다.

이 그리스 비극의 불분명한 주인공은 그의 몇몇 글을 통해, 행동주의를 포함해 20세기 심리학의 많은 주제들을 예견하고 있었다. 그는 또한 갓 태어난 새끼새가 어떻게 '움직이는 물체를 좇아다니는지'를 설명했다. "오로지 시각에만 이끌려 새끼새들이 암탉이나 오리나 인간을 따라다니는 성향을 갖는 것 같지는 않다……. 그것들은 본능을 따른다. 그리고 경험 이전에 귀를 통해 적절한 사물에 애착을 갖게 된다." 뿐만 아니라 스폴딩은 새끼새에게 처음 4일간 머리덮개를 씌웠다가 덮개를 벗기면 즉시 그에게서 도망치는 반면, 하루 전에 덮개를 벗기면 그에게 달려온다고 말했다.[4]

그러나 스폴딩은 주목을 받지 못했고, 결국 과학 사전에 각인이란 말(독일어로 '프레궁Prägung')을 올리는 영광은 로렌츠에게 돌아갔다. 환경이 행동 발달에 돌이킬 수 없는 빛을 내리쬐는 창이란 결정적 시기에 대한 개념을 만든 것도 로렌츠였다. 로렌츠는 각인의 중요성을 각인 자체가 본능이라는 점에서 찾았다. 어미에게 각인되는 경향은 갓 부화한 새끼의 본능이다. 그것은 새끼의 첫 번째 경험이기 때문에 학습의 결과일 리가 없다. 행동에 대한 연구가 조건반사와 연상의 지배하에 있던 시절에 로렌츠는 선천성을 복권시키는 일에 자신의 역할을 두었다. 1937년 니코 틴버겐은 로렌츠를 만났다. 두 사람은 그해 봄을 알텐베르크에서 보내면서, 동물의 본능을 연구하는 동물행동학을 창시했다. 원하는 행동이 막혔을 때 다른 행동을 하는 전위 또는 치환, 본능을 촉발하는 환경 요소인 방출자, 본능의 하위 프로그램인 고착 행동 패턴 같은 개념들이 탄생했다. 틴버겐과 로렌츠는 그해 봄에 시작한 연구로 1973년 노벨상을 수상했다.

그러나 다른 관점에서 보면 각인은 환경의 산물이다. 새끼거위는 결국 따라갈 것이 없으면 따라가지 않는다. 일단 어떤 종류의 '어미'를 따라가기 시작하면 습관적으로 그와 비슷한 것을 따라다닌다. 그러나 그 전에 무엇을 '어미'로 삼을 것인가에 대해서는 아무것도 결정된 바가 없다. 다른 관점에서 보면 로렌츠는 내적 충동과 마찬가지로 외적 환경도 행동에 영향을 미친다는 것을 발견한 셈이다. 각인은 본성을 옹호하는 진영에 채택된 것처럼 양육을 옹호하는 진영에도 채택될 수 있었다. 새끼거위는 움직이는 어떤 것을 따라다니도록 배우기 때문이다.[5]

그러나 새끼오리는 다르다. 로렌츠는 어린 시절 새끼오리에게 각인시키는 것을 성공했지만 성인이 되어서는 물오리의 소리를 내지 않고는 새끼들을 쉽게 각인시킬 수 없었다. 소리와 함께 각인된 새끼오리들은 그를 열심히 좇아다녔다. 새끼오리는 어미를 보는 동시에 그 소리를 들어야 한다. 1960년대 초 길버트 고틀리프는 일련의 실험을 통해 그 과정을 탐구했다. 그는 물오리건 야생오리건 갓 부화한 순진한 새끼들은 자기 종의 소리를 선호하는 성향을 갖고 있다는 사실을 발견했다. 다시 말해, 새끼오리들은 자기 종이 부르는 소리를 들어본 적이 없어도 그 소리를 제대로 알아듣는다. 그러나 고틀리프는 더 복잡한 실험을 통해 놀라운 결과를 얻어냈다. 그는 아직 알 속에 있는 새끼오리의 성대를 수술해서 벙어리로 만들었다. 그러자 알에서 깨어난 후 새끼들은 같은 종의 어미가 부르는 소리를 선호하지 않았다. 고틀리프는 새끼오리가 소리를 제대로 인식하는 것은 부화하기 전에 자기 자신의 목소리를 듣기 때문이라고 결론지었다. 그의 생각에 이 결론은 본능이란 개념 자체를 무너뜨릴 수도 있었다. 태어나기 전의 환경이 행동을 촉발했기 때문이다.[6]

임신기의 흔적들

만약 환경의 영향이 부분적으로 태아기에 가해지는 것이라면 환경은 가변적인 요인이라기보다는 운명에 훨씬 더 가깝다고 느껴진다. 이것은 오리와 거위에게만 일어나는 진기한 일인가, 아니면 인간도 초기 환경에 의해 어떤 고정불변의 특성이 각인되는가? 먼저 의학적 단서를 추적해보자. 1989년 데이비드 바커라는 의학자는 1911년에서 1930년 사이에 영국 남부 허트포드셔의 여섯 개 구에서 태어난 남자 5,600여 명의 운명을 분석했다. 출생할 때와 한 살 때에 최소 체중이었던 사람들은 국소빈혈에 의한 심장질환 사망률이 가

장 높았다. 가벼운 아기들의 사망 위험률이 무거운 아기들보다 거의 세 배나 높았다.[7]

바커의 결론은 관심을 모았다. 무거운 아기가 더 건강하다는 것은 특별한 이야기가 아니었지만, 그들이 노년성 질환에, 특히 그 원인이 잘 알려져 있다고 간주되던 질환에 덜 취약하다는 것은 아주 놀라운 이야기였다. 그것은 심장병이 성년기에 아이스크림을 얼마나 많이 먹느냐에 달려 있다기보다는 한 살 때 얼마나 말랐었느냐에 달려 있다는 증거였다. 바커는 계속해서 다른 나라의 심장병, 뇌졸중, 당뇨병 자료에서도 같은 결과를 확인했다. 예를 들어, 1934년에서 1944년 사이에 헬싱키 대학병원에서 태어난 4,600명의 남성 중 태어날 때와 한 살 때에 말랐거나 가벼웠던 사람들은 관상동맥 혈전에 의한 사망률이 훨씬 더 높았다. 바커는 다음과 같이 말했다. "그 사람들이 아기였을 때 마르지 않았더라면 후에 관상동맥 혈전으로 사망하는 사람이 절반으로 줄었을 것이고, 국민 보건상 막대한 이득을 가져왔을 것이다."

바커는 심장병을 환경적 영향의 축적으로 이해해서는 안 된다고 주장한다. "그보다는 어린 시절의 정상 체중을 포함해 어떤 요인들은 초기 발달의 결정적 시기에 일어나는 사건에 달려 있다. 이를 통해 발달의 '스위치' 환경에 의해 켜진다는 개념을 구체적으로 확인할 수 있다."[8] 이 연구로부터 발전한 '검소한 표현형' 가설에서 바커는 신체가 기아에 적응하는 방법을 말한다. 영양실조를 경험한 아기의 몸은 태아기에 그 경험을 각인시켜, 태어날 때 일생 동안 식량 부족 상태에서 살 것이라 '예상'한다. 몸 전체의 신진대사는 작은 체구, 칼로리 축적, 과다한 운동의 회피에 맞춰진다. 그러다 풍족한 시기를 맞이하면 굶주림의 보상으로 빨리 살이 찌는데 그것이 심장에 무리를 주게 된다.

기아 가설은 훨씬 더 이상하고 복잡한 사실들과도 연결되는데, 그것은 제2차 세계대전 당시 대규모로 실시된 '우연한 실험'에 의해 밝혀졌다. 1944년 9월, 과거의 협력자 콘라트 로렌츠와 니코 틴버겐은 둘 다 감금 상태에 있었다. 로렌츠는 러시아 전쟁포로 수용소에 방금 잡혀온 상태였고, 틴버겐은 네덜란드 저항운동을 견제하기 위한 포로로 잡혀와 독일군 수용소에서 2년을 보낸 후 석방을 눈앞에 두고 있었다. 1944년 9월 17일 영국의 낙하산병들이 라인강을 건너는 다리를 확보하기 위해 네덜란드 아른헴 시를 점령했다. 8일 동안의 치열한 전투 속에 독일군은 지원 나온 지상군을 완전히 격퇴시키고 한시름을 놓았다. 연합군은 그해 겨울이 지나갈 때까지 네덜란드 해방을 포기했다.

네덜란드 철도 노동자들은 독일 증원군이 아른헴에 도착하는 것을 막기 위해 파업을 벌였다. 이에 대한 보복으로 나치 독일의 통제위원 아르투르 세이스 잉카르트는 전국의 모든 민간 화물 이동을 봉쇄했다. 그 결과는 7개월간의 끔찍한 기근이었다. 굶주림의 겨울이라고 사람들은 불렀다. 1만 명 이상의 사람들이 굶어 죽었다. 그러나 후에 의학 연구자들의 관심을 사로잡은 것은 이 돌연한 기아가 아직 태어나지 않은 아기들에게 미친 영향이었다. 기근 당시 태아였던 사람은 약 4만 명이었는데, 그들의 출생시 체중과 이후의 건강 기록이 그대로 보존되어 있다. 1960년대에 콜럼비아 대학의 한 연구팀이 그 자료를 연구해 영양 결핍을 겪었던 산모들에 대해 예상했던 결과, 즉 기형아 출산, 높은 영아 사망률, 사산을 확인했다. 그들은 또한 임신 마지막 3기였던 아기들(만)이 저체중으로 태어난 사실도 발견했다. 그 아기들은 정상으로 성장했지만 후에 당뇨병을 앓았다. 이것은 아마도 그들의 검소한 표현형과 전후의 풍부한 식량이 불일치해서 발생한 결과였을 것이다.

기근을 겪는 동안 임신 첫 6개월이었던 아기들은 정상 체중으로 태어났지만 성인이 되었을 때는 비정상적으로 작은 아기를 출산했다. 이 기이한 2세대 효과는 검소한 표현형 가설로는 설명하기 어렵다. 그러나 팻 베이트슨은 메뚜기의 생활 패턴이 몇 세대에 한 번씩 특별한 먹이를 먹으면서, 조심스럽게 단독 생활을 하는 패턴에서 모든 음식을 먹어치우는 거대한 군집 패턴으로 돌변하는 것에 주목하고 있다. 만약 인간도 검소한 표현형과 풍족한 표현형을 오가는 데 몇 세대가 걸린다면, 왜 핀란드 사람들의 심장병 사망률이 프랑스보다 거의 네 배가 높은지를 설명할 수 있다. 프랑스 정부는 1870년대 프랑스-프러시아 전쟁 이후 임신한 어머니들에게 식량을 배급하기 시작했다. 그에 반해 핀란드 사람들은 50년 전까지 상대적으로 가난하게 살았다. 핀란드에서 심장병을 앓는 사람들은 풍요를 경험한 처음 두 세대에 속한다. 오늘날 미국에서 심장병 사망률이 급속히 하락하고 있는 이유나, 풍족한 식량 공급이 미국보다 늦었던 영국에서 심장병 사망률의 하락이 지체되고 있는 이유도 태아기의 경험에 있을 것이다.[9]

긴 손가락의 의미

태아기의 사건은 나중에 수습하기에 거의 불가능한 영향들을 광범위하게 미친다. 건강한 개인들 간의 미묘한 차이도 태아기의 각인에서 비롯될 수 있다. 손가락 길이가 대표적인 예이다. 대부분의 남자들은 약지가 검지보다 긴 반면, 여성들은 대개 두 손가락의 길이가 같다. 존 매닝은 이것이 태아기에 자궁에서 어느 정도의 테스토스테론 수치에 노출되었는가를 보여주는 지표임을 알아냈다. 자궁에서 테스토스테론에 많이 노출되면 약지가 길어진다. 그 연관성에는 생물학적 이유가 충분하다. 생식기의 성장을 조절하는 혹스 유전자는 손가락과 발가락의 길이도 조절한다. 자궁 내에서 그 사건의 타이밍에 미묘한 차이가 발생하면 손가락 길이에도 미묘한 남녀 차이가 발생한다.

매닝의 약지 검사는 출생 전에 테스토스테론에 얼마나 노출되었는가를 알 수 있는 대략적인 척도다. 그래서 어떻단 말인가? 수상술 따위는 떠올리지 말자. 이것은 진지한 과학적 예측이다. 약지가 특별히 긴 남자들은 높은 테스토스테론 수치로 인해 자폐증, 난독증, 말더듬, 면역기능 이상의 위험이 더 높다. 또한 상대적으로 아들을 더 많이 낳는다.[10] 약지가 특별히 짧은 남자들은 심장질환과 불임의 위험이 더 높다. 그리고 남성의 근육 역시 부분적으로 테스토스테론으로 형성되기 때문에, 매닝은 성급하게도 시합을 앞둔 운동선수들 중 약지가 가장 긴 사람이 우승할 확률이 높다는 예측을 텔레비전에 발표할 준비를 했고, 또 실제로 그렇게 발표했다.[11]

약지의 길이와 그 지문은 실제로 자궁에서 각인된다. 그것은 양육의 산물이다. 분명 자궁은 양육의 산실이다. 그러나 그렇다고 해서 자궁이 가변적인 것은 결코 아니다. 양육이 본성보다 더 유연하다는 일반적인 믿음은 부분적으로 양육이 출생 후의 일이고 본성이 출생 전의 일이라는 오류에서 기인한다. 그것은 분명한 오류다.

어쩌면 당신은 제3장의 역설, 즉 행동유전학은 유전자의 역할과 단독 환경의 역할을 밝혀주지만 공유 환경의 역할은 거의 밝혀주지 못한다는 사실을 떠올릴지 모른다. 태아기의 환경은 쌍둥이는 제외하고 형제들이 공유하는 환경이 아니다. 임신의 경험은 각각의 아기에게 고유하다. 가령 영양실조나 독감이나 테스토스테론처럼 그것에서 겪는 손상은 가족 전체의 상황이 아니라 그 당시 어머니의 상태에 달려 있다. 태아기의 양육이 중요해질수록 출생 후 양육은 덜 중요해질 수 있다.

섹스와 자궁

각인과 관련된 이 모든 이야기에는 프로이트적인 면이 있다. 노년에 프로이트는 인간의 마음에는 초기 경험의 흔적들이 간직되어 있으며 그 흔적들 중 많은 것들이 잠재의식 속에 묻혀 있지만 마음속에 그것이 존재하는 것은 분명하다고 믿었다. 그 흔적을 재발견하는 것도 정신분석의의 소파에서 경험할 수 있는 즐거움 중 하나다. 프로이트는 한 걸음 더 나아가 그 재발견 과정을 이용해 다양한 신경증을 치료할 수 있다고 주장했다. 한 세기가 지난 오늘날 그의 제안에 대한 판정은 명백하다. 진단은 훌륭한데 치료 효과는 형편없다는 것이다. 정신분석은 사람을 변화시키는 데 끔찍하리만치 효과가 없다. 그래서 수익률이 높은지 모르겠다. '다음 주에 또 오세요' 라고 말하니까. 그러나 '형성기의 경험' 같은 것이 존재하고, 그것이 아주 이른 시기에 발생하며, 성인의 잠재의식에 매우 강하게 존재한다는 전제는 옳다. 형성기의 경험은 마음속에 존재하는 한 변화시킬 수 없는 것이 분명하다.

프로이트 이전에도 유아기의 성적 충동을 고찰한 사람이 있었지만, 영향력은 프로이트가 가장 컸다. 이 점에서 그는 반란자였다. 냉정한 관찰자의 입장에서는 성이 사춘기에 시작된다는 점이 더없이 자명해 보인다. 인간은 대략 12세까지 나체에 무관심하고, 낭만에 따분함을 느끼고, 객관적 사실을 약하게 의심한다. 그러나 스무 살 무렵에는 성에 지나칠 정도로 매혹된다. 무언가 분명한 변화가 발생하는 것이다. 그러나 프로이트는 훨씬 이전에 아이의 마음이나 심지어 아기의 마음에 성적인 사건이 발생한다고 확신했다.

새끼거위로 돌아가보자. 로렌츠는 각인이 된 새끼거위들과 다른 새들도 그를 어미처럼 따를 뿐 아니라 나중에는 그에게 성적으로 고착된다는 것을 알아차렸다. 거위들은 같은 종의 선남선녀들을 제쳐두고 인간에게 구애를 했다. (나와 나의 누이도 어렸을 때 염주비둘기를 부화시켜 키웠다. 후에 그 비둘기는 내 누이의 손가락을 열광적으로 사랑했다. 아마 눈을 뜬 순간부터 그 손가락이 밥을 먹여줬기 때문일 것이다.) 이것은 아주 흥미로운 일이다. 새들에게 국한되는 얘기지만 그것은 성적 매력의 대상이 출생 직후에 고정되는 동시에 거의 모든 것이 그 대상이 될 수 있음을 의미하기 때문이다. 그후 실험실과 야생에서 실시한 수많은 실험에서 많은 종류의 새들이 그와 비슷한 행동을 보였다. 어린 수컷이 다른 종의 양모에게 양육되면 양모의 종을 성적으로 각인했는데, 이것은 어린 새가 성적 성향을 선택하는 결정적 시기가 분명히 존재한다는 것을 의미한다.[12]

이것이 과연 인간에게도 적용될 수 있을까? 20세기에 살았던 대부분의 사람들은 인간에겐 본능이란 게 없으니 그런 일이 일어날 수 없다고 자신 있게 대답했을 것이다. 그러나 이제는 정말로 복잡해졌다. 만약 본능이란 것이 거위가 사람에게 반할 정도로 그렇게 유연한 것이라면 인간은 거위보다 덜 유연한 본능을 가졌다고 해야 하는가? 또는 인간은 무엇을 사랑해야 하는지를 열심히 학습해야 하는가? 어느 쪽으로 생각하든, 인간은 본능이 없어서 보다 유연한 존재라고 자랑하던 20세기의 말이 이제는 다소 공허하게 들리기 시작한다.

어쨌든 동성애자들의 경험을 통해 오래전에 분명해진 사실은, 인간의 성적 성향은 변화시키기 어려울 뿐 아니라 생애의 아주 이른 시기에 고정된다는 것이다. 현재는 어떤 과학자도 성적 지향성이 사춘기의 사건들에 의해 결정된다고 믿지 않는다. 사춘기는 단지 훨씬 이전에 형성된 소극적 측면을 발달시킬 뿐이다. 왜 대부분의 남성들은 여성에게 끌리는 반면 어떤 남성들은 같은 남성에게 끌리는가를 이해하려면 훨씬 더 어린 시절로 한참 거슬러 올라가야 한다. 아마도 자궁 속으로 들어가야 할 것이다.

1990년대에 동성애가 심리적 조건이 아니라 '생물학적' 조건이고, 선택이 아니라 운명이란 개념을 부활시킨 일련의 연구들이 발표되었다. 미래의 동성애자들은 유년기부터 다른 성격을 갖는다는 연구도 있었고, 남성 동성애자들의 뇌 구조가 이성애자들과 다르다는 연구도 있었다. 몇몇 쌍둥이 연구는 서구 사회에서 동성애의 유전율이 매우 높다는 것을 입증했고, 남성 동성애자들은 이른 나이부터 자신이 '다르다'고 느끼면서 성장한다는 것을 보여주는 사례 보고도 있었다.[13] 어떤 연구도 그 자체로는 대단하지 않았다. 그러나 혐오 요법, 치료, 편견으로는 동성애 본능을 '치료'하지 못한다는 수십 년간의 증거에 힘입어 그 연구들의 전체적인 요점은 매우 강하고 분명했다. 동성애는 초기에, 아마도 태아기에 형성된다고 짐작되는 돌이킬 수 없는 성향이다. 사춘기는 단지 그 불에 기름을 끼얹는 시기다.[14]

동성애란 정확히 무엇인가? 동성애는 분명 색다른 행동 특성들의 어떤 범위를 가리킨다. 몇 가지 측면에서 남성 동성애자는 여성에 더 가까워 보인다. 즉 그들은 남자에게 끌리고, 옷에 많은 관심을 기울이고, 가령 축구보다는 사람들에 더 자주 흥미를 느낀다. 그러나 다른 측면에서 그들은 남성 이성애자들에 더 가깝다. 예를 들어 그들은 포르노 상품을 구입하고 가벼운 섹스를 추구한다. (《플레이걸》의 한가운데 페이지에 실리는 남성 누드 사진은 여성 구매자가 아니라 남성 동성애자들에게 인기가 높다는 것이 입증되었다.)[15]

다른 포유동물들처럼 사람도 웅성화 과정이 없으면 자연히 여성이 된다. 인간은 여성이 '디폴트* 성'이다. 조류의 경우는 정반대다. Y염색체상에 있는 SRY라는 하나의 유전자가 발달 중인 태아에게 계단식 사건을 촉발시키면 결국 남성적 외모와 행동이 발달한다. 그 유전자가 없으면 여성의 몸이 된다. 따라서 남성 동성애는 태아기에 뇌에서 남성화 과정이 일어나지 않은 것에 부분적인 원인이 있다고

* 이미 예상한 설정이나 사전에 정해진 데이터 : 옮긴이.

보는 것이 타당하다(제9장을 보라).

최근 동성애의 원인을 탐구한 가장 믿을 만한 연구 결과는 레이 블랜차드의 형제간 출생 순서 이론이다. 1990년대 중반에 블랜차드는 남성 동성애자들의 형과 누나 수를 조사해 인구 평균과 비교했다. 남성 동성애자들은 여성 동성애자나 남성 이성애자들보다 누나가 아니라 형이 더 많은 것으로 파악되었다. 그후 지금까지 그는 여러 지역에서 뽑은 14개의 표본을 대상으로 그 조사 결과를 확인하고 있다. 형이 한 명 많을수록 동성애자가 될 확률은 3분의 1씩 증가한다. 이것은 세 명 이상의 형을 가진 남성이 반드시 동성애자라는 뜻이 아니다. 예를 들어 인구의 3퍼센트에서 4퍼센트로 증가하는 것이 3분의 1 증가이다.[16]

블랜차드의 계산에 따르면 남성 동성애자 일곱 명 중 최소한 한 명은 형제간 출생 순서 때문에 동성애적 성향을 갖게 되었을 것이라는 것이다.[17] 그것은 단지 출생 순서가 아니다. 누나는 아무 관계가 없기 때문이다. 형이란 존재의 어떤 면이 남성에게 동성애를 야기하는 것이 분명하다. 블랜차드는 그 메커니즘이 가족보다는 자궁에 있다고 생각한다. 한 가지 단서가 미래에 동성애자가 될 남자아기의 출생시 체중에서 발견된다. 일반적으로 성이 같으면 두 번째 아이가 첫 아이보다 무겁게 태어난다. 한두 명의 누나 다음으로 태어난 남자아기들은 특히 더 무겁다. 그러나 한 명의 형 다음으로 태어난 남자아기들은 그 형보다 조금 더 무겁고, 둘 이상의 형 다음으로 태어난 남자아기들은 첫 번째와 두 번째 아이보다 더 작게 태어난다. 블랜차드는 남성 동성애자와 이성애자들 그리고 그 부모들에 대한 설문조사를 분석한 끝에, 후에 동성애자가 될 어린 형제는 이성애자가 될 어린 형제보다 평균 170그램 가볍게 태어났다는 사실을 보여주었다.[18] 그는 정신의학자들이 인정하기에 충분한, '성 교차' 욕구를 표현하는 조사를 했다. 평균 7세 소년 250명을 대상으로 대조군에 비해 높은 출생 순서, 낮은 체중을 같은 결과로 얻어냈다. 유년기의 성 교차 행동은 성년기의 동성애 성향을 예고한다고 알려져 있다.[19]

블랜차드도 바커처럼 자궁 내 조건이 아기에게 평생의 흔적을 남긴다고 믿는다. 그의 주장에 따르면 이미 형들이 점유했던 자궁에서 자란다는 어떤 측면이 출생시의 체중 감소, 더 큰 태반(아기가 자라면서 경험하는 어려움에 대한 보상이라 추정된다.), 높은 동성애 가능성으로 이어진다는 것이다. 그 요인은 어머니의 면역 반응일 것이라 그는 추정한다. 어머니의 면역 반응은 첫 번째 남자아이 임신과 함께 상승한 후 다음 남자아이를 임신할 때마다 더 강해진다. 어머니의 면역 반응이 적당하면 신생아 체중이 약간 감소하고, 강하면 체중이 뚜렷이 감소하고 동성애 확률이 높아진다.

그렇다면 무엇이 어머니의 반응을 이끌어내는가? 남성에게서만 발현되는 몇 개의 유전자가 있는데, 그 중 일부는 이미 어머니의 면역 반응을 높이는 것으로 알려져 있다. 어떤 것들은 태아기의 뇌에서 발현된다. 새로 밝혀진 흥미로운 가능성은 PCDH22라는 유전자로, Y염색체상에 있고, 따라서 남성에게만 존재하며, 뇌 형성에 관여한다고 추정된다.[20] 이 유전자도 프로토카데린의 요리법이다. 이 유전자가 남성 특유의 뇌 부위를 배선하는 그 유전자일까? 후에 여성의 신체적 매력에 이끌릴 성향을 촉진할 뇌 부위의 배선이 어머니의 면역 반응에 의해 방해받을 가능성은 충분하다.

모든 동성애 성향이 이런 식으로 형성되진 않는다. 그 중 일부는 어머니의 면역 반응이 개입하지 않은 채 동성애자의 유전자에서 직접 비롯된다. 블랜차드의 이론은 '게이 유전자'를 정확히 짚어내는 것이 왜 그렇게 어려운가를 설명해준다. 그런 유전자를 찾을 수 있는 주된 방법은 동성애자의 염색체상에 존재하는 특징을 이성애자 형제들의 특징과 비교하는 것이다. 그러나 이성애자 형제를 가진 남성 동성애자의 수가 워낙 많다면 이 방법은 실효성이 크게 떨어질 것이다. 게다가 기본적인 유전적 차이는 어머니의 염색체상에 있으며 그것이 어머니의 면역 반응을 야기하는 방식일 수도 있다. 이 때문에 동성애 성향은 모계를 통해 전해지는 것처럼 보인다. 어머니의 면역 반응을 더 강하게 만드는 유전자, 남성 동성애자에게서는 전혀 발현되지 않고 단지 어머니에게서만 발현되는 유전자가 '게이 유전자'처럼 보일 수 있는 것이다.

그러나 이것이 본성 대 양육 논쟁에는 어떤 영향을 미치는지 주목해보자. 만약 양육이 출생 순서를 빌어 동성애 성향의 일부를 야기한다면 면역 반응을 야기함으로써 그렇게 하는 것인데, 그것은 유전자가 직접적으로 개입하는 과정이다. 그렇다면 그것은 환경적인가, 유전적인가? 그것은 거의 중요하지 않다. 되돌릴 수 있는 양육과 되돌릴 수 없는 본성의 불합리한 구분은 이제 정말로 깊이 사장되었기 때문이다. 이 경우 양육은 본성만큼이나 되돌릴 수 없는 요인으로 보인다. 어쩌면 그 이상일 수도 있다.

정치적 측면에서는 더욱 큰 혼란이 발생한다. 대부분의 동성애자들은 그들의 성적 지향성이 '생물학적'인 것 같다는 1990년대 중반의 뉴스를 열렬히 환영했다. 동성애 공포증을 가진 사람들은 동성애가 선택이므로 도덕적으로 문제가 있다고 주장했기 때문에, 동성애자들은 그것이 선택이 아니라 운명으로 입증되기를 원했다. 선천적이라면 어떻게 잘못이라고 몰아붙일 수 있겠는가? 그들의 반응은 이해할 만하지만 위험한 측면도 있다. 남성의 폭력적 성향이 더 강한 것도 선천적이다. 그렇다고 해서 폭력이 정당화되는가? '당위'가 '존재'로부터 나올 수 있다고 보는 선천론의 생각은 이론상 오류에 불과하다. 본성에서 나온 사실이든 양육에서 나온 사실이든 어떤 자연적 사실에 기초해 도덕적 입장을 세우는 것은 문제를 자초하는 일이다. 내 자신의 도덕적 견해는 다음과 같다. 즉 본성의 산물이지만 나쁜 것들이 있고(가령 부정직과 폭력), 본성과 거리가 있지만 좋은 것들(가령 관대함과 부부간의 정절)이 있다.

뇌 속의 스위치들

성격의 틀에 시멘트 반죽을 붓는 결정적 시기의 존재를 추론하기는 어렵지 않다. 그러나 그 과정을 구체적으로 상상하기는 쉽지 않다. 새끼거위가 부화 직후 교수를 각인시키려면 뇌 안에서 어떤 일이 발생해야 할까? 그런 질문을 하는 것 자체가 환원주의인데 환원주의는 무조건 나쁘다. 우리는 전체론적 경험을 찬양하고 그것을 부분으로 쪼개지 말아야 한다고 생각한다. 그런 요구에 대해 나는, 예술적인 생각으로 가득 찬 방보다는 종종 마이크로칩의 정교한 설계나 잘 만든 진공청소기의 작동에서 더 큰 아름다움과 시와 신비를 발견할 수 있다고 대답하고 싶다. 하지만 나는 이단자로 몰리고 싶지 않기 때문에 그저 다음과 같이 주장하고 싶다. 환원주의는 전체로부터 어떤 것도 제거하지 않는다. 오히려 그 경험에 새로운 차원의 경이를 더한다. 이것은 부품의 설계자가 인간이든 GOD든 똑같이 적용된다.

그렇다면 새끼오리의 뇌는 어떻게 교수를 각인하는가? 이 문제는 아주 최근까지 완전한 미스터리였다. 그러나 몇 년 전부터 신비의 베일이 벗겨지면서 새로운 베일들이 드러나기 시작했다. 최초의 베일은 뇌의 어느 부위가 관여하는가이다. 실험에 따르면, 새끼새가 부모를 각인할 때 새끼새의 기억이 최초로 가장 빠르게 저장되는 곳은 IMHV(intermediate and medial hyperstriatum ventrale, 중간과 내측 과선조 배면)라는 뇌 부위다. 이 부위에서도 오직 왼쪽 면에서만 그 모든 변화(신경세포의 형태가 변하고, 시냅스가 형성되고, 유전자들이 켜진다.)와 함께 각인이 이루어진다. 왼쪽 IMHV가 손상되면 새끼새는 어미를 각인하지 못한다.

두 번째 베일은 이런 종류의 각인에 어떤 화학물질이 필요한가이다. 브라이언 맥게이브의 연구에 따르면, 새끼새가 어떤 물체를 각인하거나 각인하지 못한 후에 그 뇌를 조사해 보면 각인이 일어나는 동안 왼쪽 IMHV의 뇌세포에서 GABA라는 신경전달물질이 방출된 것을 확인할 수 있다고 한다. 브라이언은 그 전에도, 새끼새가 어떤 물체를 각인하도록 훈련받고 나서 약 10시간이 지나면 GABA 수용체를 만드는 유전자가 켜진다는 사실을 발견했다.[21]

이와 같이 새끼새가 각인을 하는 동안 뇌의 왼쪽 면의 한 부위에서 어떤 일이 일어나, 먼저 GABA가 방출되고 그런 다음 결정적 시기가 끝나면 GABA에 대한 민감성이 줄어든다. 이제 한 걸음 더 나아가 다른 종류의 결정적 시기를 살펴보자. 쌍안시의 발달은 새끼새의 각인보다 연구하기가 약간 쉽다. 어떤 아기들은 양 눈에 백내장을 가진 채 태어나 앞을 보지 못한다. 1930년대까지만 해도 수술의 위험성 때문에 그런 백내장을 제거하려면 10세까지 기다리는 것이 현명하다고 생각했다. 그러나 10세 이후에 수술 받은 아이들은 백내장을 제거한 후에도 깊이나 형태를 지각하지 못한다는 사실이 밝혀졌다. 시각 체계가 '보는 법'을 학습하기에 너무 늦어진 것이다. 이와 마찬가지로 정상적인 원숭이들은 며칠만 학습하면 원과 네모를 구별하는 반면, 생후 6개월 동안 어둠 속에서 양육된 원숭이들은 몇 개월이 걸린다. 생후 몇 개월 동안 시각적 경험을 하지 못하면 뇌는 눈에 보이는 것을 해석하지 못한다. 결정적 시기가 지나버리기 때문이다.

1차 시각피질에는 $_4$C 라는 층이 있는데, 이 층에 양쪽 눈에서 들어온 입력물이 각각의 눈에 따라 다른 흐름으로 형성된다. 처음에는 입력물들이 무작위로 분포되지만 태어날 무렵에는 이미 여러 개의 줄 형태로 대략 분류되는데 각각의 줄은 주로 한쪽 눈에만 반응한다. 그리고 태어난 후 처음 몇 달 동안 갈수록 두 단위로 뚜렷하게 분리되어, 오른쪽 눈에 반응하는 모든 세포는 오른쪽 눈 줄을 형성하고 왼쪽 눈에 반응하는 모든 세포는 왼쪽 눈 줄을 형성한다. 이 줄들을 시각우세원주라 한다. 놀랍게도 생후 몇 달 동안 시각을 빼앗긴 동물의 뇌에서는 시각우세원주들이 두 단위로 분리되지 않는다.

데이비드 허벨과 노스텐 위젤은 염색된 아미노산을 눈에 주입해서 이 원주들을 서로 다른 색깔로 물들이는 방법을 개발했다. 두 사람은 한쪽 눈을 봉합했을 때 어떻게 되는지를 관찰했다. 성체 원숭이의 경우는 원주에 아무 변화가 없었다. 그러나 생후 6개월 이전에는 한쪽 눈을 단 일주일만 봉합해도 그쪽 눈과 연결된 원주들이 거의 사라지고 그 눈은 사실상 맹안이 되었다. 정보를 보고할 곳이 없어졌기 때문이다. 그 효과는 돌이킬 수 없다. 마치 두 눈의 신경세포들이 $_4C$ 층의 공간을 차지하기 위해 경쟁하다 결국 적극적인 신경세포들이 승리해 그 공간을 차지하는 것처럼 보인다.

1960년대에 이런 실험들은 출생 후 결정적 시기에 진행되는 뇌 발달의 '가소성'을 최초로 입증했다. 다시 말해 뇌는 처음 몇 주 동안 개방된 상태에서 경험에 의해 정밀 조정을 거치고 그런 다음에야 비로소 고정되는 것이다. 동물은 눈을 통해 세상을 경험할 때에만 입력 정보를 별개의 원주 단위로 구분한다. 경험이 일부 유전자의 스위치를 켜고, 그것이 다른 유전자들을 켠다.[22]

1990년대 말에 많은 사람들이 시각의 가소성을 유지하는 결정적 시기에 핵심 역할을 하는 분자를 찾고 있었다. 그들이 선택한 방법은 유전자공학이었다. 그들은 가령 특별한 유전자를 가진 쥐나 특별한 유전자가 없는 쥐를 만들었다. 고양이나 원숭이처럼 쥐도 두 눈에서 보내는 입력물이 뇌의 공간을 차지하기 위해 경쟁하지만 아직은 뚜렷한 원주 단위로 분류되지 않는 결정적 시기를 겪는다. 보스턴에 있는 스스무 토네가와의 연구실에서 조시 황은 눈에서 들어오는 입력물들이 정확히 무엇을 차지하기 위해 경쟁하는지를 알아냈다. 그것은 뇌유래 신경영양인자(또는 뇌세포성장인자, brain-derived neurotrophic factor: BDNF)라는 유전자 생산물인데, 그 중 한 종류는 신경증적 성격을 유발하는 것으로 예측된다(제3장을 보라). BDNF는 신경세포의 성장을 촉진하는 일종의 뇌 식량이다. 눈에서 들어오는 신호를 가장 많이 차지하는 세포들이 가난한 세포들보다 더 많은 BDNF를 획득하기 때문에, 열린 눈에서 들어오는 입력물이 닫힌 눈의 입력물을 대신한다는 것이 황의 설명이었다. BDNF가 충분하지 않은 세계에서 그것은 식욕이 왕성한 신경세포가 살아남는 일종의 적자생존일 것이다.

황은 모든 신경세포에게 충분한 식량을 공급하면 양쪽 눈에서 들어오는 모든 입력물이 생존할 것이라는 기대로, 유전자로부터 BDNF를 더 생산하는 쥐를 만들었다. 그는 예상과는 다른 극적인 결과를 보고 놀랐다. 충분한 BDNF를 생산하는 쥐들은 결정적 시기를 더 빨리 경험했다. 눈을 뜬 후 3주가 아닌 2주 만에 뇌가 고정된 것이다. 이로써 결정적 시기가 인위적으로 조절될 수 있다는 사실이 최초로 입증되었다.[23]

이듬해 2000년 타카오 헨슈라는 일본 과학자의 실험실에서 또 한 번의 위대한 발견이 이루어졌다. GAD65라는 유전자가 없는 쥐는 시각적 자극을 가해도 입력물을 분류하지 못했다. 그러나 같은 쥐라도 다이아제팜이란 약물을 주입하면 입력물을 분류했다. BDNF처럼 다이아제팜도 각인 시기를 앞당기는 것처럼 보였다. 결정적 시기가 지난 후 다이아제팜을 주입해도 뇌의 가소성은 회복되지 않았다. GAD65를 없앤 쥐에게 언제라도 다이아제팜을 주입하면 뇌의 가소성이 일시적으로 살아났지만, 그것은 단 한 번뿐이었다. 다이아제팜에 의해 한 번 재조직된 후에는 약물에 대한 민감성이 완전히 사라졌다. 마치 뇌를 재배선하는 어떤 프로그램이 동면하고 있다가 한 번 촉발되고 난 후엔 기능을 잃어버리는 것처럼 보였다.[24]

보스턴에서 황은 다시 한번 놀라운 사실을 발견했다. 피사 대학의 람베르토 마페이 교수와 함께 그는 자신의 유전자 조작 쥐들(BDNF

를 더 많이 생산하는 쥐들)을 어두운 곳에서 계속 키웠다. 정상적인 쥐는 눈을 뜬 후 어둠 속에서 3주 정도 키우면 평생 앞을 보지 못한다. 시각 체계가 발달하려면 빛을 경험해야 하기 때문이다. 그러나 BDNF가 많이 생산되는 쥐들은 어둠 속에서 키워도 시각적 자극에 정상적으로 반응했다. 이것은 그 쥐들이 결정적 시기 동안 빛에 노출되지 않아도 잘 볼 수 있음을 의미했다. 황과 마페이는 아주 특별한 것, 즉 경험을 대신할 수 있는 유전자를 발견한 것이다. 경험의 역할은 뇌를 미세 조정하는 것이 아니라 단지 BDNF 유전자를 켜는 것이고, 뇌를 미세 조정하는 것은 그 유전자라는 것이 분명해졌다. 쥐의 눈을 가리면 한 시간 내에 시각피질에서 BDNF 생산이 급격히 줄어든다.[25]

그러나 황은 경험이 없어도 된다는 사실을 정말로 믿지 않았다. 그는 시각 체계의 설계 자체가 경험을 할 수 있을 때까지 뇌의 성숙을 지연하도록 이루어져 있는 것 같다고 말한다. 결정적 시기에 영향을 미치는 세 가지인 BDNF, GAD65, 다이아제팜의 공통점은 무엇인가? 그 답은 GABA에 있다. GAD65는 GABA를 만들고, 다이아제팜은 GABA를 흉내내고, BDNF는 GABA를 조절한다. 새끼새의 각인에 관여하기 때문에, GABA 체계는 모든 종류의 결정적 시기에 핵심적 역할을 하는 것으로 보인다. GABA는 일종의 뉴런 훼방꾼이다. 인접한 신경세포의 발화를 억제하기 때문이다. 억제된 신경세포는 기분이 상해서 다시 죽는다. GABA 체계의 성숙은 시각 경험에 의존하고 BDNF에 의해 자극되는 것으로 보아, 진실의 열쇠는 둘 사이의 연관성에 있다고 할 수 있다.

아직은 턱없이 불완전하지만 GABA 이야기는 이제 각인 같은 현상 뒤에 놓인 분자 메커니즘을 이해할 수 있다는 희망을 던져준다. 그것은 환원주의가 우리의 삶에서 시를 빼앗아간다는 비난이 얼마나 부당한가를 보여준다. 뇌의 뚜껑을 열어보기를 거부한다면 누가 그토록 정교하게 설계된 메커니즘을 상상할 수 있겠는가? BDNF와 GAD65 유전자를 갖춘 뇌만이 눈에 보이는 경험을 흡수할 수 있다. 당신의 마음에 들지 모르겠지만, 그것들은 양육을 위한 유전자다.

어린이의 언어

결정적 시기의 각인은 어디에나 존재한다. 우리 인간에게도 어린 시절에 유순했다가 어른이 되면 고정되는 측면이 천 가지는 된다. 새끼거위가 생후 몇 시간 동안 어미의 모습을 각인하듯이, 어린 아이도 땀샘의 수나 특정한 음식에 대한 선호 성향에서 해당 문화의 의식과 패턴에 대한 이해에 이르기까지 그 모든 것을 마음에 각인한다. 새끼거위의 각인도, 아동의 문화도 결코 선천적인 것이 아니다. 그러나 그것을 흡수하는 능력은 선천적이다.

명백한 예가 억양이다. 인간은 어렸을 때 주위의 또래들이 사용하는 억양을 채택하면서 쉽게 억양을 바꾼다. 그러나 이 유연성은 대략 15세에서 25세 사이에 감쪽같이 사라진다. 그후로는 바다 건너로 이민을 가서 그 나라에서 죽을 때까지 살아도 억양은 거의 변하지 않는다. 새로운 언어적 환경으로부터 몇 가지 억양과 습관을 채택하기도 하지만 그 수는 많지 않다. 언어별 억양뿐 아니라 지역에 따른 방언도 마찬가지다. 헨리 키신저와 그의 동생 월터 키신저를 예로 들어보자. 헨리는 1923년 5월 27일에 태어났고, 월터는 약 1년 후인 1924년 6월 21에 태어났다. 두 사람은 1938년 독일에서 미국으로 이주했다. 현재 월터는 미국인처럼 말하는 반면 헨리는 독특한 유럽 억양을 가지고 있다. 한번은 어느 기자가 월터에게, 왜 헨리는 독일식 억양인데 그는 그렇지 않느냐고 물었다. 월터는 익살맞게 이렇게 대답했다. "헨리는 말을 안 듣거든요." 사실은 그들이 미국에 도착했을 때 헨리는 환경에 따라 억양을 각인시키는 유연성을 이미 잃어버린 나이였기 때문일 것이다. 결정적 시기를 지나버린 것이다.

1967년 하버드의 심리학자 에릭 레너버그는, 언어 학습 능력의 결정적 시기는 사춘기에 갑자기 끝나버린다고 주장하는 책을 발표했다. 오늘날 레너버그의 이론을 입증하는 증거는 도처에 풍부하며, 특히 크리올어와 피진어에 무수히 많다. 피진은 언어적 배경이 다른 성인들이 의사 소통을 위해 사용하는 언어로 정교하고 일관된 문법이 부족하다. 그러나 결정적 시기를 지나지 않은 어린 세대가 피진어를 학습하면 피진어는 완전한 문법을 갖춘 크리올어가 된다. 예를 들어, 1979년 니카라과에서 처음으로 청각장애 학교에 입학한 청각장애 학생들은 놀라울 정도로 정교한 수화 크리올어를 발명했다.[26]

그러나 언어 학습의 결정적 시기를 가장 직접적으로 확인하는 방법은 아이에게서 모든 언어를 빼앗은 다음 13세 이후에 말하는 법을 가르치는 것이다. 다행히 이런 종류의 의도적인 실험은 매우 드물지만, 역사적으로 세 명의 군주가 그런 실험을 했다고 전해온다. 기원전 7세기 이집트의 프삼티크 왕, 13세기 신성로마제국의 프레데릭 II세, 15세기 스코틀랜드의 제임스 IV세는 신생아에게서 말이 없는 양모를 제외하고 모든 종류의 접촉을 차단한 다음, 그들이 후에 헤브루어, 아라비아어, 라틴어, 그리스어 중 어느 말을 사용하는지를 보려 했다. 프레데릭의 아이들은 모두 죽었다. 모굴의 황제 악바르도 비슷한 실험을 통해 사람들이 선천적으로 힌두교도가 되는지, 이슬람교도가 되는지, 기독교도가 되는지를 보려 했다고 전해진다. 그가 얻은 결과는 단지 불쌍한 농아들뿐이었다. 당시의 유전 결정론자들은 피도 눈물도 없었다.

19세기 사람들은 자연적인 실험에 해당하는 '야생의 어린이'에게 관심을 기울였다. 그 중 두 사례가 완벽하다고 여겨진다. 첫 번째는 아베이롱의 야생아 빅터였다. 12년의 대부분을 야생에서 보낸 빅터는 1800년 프랑스 남부 랑그독에서 발견되었다. 프랑스 의사 이타르는 여러 해 동안 각고의 노력을 기울이며 빅터에게 말을 가르쳤지만 결국에는 '학생을 불치의 침묵 속에 남겨두고 포기'했다.[27] 두 번째는 1828년 뉘른베르크에서 발견된 카스파 하우저였다. 카스파는 16년 동안 인간과 거의 접촉하지 못한 채 방에 갇혀 살았다. 오랫동안 세심하게 지도했지만 카스파의 구문론은 여전히 '애처로울 정도로 혼란스런 상태'에 머물렀다.[28]

두 사례는 충분히 암시적이지만 증거가 되지는 못한다. 레너버그의 책이 출판된 지 2년 후 갑자기 세 번째 야생아이자 사춘기를 넘긴 최초의 야생아가 발견되었다. 로스앤젤레스에서 발견된 13세의 소녀 제니는 거의 상상할 수 없는 공포 속에서 어린 시절을 보냈다. 학대받은 시각장애 어머니와 세상과의 인연을 끊은 편집적인 아버지 밑에서 제니는 어린이용 변기 의자에 묶이거나 우리 같은 침대에 감금된 채 독방에서 자랐다. 그녀는 대소변을 가리지 못했고 기형에 거의 완전한 벙어리였다. 그녀가 과학자, 양부모, 공무원, 친어머니

(아버지는 발견 후 자살했다.) 사이를 전전하는 동안, 그녀의 치료에 착수했던 사람들의 희망은 반복되는 소송과 비통함 속에 고갈되었다. 현재 그녀는 양로원에서 살고 있다. 그후 그녀는 많은 것을 배웠고, 지능도 높았으며, 비언어적 의사소통 능력도 뛰어났고, 공간적 퍼즐을 푸는 능력은 나이보다 우수했다.

그러나 말하는 법은 결코 배우지 못했다. 어휘는 풍부해졌지만 기본적인 문법조차 배우지 못했고 어순을 결정하는 구문법은 딴 나라 이야기였다. 그녀는 어순을 바꿔서 의문문을 만드는 법이나, 대답할 때 'you'를 'I'로 바꾸는 방법을 터득하지 못했다. (카스파 하우저도 똑같았다.) 처음에 그녀를 연구했던 심리학자들은 그녀를 통해 레너버그의 결정적 시기 이론이 오류임을 입증하고자 했지만 결국에는 그녀로 인해 그 이론이 확증되었음을 인정했다. 대화를 통해 훈련받지 못한 까닭에 그녀의 언어 모듈은 발달하지 못한 채로 결정적 시기를 넘기고 말았다.[29]

빅터, 카스파, 제니는 (이밖에 30세가 돼서야 청각장애로 진단받은 여성 등 다른 사례들도 있다.) 언어가 단지 유전적 프로그램에 따라 발달하는 것이 아님을 보여준다. 언어는 또한 단지 외부 세계로부터 흡수하는 것도 아니다. 언어는 각인된다. 그것은 환경을 경험함으로써 학습하는 일시적인 능력이고, 양육을 획득하기 위한 선천적 본능이다. 언어를 본성이나 양육으로 극단화하기는 불가능하다.

언어야말로 세상에 적응하지 못하는 제니의 문제를 가장 극명하게 보여주는 예였지만, 그것이 다는 아니었다. 풀려난 후 그녀는 색깔이 있는 플라스틱이나 비닐 물건에 과도한 집착을 보였다. 그리고 여러 해 동안 개를 무서워했다. 두 가지 특성 모두 유년기의 '형성적 경험'으로 거슬러 올라간다고 추정된다. 그녀가 가지고 놀았던 유일한 장난감은 두 벌의 비닐 우비였다. 개를 무서워하는 것은 그녀가 시끄러운 소리를 낼 때마다 그녀의 아버지가 겁을 주기 위해 문밖에서 개처럼 짖고 으르렁거렸기 때문이었다. 한 개인의 성향, 두려움, 습관 중 얼마나 많은 것들이 어린 시절에 각인되는 것일까? 우리는 어린 시절의 장소와 사람들을 놀랄 정도로 자세히 기억하지만 그후의 경험들은 아주 쉽게 잊는다. 기억은 결정적 시기와 무관한 것이 분명하다. 특정한 나이에 차단되지 않으니 말이다. 그러나 아이는 그 사람의 아버지라는 오랜 속담에는 진실의 일면이 존재한다. 프로이트는 너무 멋대로 일반화하기도 했지만 형성기의 중요성을 강조한 점에서는 분명 옳았다.

알면 무관심해진다

인간의 각인 이론 중 가장 큰 논쟁을 불러일으키는 것 중 하나가 근친상간에 대한 이론이다. 성적 지향성이 결정적 시기에 고착된다는 개념이 사실이라면 어린 개인은 필연적으로 같은 성의 구성원에게 끌리게 되는 경우를 제외하고 반대 성을 가진 가족 구성원에게 끌리게 된다. 그리고 '내 스타일'의 파트너가 훨씬 구체적으로 결정될 것이다. 그러나 각인은 또한 누구에게 구애하는 것을 싫어하게 될지도 결정할까?

남매간의 결혼은 법으로 금지되어 있는데, 그 이유는 충분하다. 근친결혼은 희귀한 열성 유전자를 합쳐서 무서운 유전병을 발생시킨다. 그런데 가령 어떤 나라에서 그 법을 폐지하고 이제부터 남매간 결혼이 합법일 뿐 아니라 오히려 좋은 것이라 선언한다고 가정해보자. 과연 어떤 일이 일어날까? 아무 일도 일어나지 않는다. 대부분의 여성은 남자 형제들과 좋은 친구가 되고 허물없는 사이로 지낼 뿐, 그들에게 '그런 식으로' 끌리지는 않는다. 1891년 핀란드 사회학의 개척자 에드워드 웨스터마크는 『인간 결혼의 역사』를 통해, 인간은 법에 대한 복종심 때문이 아니라 본능 때문에 근친상간을 피한다고 설명했다. 인간은 천성적으로 가까운 친족과의 섹스를 혐오한다. 그는 이런 혐오감을 느끼기 위해 친남매를 식별하는 선천적 능력을 가질 필요는 없다는 사실도 간파했다. 대신 대략적인 식별 방법으로 어렸을 때 잘 알았던 사람을 가까운 친족으로 인식한다. 그는 어린 시절에 함께 자란 사람들은 성인이 되었을 때 함께 자는 것을 본능적으로 혐오하게 된다고 예측했다.

20년이 못 되어 웨스터마크의 생각은 거의 잊혀졌다. 프로이트는 그의 이론을 비판했고, 인간은 당연히 근친상간에 끌리므로 그것을 막는 방법은 타부의 형식을 빌어 문화적으로 금지하는 것뿐이라고 주장했다. 근친상간의 욕구가 없는 외디푸스는 광기 없는 햄릿과 같았다. 그러나 만약 사람들이 근친상간을 혐오한다면 그런 욕구는 존재하지도 않을 것이다. 그리고 타부가 필요하다면 그것은 그런 욕구를 분명히 가지고 있다는 의미가 된다. 그런데도 웨스터마크는 다음과 같이 불필요한 주장을 제기했다. "사회적 학습 이론이란 법, 관습, 교육으로 근친상간을 금지할 때 가정이 유지된다는 것을 의미한다. 그러나 사회적 금지를 통해 가까운 친족간의 결합을 막는다고 해도 그 욕구까지 막을 수는 없다. 성적 본능은 금지한다고 변하는 것이 아니다."[30]

웨스터마크는 1939년 프로이트의 별이 아직 밝게 빛나고 '생물학적' 이론들이 유행에서 밀려나고 있을 때 사망했다. 그후 누군가가 그 진실을 다시 보기까지는 40년이 걸렸다. 그 누군가는 중국학자 아서 울프였다. 그는 19세기에 대만을 점령했던 일본이 꼼꼼히 기록해 놓은 인구통계학적 자료를 분석했다. 울프는 오래전 중국의 관습에서 두 종류의 중매 결혼을 발견했다. 하나는 혼사가 오래전에 결정되었더라도 신랑과 신부가 당일날 만나 결혼하는 형태였고, 다른 하나는 신부가 어렸을 때 신랑의 집에 입양되어 미래의 시부모 밑에서 자라는 민며느리 제도였다. 울프는 이것이 웨스터마크의 가설을 시험할 수 있는 완벽한 자료라 생각했다. 이 민며느리 제도야말로 남매끼리 결혼하게 된다는 착각을 불러일으킬 수 있기 때문이었다. 웨스터마크의 주장대로 어린 시절 함께 자란 사람들 사이에 성적 반감이 형성된다면 그런 결혼은 분명 실패할 가능성이 높을 것이었다.

울프는 14,000명의 중국 여성에 관한 정보를 수집해서 민며느리 제도로 결혼한 사람들과 당일날 만나 결혼한 사람들을 비교했다. 놀랍게도 어린 시절을 함께 보낸 부부가 결혼 당일날 만난 부부보다 이혼율이 2.65배나 높았다. 평생을 함께 살면서 서로를 잘 알던 사람들이 얼굴 한번 못 보고 결혼한 사람들보다 더 쉽게 헤어지다니! 민며느리 방식으로 결혼한 사람들은 또한 자녀 수가 더 적고 혼외정사가 더 많았다. 울프는 다른 명백한 이유들, 가령 입양 과정 때문에 질병이나 불임이 더 많았다는 것은 고려하지 않았다. 어쨌든 신랑 신부를 어렸을 때부터 함께 자라게 하는 관습은 두 사람을 가깝게 만들기는커녕 서로의 성적 매력을 억제하는 것으로 보였다. 그러나 이것은 3세 이전에 입양된 민며느리에게만 적용되었다. 4세 이후에 입양된 민며느리 부부들은 어른이 되어 만난 부부들과 별 차이 없었다.[31]

그후로 많은 학자들이 비슷한 현상을 연구했다. 키부츠에서 공동 생활을 한 이스라엘 사람들은 서로 결혼하는 경우가 매우 드물다.[32] 어렸을 때 한 방에서 잠을 자는 모로코 사람들은 민며느리 제도에 반감을 표한다.[33] 그 반감은 남자보다 여자들이 더 강하다. 심지어 공상과학 소설에서도 그런 반감의 진동이 느껴진다. 메리 셸리의 소설에서 빅터 프랑켄슈타인은 어려서부터 함께 자란 사촌과 결혼하기로 되어 있었지만, 그의 괴물이 끼어들어 결혼이 완성되기 전에 약혼녀를 죽인다.[34]

근친상간이 금기시되는 것은 사실이지만, 자세히 조사해보면 그것은 가족간의 결혼과 거의 무관하다. 그런 금기는 거의 전적으로 사촌간의 결혼을 막기 위한 것이다.[35] 또한 어떤 사람들은 근친상간에 매혹되는 것으로 보이기도 하며, 근친상간이 중세의 소설, 빅토리아 시대의 스캔들, 현대 도시의 전설에서 큰 부분을 차지한 것도 사실이다. 그러나 사람을 두렵게 하는 것이 또한 사람을 매혹시킨다. 뱀은 무서우면서 매혹적이다. 그리고 태어날 때 헤어진 다음 어른이 되어 만난 남매들이 종종 강하게 끌리는 경우도 있지만,[36] 이것은 단지 웨스터마크 효과를 뒷받침할 뿐이다.

웨스터마크 효과가 보편적인 것은 분명 아니다. 문화적 차원과 개인적 차원에서 많은 예외가 존재한다. 많은 민며느리가 성적 반감을 극복하고 성공적인 결혼 생활을 이루었다. 여기에는 제도적으로 근친상간을 기피하는 본능보다 출산의 본능이 훨씬 컸다는 면이 작용했을 것이다. 또한 함께 자란 남매들은 '만지작거리는' 경우가 우세한 반면, 어렸을 때 1년 이상 떨어져 자란 남매들은 실제적인 성교에 빠질 가능성이 훨씬 높다는 증거도 있다. 다시 말해, 유년기의 교제가 성적 매력에 혐오를 일으킨다기보다는 실제적인 성교에 혐오를 일으킨다는 것이다.[37]

그럼에도 한 가족에서 양육된 사람들 간의 근친상간 혐오증은 어떤 습관이 결정적 시기에 마음에 각인된다는 것을 분명히 보여준다. 어떤 의미에서 그것은 순수한 양육이다. 혐오의 대상은 마음에 미리 결정된 것이 아니라 단지 누구와 함께 어린 시절을 보내느냐에 따라 결정되기 때문이다. 그러나 그것은 특정한 나이에 어떤 유전적 프로그램에 따라 정해지는 불가피한 발달이라는 면에서 본성이다. 양육을 흡수하려면 본성이 필요하다는 것이 나의 메시지다.

로렌츠의 새끼거위를 뒤집어놓은 것처럼 우리는 애착이 아니라 혐오를 각인한다. 이제 재미있는 일을 소개하고자 한다. 로렌츠는 어린 시절의 동무인 그레틀과 결혼했다. 그는 여섯 살에 그녀와 함께 새끼거위의 각인을 경험했다. 그녀는 이웃 마을에서 채소를 재배하는 농부의 딸이었다. 왜 그들은 서로에게 성적 반감을 느끼지 않았을까? 어쩌면 그녀가 그보다 세 살 위라는 사실이 단서가 될지 모른다. 그들이 서로를 알았을 때 그녀는 이미 웨스터마크 효과의 결정적 시기를 벗어났을지 모른다. 혹은 콘라트 로렌츠가 예외였을지도 모른다. 누군가 얘기했듯이 생물학은 규칙의 과학이 아니라, 예외의 과학이니까.

나치토피아

각인이라는 로렌츠의 개념은 시간의 벽을 뛰어넘는 위대한 통찰의 산물이다. 그것은 본성과 양육의 그림에 결정적인 부분이자 양자의 멋진 결합이다. 본능의 가늠자 조정을 확인하는 방법으로써 각인은 자연 선택의 위대한 필치로 손색이 없다. 각인이 없으면 우리는 석기시대 이후 조금도 변하지 않은 고정된 언어를 갖고 태어나든지, 매 세대마다 문법 구조를 새로 배우기 위해 머리를 싸매고 고생할 것이다. 그러나 로렌츠의 다른 이론 중에는 역사의 혹독한 비판을 받는 것이 있다. 이 이야기는 각인과 거의 무관하지만, 무수한 사람들이 그랬듯이 로렌츠가 어떻게 유토피아의 유혹에 넘어갔는가를 살펴보는 것도 가치 있을 것이다.

1937년 로렌츠는 실업자였다. 가톨릭 성향의 빈 대학은 종교적인 이유로 동물 본능에 대한 연구를 금지했다. 그는 자비로 새 연구를 계속하기 위해 알텐베르크로 내려갔다. 그리고 독일 정부에 연구비를 신청했다. 그의 신청에 대해 나치 정부의 공무원은 다음과 같이 기록했다. "오스트리아에서의 모든 활동을 검토할 때 로렌츠 박사의 정치적 태도는 모든 면에서 흠잡을 데가 없다. 정치적으로 적극적이진 않지만 오스트리아에 있을 때 그는 국가사회주의를 찬성한다는 사실을 한 번도 감추지 않았다. 또한 모든 점이 그의 아리안 혈통과 일치한다." 1938년 6월 오스트리아 합병 직후 로렌츠는 나치당에 가입해 인종 차별 정책에 일조했다. 그는 즉시 동물 행동에 관한 자신의 연구가 나치 이데올로기와 어떻게 일치하는지를 연설하고 글로 쓰기 시작했다. 1940년 그는 쾨니히스베르크 대학에 교수로 임명되었다. 그후부터 1944년 러시아 전선에서 체포되기까지 몇 년 동안 그는 일관성 있게 '과학적으로 입증된 인종 정책', '국민과 민족에 대한 인종 개량', '도덕적으로 열등한 자들의 제거' 등의 유토피아적 이상을 주장했다.

로렌츠는 러시아 전쟁포로 수용소에서 4년을 보낸 후 오스트리아로 돌아왔다. 그는 자신의 나치 활동이 어리석고 경솔한 짓이었다고 그럴듯하게 얼버무렸고, 자신이 정치적으로는 소극적이었다고 말했다. 진심으로 나치를 믿었다기보다는 자신의 과학을 굽히고 새로운 정치 권력에 맞추려 했다는 것이었다. 살아 있는 동안에는 이 말이 받아들여졌다. 그러나 사망 후부터 그가 나치즘에 얼마나 깊이 심취했었는가가 점차로 밝혀졌다. 1942년 폴란드에서 군사심리학자로 복무하던 그는 심리학자 루돌프 히피우스가 이

끌고 SS가 후원하는 연구에 참여했다. 연구의 목표는 SS가 '재독일화' 교육 대상을 결정할 때 이용할 수 있도록 '혼혈인' 들의 '독일적' 특징과 '폴란드적' 특징을 구분하는 기준을 개발하는 것이었다. 그가 전쟁 범죄에 직접 가담했다는 증거는 없지만, 그런 범죄가 진행되고 있다는 사실은 충분히 알고 있었을 것이다.[38]

나치당원 시절 그의 핵심적인 주장은 길들이기 문제였다. 로렌츠는 길들여진 동물을 유난히 경멸했다. 그는 가축을 야생의 친척들과 비교해 탐욕스럽고, 멍청하고, 섹스에 집착하는 하등한 존재로 여겼다. 그는 자신을 각인한 러시아 오리 한 마리가 구애를 해오자 그 오리를 뿌리치며 '정말로 불쾌한 짐승'이라고 소리쳤다.[39] 경멸 뒤에는 요점이 있었다. 원래 가축의 선택적 번식은 잘 크고 잘 번식하고 유순하고 우둔한 동물을 만들어내는 방법이다. 소와 돼지는 야생의 친척에 비해 뇌가 3분의 1에 불과하다. 암컷 개는 늑대보다 두 배로 번식한다. 그리고 돼지는 멧돼지보다 살이 더 빨리 찌기로 유명하다.

로렌츠는 이 개념을 인간에게 적용시키기 시작했다. 1940년 「종 특수 행동의 길들이기로 인해 야기되는 장애」라는 악명 높은 논문에서 그는 인간이 스스로를 길들여온 존재이며 이 때문에 신체적, 도덕적, 유전적 타락이 발생해왔다고 주장했다. "인간 구성원들의 미와 추에 대한 우리의 종 특수 민감성은 길들이기로 야기된 타락 증상들과 밀접히 관련되어 있다. 그것이 우리 민족을 위협하고 있다. 국가적 기초로서 인종 개념은 이 점에 있어 이미 큰 발전을 이루었다." 로렌츠의 순화 이론은 우생학 논쟁에 새로운 불씨가 되었고, 종족 번식을 국유화하고 부적절한 개인과 인종을 청소하려는 정책에 새로운 근거를 제공했다. 로렌츠는 자신의 주장에 큰 결함이 있다는 사실을 알아차리지 못했던 것 같다. 머스크오리는 여러 세대에 걸쳐 선택적으로 동종 번식된 결과 유전자 못이 좁아진 반면, 인간의 경우는 문명이 정반대로 작용해서 선택이 완화되고 그 결과 더 많은 유전자가 유전자 못에서 생존할 수 있게 되었기 때문이다.

그의 이론이 나치즘에 일조했다는 증거는 없다. 나치즘은 이미 인종 차별과 대량학살 정책의 근거들을 충분히 확보했고, 그 중에는 대단히 '과학적인' 근거도 포함되어 있었다. 나치는 로렌츠의 주장을 무시하고 의심했다. 그러나 더욱 놀라운 것은 로렌츠의 순화 이론이 전쟁을 극복하고 살아남아 1973년 『문명인의 여덟 가지 치명적인 죄악』이라는 보다 이성적인 제목으로 출판되었다는 사실이다. 그것은 자연 선택의 완화가 인간의 타락으로 이어졌다는 과거의 주장과 환경이라는 최신 유행의 관심사를 결합한 책이었다. 그 여덟 가지 치명적인 죄악은 유전적 타락 외에 인구 과잉, 환경 파괴, 과도한 경쟁, 순간적인 만족 추구, 행동주의적 기술에 의한 교화, 세대 차이, 핵에 의한 말살이었다.

그 목록에 인종 청소와 대량 학살은 없었다.

학습 이론의 교훈

"사람은 누구나 비슷합니다. 몸이나 영혼이나 말이죠. 각자가 뇌, 비장, 심장, 폐를 갖고 있는데 전부 비슷한 구조로 되어 있어요. 이른바 도덕성이라는 것도 모두 비슷합니다. 약간의 차이는 중요하지 않아요. 도덕적 질병은 잘못된 교육이 만들어냅니다. 교육은 어린 시절부터 사람들 머릿속에 온갖 잡동사니 쓰레기를 채워넣지요. 간단히 말해, 혼란스런 사회 때문입니다. 사회를 개혁하면 모든 질병이 사라질 겁니다. 어쨌든 말이죠, 질서가 바로 잡힌 사회에서는 개인이 멍청한가 똑똑한가, 악한가 선한가가 절대로 중요하지 않을 겁니다."

"네, 그렇군요. 사람은 누구나 똑같은 비장을 갖는단 말씀이죠."

"바로 그렇습니다, 부인."

바자로프와 오딘초프 부인, 『아버지와 아들』의 대화, 이반 투르게네프[1]

다이너마이트를 발명한 스웨덴의 알프레드 노벨은 1893년 세월을 한탄하고 있었다. 예순을 넘긴 허약한 몸으로 고생하던 그는 기린의 피를 수혈하면 기적처럼 젊음을 회복할 수 있다는 소문을 들었다. 부자들이 관심을 보일 때 기민한 과학자는 손을 내민다. 노벨은 당연히 상트페테르부르크 외곽에 러시아제국 실험의학 연구소라는 거창한 생리학 실험실을 짓는 일에 1만 루블을 내놓기로 약속했다. 노벨은 1896년 세상을 떠났고 연구소는 기린을 구입하지 않았다. 그러나 연구소의 인기는 갈수록 높아갔고, 100명 이상의 직원과 기업체 같은 경영 덕분에 연구소는 일종의 과학공장이 되었다. 책임자는 야망과 자신감이 하늘을 찌르는 젊은 과학자 이반 페트로비치 파블로프였다.[2]

파블로프의 스승 이반 미하일로비치 세체노프는 반사작용에 너무 집착한 나머지 생각도 행동이 빠진 일종의 반사작용이라 믿었다. 그와 같은 시대에 골턴이 본성이란 대의에 전념한 것처럼 세체노프는 양육이란 대의에 모든 것을 바쳤다. 그는 '모든 행동의 진정한 원인은 인간 외부에 있다' 고 믿었고, '마음의 내용물 중 1천분의 999는 광범위한 의미에서 교육에 달려 있고 단 1천분의 1만이 개인성에 달려 있다' 고 생각했다.[3]

세체노프의 철학을 기반으로 파블로프의 공장은 향후 30년 동안 수많은 실험 결과를 맹렬히 쏟아냈다. 실험의 희생자는 주로 개였기 때문에, 사람들은 그 실험들을 '도그 테크놀로지' 라는 다소 싸늘한 이름으로 불렀다. 처음에 파블로프는 개의 소화관에 집중했지만 후에는 뇌 연구로 이동했다. 1903년 마드리드에서 열린 한 회의에서 그는 유명한 실험 결과를 발표했다. 위대한 과학이 대개 그렇듯이 파블로프의 실험도 뜻하지 않은 계기로 시작되었다. 그는 개의 타액이 음식에 대한 반응으로 어떻게 분비되는지를 연구하던 중에, 침의 양을 측정하기 위해 개의 침샘 중 하나를 깔때기에 연결했다. 그러나 그 개는 음식을 준비하는 소리가 들리자마자, 심지어는 가죽끈으로 실험장치에 묶이자마자 음식을 예상하고 침을 흘리기 시작했다.

이 '심리적 반사'가 애초의 목표는 아니었지만 그는 즉시 그 중요성을 깨닫고 방향을 전환했다. 개에게 종소리나 메트로놈 소리를 들려주고 음식을 주자, 얼마 후부터는 음식 없이 종소리만 들려줘도 침을 흘리기 시작했다. 파블로프는 개의 침샘을 깔때기에 연결해 종소리를 들려줄 때마다 분비되는 타액의 양을 계산했다. 후에 그는, 대뇌피질이 없는 개도 먹이를 주면 반사적으로 침을 흘리지만, 종소리를 들려줄 때에는 침을 흘리지 않는다는 사실을 확인했다. 결국 종소리에 대한 '조건 반사'는 피질에 있었다.[4]

파블로프는 이른바 조건화 또는 연상의 메커니즘을 발견했다고 생각했다. 뇌는 그 메커니즘에 의해 세계의 질서와 규칙에 관한 지식을 획득하는 것처럼 보였다. 그것은 위대한 발견이었고 옳은 얘기였지만, 물론 완전한 해답은 아니었다. 그러나 항상 그렇듯이 몇몇 추종자들은 너무 멀리 나아갔다. 그들은 뇌가 조건화를 통해 학습을 하는 장치에 불과하다고 주장하기 시작했다. 이 전통은 미국에서 행동주의로 꽃을 피웠다. 행동주의의 옹호자 존 브로더스 왓슨에 대해서는 후에 자세히 살펴보기로 하자.

현대의 학습 이론가들은 파블로프의 이론에서 한 가지 중요한 면을 수정했다. 그들의 주장에 따르면 활발한 학습이 일어나는 것은 자극과 보상이 일치할 때가 아니라 예상과 실제 사이에 약간의 불일치가 발생할 때이다. 마음이 '예측 오류'를 범하면, 즉 자극 후에 기대했던 보상을 얻지 못하거나 혹은 그 반대일 때 기대를 바꿔야 한다. 즉 학습을 해야 하는 것이다. 예를 들어 종소리가 더 이상 음식을 예고하지 않고 번쩍이는 불빛이 음식을 예고한다면, 개는 자신의 기대와 새로운 현실의 불일치로부터 학습을 해야 한다. 유쾌하건 불쾌하건 뜻밖의 사건이 예상된 사건보다 더 교육적이다.

예측 오류에 대한 새로운 강조는 마음속의 심리적 형태뿐 아니라 뇌 속의 물리적 형태와도 연결되고 있다. 원숭이에 대한 일련의 실험에서 울프럼 슐츠는 뇌의 어떤 부위(흑질과 배쪽피개부)에서 도파민을 분비하는 신경세포들이 놀라운 일에는 반응을 하면서도 예상했던 결과에는 반응하지 않는 것을 발견했다. 그 신경세포들은 예기치 않게 보상이 주어졌을 때는 더 많이 발화하고 보상이 주어지지 않을 때는 더 적게 발화한다. 다시 말해 그 도파민 세포들은 로봇을 만드는 공학자들의 학습 이론과 똑같은 규칙을 암호화하고 있다.[5]

파블로프라면 지칠 줄 모르고 개를 해부했던 사람이었기에 그런 환원주의적 결과를 환영했을 것이다. 그러면서도 그 결과에서 비롯되는 철학적 모순 앞에서는 심기가 불편해졌을 것이다. 그는 개의 뇌가 세계로부터 자신의 상황을 학습한다는 것을, 즉 세체노프의 말대로 '진짜 원인은 외부에 있다'는 것을 입증하려 애썼다. 그는 밀과 흄과 로크에 이르는 오랜 경험주의적 전통, 즉 인간 본성은 마음의 빈 서판 위에 경험이 휘갈기는 대로 결정되는 것이라는 관점에 서 있었다. 그러나 마음이 서판 위에 무언가를 쓰려면 뜻밖의 일에 반응하도록 특별히 설계된 도파민 신경세포가 있어야 한다. 그 세포들은 어떻게 그런 일을 하도록 설계되었을까? 바로 유전자에 의해서다. 파블로프가 행했던 실험에 정확히 해당하는 실험들이 오늘날 세계 최고의 수많은 유전학 실험실에서 일상적으로 행해지고 있다. 우리는 여기서 이 책의 주제를 한번 더 확인하게 된다. 즉 유전자는 단지 본성에 관여할 뿐 아니라 양육에도 밀접히 관여한다.

현대판 파블로프 실험은 개가 아니라 주로 초파리를 이용하지만 기본 원리는 동일하다. 시험관 속의 파리에게 화학물질 냄새를 풍긴 직후 파리의 발을 통해 전기 충격을 가한다. 파리는 곧 그 냄새 뒤에 전기 충격이 온다는 것을 알고는 충격이 오기 전에 공중으로 날아오른다. 파리는 처음에는 놀라운 두 현상의 연관성을 파악했다. 이 실험은 1970년대 캘리포니아 공과대학에서 칩 퀸과 세이무어 벤저에 의해 처음 행해졌다. 그들은 파리가 냄새와 충격의 연관성을 학습하고 기억할 줄 안다는 사실을 입증하여 세상을 놀라게 했다.

그 실험은 또한 특정한 유전자를 가진 파리들만이 그렇게 할 수 있다는 사실을 입증했다. 초파리가 새 기억을 저장하려면 최소한 17개의 유전자를 사용해야 한다. 그 유전자들은 던스(저능아), 앰너지액(기억상실), 캐비지(양배추), 루터베이거(순무) 등의 희한한 이름으로 불린다. 이것은 상당히 불공평한 일인데, 파리는 그 유전자가 없을 때만 저능아가 되기 때문이다. 잘 알려진 바대로 인간을 포함해 모든 동물은 똑같은 크렙 유전자 집단을 사용한다. 그 유전자들이 켜져야, 즉 단백질을 생산해야 학습이 진행될 수 있다.*

이 발견은 너무 놀랍고 충격적이라 그 의미가 제대로 이해되지 않고 있다. 존 브로더스 왓슨은 1914년에 연상 학습에 대해 다음과

* 초파리 안의 크렙 유전자는 두 가지 형태로 존재하는데, 하나는 기억장치를 켜고 다른 하나는 끄는 역할을 한다 : 옮긴이.

같이 말했다.

> 대부분의 심리학자들은 뇌에서의 경로 형성에 대해 아주 유창하게 말하는데, 마치 불카누스의 작은 부하들이 망치와 끌을 들고 신경계를 쏘다니며 새 구덩이를 파고 오래된 구덩이를 더 깊이 판다는 이야기로 들린다.[6]

왓슨은 연상 학습이란 개념을 비웃고 있다. 그러나 농담의 화살은 그에게 날아간다. 연상은 신경세포들의 연결이 새로 형성되고 강화됨으로써 이루어진다. 그 연결부를 만들어내는 불카누스의 부하들은 실제로 존재한다. 그들은 유전자라는 이름으로 불린다. 유전자! 뇌를 만들고 뇌가 일을 하게 만드는 그 운명의 준엄한 꼭두각시 조종자? 그러나 유전자는 그런 존재가 아니다. 그들은 실제로 직접 학습을 하는 존재다. 바로 지금 당신의 머릿속 어딘가에서 하나의 유전자가 켜지고 일련의 단백질이 만들어져 뇌 세포의 시냅스들을 변화시키면 당신은 이 단락을 읽은 것과 주방에서 풍기는 커피 냄새를 아마 영원히 연관시킬 것이다.

나는 다음의 문장을 최대한 강조하고자 한다. 유전자는 우리의 행동을 지배하는 것이 아니라 행동에 의해 지배된다. 파블로프의 연상을 만들어내는 것은 외부의 지배자가 아니라 유전성을 지닌 염색체와 동일한 물질이다. 기억은, 그것이 유전된다는 의미에서가 아니라 기억이 유전자를 사용한다는 의미에서 '유전자에' 있다. 본성이 유전자의 영향을 받는 것만큼이나 양육도 유전자에 의해 이루어진다.

이제 그런 유전자의 한 예를 살펴보자. 2001년 팀 툴리 박사 팀에서 연구하던 조시 덥노는 초파리를 대상으로 매우 훌륭한 실험을 했다. 잠시 당신에게 현대 분자생물학에서 이용하는 방법들이 얼마나 정교한가를 보기 위해 그 자세한 방법에 빠져볼 것을 권하고 싶다. 그리고 몇 년 후에는 얼마나 더 정교해질지 상상해보자. 먼저 덥노는 초파리의 한 유전자를 온도감응성 돌연변이로 만들었다. 쉬바이어라 불리는 그 유전자는 다이나민이란 운동단백질을 만든다. 이 때문에 초파리는 섭씨 30도에서는 마비되고 20도에서는 완전히 회복된다. 다음으로 덥노는 초파리 한 마리를 조작해, 뇌의 버섯모양체 영역에서만 그 돌연변이 유전자가 발현하도록 만들었다. 버섯모양체는 냄새와 충격을 연관짓는 학습에 필수적인 역할을 하는 중추영역이다. 이제 이 파리는 섭씨 30도에서 마비가 되는 대신 기억을 검색하지 못한다. 그런 파리를 30도에서 냄새와 위험을 연관짓도록 훈련시킨 다음(기억 저장) 20도에서 기억을 검색하게 하면 파리는 기억을 잘 떠올린다. 그러나 정반대로, 20도에서 그 파리에게 같은 기억을 형성시킨(기억 저장) 다음 30도에서 기억을 검색하게 하면, 파리는 기억을 떠올리지 못한다.[7]

결론: 기억의 저장과 검색은 별개이다. 습득과 검색을 위해서는 각기 다른 유전자가 각기 다른 뇌 부위에서 활성화되어야 한다. 버섯모양체의 활동은 기억의 검색에는 필수적이지만 습득에는 불필요하고, 그 정보 출력에는 유전자의 발현이 필요하다. 파블로프는 미래에 누군가가 연상 학습에 관여하는 뇌의 배선을 이해할 것이라고 상상했을지 모른다. 그러나 누군가가 더 깊이 들어가 분자들의 작용을 설명하고, 그 과정의 핵심이 그레고르 멘델의 작은 유전입자들에 있다는 사실을 발견하리라고는 꿈도 꾸지 못했을 것이다.

이 과학은 아직 초보 단계에 있다. 학습과 기억에 관여하는 유전자들을 연구하는 사람들은 무지의 광산에서 황금을 캐내고 있다. 예를 들어 툴리는 기억의 유전자들이 어떻게 자신이 있는 신경세포와 그 인접세포의 시냅스를 변화시키면서도 다른 시냅스들은 건드리지 않고 놓아두는가를 이해하는 엄청난 과제를 착수했다. 하나의 신경세포에는 다른 세포들과 연결되는 시냅스가 평균 70개 정도 있다. 그 세포핵 안에서 1번 염색체상의 크렙 유전자가 다른 유전자들을 켜면 그 유전자들은 적절한 시냅스에 전사물질을 보내는데, 이 전사물질이 시냅스의 강도를 변화시킨다. 툴리는 결국 그 과정을 이해할 수 있는 방법을 발견했다.[8]

그러나 크렙 유전자 이야기는 극히 일부에 지나지 않는다. 세스 그랜트는 학습과 기억에 필요한 많은 유전자들이 하나의 연속적 과정에서 그렇게 큰 역할을 하지 않는다는 증거를 발견했다. 게다가 그 유전자들은 하나의 장치를 구성하는데, 그는 이것을 헤보솜이라 부른다(그 이유는 나중에 밝히고자 한다). 하나의 헤보솜은 최소 75개의 서로 다른 단백질 즉, 75개 유전자의 생산물로 구성되어 있으며, 하나의 복잡한 기계처럼 작동한다.[9]

아기 울리기

나는 앞에서 존 브로더스 왓슨의 이야기를 하기로 약속했다. 남캐롤라이나 주의 가난하고 외진 농촌에서 자란 왓슨은 헌신적인 어머니와 그의 나이 13세 때 집을 떠난 바람기 많은 아버지 사이에서 태어났다. 이런 배경에서 그는 (유전자 때문이든 경험 때문이든) 강인하고 거친 성격을 갖게 되었다. 그는 폭력적인 젊은이였고, 불성실한 남편이었으며, 아들을 자살로 내몰고, 손녀를 알코올 중독에 빠뜨려 결국 증오에 찬 은둔자로 만든 억압적인 아버지였다. 그리고 그는 인간 행동에 관한 연구에 혁명을 일으켰다. 당시 이른바 심리학으로 통용되던 시시한 이론에 실망한 그는 1913년 「행동주의자가 바라보는 심리학」이라는 제목의 강의를 통해 대담한 개혁 선언문을 발표했다.[10]

내면의 성찰은 중단되어야 한다고 그는 선언했다. 전해오는 이야기에 따르면 왓슨은 쥐가 미로를 통과할 때 그 쥐의 머릿속에서 무슨 일이 벌어지고 있는가를 상상해보라는 요구를 지독히 혐오했다고 한다. 그는 물리학을 부러워하는 병을 앓고 있었다. 심리과학은 객관적 기초를 확립해야 했다. 그렇다면 중요한 것은 생각이 아니라 행동이었다. "인간 심리학의 소재는 인간의 행동이다." 다시 말해 심리학자는 유기체 속으로 무엇이 들어가고 무엇이 나오는지를 연구해야 하지, 그 사이에 일어나는 과정에 집착해서는 안 되었다. 학습을 지배하는 원리는 모든 동물에게서 끌어낼 수 있고 인간에게 적용될 수 있었다.

왓슨은 세 가지 주요 개념으로부터 자신의 이론을 끌어냈다. 윌리엄 제임스는 비록 선천론자였음에도 습관 형성의 역할을 강조했다. 에드워드 손다이크는 한술 더 떠 이른바 '효과 법칙'이란 개념을 만들었고, 그 효과 법칙에 따라 동물은 즐거운 결과를 생산하는 행동은 반복하고 불쾌한 결과를 생산하는 행동은 반복하지 않는다고 설명했다. 이 개념은 강화 학습, 시행착오 학습, 도구적 조건화와 조작적 조건화 같은 이름으로도 불린다. (이 심리학자들은 자신들만의 전문 용어를 몹시 사랑한다.) 손다이크의 실험에서는 고양이가 시행착오를 통해 우리 문을 여는 레버를 발견했고 몇 번의 시도 끝에 문 여는 법을 정확히 알아냈다. 파블로프의 연구는 1927년에서야 번역되었지만 왓슨은 로버트 여키스라는 친구를 통해 이야기를 들었고 파블로프 식의 고전적 조건화가 학습의 핵심임을 즉시 알아차렸다. 마침내 물리학자만큼 엄밀한 심리학자가 탄생한 순간이었다. "나는 파블로프의 위대한 공헌을 보았고, 그의 조건화된 반응이 우리 모두가 습관이라 부르는 것의 기본 단위임을 알았다."[11]

1920년에 왓슨과 그의 조수 로살리 레이너는 한 실험을 통해, 감정 반응이 조건화될 수 있으며 인간이 털 없는 큰 쥐처럼 취급될 수 있다는 확신을 얻었다. 실험의 영향력은 엄청났다. 여기서 레이너에 관해 한마디 할 필요가 있다. 그녀는 타이타닉 호의 침몰에 대한 청문회를 이끈 것으로 유명한 어느 상원의원의 조카딸이었고 당시 나이는 19세였다. 아름답고 부유했던 그녀는 스터츠 베어캣을 몰고 볼티모어를 돌아다녔다. 왓슨과 그녀는 사랑에 빠졌다. 왓슨의 아내는 남편의 외투에서 레이너의 연애편지를 발견했지만, 변호사로부터 그녀의 편지가 아니라 그의 편지를 찾은 후에 진실을 추궁하라는 충고를 들었다. 그래서 그녀는 레이너의 집을 찾아가 커피 한 잔을 청한 다음 두통을 호소하며 잠시 누울 것을 청했다. 이층으로 올라간 그녀는 재빨리 레이너의 침실 문을 잠그고 방 안을 뒤진 끝에 남편이 보낸 14통의 연애편지를 발견했다. 그 뒤에 발생한 추문으로 왓슨은 교수직을 잃었다. 아내와 이혼한 후 레이너와 결혼한 그는 심리학을 포기하고 J. 월터 톰슨 사에서 광고 일을 시작했다. 그는 존슨즈 베이비파우더를 성공적으로 광고했고, 루마니아 여왕을 설득해 폰즈 페이셜 크림의 추천을 받아내기도 했다.

1920년 두 연인의 실험 대상은 태어날 때부터 병원에서 자란 알버트라는 이름의 어린 소년이었다. (알버트가 왓슨과 간호사 사이에서 태어난 사생아라는 주장도 있지만, 나는 그 증거를 찾을 수 없었다.) 알버트가 생후 11개월이었을 때 왓슨과 레이너는 그에게 여러 가지 물건을 보여주었는데, 여기에는 흰쥐도 포함돼 있었다. 알버트는 어떤 물건도 두려워하지 않았고, 흰쥐와 노는 것을 좋아했다. 그러나 갑자기 망치로 쇠창살을 때리면 알버트는 울음을 터뜨렸다. 그때부터 두 심리학자는 알버트가 쥐를 만질 때마다 쇠창살을 때리기 시작했다. 며칠 되지 않아 알버트는 쥐를 보면 즉시 울기 시작했다. 이른바 조건 공포 반응이었다. 알버트는 하얀 토끼도 무서워했고 심지어는 바다표범 모피로 만든 코트도 두려워했다. 다시 말해 공포가 하얗고 털이 있는 모든 것으로 전이된 것이다. 왓슨은 이 이야기의 가르침을 특유의 빈정거리는 어조로 이렇게 공표했다.

> 앞으로 20년 후 프로이트 학자들은 그들의 가설이 변하지 않는다면 모피코트에 대한 알버트의 공포를 분석할 때—행여 그 나이에 그가 분석에 응한다면—아마 짓궂게도 3세 때 어머니의 음모를 가지고 장난치다가 호되게 야단맞은 경험을 엿볼 수 있는 꿈을 얘기해 달라고 조를 것이다.[12]

(정말 호되게 야단맞을 사람은 왓슨이 아닐까?)

1920년대 중반에 왓슨은 이미 조건화가 세계를 학습하는 한 방법이 아니라 주된 테마라고 확신하고 있었다. 그는 갈수록 본성보다 양육을 중시하는 학문적 흐름에 동참했고 내친 김에 아주 특별한 주장까지 제기했다.

> 나에게 열두 명의 건강한 아기를 주고 내가 직접 구체적으로 꾸민 세계에서 그 아기들을 키우게 해준다면, 장담하건대 나는 어떤 아기라도 그의 재능, 기호, 경향, 능력, 소질, 조상들의 직업과 무관하게 내가 선택한 유형의 사람 즉 의사, 변호사, 예술가, 상인, 심지어 거지나 도둑이 되도록 훈련시킬 수 있다.[13]

인간의 설계 변경

역설적이게도 왓슨보다 5년 전에 역사상 매우 강력했던 어느 권력자가 그와 똑같은 생각을 했다. 바로 블라디미르 일리치 레닌이었다. 파블로프처럼 레닌도 세체노프의 환경주의로부터 큰 영향을 받았는데, 레닌의 경우는 니콜라이 체르니셰프스키의 글이 중요한 역할을 했다. 러시아혁명이 끝나고 2년 후 레닌은 파블로프의 생리학 공장을 은밀히 방문해 인간 본성을 설계하는 것이 가능한지 물었다고 전해진다.[14] 두 사람의 만남에 대해서는 아무 기록도 남아 있지 않으므로 파블로프가 그 문제를 어떻게 생각했는지는 알 수 없다. 사실 그에겐 더 긴급한 문제가 있었다. 내전으로 인한 기근 때문에 연구소의 개들이 굶어 죽는 상황에서 연구원들은 자신들이 배급받은 보잘것없는 음식을 개들과 나눠 먹으면서 간신히 연구소를 유지하고 있었다. 파블로프는 연구소 내에 텃밭을 직접 일구는 모범을 보이면서, 한때 과학의 위업을 향해 제자들을 몰아붙였던 그 열정 그대로 이제는 원예학의 위업을 향해 전 직원을 몰아붙였다.[15] 우리는 파블로프가 레닌에게 정치적 격려를 전했다는 어떤 암시도 찾아볼 수 없다. 파블로프는 혁명을 노골적으로 비판한 사람이었다. 물론 공산당원들이 호의를 보이자 이내 꼬리를 내렸지만.

분명 레닌으로서는 공산주의가 성공하려면 인간 본성을 새 제도에 맞게 훈련시킬 수 있다는 전제가 필요했을 것이다. '인간은 교정될 수 있다. 인간은 우리가 원하는 대로 개조될 수 있다' 고 그는 말했다. 트로츠키도 같은 말을 했다. "새롭게 '개선된' 인간형을 만드는 것, 그것이 미래의 공산주의 과제다."[16] 마르크스주의자들은 '새로운 인간' 을 만들어내는 데 얼마나 오랜 시간이 걸릴 것인가를 놓고 많은 논쟁을 벌였다. 만약 인간 본성이 유연하지 않다면 그런 논쟁은 그야말로 무의미할 것이다. 이런 점에서 공산주의는 항상 본성보다는 양육에 공식적인 관심을 기울였다. 그러나 그런 개념을 현실적으로 추진하는 속도는 더디기만 했다. 1920년대 들어 소련마저도 우생학에 대한 세계적 열정에 휩쓸렸다. 1922년 N. A. 세마스코는 사회주의적 우생학이라는 야심찬 프로그램을 개발하면서, 우생학이 '전 사회의 이익, 집단의 이익을 개개인의 이익보다 우위에 놓을 것' 이라는 소름끼치는 진실을 목청껏 찬양했다. '새로운 인간형' 이 번식될 찰나였다. 그러나 스탈린 치하에서 소비에트 우생학은 몰락했다. 우생학 프로그램이 효과를 보려면 여러 세대를 거쳐야 한다는 맥빠진 계산 때문이기도 했지만, 선택적 번식으로 지식인 계층을 보호한다는 것은 갈수록 지식인 처형에 흥미를 보이는 서기장 동지의 명백한 성향과 모순된다는 점이 분명해졌기 때문이다. 독일에서 나치가 권력을 잡은 것도 우생학을 거부하는 또다른 이유가 되었다. 인간의 유전성 연구는 파시즘 이데올로기와 동일시되었다. 러시아 우생학자들은 곧 유전론적 신념 때문에 비판을 받았다. 왜 '사회적 레버를 움켜잡지' 않느냐는 화살이 쏟아졌다.[17]

사회적 레버를 움켜잡은 사람은 예기치 않은 곳에서 나왔다. 1920년대 러시아가 극심한 기근에 시달리는 상황에서 정부는 코즐로프 근교에서 사과 품종을 개량하는 나이 많은 과대망상증 괴짜인 이반 블라디미로비치 미츠린을 발견했다. 미츠린은 배나무에 설탕물을 주면 다음 세대에 당도가 더 높은 배를 수확할 수 있다거나, 접목을 통해 잡종 줄기를 만들어낼 수 있다는 등 말도 안 되는 주장들을 내놓았다. 갑자기 식량 증산에 목말랐던 정부로부터 엄청난 명예와 연구비가 그에게 쏟아졌다. 미츠린 유전학설이 멘델 유전학을 대체할 최신 과학으로 널리 홍보되었다.

누구든 과학적 히트를 칠 수 있는 상황에서 트로핌 데니소비치 리센코라는 젊은이가 미츠린 학설을 이용해 우수한 밀 품종을 개량했다는 이유로 《프라우다》의 관심을 끌게 되었다. 당시 겨울에 파종하는 밀은 러시아의 남부 지역을 제외하고는 겨울 서리에 쉽게 상해를 입었고, 봄에 파종하는 밀은 알곡이 너무 늦게 영글어 가뭄 피해를 자주 입었다. 처음에 리센코는 밀을 '훈련' 시키면 강인한 겨울 밀을 얻을 수 있다고 주장했다. 1928-9년에 7백만 헥타르의 밭에 그의 품종이 뿌려졌다. 그리고 몽땅 죽었다. 리센코는 조금도 동요하지 않고 이번에는 봄 밀로 넘어가, 종자에 수분을 공급하면—춘화(春化)처리—알곡이 빨리 맺힐 것이라 주장했다. 기근은 다시 한번 악화되었다. 1933년 춘화처리는 완전히 자취를 감추었다.

그러나 과학보다 정치에 뛰어났던 리셍코는 권력의 비호하에 자신의 이론을 새로운 형태의 과학으로 치켜세우며 그것이 유전자 이론의 오류를 입증하고 다윈주의를 분쇄했다고 선언했다. 경쟁이 아니라 상호 원조가 진화의 핵심이라고 그는 주장했다. 유전자는 형이상학적 공상이고 환원주의는 오류였다. "생물체의 내부에는 정상적인 신체와 구별되는 어떤 특수한 물질도 존재하지 않는다. 우리는 유전의 소체(小體) 따위를 부인한다." (1961년 이후 러시아 과학자들도 DNA를 연구할 수 있게 되었다. 그러나 리셍코는 특유의 혼란스런 논법으로 DNA 이중구조는 멍청한 개념이라고 공언했다. "그것은 이중성을 다룰 뿐 단일한 대상의 반대 측면들을 구분하지 않는다. 즉, 반복을 다루고 증가를 다룰 뿐 발전을 다루지 않는다.")[18] 리셍코 학설은 유기적, 전체론적 과학이었고, '인간과 살아 있는 환경의 자연적 통일성에 대한 찬가'였다. 그는 계속해서 그의 주장을 입증할 만한 자료를 요구하는 사람들에게 경멸을 퍼부었고, 비과학적인 속설에만 의존했다.

1930년대가 끝날 때까지 리셍코주의자들은 소비에트 생물학계에서 유전학자들을 누르기 위해 갈수록 전투의 강도를 높였다. 그들은 점차 우위를 점했고 그 결과 1948년 리셍코는 마침내 국가의 지원을 독점했다. 유전학은 억압당했고 유전학자들은 체포되었으며 다수가 사망했다. 1953년 스탈린이 죽은 후에도 상황은 달라지지 않았다. 흐루시초프는 리셍코의 오랜 친구이자 든든한 지원자였다. 그러나 리셍코를 계속 옹호했던 외국의 생물학자들에게는 어땠는지 몰라도 러시아 과학자들에게는 그 인간이 미치광이라는 사실이 갈수록 분명해졌다. 그것은 비유가 아니었다. 그는 자신이 개암나무 열매를 맺는 소사나무와 호밀 씨앗을 맺는 밀을 만들어냈고 뻐꾸기가 휘파람새의 알에서 깨어나는 것을 봤다고 주장했다.

1964년 리셍코는 흐루시초프와 함께 몰락했다. 사실 그는 흐루시초프가 몰락한 원인의 일부였다. 리셍코 학설은 흐루시초프를 몰아낸 중앙위원회의 중요한 의제였고, 1956년 이후 농업 생산의 정체는 당 지도자에 대한 비판의 한 축이었다. 리셍코는 망신을 당했지만, 비판의 목소리는 오랫동안 들리지 않았다. 그의 과학은 흔적도 없이 사라졌다.[19]

완벽한 관점

이런 농업 이야기는 인간 본성과 거의 관계없는 것처럼 보인다. 결국 역사가 데이비드 조라프스키는 리셍코 학설에 대해 '행여 진정한 과학적 사고와 비슷한 면이 있었다면 그것은 순전한 우연이었다' 고 평가하지 않았던가. 그러나 그 이야기는 소비에트 생물학의 배경을 보여준다. 러시아혁명이 일어나기 오래전 세체노프에서 싹을 틔워 리셍코에서 만개한 러시아의 극단적 양육론은 20세기에 오랫동안 목청을 드높였다. 그리고 의식적이었든 아니었든 그 소리는 서구 세계에서도 광범위하게 메아리쳤다. 많은 사람들이 인간의 학습에 대한 파블로프와 왓슨의 통찰력을 인간에게는 학습만이 존재한다는 증거로 받아들였다. 마르크시즘은 인간의 예외성을 명시적으로 승인하면서, 인간의 역사는 특정한 시기에 생물학에서 문화로 넘어왔다고 주장했다. (리센코는 '인간은 마음이란 것 덕분에 오래전에 동물에서 벗어났다' 고 말했다.) 마르크스 역시 '존재' 와 '당위' 의 이율배반—데이비드 흄과 G. E. 무어의 유명한 자연주의적 오류—을 초월했다는 평가를 누렸다. 1940년대 말이 되자, 인간은 동물과 극명하게 대비된다는 의미에서 자연과 문화의 산물이라는 개념과 그것은 과학적 필연성인 동시에 도덕적 필연성이라는 개념이 사회주의 세계는 물론이고 서구 세계까지 널리 퍼졌다.

스티븐 제이 굴드는 다음과 같이 말했다. "만약 유전적 결정론이 옳다면 우리는 그것을 인정해야 할 것이다. 그러나 내가 또 다시 반복하는 말은, 유전적 결정론을 뒷받침하는 증거가 전혀 없다는 것, 과거의 조잡한 이론들은 결정적으로 오류였음이 입증됐다는 것, 그것이 계속 인기를 누리는 것은 현재 상태로부터 이득을 얻는 사람들의 사회적 편견이 작용해서라는 것이다."[20] 이런 논리는 문제에 봉착했다. 언스트 메이어에서 스티븐 핑커에 이르기까지 수많은 생물학자들이 주장하듯이, 인간 본성의 가소성에 기초해 정책과 도덕 체계를 세우려는 것은 단지 오류로 끝나는 것이 아니라 큰 위험을 초래한다. 생물학자들이 유전과 행동에의 인과성을 발견했으므로, 이제 도덕성에 대한 새로운 주장이 필요할 것이다. 핑커는 다음과 같이 말한다.

> (사회과학자들이) 인종 차별, 성 차별, 전쟁, 정치적 불평등이 논리적으로 박약하거나 현실적으로 틀린 이유는 그런 것이 애초에 인간 본성에 존재하지 않기 때문이라는 나태한 논리에 빠진 순간부터, 인간 본성에 대한 모든 발견은 그들 자신의 논리에 의해 인종 차별, 성 차별, 전쟁, 정치적 불평등 같은 것들도 결국 그렇게 나쁜 것은 아니라고 말하는 것과 동일한 의미가 되고 말았다.[21]

나는 오해의 여지를 없애기 위해 다시 한번 강조하고 싶다. 인간은 자극에 반응하도록 학습되거나 조건화될 수 있고 학습 이론에서 말하는 보상과 처벌 같은 것에 따라 반응할 수 있다고 주장하는 것에는 아무 문제가 없다. 그것은 엄연한 사실이고 내가 지금 쌓고 있는 벽에 꼭 필요한 벽돌들이다. 그러나 그런 학습 이론을 내세워 인간에게는 본능이란 것이 없다고 말한다면, 그것은 정반대로 본능을 가진 존재는 학습을 할 수 없다고 말하는 것과 같다. 본능과 학습은 공존한다. 오류는 100퍼센트의 인간이나 0퍼센트의 인간을 가정하는 것, 철학자 메리 미즐리의 이른바 '완벽한 관점nothing-buttery'*에 매몰되는 것이다.

이 담백함의 최고 사제는 왓슨의 추종자로서 행동주의를 새로운 차원의 독단론으로 끌어올린 B. F. 스키너였다. 스키너에게 유기체는 열어볼 필요가 없는 블랙박스였다. 그것은 단지 환경으로부터 들어오는 신호만을 처리해 적절한 반응을 만들어내고, 그 과정에 선천적 지식은 전혀 사용하지 않았다. 스키너는 왓슨보다 한술 더 떠 심

* 원래는 신, 경이, 영성, 기적 등을 완전히 제거하고 세계를 자연적, 과학적인 눈으로 보는 관점을 가리키지만, 정반대의 관점을 가리킬 수도 있다 : 옮긴이.

리학을 인간 본성과 완전히 분리시켜 인간에게는 본능이 없다고 규정했다. 심지어 말년에 인간의 행동에 선천적 요소가 있음을 인정때에도 그는 그것을 운명과 동일시했다. 선천적 자질들은 그 개인이 임신된 후에는 조작될 수 없다'는 말은, 천성을 비판하는 사람들이 지지하는 사람들보다 유전자를 훨씬 더 결정론적인 시각으로 본다는 내 논지를 다시 한번 입증해준다. 양육론자들이 선천론자들보다 유전자를 더 운명론적으로 본다.

스키너를 읽을 때 나는 긍정적인 관점을 유지하려고 노력한다. 조작적 조건화에 대한 그의 실험은 분명히 탁월했다. 스키너 상자를 발명해 비둘기가 실험 계획에 따라 보상을 받거나 벌을 받는 것을 보여준 것도 경이로운 기술의 개가였다. 그의 학문적 정직성 또한 의문의 여지가 없다. 일부 행동주의자들과는 달리 그는 환경주의가 결정론이 아닌 척하지 않았다. 나 역시 한평생 살아오면서 그의 교의에 복종하는 경우가 종종 있었다. 우선 플라이 낚시를 하러 갈 때는 항상 스키너 상자 속의 비둘기처럼 행동했다. 비둘기가 특정한 기호인 상자벽의 원판을 부리로 쪼게 만들거나 낚시꾼이 물 속으로 뛰어들어가게 하는 데에는 예측할 수 없는 무계획적인 보상 스케줄이 훨씬 효과적이라는 것을 스키너 이론가들이 발견하지 않았던가. 그리고 우리 아이들에게 보상과 처벌을 이용해 식사 예절을 바로잡을 때마다 나는 직접 스키너 상자가 되곤 했다.

그러나 나는 자신의 딸 데비를 2년 동안이나 스키너 상자 같은 곳에 가두었던 남자를 존경할 수 없다. 그 '공기침대'는 창문이 하나 있고 습도 조절이 되는 공기 여과장치를 갖춘 방음상자였는데, 어린 소녀는 스케줄에 따라 놀이시간과 식사시간에만 밖으로 나왔다. 스키너는 또한 자유와 존엄성을 낡은 개념이라 공격하는 책을 출판했다. 1948년, 조지 오웰의 『1984년』이 출판되던 바로 그해에 그는 오웰의 지옥과 거의 똑같은 가상의 유토피아를 발표했다. 이제 내가 스키너주의의 쇠퇴와 몰락 과정을 짚어 보려는 이유는 그것이 학습의 역사에 새롭고 매혹적인 장을 열었기 때문이다. 모든 이야기는 위스콘신의 한 아기원숭이로부터 시작된다.

해리 할로우는 중서부 출신의 명랑한 심리학자였다. 유쾌한 성격에 말장난과 운율을 유난히 좋아하는 그는 행동주의의 훈련 방식에 항상 거부감을 느꼈다. 본명이 해리 이즈라엘이었던 그는 스탠포드 대학의 권위적인 심리학자 루이스 터먼 밑에서 공부했다. 터먼 교수는 해리가 할로우로 이름을 바꾼 이유는 유대식 발음이 덜한 할로우가 취업에 유리했기 때문이라 주장했다. 그는 결코 보상과 처벌만이 마음을 결정한다는 생각에 동의하지 않았다. 1930년 매디슨의 위스콘신 대학으로 옮긴 그는 생쥐 실험실을 만들 수 없게 되자 손수 실험실을 만들고 새끼원숭이들을 키우기 시작했다. 그러나 어미와 떨어져 더없이 청결하고 잘 소독된 공간에서 자라는 새끼원숭이들은 갈수록 겁이 많고 이기적이고 불행해 보이는 원숭이로 성장했다. 원숭이들은 망망대해에서 뗏목을 붙잡는 것처럼 실험실 바닥에 깔아놓은 천 조각에 매달렸다.

1950년대 말의 어느 날 할로우는 디트로이트에서 매디슨으로 가는 비행기 안에서 미시건 호수 위에 솜털처럼 떠 있는 하얀 구름을 내려다보는 순간 천에 집착하는 새끼원숭이들이 떠올랐다. 그때 실험 아이디어가 떠올랐다. 새끼원숭이에게, 우유를 주지 않는 천으로 된 엄마인형과 우유를 주는 철사로 된 엄마인형 중 하나를 선택하게 하면 어떨까? 새끼원숭이는 어느 쪽을 선택할까?

할로우의 학생들과 동료들은 그 아이디어에 기겁을 했다. 엄격한 행동주의 과학에서는 상상하기 어려운 너무 불확실한 가설이었다. 결국 그는 차후에는 새끼원숭이들을 보다 유용한 실험에 사용하겠다는 약속과 함께 로버트 짐머만을 설득해서 실험을 시작할 수 있었다. 그는 여덟 마리의 새끼원숭이를 각각의 우리에 넣고 우리 안에는 철사 그물망으로 만든 엄마인형과 천으로 만든 엄마인형을 넣어주었다. 나중에는 모든 인형에 실물처럼 깎아 만든 나무머리를 붙여주었는데, 원숭이보다는 원숭이를 관찰하는 사람들이 더 좋아했다. 네 개의 우리는 우유병이 천으로 만든 엄마에게 있었다. 다른 네 우리는 철사로 만든 엄마에게서 우유가 나왔다. 만약 그 네 마리의 원숭이들이 왓슨이나 스키너의 글을 읽었더라면 즉시 철사 인형과 우유를 연관시키고 철사를 사랑하게 되었을 것이다. 철사 엄마들은 새끼들에게 후하게 보상을 해준 반면 천 엄마들은 아무것도 해주지 않았다. 새끼원숭이들은 천 엄마에게 붙어 대부분의 시간을 보내다가 우유를 먹을 때에만 철사 엄마에게 다가갔다. 한 유명한 사진에서는 새끼원숭이 한 마리가 뒷다리로 천 엄마에게 매달린 채 몸을 기울여 철사 엄마에게서 우유를 먹는 장면을 볼 수 있다.[22]

할로우는 비슷한 실험을 계속했다. 원숭이들은 정지한 엄마보다 흔들리는 엄마를 좋아했고 차가운 엄마보다 따뜻한 엄마를 좋아했다. 할로우는 1958년 미국 심리학회의 기조연설에서 실험 결과를 발표했고, 연설에는 「사랑의 본성」이란 자극적인 제목을 붙였다. 그는 스키너주의에 치명적인 타격을 가했다. 그때까지 스키너주의자들은 스스로를 다독거리면서 엄마에 대한 사랑의 토대는 전적으로 엄마가 영양 공급의 원천이란 사실에 있다는 어리석은 입장을 고수하고 있었다. 사랑에는 보상과 처벌 이상의 어떤 것, 부드럽고 따뜻한 엄마를 선호하는 선천적이고 내적인 어떤 것이 있었다. 할로우는 다시 한번 주특기를 살렸다. "인간은 우유만으론 살 수 없다. 사랑은 우유병이나 스푼으로 먹여줄 필요가 없는 감정이다."[23]

연상의 힘에는 한계가 있었고 그 한계를 채우는 것은 선천적 성향이었다. 이 결과는 오늘날 의문의 여지없이 분명하고, 그 당시에도 갈매기와 큰가시고기의 행동 촉발에 관한 틴버겐의 연구를 읽어본 사람이라면 쉽게 이해할 수 있는 결과였다. 그러나 심리학자들은 동물행동학을 믿지 않았고, 심리학자들 사이에서 행동주의의 지배력 또한 워낙 강했기 때문에 할로우의 연설은 많은 사람들에게 진정한 충격을 안겨주었다. 행동주의라는 건물에 금이 가기 시작했고 그 금은 시간이 갈수록 커졌다.

1960년대에 심리학자들은 인간과 동물은 나름대로 어떤 것들을 다른 종보다 더 쉽게 학습할 수 있도록 태어난다는 상식적인 개념을 재확인하려고 열심히 노력했다. 비둘기는 스키너 상자에서 원판을 잘 쪼고, 쥐는 미로를 잘 통과한다. 1960년대 말에 마틴 셀리그먼 박사는 '준비된 학습'이라는 중요한 개념을 완성했다. 그것은 각인과 거의 정반대였다. 각인의 경우 새끼거위는 어미거위든 교수든 처음 마주치는 움직이는 물체에 고착된다. 그 학습은 자연발생적이고 돌이킬 수 없지만 애착의 대상은 광범위하다. 반면 준비된 학습에서 동물은 가령 뱀을 보고 아주 쉽게 공포를 학습하지만 꽃을 보고 공포를 배우지는 않는다. 이 학습은 애착의 대상이 아주 제한돼 있고 그 대상이 없으면 학습이 일어나지 않는다.

이 사실은 할로우의 다음 세대에 위스콘신의 또다른 원숭이들에 의해 입증되었다. 셀리그먼의 제자였던 수잔 미네카는 1980년 위스콘신으로 온 후 준비된 학습을 확인하는 실험을 계획했다. 그녀는 오늘날까지 최초의 실험 비디오테이프들을 박스에 담아 연구실에 보관하고 있다. 그녀가 추적한 단서는 1964년 이후 알려지게 된 사실, 즉 실험실에서 자란 원숭이들은 뱀을 무서워하지 않는 반면 야생에서 자란 원숭이들은 미친 듯이 무서워한다는 사실이었다. 야생에서 자란 모든 원숭이가 파블로프 식의 끔찍한 경험을 했을 리는 만무했다. 뱀에게 물리는 것은 대개 치명적이기 때문에, 독사에게 물리면 아주 위험하다는 것을 조건화를 통해 배울 가능성은 거의 없다. 미네카는 가설을 세웠다. 즉 원숭이는 다른 원숭이들이 뱀에게 반응하는 것을 보고 뱀에 대한 공포를 대리적으로 획득하는 것이 분명하다는 것이었다. 실험실에서 자란 원숭이들은 그런 경험을 하지 않았기 때문에 공포를 획득하지 못한다.

그녀는 먼저 실험실에서 태어난 여섯 마리의 새끼원숭이를 야생에서 태어난 부모에게 붙여준 다음 새끼들이 혼자 있을 때 뱀을 만나게 했다. 새끼들은 뱀을 특별히 무서워하지 않았다. 뱀 건너편에 음식을 놓아두자 배고픈 원숭이들은 재빨리 음식을 집어먹었다. 그런 다음 그녀는 어미가 있는 자리에서 새끼들에게 뱀을 보여주었다. 어미는 소스라치게 놀랐고 우리 꼭대기로 기어올라가 입술을 빨고 귀를 퍼덕거리고 인상을 찡그렸다. 그 반응은 즉시 자식에게 학습되어, 그후로 새끼원숭이는 플라스틱 뱀을 보아도 소스라치게 놀랐다. 그후로 미네카는 살아 있는 뱀보다 통제가 쉬운 장난감 뱀을 이용했다.

다음으로 미네카는 그 가르침을 부모로부터 배울 때처럼 모르는 원숭이를 통해서도 쉽게 배울 수 있음을 보여주었고, 그것이 쉽게 전달된다는 사실도 증명했다. 즉 원숭이는 제3의 원숭이에게 공포를 배운 원숭이를 통해서도 똑같은 공포를 습득했다. 이제 미네카는 원숭이가 다른 순진한 원숭이한테 뱀이 아닌 꽃 같은 것을 두려워하도록 가르치는 것도 그렇게 쉬운지를 확인하려 했다. 문제는 최초의 원숭이에게 어떻게 꽃에 대한 공포 반응을 심어주느냐였다. 미네카의 동료 척 스노우던은 비디오테이프라는 새로운 기술을 사용해 보라고 제안했다. 만약 원숭이들이 비디오를 보고 그로부터 어떤 것을 학습한다면, 실제로는 뱀을 보고 반응하는 원숭이가 마치 꽃을 보고 반응하는 것처럼 조작된 비디오테이프를 이용할 수 있었다.

과연 효과가 있었다. 원숭이들은 원숭이들이 나오는 비디오를 보면서 실제 원숭이들과 함께 있는 것처럼 반응했다. 그래서 미네카는 화면을 양분하여 위쪽에는 원숭이가 나오고 아래쪽에는 뱀이나 꽃을 삽입한 테이프들을 준비했다. 그렇게 조작된 테이프는 화면 속의 원숭이가 모형 뱀 건너편에 있는 음식을 향해 침착하게 손을 뻗는 것처럼 보이게 하거나, 꽃에 대해 공포 반응을 보이는 것처럼 보이게 했다.* 미네카는 조작된 테이프를 실험실에서 자란 순진한 원숭이들에게 보여주었다. 원숭이들은 '진짜' 테이프(뱀에 공포를 느끼고, 꽃에 냉담한 원숭이)를 보자마자 즉시 그리고 확고히 뱀이 무서운

* 미네카가 준비한 테이프는 모두 네 종류였다. 뱀을 보고 놀라는 원숭이와 놀라지 않는 원숭이, 꽃을 보고 놀라는 원숭이와 놀라지 않는 원숭이 : 옮긴이.

동물이라는 결론을 내렸다. 그리고 '가짜' 테이프(꽃에 공포를 느끼고, 뱀에 냉담한 원숭이)를 보고는 단지 테이프 속의 원숭이들이 미쳤다는 결론을 내렸다. 그리고 꽃에 대한 공포를 습득하지 않았다.[24]

내가 보기에 미네카의 실험은 할로우의 철사 원숭이와 더불어 심리학의 역사에 기록될 위대한 실험 중 하나이다. 그후 온갖 종류의 실험이 반복됐지만 결론은 항상 똑같았다. 원숭이는 뱀에 대한 공포를 아주 쉽게 학습한다. 각인이 본능에 어느 정도의 학습이 관여한다는 점을 보여주는 것처럼, 그것은 학습에 어느 정도의 본능이 관여한다는 사실을 보여준다. 빈 서판의 광신자들은 필사적으로 미네카의 실험에서 결점을 찾으려 했지만 지금까지 어떤 성공도 거두지 못했다.

원숭이는 사람이 아니지만 사람들이 종종 뱀을 무서워하는 것은 분명한 사실이다. 뱀에 대한 두려움은 가장 흔한 형태의 공포증에 속한다. 우연의 일치로, 보고에 따르면 많은 사람들이 뱀에 대한 공포를 가령 부모가 뱀을 무서워하는 모습을 보는 등의 대리 경험을 통해 습득했다고 한다.[25] 사람들은 일반적으로 거미, 어둠, 높은 곳, 깊은 물, 좁은 공간, 천둥소리를 무서워한다. 이것들은 모두 석기시대 사람들을 위협한 것들이었고, 현대생활에서 그보다 훨씬 위험한 것들 즉 자동차, 스키, 총, 전기 소켓은 그런 공포증을 유발하지 않는다. 여기서 상식을 가진 사람이라면 진화의 작품을 보지 않을 수 없다. 인간의 뇌는 석기시대의 위험과 관련된 공포를 학습하도록 사전배선돼 있는 것이다. 그리고 진화가 과거의 그 정보를 현재의 마음 설계에 전달하는 유일한 방법은 유전자를 통해서이다. 그것이 바로 유전자 아닌가. 결국 유전자는 과거의 세계에 관한 사실들을 수집해서 자연 선택을 통해 그 정보를 미래의 좋은 설계에 통합시키는 정보 체계의 부품들이다.

물론 나는 마지막 몇 문장을 증명하지 못한다. 나는 인간을 비롯한 포유동물의 공포 조건화가 뇌의 기저 근처의 작은 부위인 편도체에 달려 있다는 증거를 풍부하게 보여줄 수 있다.[26] 심지어 불카누스의 어느 부하들이 어떻게 그 편도체를 왔다갔다하면서 구덩이를 파는지에 대해 몇 가지 힌트를 제시할 수도 있다. 그것은 시냅스에서의 글루탐산 촉진과 비슷해 보인다. 그리고 공포증이 유전된다는 점을 보여줌으로써 유전자와의 연관성을 암시하는 쌍둥이 연구에 대해서도 말할 수 있다. 그러나 나는 이 모든 것이 뇌 배선을 유전적으로 지시하는 설계도에 따라 설계된다고는 확신하지 못한다. 단지 더 좋은 설명이 떠오르지 않을 뿐이다. 공포 학습은 매우 독립적인 모듈이고 마음이라는 스위스 군용나이프에 붙은 하나의 칼날처럼 보인다. 그것은 거의 무의식적이고, 단위적이고, 선택적이고, 선택적 신경회로에 의해 작동한다.

학습을 거치는 공포도 있다. 우리는 자동차나 치과의 드릴이나 바다표범 모피코트를 무서워하도록 학습받을 수 있다. 파블로프의 조건화는 어떤 종류의 공포도 창조해낼 수 있다. 그러나 조건화는 자동차에 대한 공포보다 뱀에 대한 공포를 더 강하고 더 오래 지속되게 만들 것이고, 조건화가 아닌 사회적 학습이라도 같은 결과를 만들어낼 것이다. 한 실험에서는 인간 피실험자들에게 뱀, 거미, 전기코드, 기하학적 형태를 두려워하게 될 조건을 부여했다. 뱀과 거미에 대한 공포가 다른 공포보다 훨씬 오래 지속되었다. 다른 실험에서는 피실험자들에게 뱀이나 총을 두려워하게 될 조건을 (꽝 소리로) 부여했다. 뱀은 꽝 소리를 내지 않지만 이번에도 뱀에 대한 공포가 총에 대한 공포보다 더 오래 지속되었다.[27]

공포가 쉽게 학습될 수 있다는 말은 그것을 쉽게 막을 수 있다거나 최소화할 수 있다는 의미가 아니다. 비디오를 통해 다른 원숭이들이 태연하게 뱀을 무시하는 것을 본 원숭이들은 나중에 뱀을 보고 놀라는 비디오에 노출되어도 뱀에 대한 공포 학습에 저항력을 보였다. 뱀을 애완동물로 키우는 아이들은 그 사랑스런 친구들에 대한 '면역력'을 길러 뱀에 대한 공포를 습득하지 않게 된다. 따라서 그것은 '닫힌 본능'이 아니라고 미네카는 강조한다. 그것은 여전히 학습의 한 예이다. 그러나 학습에는 학습 시스템을 설치하는 유전자뿐 아니라 그것을 가동시키는 유전자가 필요하다.

이 이야기에서 가장 흥미로운 점은 지금까지 이 책에서 탐구했던 각각의 주제가 하나로 묶인다는 점이다. 표면상 뱀에 대한 공포는 정확히 본능처럼 보인다. 그것은 모듈 단위이고, 무의식적이고, 적응성이 있다. 또한 유전율이 매우 높다. 쌍둥이 연구에 따르면 공포증은 성격처럼 공통의 가족 환경인 공유 환경에 전혀 의존하지 않는 동시에 공통의 유전자에 크게 의존한다고 한다.[28] 그러나 미네카의 실험은 공포증이 전적으로 학습을 통해 형성되는 것임을 보여준다. 양육을 통한 본성을 이보다 더 분명하게 보여주는 예가 또 있을까? 학습 자체가 본능이다.

신경, 망, 결절(노드)

오늘날 강경한 행동주의자는 희귀종이 되었다. 인지과학의 혁명과 미네카의 실험 같은 훌륭한 성과 덕분에, 인간의 마음에는 특별한 학습 능력이 있으며 학습에는 다목적의 뇌 이상의 것들이 필요하다고 믿지 않는 사람은 극히 드물게 되었다. 학습에는 특별한 장치가 필요하고, 각각의 장치는 내용에 따른 반응성과 환경으로부터 규칙성을 추출하는 전문성을 지닌다. 파블로프, 손다이크, 왓슨, 스키너가 발견한 사실들도 그것들이 어떻게 작동하는지를 보여주는 귀중한 단서들이다. 그러나 마음의 장치들은 본성의 대립물이 아니라 선천적 구조물에 의존해 작동한다.

사실 지금도 어떤 과학자들은 학습 이론에 너무 지나친 선천론을 결합하는 것에 반대한다. 바로 연결주의자라 불리는 과학자들이다. 사실 그들이 뇌의 구조와 기능에 대해 말하는 내용은 대부분의 선천주의자들이 주장하는 내용과 거의 구별되지 않는다. 그러나 본성 대 양육 논쟁에서 논쟁 당사자들은 항상 상대방을 극단으로 몰아붙여 서로의 감정을 자극한다. 사실 둘 사이에서 발견할 수 있는 유일한 차이는, 연결주의자들은 뇌 회로가 새로운 기술과 경험에 개방되어 있다는 점을 강조하고 선천론자들은 그 특이성을 강조한다는 것이다. 말장난 같지만 연결주의자들은 서판이 절반 비어 있다고 보고 천성주의자들은 서판이 절반 쓰여져 있다고 본다.

그렇다면 거래를 시작해보자. 사실 연결주의는 실제의 뇌와 아무 관계가 없다. 연결주의는 학습을 할 수 있는 컴퓨터 신경망을 구축한다. 그 영감은 두 개의 간단한 개념, 헵의 상관성과 오류 역전파에서 나온다. 헵의 상관성은 도널드 헵이란 캐나다 사람으로 거슬러 올라간다. 1949년 헵은 점잖은 말 한 마디로 역사책 한가운데 이름을 올렸다.

> A세포의 축색돌기가 B세포를 자극할 수 있는 거리로 접근해 B세포의 점화에 반복적으로 또는 끈질기게 참여할 때, 한쪽이나 양쪽 세포에서 어떤 성장 과정이나 신진대사의 변화가 발생하면 B를 점화하는 세포들 중의 하나로서 A의 효율이 증가한다고 볼 수 있다.[29]

헵의 말은, 학습이란 자주 사용되는 연결들이 강화되는 과정이란 의미다. 불카누스의 부하들이 현재 사용 중인 수로를 파서 흐름을 더욱 원활하게 만드는 것이다. 역설적이게도 헵은 행동주의자가 아니었다. 오히려 그는 블랙박스는 닫혀 있어야 한다는 스키너의 생각을 강하게 거부했다. 그는 뇌 안에서 일어나는 변화들을 알아내려 했고 변하는 것은 바로 시냅스의 강도라는 옳은 추측에 도달했다. 모듈 차원에서 기억이라는 현상은 정확히 헵적이라 할 수 있다.

몇 년 후 프랭크 로젠블랫은 퍼셉트론이라는 컴퓨터 프로그램을 만들었다. 그것은 두 층의 '노드' 또는 스위치로 이루어져 있었고, 층 간의 연결은 변경될 수 있었다. 프로그램이 하는 일은 출력이 '올바른' 패턴으로 나올 때까지 그 연결들의 강도를 변화시키는 것이었다. 그 퍼셉트론은 특별한 성과를 내지 못했지만, 30년 후 세 번째의 '숨겨진' 노드 층이 출력과 입력 층들 사이에 더해졌을 때, 그 연결주의 망은 원시적인 학습 기계의 특성들을 보여주기 시작했고, 그 특성들은 특히 '오류 역전파'를 학습한 후에 더욱 뚜렷해졌다. 이것은 숨겨진 층 안의 단위들과 오류가 발생한 출력층 간의 연결 강도를 조정하고 그럼으로써 그 이전 연결들의 강도를 조정하는 방식으로 기계에 오류 교정을 역전파할 수 있다는 의미이다. 크게 보면 그 요점은, 오늘날 파블로프 학자들이 연구하고 울프럼 슐츠가 인간의 도파민 체계에서 확인했던 예측 오류를 통한 학습과 똑같다.[30]

연결주의 망은 잘만 설계하면 뇌가 학습하는 것과 약간 비슷한 방식으로 이 세계의 규칙성들을 학습할 수 있다. 예를 들어 그 망을 이용하면 단어들을 명사/동사, 생물/무생물, 동물/인간 등의 범주로 분류할 수 있다. 만약 손상되거나 '장애'를 입으면 뇌졸중을 일으킨 사람들과 비슷한 실수를 한다. 일부 연결주의자들이 뇌의 기본적 기능들을 재창조할 수 있는 첫 걸음을 내디뎠다고 흥분하는 것도 당연해 보인다.

연결주의자들은 그들이 오직 연상만을 믿는다는 점을 부인한다. 그들은 파블로프처럼 학습이 일종의 반사작용이라거나, 스키너처럼 뇌가 조건화를 통해 어떤 것을 그렇게 쉽게 학습할 수 있다고 주장하지 않는다. 숨겨진 층의 단위들이, 스키너가 그렇게 인정하기를 꺼려했던 선천적 역할을 수행하기 때문이다.[31] 그러나 그들은 최소한의 내용만 미리 지정해주면 일반적인 망을 가지고 이 세계의 다양하고 광범위한 규칙들을 학습할 수 있다고 주장한다. 그들은 지나친 선천론을 싫어하고, 모듈의 성격에 대한 과도한 강조를 개탄하며, 행동과 유전자의 값싼 결합을 혐오한다. 데이비드 흄처럼 연결주의자들도 마음의 지식은 주로 경험에서 온다고 믿는다.

'수백 년을 건너뛰어도 변하지 않는다는 점, 그것이 경험주의적

인지과학의 매력이다' 라고 철학자 제리 포더는 재치있게 지적한다. 포더는 과도한 선천론의 날카로운 비판가가 되었지만, 연결주의적 대안에는 조금도 동의하지 않는다. 그것은 '희망이 없다.' 논리 회로의 형식도 설명하지 못하고, 외전적 (또는 경험적), 포괄적 추론의 문제를 설명하지도 못하기 때문이다.[32]

스티븐 핑커는 더욱 구체적으로 문제를 제기한다. 그는 연결주의의 성공이 그 망에 사전 지식을 얼마나 갖춰놓느냐와 정비례한다고 지적한다. 연결들을 미리 지정해 놓을 때만이 연결주의 망은 유용한 어떤 것을 학습한다. 그는 연결주의자들을 '돌멩이 수프' 를 만들 수 있다고 주장하는 사람에 비유한다. 돌멩이 수프는 야채를 추가할수록 맛이 좋아진다. 핑커가 보기에 연결주의가 거둔 최근의 성공은 선천론에 대한 우회적 칭찬이다.[33]

이에 대해 연결주의자들은 유전자가 학습의 토대를 세운다는 점을 부인하는 것이 아니라고 말한다. 그들은 단지 시냅스의 망이 학습을 기록하기 위해 변화하는 방식에 일반적인 규칙이 있을 것이고, 뇌의 여러 부위에서 작동하는 망들은 비슷한 형태를 띠고 있을 것이라고 말한다. 그들은 신경의 가소성에 대한 최근의 발견들을 매우 중시한다. 청각장애자나 절단수술을 받은 사람의 경우, 사용하지 않는 뇌 부위에는 다른 기능이 새롭게 할당되는데, 이것은 뇌의 그 부위들이 다목적이라는 것을 의미한다. 말은 보통 좌반구의 기능이지만 어떤 사람들은 우반구를 사용한다. 바이올리니스트들은 왼손에 해당하는 체지각 피질이 보통 사람보다 더 크다.

그런 주장들을 평가하는 것은 내 일과는 거리가 멀다. 나는 그저 평상시와 똑같은 입장을 고수하고자 한다. 완벽한 대답이 아닌 것도 부분적으로는 옳을 수 있다. 나는 뇌에서 뇌의 일반적 특성을 세계의 규칙성을 배우는 학습 장치로 사용하는 신경망이 발견될 수 있고, 그런 장치들은 연결주의 망과 비슷한 원리를 사용한다고 믿는다. 그리고 다양한 정신적 체계에 비슷한 망들이 나타나서 얼굴을 인식하는 학습에 뱀을 무서워하는 학습과 비슷한 신경 구조가 사용될 수 있으리라 믿는다. 그러나 나는 또한 각기 다른 일을 하는 신경망들 사이에는 차이가 있을 것이고, 그 차이는 진화에 의해 설계된 형태 속에 사전 지식이 얼마나 암호화되어 있는가에 있을 것이라 믿는다. 경험론자들은 유사성을 강조하고 선천론자들은 차이를 강조한다.

현대의 연결주의자들은 과거의 경험론자들 즉, 밀, 흄, 로크는 물론이고 헵, 스키너, 왓슨, 손다이크, 파블로프처럼 건물 전체에 유용한 벽돌을 하나씩 쌓아올렸다. 그들이 틀렸을 경우는 다른 누군가의 벽돌을 빼내려 할 때나 그 건물이 경험론의 벽돌로만 지어져야 한다고 주장할 때뿐이다.

뉴턴의 유토피아

스키너 이야기로 돌아가보자. 당신은 그가 유토피아를 썼다는 사실을 기억할 것이다. 그의 유토피아는 헉슬리의 『멋진 신세계』나 골턴의 『캔세이웨어』 못지않게 소름끼치는 곳이다. 그 이유 또한 균형을 잃었기 때문이라는 데 있다. 유전학이 침범할 수 없는 순수한 경험주의의 세계는 환경이 침범할 수 없는 순수한 우생학의 세계처럼 끔찍할 것이다.

『월든 투』라는 제목의 그 책은 전형적인 파시즘이 지배하는 숨막히는 이상사회를 묘사한다. 선남선녀들이 복도와 정원을 거닐면서 미소를 짓거나 서로를 돕는 것이 나치나 소비에트의 선전영화와 아주 똑같다. 순응과 복종의 분위기가 모든 장면을 지배한다. 하늘에는 디스토피아를 짐작케 하는 단 한 점의 구름도 없고, 주인공 프레이저는 그의 창조자로부터 칭찬을 듣는다는 사실만으로 갈수록 비굴해진다.

소설의 이야기는 버리스 교수의 눈을 통해 전개된다. 버리스는 두 명의 옛 제자를 따라, 월든 투라는 공동사회를 창설한 그의 옛 동료 프레이저를 만난다. 그는 두 명의 옛 제자와 그들의 여자친구들 그리고 캐슬이라는 이름의 냉소적인 사람과 함께 월든 투에서 일주일을 보낸 후, 인간 행동에 대한 과학적 통제에 의해 만들어낸 프레이저의 행복한 사회를 찬양하게 된다. 캐슬은 비웃으면서 떠난다. 버리스도 처음에는 그를 따라가지만, 프레이저의 자석 같은 견해에 이끌려 되돌아온다.

> 캐슬이란 친구는 독재와 자유의 충돌을 걱정하더군. 그것이 운명과 자유의지의 낡은 문제에 불과하다는 것을 그는 왜 모를까? 이 세상에서 일어나는 모든 일은 애초의 계획을 벗어나지 않는다네. 하지만 개인들은 각 단계에서 스스로 선택을 하고 결과를 결정하지. 월든 투도 그와 똑같다네. 우리 구성원들은 거의 항상 자신이 원하는 일, 그러니까 자신이 '선택'한 일을 하면서 살아간다네. 하지만 우리는 그들이 그들 자신과 공동체를 위해 가장 바람직한 일을 하고 싶어하도록 미리 조치를 취해놓지. 행동은 결정되지만 그들은 자유롭다네.[34]

나는 캐슬 편이다. 그러나 적어도 스키너는 정직하다. 그는 뉴턴 식의 선형적인 환경 결정론이 지배하는 관점에서 인간 본성은 전적으로 외부의 영향에 달려 있다고 본다. 만약 행동주의가 옳다면 이 세계는 다음과 같을 것이다—개인의 본성은 개인에게 가해지는 외부 영향의 총합이다. 그래서 행동을 통제하는 기술이 가능할 것이다. 1976년 2판에 추가된 서문에서 스키너는 로렌츠처럼 월든 투를 환경운동과 결부시키려고 노력하면서도 신중한 재고의 흔적을 거의 보여주지 않았다.

모든 도시와 경제를 해체하고 행동주의적 공동체를 건설해야 우리는 오염과 자원 고갈과 환경 재앙을 극복할 수 있다고 스키너는 말한다. "월든 투 같은 것도 나쁜 출발은 아닐 것이다." 정말로 무서운 것은 스키너의 견해가 실제로 추종자들을 끌어모았다는 사실이다. 그들은 공동사회를 건설했고 프레이저의 생각에 따라 공동체를 운영하려 했다. 그 공동체는 지금도 존재한다. 월든 도스라는 그 공동체는 멕시코의 로스 호르코네스 근처에 있다.[35]

8

문화의 수수께끼

영구 불변의 체질에 따라 용감한 사람과 소심한 사람이 있고, 대담한 사람과 신중한 사람이 있으며, 유순한 사람과 완고한 사람, 호기심이 많은 사람과 태평한 사람, 빠른 사람과 느린 사람이 있다.

존 로크[1]

오늘도 아이들은 유전자를 물려받고 경험을 통해 많은 것을 배운다. 그러나 아이들은 다른 것도 습득한다. 먼 곳에서 또는 오래전에 다른 사람들이 창조한 말과 견해들 그리고 그밖의 수많은 도구들도 습득한다. 인류가 지구를 지배하고 고릴라가 멸종 위기에 처한 이유는 5퍼센트의 특별한 유전자에 있는 것도 아니고 연상을 학습하는 능력이나 문화적으로 행동하는 능력에 있는 것이 아니라, 바다와 세대를 건너뛰어 문화를 축적하고 정보를 전달하는 능력에 있다.

문화라는 말에는 최소한 두 가지 다른 의미가 있다. 첫째는 교양 있는 예술, 안목, 취미, 한마디로 오페라를 의미한다. 둘째는 의식, 전통, 민족성(코에 뼈를 꿴 사람들이 모닥불 주위를 돌면서 춤을 추는 것 등)을 의미한다. 두 의미는 깊은 관련이 있다. 검은 나비넥타이를 매고 좌석에 앉아 「라 트라비아타」를 감상하는 것은 모닥불 주위를 돌면서 추는 춤의 서양판에 불과하다. 문화라는 말의 첫 번째 의미는 프랑스 계몽주의에서 나왔다. La culture는 진보의 정도를 가늠하는 보편적 척도인 개화를 의미했다. 두 번째 의미는 독일 낭만주의 운동에서 나왔다. die Kultur는 다른 문화와 구별되는 독일 민족의 정신, 즉 튜턴주의적 본질의 초기 형태를 가리켰다. 한편 영국에서는 복음주의 교회운동과 다윈주의에 대한 교회의 반발 속에서 문화는 인간 본성과 반대되는 것(인간을 원숭이보다 높은 곳에 올려놓는 신통한 영약)을 의미하게 되었다.[2]

프란츠 보아스는 내가 소개한 가상의 사진에서 아주 멋진 콧수염을 뽐내고 있다. 독일 용법을 미국에 들여와 그것을 문화인류학이라는 학문으로 변형시켰다. 다음 세기에 본성 대 양육 논쟁에 미친 그의 영향력은 말로 표현하기 힘들 정도로 막강했다. 그는 인간 문화의 가소성을 강조함으로써 인간 본성을 답답한 감옥 대신 무한한 가능성의 벌판으로 내보냈다. 인간이란 존재를 그 본성으로부터 자유롭게 만드는 것은 바로 문화라는 개념을 가장 강하게 주장한 사람이 바로 보아스였다.

보아스의 통찰은 캐나다 북극해에 있는 배핀아일런드 연안의 작은 만인 컴버랜드사운드에서 시작되었다. 때는 1884년 1월이었다. 25세의 보아스는 이뉴잇 족의 이동과 환경을 이해하기 위해 해안선 지도를 만들고 있었다. 그는 얼마 전 물의 색깔에 관한 논문이 있는 물리학에서 지리학과 인류학으로 관심을 돌렸다. 그 추운 겨울에 함께 있는 유럽 사람이라곤 하인 한 명밖에 없는 상황에서 그는 사실상 이뉴잇 사람이 되었다. 배핀 주민들의 텐트와 이글루에서 함께 잤고 바다표범 고기를 먹었으며 개썰매를 타고 돌아다녔다. 그 경험은 그를 겸손하게 만들었다. 보아스는 주민들의 뛰어난 기술뿐 아니라 그들이 부르는 세련된 노래, 풍부한 전통과 복잡한 관습을 이해하기 시작했다. 또한 비극 앞에서 그들이 보여주는 존엄과 극기를 목격했다. 그해 겨울 많은 주민들이 디프테리아와 독감으로 사망했고, 개들도 새로운 질병으로 수십 마리씩 죽어갔다. 보아스는 사람들이 그를 전염병의 주범으로 여긴다는 것을 알았다. 그 전이나 후나 인류학자는 주민들에게 죽음을 몰고 왔다는 의혹의 대상이 되곤 했다. 그는 비좁은 이글루에 누워 '에스키모인들이 떠드는 소리, 개들이 짖는 소리, 아이들이 우는 소리'를 들으면서 일기에 이렇게 적었다. "사람들은 이 '야만인들'의 삶이 개화된 유럽인과 비교했을 때 완전히 무가치하다고 생각한다. 과연 우리가 똑같은 조건에서 산다면 그들처럼 자발적으로 노동을 하고 그렇게 유쾌하고 행복하게 살 수 있을까?"[3]

사실 그는 문화적 평등을 받아들일 만반의 준비가 되어 있었다. 그는 라인 지방의 도시 민덴에서 자랐고 그의 부모는 자유로운 사상을 자랑스럽게 여기는 유대인이었다. 교사인 그의 어머니는 그에게 독일혁명이 실패한 해를 딴 이른바 '1848년의 정신'을 가르쳤다. 대학에서 그는 반유대적 비방에 복수하기 위해 결투를 벌였고, 그때 입은 상처를 평생 얼굴에 지니고 다녔다. 그는 배핀아일런드에서 약혼녀에게 보내는 편지에, '내가 바라는 것, 내 삶과 죽음의 의미는 만인의 평등한 권리'라고 썼다. 보아스는 인류의 통일성을 옹호했던 테오도어 웨이츠의 열렬한 지지자였다. 이 세계의 모든 민족이 최근의 한 공통 조상에서 나왔다는 웨이츠의 주장은 보수주의자들을 분열시켰다. 다윈 때문에 혼란스러웠던 창세기의 독자들에게는 매력적이었지만, 노예제와 인종 차별로 먹고사는 사람들에게는 그렇지 않았다. 보아스는 또한 인종적 결정론과 반대되는 의미에서 문화적 결정론을 강조했던 루돌프 폰 피르효와 아돌프 바스티안의 자유주의 인류학(베를린 학파)으로부터 큰 영향을 받았다. 따라서 보아스가 자신의 이뉴잇 친구들에 대해 '이 야만인들의 마음은 시와 음악의 아름다움을 섬세하게 감지한다. 그들은 오직 피상적인 관찰자에게만 멍청하고 무감각해 보인다'고 결론지은 것도 그다지 놀라운 일이 아니다.[4]

1887년 미국으로 이주한 보아스는 종족 연구가 아니라 문화 연구를 현대 인류학의 토대로 삼았다. 그의 가장 영향력 있는 저서 『원시인의 마음』이 문명인의 마음과 모든 면에서 똑같고, 그와 동시에 여러 민족의 문화가 서로 다르고 개화된 서양 문화와도 크게 다르다는 점을 입증하고자 했다. 따라서 인종적 차이의 근원은 생리적 구조와 마음의 구조에 있는 것이 아니라 역사, 경험, 환경에 있었다. 처음에 그는 미국으로 이주한 다음 세대에게 머리의 형태까지도 변화가 일어났음을 입증하려고 노력했다.

> 동유럽 유대인들의 둥근 머리는 장두형으로 변한다. 남부 이탈리아인들의 머리는 원래 대단한 장두형이지만 둥근 형태로 변한다. 두 민족 모두 이 나라에서 일정한 형태에 근접한다.[5]

오랫동안 인종 분류학의 주요 테마였던 머리의 형태가 환경의 영향을 받는다면, '마음의 기본 특성들' 역시 그럴 것이다. 그러나 아쉽게도 최근에 두개골 형태에 대한 보아스의 데이터를 재분석한 결과 그런 근거는 발견되지 않았다. 인종 집단은 새로운 나라에 충분히 동화된 후에도 독특한 두개골 형태를 유지한다. 보아스의 해석은 소망에 가까웠다.[6]

보아스는 환경의 영향을 강조했지만 빈 서판을 극단적으로 옹호하지는 않았다. 그는 개인과 인종을 뚜렷이 구분했다. 그가 인종간의 선천적 차이를 중요하게 보지 않은 것은 개인들의 성격에서 근본적이고 선천적인 차이점들을 뚜렷이 확인했기 때문이었다. 이 관점은 후에 리처드 르웬틴에 의해 유전학적 올바름이 입증되었다. 한 인종 내에서 무작위로 선택한 두 개인간의 유전적 차이는 인종간의 평균적 차이보다 훨씬 크다. 사실 보아스의 이론은 거의 모든 면에서 현대적인 수준을 자랑한다. 인종 차별에 대한 강한 거부, 문화가 인종적 특징을 반영한다기보다는 오히려 결정한다는 믿음, 만인의 기회 평등에 대한 열정은 보아스가 떠난 20세기 후반부에 정치적 미덕을 보증하는 기준으로 자리잡았다.

항상 그렇듯이 그의 추종자들도 너무 멀리 나아갔다. 그들은 점차로 개인적 차이에 대한 보아스의 믿음과 인간 본성의 보편적 자질에 대한 인식에서 멀어져갔다. 그들은 한 명제의 진실을 다른 명제의 오류와 동일시하는 실수를 범했다. 문화가 행동에 영향을 미치기 때문에 선천성은 행동에 영향을 미칠 수 없었다. 마가렛 미드는 이런 면에서 처음부터 가장 지독했다. 그녀가 사모아인들의 성적 습속을 연구한 것은 혼전에 독신 생활을 하는 서양인들의 관습과 성에 대한 콤플렉스들이 얼마나 자민족 중심주의적이고 따라서 '문화적' 인가를 입증하기 위해서였다. 오늘날에는 그녀가 그 섬에 아주 잠깐 머무르는 동안 짓궂은 몇 명의 젊은 여자들이 그녀를 감쪽같이 속였던 것이고 오히려 1920년대에 사모아는 성에 대해 미국보다 약간 더 엄격했다는 사실이 밝혀졌다.[7] 그러나 그 여파로 인해, 왓슨과 스키너의 그늘 아래 심리학이 그랬던 것처럼 인류학도 빈 서판에 모든 것을 쏟게 되었다. 인간의 모든 행동은 오직 사회적 환경의 산물이라는 개념에 거의 모든 사람들이 목을 맨 것이었다.

보아스가 인류학을 개혁하는 동안 사회학이라는 새 과학에도 똑같은 주제가 부상했다. 보아스와 정확히 같은 시대에 살았고 콧수염 모양도 거의 같았던 프랑스 사회학자 에밀 뒤르켐은 사회적 인과성에 대해 보아스보다 훨씬 강한 성명을 발표했다. 사회적 현상은 어떤 생물학적 요인에 의해서도 설명될 수 없고 오직 사회적 사실에 의해서만 설명될 수 있다는 것이었다. 모든 문화는 문화로부터 나온다. 보아스보다 한 살 위인 뒤르켐은 보아스가 태어난 곳에서 프랑스 경계를 넘으면 보이는 곳인 로렌에서 태어났고, 그의 부모 역시 유대인이었다. 그러나 보아스와는 달리 뒤르켐은 전통 있는 랍비 가문의 후손이었기 때문에 탈무드를 공부하며 어린 시절을 보냈다. 가톨릭에 관심을 갖기도 했던 그는 당당히 파리 고등사범학교에 입학했다. 보아스가 세계를 방랑하고 이글루에서 살고 아메리칸 원주민들과 우정을 나누고 미국으로 이주를 한 반면, 뒤르켐은 연구하고 글 쓰고 논쟁하는 것 외에는 거의 아무것도 하지 않았다. 독일에서 잠깐 연구하기도 했지만 그후에는 평생 처음에는 보르도, 다음에는 파리에 살면서 프랑스의 상아탑을 떠나지 않았다. 전기작가에게는 황무지 같은 인물이다.

그러나 뒤르켐은 떠오르는 사회학에 막대한 영향을 미쳤다. 사회학 연구의 기초에 빈 서판이란 개념을 놓은 사람은 바로 그였다. 인간 행동의 원인은 성적 질투에서 집단적 광란에 이르기까지 개인 바깥에 있다. 사회적 현상은 실질적이고, 반복성이 있고, 정의 가능하고, 과학적이다. 뒤르켐은 물리학자들의 객관적 사실들을 부러워했다. 물리학에 대한 선망은 보다 주관적인 과학자들의 기본 조건이다. 그러나 사회적 현상은 생물학으로 환원되지 않는다. 인간 본성은 사회적 요소들의 원인이 아니라 결과다.

> 인간 본성의 일반적 특징들도 사회 생활로부터 발생하는 복잡한 사건들에 관여한다. 그러나 그것은 사회적 현상의 원인이 아니며, 그것에 특정한 형식을 부여하지도 않는다. 그것은 단지 사회적 현상을 가능하게 할 뿐이다. 집단적인 표현, 감정, 경향들은 개인의 특정한 의식 상태가 아니라 전체로서의 사회 집단이 처한 조건에 기인한다. 개인의 본성은 확정되지 않은 재료에 불과하다. 그것을 주조하고 변형하는 것은 사회적 요소다.[8]

심리학의 왓슨과 함께 보아스와 뒤르켐은 인간 심리가 외부적 요소에 의해 완벽하게 주조될 수 있다는 빈 서판 이론의 정점을 대표한다. 모든 선천성을 거부하는 부정적 측면은 스티븐 핑커의 최근 저서 『빈 서판』에 의해 완전 분쇄되어 이제는 논의할 건더기조차 남지 않았다.[9] 그러나 인간이 어느 정도 사회적 요소의 영향을 받는다는 긍정적 측면은 부인하기 어렵다. 보아스가 뒤르켐의 도움으로 인간 본성이란 벽에 쌓아올린 그 벽돌은 문화라 불리는 중요한 벽돌이었다. 보아스는, 모든 사회의 구성원들은 훈련의 정도는 다르지만 언젠가는 영국 신사가 될 견습생들이란 개념, 문화가 개화되는 과정에는 거쳐야 할 단계들이 있다는 개념을 해결했다. 그 개념이 있던 자리에는 다양한 전통을 각기 다른 문화로 굴절시키는 보편적인 인간 본성을 놓았다. 인간의 행동은 자신의 본성에 크게 의존하지만 그와 동시에 동료들의 의식과 관습에도 크게 의존한다. 인간은 종족으로부터 많은 것을 흡수한다.

보아스는 역설을 제기했고 그 역설은 지금도 유효하다. 만약 어느 사회나 인간의 능력이 동일하고 독일 사람과 이뉴잇 사람들이 똑같은 마음을 갖고 있다면 왜 문화는 다양성을 보이는가? 왜 배핀 지방과 라인 지방에 서로 다른 문화가 존재하는가? 이번에는 바꿔 말해서, 본성이 아니라 문화가 사회를 다양하게 만드는 요인이라면 어떻게 그들의 능력과 마음을 동일하다고 볼 수 있는가? 문화가 변한다는 사실 자체는 어떤 문화가 다른 문화보다 더 많이 발전할 수 있음을 의미하고, 따라서 문화가 마음에 영향을 미친다면 어떤 문화는 분명 더 우수한 마음을 생산할 수 있다. 이 역설에 대한 해답으로 클리포드 기르츠를 비롯한 보아스의 지적 후계자들은 인간의 보편성은 하찮은 것이 분명하다고 주장했다. '모든 문화에 적용되는 마음' 같은 것은 존재하지 않으며, 기본적인 감각을 제외하면 인간의 정신을 관통하는 핵심은 존재하지 않는다는 것이다. 인류학은 유사성이 아니라 차이에 관심을 가져야 한다.

나는 이 대답이 매우 불만족스럽다고 생각한다. 특히 정치적 위험이 명백해서, 보아스의 정신적 평등이란 결론이 없으면 창문으로 새어 들어오는 편견을 막을 길이 없다. 그것은 GOD가 금지하는 자연주의적 오류 즉, 사실에서 도덕을, '존재'에서 '당위'를 끌어내는 오류를 범할 수 있다. 또한 일정한 규칙이 일정한 결과를 낳지 않는다는 카오스 이론의 교훈을 무시하고 결정론의 오류를 범할 수 있다. 체스처럼 헐거운 규칙이 있다면 몇 수 만에 무수한 게임을 만들어낼 수 있다.

보아스가 실제로 다음과 같이 말한 적은 없지만, 그의 입장에서 나올 수 있는 논리적인 결론은 다음과 같다. 즉 기술적 진보와 정신적 상태는 아주 다르다. 보아스가 속했던 문화에는 증기선, 전신, 문학이 있었지만, 수렵과 채집으로 살아가는 문맹의 이뉴잇 사람들보다 월등하게 뛰어난 정신과 감정이 존재하진 않았다. 이것은 보아스와 같은 시대에 살았던 소설가 조셉 콘라트의 작품에도 관통하고 있는 주제다. 콘라트에게 진보는 환상이었다. 인간의 본성은 결코 진보하지 않으며 그저 매 세대 똑같은 격세유전을 반복하기만 한다. 보편적인 인간 본성이 조상들의 승리와 재난을 고스란히 답습한다. 기술과 전통은 이 본성을 다양한 현지 문화로 굴절시켜낼 뿐이다. 한쪽에서는 나비넥타이와 바이올린으로 표현되고 다른 쪽에서는 코 장식물과 집단무로 표현된다. 그러나 나비넥타이와 집단무는 표현일 뿐, 마음을 주조하지는 않는다.

셰익스피어의 희곡을 보면 종종 성격에 대한 깊고 정확한 이해에 감탄하게 된다. 그의 등장 인물들이 음모를 꾸미고 구애를 하는 방식에는 순진하거나 원시적인 면이 전혀 없다. 주인공들은 염세적이고, 삶에 진저리를 치고, 포스트모던하고, 자의식이 넘친다. 비어트리스(베아트리체), 이아고, 에드문트, 제이퀴즈의 냉소를 생각해 보

라. 한순간 참 기이하다는 생각을 하게 된다. 그들이 휘두르는 무기는 원시적이고 그들의 이동 방법은 주체스러우며 그들의 배관은 대홍수를 걱정하게 만든다. 그러나 우리를 향해 절규하는 그들의 사랑과 절망과 분노와 배신은 오늘날과 똑같이 복잡하고 미묘하다. 그 모든 문화적 불리함에도 어떻게 그럴 수 있었을까? 셰익스피어는 제인 오스틴과 도스토예프스키의 작품을 읽지 못했고, 우디 앨런의 영화를 보지 못했고, 피카소의 그림을 보지 못했고, 모차르트를 듣지 못했고, 상대성 이론을 들어보지도 못했고, 비행기를 타본 적도 없고, 인터넷을 서핑한 적도 없었다.

문화가 평등하다는 보아스의 주장은 인간 본성의 가소성을 입증하기는커녕 오히려 변하지 않는 보편적 본성을 전제해야 한다. 문화는 스스로를 결정할 수 있지만 인간 본성을 결정하지는 못한다. 역설적이게도 이 점을 가장 분명히 입증한 사람은 마가렛 미드였다. 젊은 여자들이 성적 자유를 누리는 사회를 찾기 위해 그녀는 상상의 땅을 방문해야 했다. 오래전의 루소처럼 그녀는 남태평양에서 인간 본성의 '원시성'을 찾아다녔다. 그러나 애초에 원시적인 인간 본성이란 없다. 결국 그녀가 인간 본성을 지배하는 문화적 결정론을 발견하지 못한 것은 간밤에 짖지 않은 개와 같다.

이제 결정론을 뒤집어서, 인간 본성은 어떻게 해서 전 세계 모든 곳에 문화를 만들어내는지, 즉 점증적이고, 기술적이고, 후대에 전해지는 전통들을 생산할 수 있는지를 생각해보자. 인간은 흰 눈과 개와 바다표범만 있으면 썰매와 이글루는 물론이고 노래와 신들을 완벽하게 갖춘 생활양식을 창조해낸다. 도대체 인간의 뇌 안에 무엇이 있길래 그런 위대한 일이 벌어지는가? 그리고 그 재능은 언제 나타나는가?

우선 문화의 발생은 사회적 활동이라는 점에 주목해보자. 고립된 인간의 마음은 문화를 분비하지 못한다. 러시아 인류학자 레프 세메노비치 비고츠키는 일찍이 1920년대에 고립된 인간의 마음을 설명하는 것은 요령부득이라고 지적했다. 인간의 마음은 결코 고립되지 않는다. 다른 어떤 동물들의 마음보다 인간의 마음은 문화라는 바다에서 헤엄친다. 인간의 마음은 언어를 학습하고, 과학기술을 이용하고, 의식을 거행하고, 신념을 공유하고, 기술을 습득한다. 인간의 마음은 개인적 경험뿐 아니라 집단적 경험을 소유하고 심지어는 집단적 의도를 공유한다. 비고츠키는 자신의 이론을 러시아어로만 발표한 후 1934년 38세의 나이로 세상을 떠났기 때문에 서구 세계에는 아주 한참 후에까지도 알려지지 않았다. 그러나 최근 들어서는 교육심리학과 인류학의 일각에서 유명 인물로 부상했다. 이 글의 목적에 비추어볼 때 그의 가장 중요한 통찰은 도구 사용과 언어의 연관성을 강조한 데에 있다.[10]

내가 만일 유전자가 본성의 근본일 뿐 아니라 양육의 근본이라는 내 자신의 주장을 확증하려면 유전자가 어떻게 문화의 발생에 기여하는지를 설명해야 한다. 따라서 나는 다시 한번 그것을 설명하고자 하는데, 이를 위해 나는 문화적 관습에 '해당하는 유전자'를 제시하는 대신, 환경에 반응하는 유전자, 원인이 아니라 메커니즘으로써 작용하는 유전자의 존재를 제시하고자 한다. 그것은 무리한 주문이므로 나는 지금이라도 포기하는 것이 나을지 모른다. 나는 문화를 생산하는 인간의 능력이 인간의 문화와 함께 공동 진화한 어떤 유전자들로부터 나온다고 생각하지 않는다. 대신 그것이 인간의 마음에 생각을 축적하고 전달하는 거의 무한한 능력을 갑자기 부여한 어떤 강력한 전적응preadaptations으로부터 나온다고 생각한다. 유전자는 그 전적응을 지탱하는 역할을 한다.

지식의 축적

인간은 유전학적 차원에서 95퍼센트의 침팬지라는 발견은 내 문제를 고약하게 만든다. 학습, 본능, 각인, 발달에 관여하는 유전자들을 설명할 때 나는 동물의 예에 의존할 필요가 없었다. 그런 측면에 있어 인간과 동물의 심리적 차이는 정도의 차이였기 때문이다. 그러나 문화는 다르다. 아무리 영리한 원숭이나 돌고래라 해도 인간과는 문화적으로 엄청난 차이가 있다. 유인원의 뇌를 인간의 뇌로 바꾸기 위해서는 애초의 요리법에 약간의 수정이 가해졌을 뿐이다. 말하자면 재료와 방법은 똑같았고, 오븐에서 조금 늦게 꺼내면 되었다. 그러나 이 작은 차이가 엄청난 결과를 낳는다. 인간은 핵무기와 돈, 신과 시, 철학과 불을 만들었다. 인간이 그 모든 것을 만들 수 있었던 것은 문화를 통해서였다. 다시 말해 인간은 매 세대마다 지식과 발명품을 축적하고 그것을 다른 사람들에게 전달함으로써 현재 세대와 과거 세대들의 인지적 자원을 공유하는 능력을 사용했던 것이다.

현대를 살아가는 평범한 직장인은 예를 들어 아시리아 표음문자, 중국의 인쇄술, 아라비아 대수학, 인도 수학, 이탈리아의 복식 부기법, 네덜란드의 상거래법, 캘리포니아의 집적회로 등 대륙과 세기를 건너온 수많은 발명품 없이는 일을 할 수가 없다. 도대체 무엇이 침팬지는 할 수 없는 이 위대한 축적 행위를 인간은 할 수 있게 만드는 것일까?

결국 침팬지도 문화를 향유한다는 사실은 거의 분명한 것 같다. 침팬지는 섭식 행위에서 강한 지역적 전통을 보여주는데, 그 전통은 사회적 학습에 의해 전달된다. 어떤 집단은 견과류를 깰 때 돌을 사용하고 어떤 집단은 막대기를 사용한다. 서아프리카의 침팬지들은 짧은 나뭇가지로 개미굴을 파고 개미를 한 마리씩 먹는 반면, 동아프리카에서는 긴 가지를 개미굴 속에 넣고 여러 마리를 달라붙게 한 다음 손으로 훑어서 입에 털어넣는다. 아프리카 전역에서 이런 문화적 전통이 50가지 이상 발견되었는데, 어린 세대들은 신중한 관찰을 통해 집단의 전통을 학습하고 성인이 된 후 집단에 합류한 침팬지는 현지 관습을 더 어렵게 학습한다. 이런 전통은 침팬지의 생활에 절대적으로 중요하다. 프란스 드왈은 '침팬지들은 생존을 위해 문화에 전적으로 의존한다' 고까지 말한다. 인간처럼 그들도 전통을 학습하지 않으면 살아갈 수 없다.[11]

그리고 이런 점에서 침팬지도 혼자가 아니다. 동물의 문화가 처음 발견된 것은 1953년 9월, 일본 연안의 코히마라는 작은 섬에서였다. 사츠에 미토라는 젊은 여성은 5년 전부터 그 섬에 사는 원숭이들에게 밀과 고구마를 주면서 인간의 관찰에 익숙해지도록 길들이고 있었다. 그러던 중 그녀는 이모라는 어린 원숭이가 고구마에 묻은 모래를 씻어내는 것을 목격했다. 석 달도 못되어 이모의 놀이친구 두 마리와 이모의 엄마도 그 방법을 채택했고, 5년 내에 그 집단의 어린 원숭이들 대부분이 똑같은 행동을 따라했다. 단지 나이 든 수컷들만이 그 관습을 익히지 못했다. 이모는 곧 밀을 물에 담구어 모래

를 가라앉히는 방법도 알아냈다.[12]

뇌가 큰 생물들은 문화가 풍부하다. 범고래도 각 집단에 고유한 전통적인 사냥 기술을 학습한다. 예를 들어 남대서양의 범고래는 해변으로 직접 올라가서 바다사자를 잡는 것이 장기인데, 이 기술을 익히려면 많은 연습이 필요하다. 이렇게 전통적인 관습을 사회적 학습에 의해 전달하는 것은 인간만의 고유한 방식이 아니다. 그러나 이것은 문제를 더욱 혼란스럽게 만든다. 침팬지와 원숭이와 범고래에게 문화가 있다면 왜 그들은 문화적 도약을 이루지 못했을까? 그들의 문화에는 지속적이고 점증적인 개혁과 변화가 없다. 한마디로 그들에겐 '진보' 가 없다.

그렇다면 이 문제를 다르게 표현해보자. 인간은 어떻게 문화적 진보를 이루었을까? 어떻게 점증적인 문화의 돛을 펼치게 되었을까? 이 문제에 대해 최근에 수많은 이론적 고찰이 있었지만 경험적 자료는 찾아보기 어렵다. 해답을 밝히기 위해 가장 열심히 노력하는 과학자로는 하버드의 마이클 토마셀로를 꼽을 수 있다. 그는 성인 침팬지와 어린 인간을 대상으로 많은 실험을 해왔고, 그로부터 '인간만이 다른 인간들을 자신과 똑같은 의도적 행위자로 이해하고 그래서 인간만이 문화적 학습에 참가할 수 있다' 는 결론을 내렸다. 이 차이는 생후 9개월에 나타나기 때문에 토마셀로는 그것을 '9개월 혁명' 이라 부른다. 바로 그 시점에 인간은 유인원을 앞질러 사회적 기술들을 발전시키기 시작한다. 예를 들어 9개월부터 인간은 순전히 타인의 주목을 자신이 주목하는 것에 끌어들일 목적으로 특정한 사물을 손으로 가리킨다. 인간은 다른 사람이 가리키는 방향을 바라보고 다른 사람의 시선을 따라간다. 유인원들은 결코 이런 행동을 하지 못하고, 자폐아도 한참 후까지 하지 못한다. 자폐아들은 다른 사람도 그들과 똑같은 마음을 지닌 의도적 행위자라는 사실을 잘 이해하지 못한다. 토마셀로에 따르면 어떤 유인원이나 원숭이도 틀린 믿음을 다른 개인의 탓으로 돌리는 능력을 보여주지 못했다고 하는데, 대부분의 인간은 네 살이 되면 자연스럽게 이 능력을 발휘한다. 토마셀로는 이로부터, 인간은 타인의 입장에서 그의 마음을 생각할 줄 아는 유일한 동물이라고 추론한다.[13]

이 주장은 다윈을 몹시 괴롭혔던 인간의 예외성 개념과 아주 가까이 맞닿아 있다. 그런 종류의 모든 주장들처럼 토마셀로의 주장도 다른 유인원의 생각을 추측해서 행동하는 원숭이를 최초로 발견했다는 소식에 모래성처럼 무너질 수 있다. 많은 영장류 학자들, 그 중에서도 특히 프란스 드왈은 그들이 이미 야생 환경과 인공 환경에서 그런 행동을 목격했다고 느낀다.[14] 토마셀로는 어림없다고 생각할 것이다. 물론 유인원들도 대부분의 포유동물에게서는 볼 수 없는 능력인 3자들 간의 사회적 관계를 이해하고 모방에 의한 학습을 할 줄 안다. 통나무를 굴려서 그 밑에 있는 곤충을 보여주면 유인원은 통나무 밑에 곤충이 있다는 것을 배운다. 그러나 토마셀로의 말에 따르면 유인원은 다른 동물의 행동에 어떤 목적이 있는지를 이해하지 못한다. 이것이 그들의 학습 능력을 제한하는데, 특히 모방에 의한 학습 능력을 제한한다.[15]

나로서는 토마셀로의 주장을 부분적으로밖에 받아들이지 못한다. 나는 비록 특별히 준비된 실험이었지만 사회적 학습을 통해 뱀 공포를 학습했던 수잔 미네카의 원숭이들에게 마음이 더 끌린다. 학습은 일반적인 메커니즘이 아니다. 학습은 입력물의 종류에 따라 특수하게 형성되는데, 그 중에는 침팬지도 모방 학습을 할 수 있는 종류들이 있을 수 있다. 그리고 만약 토마셀로가 영장류의 문화적 전통에서 발견되는 모방 행위 즉, 고구마에서 모래를 씻어내는 원숭이, 견과류를 깨는 법을 서로에게서 학습하는 침팬지의 행위를 다른 것으로 설명하는 데 성공한다고 해도, 돌고래들이 서로의 생각을 파악하지 못한다고 입증하기는 어려울 것이다. 인간은 기호를 통해 의사를 소통하는 능력이 매우 탁월한 것처럼, 공감하고 모방하는 능력의 정도에 있어서도 인간 특유의 측면을 보여준다. 그러나 그것은 종류의 차이가 아니라 정도의 차이다.

그러나 정도의 차이가 문화라는 톱니바퀴에 물리면 심연으로 확대될 수 있다. 모방은 모방자가 모델의 머릿속으로 들어갔을 때, 즉 마음 이론을 가졌을 때 비로소 심오한 어떤 것이 된다는 토마셀로의 지적에 귀를 기울여보자. 또한 어떤 개념을 혼자 흉내내는 행위는 표현을 낳고 그 표현은 상징성으로 이어진다는 지적에도 귀를 기울여보자. 아마 어린 인간이 침팬지보다 훨씬 더 많은 문화를 획득할 수 있는 것도 그것 때문일 것이다. 따라서 모방은 로빈 폭스와 라이오넬 타이거의 이른바 문화 습득 장치라는 것의 가장 유력한 후보가 된다.[16] 그런데 다른 두 후보도 꽤 유망하다. 바로 언어와 손재주다. 그리고 정말 희한한 것은 세 후보 모두 뇌의 한 부위에 몰려 있다는 점이다.

1991년 6월 쟈모코 리졸라티 교수는 팔머 대학 실험실에서 놀라운 사실을 발견했다. 그는 무엇이 신경세포를 점화시키는가를 알아내기 위해 원숭이 뇌의 단일신경세포들을 관찰하고 있었다. 보통 이런 실험은 원숭이를 움직이지 않게 하고 조작된 과제를 수행하게 하는 대단히 통제된 조건에서 실시된다. 그런 인위적 조건에 불만을 느낀 리졸라티는 거의 정상적인 조건에서 생활하는 원숭이를 기록하고자 했다. 그는 먼저 먹이를 주면서 신경세포의 반응과 각각의 행동을 연결시켜 보았다. 그리고 어떤 신경세포들은 그 행동 자체가 아니라 행동의 목적을 기록하는 것이 아닌가 의심하기 시작했다. 동료 과학자들은 코방귀를 뀌었다. 그의 증거는 일화적 성격이 너무 컸다.

그래서 리졸라티는 원숭이들을 보다 통제된 장치에 묶었다. 각각의 원숭이들에게 가끔씩 먹이를 주면서 관찰하던 리졸라티와 그의 동료들은, 어떤 '운동' 신경세포들은 먹이를 움켜잡는 사람을 볼 때 반응한다는 사실을 알아냈다. 그들은 오랫동안 그것이 우연의 일치이고, 원숭이가 그 순간에 움직였을 것이라 생각했다. 그러던 어느 날 실험자가 먹이를 특별한 방식으로 움켜잡을 때마다 신경세포 하나가 점화하는 것을 알게 되었다. 물론 그 원숭이는 전혀 움직이지 않았다. 그 음식을 원숭이한테 건네고 원숭이가 그것을 같은 방법으로 움켜잡으면 그 신경세포는 다시 점화했다. 리졸라티는 이렇게 말한다. "그날에야 비로소 그 현상이 실제라는 확신이 들었다. 우리는 대단히 흥분했다."[17] 그들은 행동과 그 행동의 상상에 똑같이 반응하는 뇌 부위를 발견한 것이다. 리졸라티는 지각과 운동신경 제어를 똑같이 반영하는 그 특별한 능력 때문에 그것을 '거울 신경세포'라 불렀다. 그는 후에 더 많은 거울 신경세포들을 발견했는데, 각각의 신경세포는 가령 엄지와 나머지 손가락으로 물건을 움켜잡는 동작처럼 아주 구체적인 행동을 관찰하고 모방할 때 활성화되었다. 그는 이 뇌 부위가 손동작의 인지와 손동작의 성취를 연결시킨다는 결론

을 내렸다. 그리고 그가 '인간의 모방 메커니즘을 예고하는 진화론적 전조'를 보고 있다고 믿었다.[18]

리졸라티와 그의 동료들은 그후로 인간의 뇌 영상을 관찰했다. 자원자들이 손가락 동작을 관찰하거나 모방할 때마다 뇌의 세 부위가 밝아졌다. 바로 '거울' 행동 현상이었다. 그 중 한 부위는 지각과 관련된 감각영역에 있는 위관자고랑이다. 자원자가 어떤 행동을 관찰할 때 감각영역이 밝아지는 것은 아주 당연한 일이지만 나중에 그 행동을 모방할 때도 활성화되는 것은 놀라운 일이다. 인간의 모방 행동에 있어 아주 흥미로운 점은, 오른손 행동을 따라하라고 요구하면 종종 왼손으로 행동을 따라하고 반대로 요구하면 다시 반대로 따라한다는 것이다. 내가 오른쪽 뺨을 만지면서 상대방에게 뺨에 무엇이 묻었다고 말하면 그는 십중팔구 자신의 왼쪽 뺨을 만진다. 리졸라티의 실험에서 일관되게 볼 수 있는 것처럼, 위관자고랑은 자원자가 왼손 행동을 왼손으로 모방할 때보다 오른손으로 모방할 때 더 강하게 활성화된다. 그는 위관자고랑이 피실험자 자신의 행동을 '지각'하여 그것을 관찰된 행동에 대한 기억과 연결시킨다는 결론을 내린다.[19]

최근 리졸라티의 연구팀은 훨씬 더 강력한 신경세포를 발견했다. 그 신경세포는 특정한 동작을 실행하고 관찰할 때뿐 아니라 그런 행동을 들을 때에도 점화한다. 예를 들어 한 신경세포는 땅콩껍질이 깨지는 장면과 소리에 반응하면서도 종이를 찢는 소리에는 반응하지 않았다. 소리는 땅콩껍질을 성공적으로 깼다는 것을 알려주는 중요한 정보이기 때문에 충분히 이해할 수 있는 현상이다. 그러나 이 신경세포들은 대단히 민감해서 소리만으로도 특정한 행동들을 '재현' 해내는 것이다. 이제 우리는 정신적 재현과 신경세포의 관계에 놀라울 정도로 가깝게 근접하고 있다. 언젠가는 '땅콩껍질이 깨지는' 순간이 올 것이다.[20]

리졸라티의 실험 덕분에 우리는 아주 초보적인 수준이지만 문화의 신경학, 그러니까 문화와 신경활동을 결합시켜 인간의 문화 습득 장치를 최소한 부분적으로나마 구성하는 수단들을 설명할 수 있게 되었다. 이 '기관'을 설계하는 은밀한 유전자들을 발견할 수 있을까? 어떤 의미에선 그렇다고 말할 수 있다. 내용 지정형으로 뇌 회로를 설계하는 방법이 DNA를 통해 유전되는 것이 분명하기 때문이다. 그 회로들은 뇌의 한 부위에 집중되어 있지 않을 것이고, 그 특별함은 유전자 자체가 아니라 회로 설계에 사용되는 유전자들의 조합에 있을 것이다. 바로 그것들이 문화를 흡수하는 능력을 창조할 것이다. 그러나 이것은 '문화 유전자'란 말을 해석하는 유일한 방법이 아니다. 설계하는 유전자들과는 완전히 다른 유전자들이 일상생활의 일들에 관여할 것이라 생각된다. 축색돌기 안내 유전자들은 일단 장치를 만든 다음에는 그저 침묵을 지킬 것이다. 그들에게 배턴을 넘겨받아 시냅스를 운용하고 수정하거나 신경전달 물질을 분비하고 흡수하는 등의 일을 하는 유전자들이 있을 것이다. 그리고 또 다른 유전자들도 참여할 것이다. 이 유전자들이 진정한 의미에서 외부 세계로부터 뇌 안으로 그리고 뇌를 통해 문화를 전달하는 장치일 것이다. 문화 자체에 필수 불가결한 부분일 것이다.

최근 앤서니 모나코와 그의 학생 세실리아는 말과 언어 장애를 일으키는 돌연변이 유전자를 발견했다. 언어적인 문화 학습을 개선할 수 있는 유전자로서 최초의 후보인 셈이다. 중증언어장애는 오래전부터 가계를 따라 전해지고, 일반지능과는 거의 관계가 없으며, 말하는 능력뿐 아니라 언어의 문법규칙을 일반화하는 능력과 말을 듣거나 해석하는 능력에 영향을 미친다고 알려져 왔다. 이 특성의 유전 가능성이 발견되었을 때 과학자들은 그것에 '문법 유전자'라는 이름을 붙여서 그런 설명을 결정론으로 보는 사람들의 분노를 자아냈다. 그러나 현재는 정말로 7번 염색체상의 한 유전자가 한 대가족과 그보다 작은 다른 가족의 중증언어장애에 책임이 있다는 사실이 밝혀졌다. 그 유전자는 후두의 미세한 운동신경 제어를 포함해 정상적인 문법과 말하기 능력이 발달하는 데 필수적이다. 포크모양머리 P2forkhead box P2, 또는 간단히 FOXP2라 불리는 그 유전자는 다른 유전자들을 켜는 전사인자다. 그 유전자가 고장나면 완전한 언어가 발달하지 못한다.[21]

FOXP2는 침팬지에게도 있고, 원숭이와 쥐에게도 있다. 따라서 단지 그 유전자를 가졌다고 해서 말을 한다고 볼 수는 없다. 사실 그 유전자는 모든 포유동물에게서 대단히 비슷하다. 스반테 파보 박사는 쥐, 원숭이, 오랑우탄, 고릴라, 침팬지가 공통 조상에서 갈라져 나온 후 모든 세대를 거치는 동안 FOXP2 유전자에 변화가 생겨 그 단백질 생산물이 변한 것은 단 두 번뿐이었다는 사실을 발견했다. 쥐의 조상에게서 한 번, 오랑우탄의 조상에게서 한 번이었다고 한다. 그러나 그 유전자가 인간 특유의 형태를 띠는 것이 언어의 필수조건일 것이다. 인간의 경우는 침팬지와 분리된 후 그 단백질을 변하게 만든 두 번의 변화가 더 있었다. 그리고 말없는 돌연변이 유전자가 조금밖에 없는 것도 그 변화가 아주 최근에 일어난 '선택적 숙청'이었음을 암시한다. 선택적 숙청은 그 유전자의 다른 모든 형태들을 단기간에 밀쳐냈음을 가리키는 전문 용어다. 20만 년 전쯤에 그 중요한 변화를 하나 또는 둘 다 가진 FOXP2의 돌연변이 유전자가 인류에게서 출현했다. 그 돌연변이는 주인의 번식에 아주 큰 도움이 되었고 그래서 오늘날 그 후손들은 구식 유전자를 가진 존재들을 깡그리 쫓아내고 인류를 지배하게 되었다.[22]

두 변화 중 최소한 한 변화는 그 단백질 구조의 총 715개 위치 중 325번째 위치에서 세린 분자가 아르기닌 분자(아미노산의 일종)로 대체된 것과 관련이 있고, 이로 인해 그 유전자의 스위치에 변화가 일어난 것이 분명하다. 예를 들어, 그 변화로 인해 뇌의 한 부위에서 그 유전자의 스위치가 처음으로 켜졌을 것이다. 그리고 그로 인해 FOXP2가 새로운 어떤 일을 시작하게 되었을 것이다. 동물들은 새 유전자를 창조한다기보다는 같은 유전자에게 새로운 일을 맡김으로써 진화한다는 사실을 기억하자. 아직은 누구도 FOXP2가 어떤 일을 하는지 또는 그것이 어떻게 언어를 생성하는지 정확히 모른다. 따라서 FOXP2 때문에 사람들이 말을 하게 되었다기보다는 말의 발명이 GOD에 대한 압력으로 작용해 어떤 알 수 없는 이유로 FOXP2를 변화시켰을 가능성도 있다. 즉 그 돌연변이는 원인이 아니라 결과일 수 있다.

그러나 나는 이미 밝혀진 세계의 경계를 벗어났기 때문에, 사람들이 어떻게 FOXP2 유전자 덕분에 말을 하게 되는가를 재량껏 추측해보고자 한다. 내가 짐작하기로 침팬지의 FOXP2 유전자는 손의 운동신경을 미세하게 제어하는 뇌 부위를 뇌의 여러 지각 부위들과 연결시키는 일에 참여하는 것 같다. 인간의 경우는 특별한 (또는 더 긴?) 활동 기간 덕분에 그 유전자가 입과 후두의 운동신경 제어를 담당하는 부위를 포함해 뇌의 다른 부위들과도 연결된다.

내가 이렇게 생각하는 이유는 FOXP2와 리졸라티의 거울 신경세포 사이에 어떤 연관성이 있기 때문이다. 리졸라티의 움켜잡기 실험 도중 자원자들의 뇌에서는 여러 부위가 활성화되는 것을 볼 수 있는데, 그 중 하나인 44번 영역은 원숭이의 뇌에서 거울 신경세포들이 발견되는 부위에 해당한다. 때때로 브로카 영역이라 불리는 그 부위에 주목하는 이유는 그것이 인간의 '언어 기관'을 이루는 대단히 중요한 부분이기 때문이다. 원숭이와 인간에게서 그 부위는 혀, 입, 후두의 움직임을 담당한다. 그래서 그 부위에 뇌졸중이 일어나면 말을 못한다. 그와 동시에 손과 손가락의 운동도 담당한다. 브로카 영역은 말과 손짓을 함께 담당한다.[23]

바로 여기에 언어의 기원을 가리키는 중요한 단서가 놓여 있다. 최근에는 몇몇 과학자들의 마음에 대단히 특별한 생각이 자리잡기 시작했다. 그들은 인간의 언어가 처음에는 말이 아니라 동작으로 전달되었을 것이라 생각하기 시작했다.

이러한 추측을 뒷받침하는 증거가 여러 방향에서 나오고 있다. 첫째, 원숭이나 인간이나 '부르는 소리'를 낼 때는 인간이 말을 할 때 사용하는 부위와 완전히 다른 부위를 사용한다. 보통의 원숭이나 영장류가 성대를 사용해서 낼 수 있는 소리는 수십 가지인데 어떤 것들은 감정을 나타내고 또 어떤 것들은 포식자들을 가리킨다. 그것들은 모두 중심선 근처에 있는 뇌 영역의 지시를 받는다. 뇌의 그 영역은 인간의 외침, 즉 공포의 절규, 즐거운 웃음, 놀랄 때의 숨 막히는 소리, 무의식중에 나오는 욕설을 지배한다. 측두엽에 뇌졸중이 발생하면 말은 못해도 유창하게 외칠 순 있다. 실제로 실어증 환자들 중에는 팔 운동이 불가능한 상태에서 욕은 아주 신나게 하는 사람들이 있다.

원숭이와는 달리 인간은 '언어 기관'이 뇌의 왼쪽 반구에 있는데, 측두엽과 전두엽 사이의 거대한 계곡인 실비안 열구 양쪽에 분포해 있다. 원숭이와 유인원들의 경우 이곳은 얼굴과 혀의 움직임뿐 아니라 동작, 움켜잡기, 만지기를 주로 담당하는 운동 영역이다. 대부분의 대형 유인원들은 손동작을 할 때 보면 오른손잡이가 우세한데, 침팬지, 보노보, 고릴라의 브로카 영역은 결국 좌반구 쪽이 더 크다.[24] 뇌의 이 비대칭은 인간에게서 훨씬 더 뚜렷하다. 언어의 발명을 예고하는 전조임이 분명하다. 따라서 왼쪽 뇌가 언어를 수용하기 위해 더 커졌다기보다는, 그곳이 손동작을 제어하는 곳이었기 때문에 언어가 그쪽으로 갔다고 보는 편이 논리적이다. 멋진 이론이지만 불쾌하게도 다음 사실은 설명하지 못한다. 성인이 되어 수화법을 배우는 사람들은 좌반구를 사용하지만, 어렸을 때부터 수화법을 사용한 사람들은 양쪽 반구를 모두 사용한다. 결국 언어를 위한 좌반구의 전문화는 수화보다는 말에서 더욱 뚜렷한데 이것은 손짓 이론의 예측과 정반대다.[25]

손짓 언어가 언어의 전조임을 암시하는 세 번째 단서는 목소리보다 손을 통해 언어를 표현하는 인간의 능력에 있다. 개인적으로 차이는 있지만 인간은 말을 하면서 손짓을 수반한다. 심지어 전화로 말을 할 때도 그렇고 태어날 때부터 앞을 못 보는 사람도 그렇다. 청각장애인들이 사용하는 수화법은 단지 행동을 흉내낸 무언극이라 생각한 적이 있었다. 그러나 1960년 윌리엄 스토크는 수화법도 언어임을 이해했다. 수화법도 임의적인 기호를 사용하고, 구어 못지않게 정교한 구문론, 어형 변화 등의 온갖 장치를 갖춘 내적 문법을 가지고 있다. 그밖에도 수화법은 구어와 아주 비슷한 특징들을 가지고 있다. 결정적 시기에 가장 잘 배울 수 있고, 구어와 똑같이 구조적인 방식으로 습득한다. 사실 피진어가 어린 세대의 학습을 거쳐야 완전한 문법을 갖춘 크리올어로 발전하는 것처럼 수화법도 유년기의 결정적 시기가 필수적이다. 말이 언어 기관을 통한 하나의 전달 메커니즘일 뿐이라는 마지막 증거는, 청각장애인들도 정상인과 똑같은 부위에 뇌졸중을 겪으면 손을 사용하지 못하는 '실어증'에 걸릴 수 있다는 것이다.

이제 화석에 남겨진 기록을 살펴보자. 최소한 500만 년 전 인류의 조상이 침팬지의 조상과 분리되었을 때 그들이 한 최초의 행동은 두 발을 딛고 걷는 것이었다. 골격의 엄청난 변화를 수반하면서 직립보행을 하게 된 후 100만 년 이상이 지났을 때 뇌가 확대되었다는 신호가 나타났다. 다시 말해 우리 조상은 자유로워진 손으로 물건을 잡고 손짓을 한 지 오랜 후에야 다른 유인원들과 다르게 생각하고 말을 하기 시작했다. 손짓 이론의 한 가지 매력은 왜 인간은 언어를 습득한 반면 다른 유인원들은 그렇지 못했는가를 즉시 보여준다는 점이다. 직립보행은 손을 해방시켜 물건을 운반하게 했을 뿐 아니라 말을 할 수 있게 했다. 다른 영장류들의 앞발은 상체를 지탱하느라 너무 바빠서 대화를 나눌 시간이 없었다.

로빈 던버는 유인원과 원숭이 사회에서 털 고르기가 하는 역할(사회적 결속의 유지와 발전)을 인간 사회에서는 언어가 대신하게 되었다고 말한다. 유인원들은 과일을 딸 때만큼이나 서로의 털에서 진드기를 잡아줄 때도 두 손을 정교하게 사용한다. 큰 사회 집단을 이루고 사는 영장류들은 털 고르기에 아주 많은 시간을 소비한다. 겔라다비비는 깨어 있는 시간의 20퍼센트를 서로의 털을 골라주는 데 바친다. 던버의 주장에 따르면 인간은 큰 집단을 이루고 살기 위해 과거에는 몇몇 사람들끼리만 할 수 있었던 사회적 털 고르기를 새로운 형태로 발전시킬 필요가 있었다고 한다. 그는 인간이 단지 유용한 정보를 전달하기 위해서만 언어를 사용하진 않는다는 점에 주목한다. 인간은 주로 사회적 잡담을 하기 위해 언어를 사용한다. "도대체 왜 그렇게 많은 사람들이 그렇게 하찮은 이야기에 그렇게 많은 시간을 소비하는 걸까?"[26]

털 고르기-잡담 개념은 한번 더 비틀어볼 가치가 있다. 만약 최초로 언어를 사용하게 될 그 원시인들이 손짓으로 잡담을 했다면 서로에 대한 털 고르기 의무를 이행하기 힘들었을 것이다. 손으로 수다를 떨면 털 고르기와 잡담하기를 동시에 할 수가 없다. 따라서 나는 손짓 언어가 우리 조상들에게 개인 위생의 위기를 불러왔으며, 그들이 무성한 털을 벗은 다음 쓰고 버릴 수 있는 옷을 입었을 때에야 그 위생 문제가 해결되지 않았을까 추측해본다. 그러나 까다로운 비평가라면 이 말을 듣고 이야기 따윈 그만 지어내라고 야단칠 것이 분명하므로 이쯤에서 접는 것이 나을 것 같다.

빈약하나마 화석에 남겨진 증거에 의하면 손재주와는 달리 말은 인간의 진화 과정에서 늦게 출현했음을 알 수 있다. 1984년 케냐에서 발견된 160만 년 전의 나리오코톰 화석에는 유인원들처럼 목의 척추에 척수를 위한 공간만 있고 그 폭은 현대인의 척추에 비해 절반밖에 되지 않는다. 현대인은 말하는 동안 호흡을 제어할 수 있는 많은 신경세포를 가슴에 공급하기 위해 넓은 척추가 필요하다.[27]

훨씬 나중 것으로 추정되는 호모 에렉투스의 다른 화석들도 유인원처럼 높은 후두를 가지고 있어서 정교한 말과는 거리가 멀다. 말의 특징들은 아주 늦게 출현해서 인류학자들은 언어가 7만 년 전에야 출현한 최근의 발명품일 것이라 추론한다.[28] 그러나 언어는 말과 똑같은 것이 아니다. 구문론, 문법, 재귀, 어미 활용 등은 훨씬 오래전부터 목소리가 아니라 손으로 표현되었을 것이다. 아마 20만 년 전쯤에 일어난 FOXP2의 돌연변이는 언어 자체가 발명된 순간이 아니라 언어가 손과 함께 입을 통해서 표현될 수 있었던 순간을 대표할 것이다.

말과는 대조적으로 인간의 손과 팔의 고유한 특징들은 일찍부터 발견된다. 350만 년 전의 에티오피아 유골 루시는 엄지손가락이 길고 손가락 기저부와 팔목 관절이 변형되어 엄지와 검지와 중지로 물건을 잡을 수 있었다. 그녀는 또한 어깨가 변형되어 물건을 어깨 위로 던질 수 있었고, 골반이 직립해 있어 몸의 중심축을 신속히 틀 수 있었다. 세 가지 특징 모두 돌을 움켜잡고, 겨냥하고, 던지는 기술에 필수적인 반면, 어깨 아래로 물건을 던지고 명중률도 형편없는 침팬지와 거리가 먼 특징이다.[29] 그것은 관절의 회전과 정확한 투척 타이밍을 요구하는 특별한 기술이다. 동작을 계획하기 위해서 한 무리의 신경세포로는 부족하고 여러 영역의 공동작용이 필요하다. 신경학자 윌리엄 캐빈의 말에 따르면, 아마도 초기의 문법 형태에 필요한 연속적인 손짓들을 만들어낸 것도 이 '던지기 입안자' 였을 것이라 한다.[30]

실비안 주변부를 우연히 기호 소통에 전적응하도록 만든 것이 던지기든 도구 제작이든 손짓이든, 손이 중요한 역할을 담당한 것은 분명하다. 신경학자 프랭크 윌슨의 푸념대로, 우리는 뇌의 형태를 주조한 것이 인간의 손이라는 사실을 경시했다. 수화법 연구의 개척자 윌리엄 스토크는 손동작이 두 가지 단어 범주, 즉 손의 형태를 통한 사물, 손의 동작을 통한 행위를 표현하게 되었고, 그로 인해 명사와 동사가 창조되어 모든 언어에 스며들게 되었다고 말한다. 오늘날에도 명사는 실비안 열구의 측두엽에서 발견되고 동사는 전두엽에서 발견된다. 기호와 신호로 구성된 원시 언어가 진정한 문법적 언어로 발전한 것은 두 범주가 묶이면서부터였다. 그리고 두 범주를 최초로 묶은 것은 목소리가 아니라 손이었을 것이다. 훨씬 나중에 어둠 속에서 의사를 소통하기 위해 말이 문법을 침입했을 것이다. 스토크는 손 이론에 관한 책을 완성한 직후 2000년에 세상을 떠났다.[31]

이 문제에 대해 역사적으로 세밀한 부분까지 설명하기는 불가능하고 나 역시 손-언어 가설에 집착하는 광신도가 아니지만, 이 가설은 모방, 손, 목소리를 하나의 그림으로 보여주는 데에 큰 매력이 있다. 그 세 가지는 모두 인간의 문화적 능력을 구성하는 필수적 자질이다. 모방하고 조작하고 말하는 것은 인간에게 고유한 세 가지 장점이다. 그것들은 문화의 핵심일 뿐 아니라 문화 그 자체다. 문화는 인공적 유물을 통한 행동의 전달이다. 오페라가 문화라면 「라 트라비아타」는 모방, 목소리, 손재주(악기의 연주뿐 아니라 제작까지)가 능숙하게 조합된 행동의 산물이다. 그 세 요소가 만들어낸 것은 일종의 상징 체계였고, 그래서 인간의 마음은 그 내부에서 그리고 사회적 담론과 기술의 울타리 안에서 양자역학과 「모나리자」와 자동차를 비롯한 모든 것을 재현할 수 있었다. 그러나 더욱 중요한 것은 그것들이 다른 사람들의 생각을 하나로 묶었다는 점이다. 즉 그것들은 기억을 구체화했다. 그 덕분에 사람들은 스스로 배울 수 있는 것보다 훨씬 더 많은 것을 사회적 환경으로부터 습득할 수 있었다. 오래전에 그리고 먼 곳에 존재했던 말, 도구, 생각이 오늘날 태어나는 개개인에게 전달될 수 있는 것이다.

손 이론이 옳건 그르건, 기호 체계가 인간 뇌의 확대에 중심적 역할을 했다는 것은 많은 사람들이 동의하는 이론이다. 문화도 '유전'될 수 있고 유전적 변화가 문화에 맞춰지도록 선택을 할 수 있다. 유전자-문화의 공진화(共進化) 이론과 가장 밀접한 세 명의 과학자는 다음과 같이 말한다.

> 문화적 과정은 인간의 진화사 중 오랜 기간에 걸쳐 작용하면서 인간의 심리적 경향들에 대한 근본적인 개조를 쉽게 이끌어낼 수 있었다.[32]

언어학자이자 심리학자인 테런스 디콘은 초기 인간들이 어느 시점에 그들의 모방 능력을 공감하는 능력과 결합시켰고 그 결과 임의적 기호로 생각을 재현해내는 능력을 갖게 되었다고 주장한다. 그 덕분에 그들은 개념, 인간, 사건을 현장이 아닌 곳에서도 지칭하고 갈수록 복잡한 문화를 발전시킬 수 있었고, 이것은 다시 그 문화적 내용물들을 사회적 학습을 통해 '물려받기' 위해 점점 더 큰 뇌를 발달시키게 하는 압력으로 작용했다. 이와 같이 문화는 유전자의 실질적 진화와 나란히 진화한다.[33]

수잔 블랙모어는 리처드 도킨스의 밈(meme, 유전적 방법이 아닌, 특히 모방을 통해서 전해지는 것으로 여겨지는 문화의 요소) 개념을 발전시켜 이 과정을 거꾸로 뒤집었다. 도킨스는 진화를 '탈 것' (대개 신체)을 놓고 '복제자들'(대개 유전자)이 벌이는 경쟁으로 설명한다. 좋은 복제자의 조건은 세 가지 특성 즉, 정절, 생식력, 수명이다. 만약 그런 특성을 가진 복제자들이 존재한다면 그들 간의 경쟁, 차별적인 생존, 점진적 개선을 위한 자연 선택은 단지 가능성이 아니라 불가피한 귀결이다. 블랙모어는 문화를 구성하는 수많은 개념들과 단위들도 충분한 지속력과 생식력과 높은 정절을 가지고 있으며 그들도 뇌 공간을 차지하기 위해 경쟁한다고 주장한다. 따라서 말과 개념은 선택 압력을 가중시켜 뇌의 확대를 강요한다. 개념을 복사하는 일에 뛰어난 뇌일수록 그 뇌를 가진 신체는 더 잘 생존한다.

> 문법적 언어는 생물학적 필연성이 만들어낸 직접적인 결과물이 아니라 밈들이 그들 자신의 정절, 생식력, 수명을 증가시킴으로써 유전적 선택의 환경을 변화시킨 과정의 결과물이다.[34]

인류학자 리 크롱크는 밈에 대한 멋진 예를 들려준다. 신발 회사 나이키의 한 TV 광고는 동아프리카의 어느 부족민들이 나이키 등산화를 신은 모습을 보여주었다. 광고가 끝날 때 그들 중 한 명이 카메라를 향해 몇 마디 말을 한다. 자막에 번역된 내용은 나이키의 모토인 'Just do it'이다. 나이키의 행운은 그 광고가 리 크롱크의 눈에 띈 순간 끝이 났다. 그는 마사이 족의 삼부루어를 아는 사람이었다. 그 남자가 카메라에 대고 한 말은 '이건 맘에 안 들어. 큰 신발을 달라'였다. 저널리스트인 크롱크의 아내가 가만히 있지 않았다. 그녀의 글은 곧 《USA 투데이》 1면에 실렸고 「투나잇 쇼」에서 다시 한번 자니 카슨의 독백에 맛있는 재료가 되었다. 나이키는 크롱크에게 공짜로 등산화를 보냈고, 크롱크는 다음번에 아프리카에 갔을 때 그것을 한 부족민에게 주었다.

그것은 문화적 차이 때문에 일상적으로 발생하는 농담이었고, 1989년에 일주일 동안 유행한 후 곧 잊혀졌다. 그러나 몇 년 후 인터넷이 빠르게 확산되면서 크롱크의 이야기는 어느 웹사이트에 다시 등장했고, 다음날부터 마치 새 이야기처럼 퍼져나갔다. 현재 크롱크는 한 달에 한 번 꼴로 질문을 받는다고 한다. 인간 사회는 아주 잘 굴러가는데, 인터넷은 훨씬 더 잘 굴러간다.[35]

인간이 상징적 의사소통을 하자마자 문화의 점증적인 톱니바퀴가 돌아가기 시작했다. 즉 문화는 갈수록 큰 뇌를 요구했고, 큰 뇌는 갈수록 더 많은 문화를 허락했다.

위대한 정지

그러나 아직은 아무 일도 일어나지 않았다. 160만 년 전 나리오코톰 소년이 살았던 시대 이후 곧바로 지구상에는 아주 멋진 도구가 출현했다. 바로 아슐기(구석기 전기)의 손도끼였다. 손도끼를 발명한 사람은 틀림없이 그 소년과 같은 종의 누군가로, 전에 없이 큰 뇌를 가진 호모 에르가스터('곧선사람')였을 것이다. 손도끼의 발명은 단순하고 울퉁불퉁한 올도완 석기와는 차원이 다른 위대한 도약이었다. 부싯돌이나 석영 재질에 양면이고 좌우 대칭이며 떨어지는 눈물방울 형태에 날 전체가 예리한 그 손도끼는 한마디로 미와 신비의 결정체다. 그 용도가 던지는 것이었는지, 자르는 것이었는지, 벗기는 것이었는지는 아무도 모른다. 그것은 석기시대의 코카콜라처럼 호모 에렉투스의 확산과 함께 북으로 유럽까지 전파되었는데, 그 기술적 헤게모니는 무려 1백만 년 동안이나 지속되었다. 그러니까 지금으로부터 꼭 50만 년 전까지 사용되었던 것이다. 만약 그것이 하나의 밈이었다면 믿을 만하고 생식력이 높고 지속력이 강한 밈이었음이 분명하다. 놀랍게도 그 기간 동안 서섹스에서 남아프리카공화국까지 수십만 명의 사람들 중 단 한 명도 새로운 변이형을 발명하지 않은 것으로 보인다. 그 어떤 문화적인 손도끼나 개혁의 효소나 실험이나 경쟁자나 펩시콜라도 발견되지 않는다. 손도끼의 독점 시대가 고스란히 1백만 년 지속된 것이다. 세계를 평정한 아슐기 손도끼 주식회사. 위대한 시대였다.

문화적 공진화 이론에서는 이 사실을 예측하지 못한다. 그 이론들은 일단 기술과 언어가 함께 묶이면 변화가 가속화될 뿐이라 예측한다. 그 손도끼를 사용했던 사람들은 손도끼를 만들고 서로에게서 그 제작법을 배울 정도로 큰 뇌를 가졌지만 그 뇌를 사용해 손도끼를 개량하진 않았다. 왜 그들은 1백만 년 이상을 기다린 후 갑자기 창에서 쟁기로, 쟁기에서 증기 엔진으로, 증기 엔진에서 실리콘 칩으로 이어지는 무자비하고 기하급수적인 진보를 시작했던 것일까?

다음 이야기는 아슐기의 손도끼를 깎아내리려는 것이 아니다. 실험을 통해 입증된 바에 따르면 손도끼는 커다란 사냥감을 도살하는 도구로, 강철을 발명하는 것 외에는 더 이상의 개량이 불가능하다. 단지 뼈로 만든 '부드러운 망치'를 조심스럽게 사용하는 것만이 손도끼를 보완하는 방법이었다. 그러나 이상하게도 손도끼를 제작한 사람들은 자신들의 도구에 자부심을 느끼지 못하고 동물을 사냥할 때마다 새 것을 만들었던 것 같다. 적어도 서섹스의 박스그로브 유적지 한 곳에서는 그랬던 것이 분명하다. 지금까지 250개 이상의 손도끼가 발견된 그곳에는 죽은 말 한 마리와 함께 최소한 오른손잡이 6명이 힘들게 만든 손도끼들을 거의 사용도 하지 않은 채 내버린 것으로 보인다. 손도끼 자체보다는 오히려 그것들을 만든 과정에서 떨어져나간 일부 파편들이 도축으로 마모된 흔적을 더 많이 보여주었다. 물론 이것은 왜 그런 물건을 만들 줄 아는 사람들이 창촉이나 화살촉이나 단검이나 바늘을 만들지 않았는가를 설명하지는 못한다.[36]

작가인 마렉 콘은 손도끼는 실용적인 도구로 쓰이지 않았고 대신 최초의 보석류였다고 설명한다. 여자들에게 잘 보이기 위해 남자들이 만든 장신구였다는 것이다. 콘은 손도끼들이 성 선택의 특징을 분명히 보여준다고 주장한다. 즉 실용적인 기능에 필요한 것보다 훨씬 더 정교하고 (구체적인 면까지) 대칭적이다. 그것은 풍조과의 새인 바우어버드의 화려한 침실처럼 이성을 감동시키기 위한 예술품이었다. 바로 그것이 1백만 년의 정체를 설명한다고 콘은 말한다. 남자들은 가장 좋은 손도끼가 아니라 전형적인 손도끼를 만들려고 노력했다. 아주 최근까지도 예술과 공예에서는 창조성이 아니라 묘기가 완벽함의 척도였다. 여자들은 창의력이 아니라 손도끼의 디자인을 보고 잠재적인 배우자들을 평가했다. 여기서 우리의 마음속에 떠오르는 광경은, 박스그로브에서 가장 멋진 손도끼를 만든 남자가 말고기 점심을 먹은 후 몰래 빠져나와 밀회를 즐기기 위해 숲으로 들어가고 그의 친구들은 울적한 심정으로 다른 부싯돌 덩어리를 주워와 손도끼를 만들면서 다음 기회를 기약하는 모습이다.[37]

어떤 인류학자들은 한 걸음 더 나아가, 큰 사냥 자체도 성적으로 선택된 행위였다고 주장한다. 많은 식량 수집인들에게 그것은 예나 지금이나 음식을 얻는 방법으로는 대단히 비효율적인데도, 남자들은 큰 사냥에 많은 노력을 쏟아붓는다. 그들은 아마 특별하게 획득한 기린의 다리를 사회적 지위 향상보다는 여자를 유혹하는 과시 수단으로 사용했을 것이라 여겨진다.[38]

나는 성 선택 이론의 팬이지만 그것은 단지 진실의 일부라 생각한다. 성 선택 이론은 문화의 기원을 해명한다기보다는 단지 뇌-문화의 공진화를 설명하는 새로운 이론일 뿐이다. 오히려 성 선택 이론은 기원 문제를 악화시킨다. 구석기 시대의 음유시인들은 잘 만들어진 손도끼로 부인들을 감동시켰겠지만 그들이 맘모스 상아 바늘이나 나무빗을 보았더라면 훨씬 더 감탄했을 것이다. ("여보, 당신을 위해 깜짝 선물을 준비했소." "아 여보, 새 손도끼를 만들었군요. 항상 갖고 싶어했는데 정말 고마워요.") 뇌는 아슐기의 손도끼가 출현하기 오래 전부터 급격히 확대되었고, 손도끼가 시장을 독점했던 기간에도 계속 확대되었다. 만약 그 확대가 성 선택의 압력 때문이었다면 왜 손도끼는 거의 어떤 변화도 보여주지 않을까? 사실 어떤 관점에서 보더라도 아슐기 손도끼의 고요한 독점은 유전자-문화의 공진화를 설명하는 모든 이론에 치명상을 입힌다. 기술이 정체된 상태에서 인간의 뇌가 꾸준히 확대되었기 때문이다.

50만 년이 지날 때까지 기술은 꾸준히 발전했지만, 이른바 대약진의 시기라 불리는 후기 구석기 혁명까지는 대단히 느린 속도로 진행되었다. 약 50만 년 전 유럽에서는 회화, 신체 장식, 장거리 교역, 점토 공예와 뼈 공예, 정교한 돌 조각 등이 한꺼번에 출현했다. 그러나 이 갑작스런 출현은 부분적으로 착각의 산물이다. 사실 그 물건들은 아프리카의 어느 구석에서 점진적으로 발전한 다음 이주나 정복을 통해 다른 곳으로 확산되었기 때문이다. 샐리 맥브레어티와 앨리슨 브룩스는 화석의 기록을 바탕으로 아프리카에서 아주 점진적이고 분산적인 혁명이 약 30만 년 전에 시작되었다고 주장한다. 그 무렵 칼날과 안료는 이미 사용되고 있었다. 두 사람은 예를 들어 탄자니아의 두 지역에서 창촉으로 사용된 흑요석 조각이 발견된 것을 토대로 장거리 교역의 발명을 13만 년 전경으로 본다. 이 흑요석은 200마일 이상 떨어진 케냐의 리프트밸리에서 생산된 것이다.

50만 년 전 후기 구석기의 시작과 함께 갑작스런 혁명이 일어났다는 것은, 아프리카보다 유럽에서 활동하는 고고학자들이 월등히 많다는 사실 때문에 생긴 유럽 중심적 신화에 불과하다. 그러나 여전히 놀라운 사실 하나가 설명을 기다린다. 유럽 거주자들은 그때까지 문화적으로 정체되어 있었고, 30만 년 전까지는 아프리카 거주자들도 그러했다. 그들의 기술은 전혀 진보하지 않았다. 그 시대가 지난 후 기술은 하루가 다르게 변하기 시작했다. 과거와는 달리 문화가 누적되기 시작했고, 유전자가 따라잡을 새도 없이 발전을 거듭했다.

지금 나는 적나라하고도 기이한 결론에 직면해 있는데, 문화와 선사시대를 연구하는 이론가들은 그런 결론에 한 번도 도달해본 적이 없을 것이라 생각한다. 인간에게 급속한 문화 발전 즉 읽기, 쓰기, 바이올린 연주, 트로이 성의 공격, 자동차 운전 등을 안겨주었던 큰 뇌는 많은 문화가 축적되기 훨씬 전에 출현했다. 진보적이고 점증적인 문화는 인간의 진화사에서 아주 늦게 출현했기 때문에, 그 도움 없이 벌써 최대치에 도달했던 뇌의 크기는 물론이고 사람들의 사고방식에 영향을 미칠 기회가 거의 없었다. 생각하고 상상하고 추론하는 뇌는 다른 사람들로부터 전해지는 문화적 요구에 대처하기 위해서라기보다는 사회적 동물로서 부딪히게 되는 실질적인 삶의 문제와 성적인 문제를 해결하기 위해 자신만의 독자적인 속도로 진화했던 것이다.[39]

지금 나는 우리가 뇌에게 바치는 많은 찬사들이 문화와는 거의 관계가 없다고 주장하는 중이다. 우리의 지능, 상상, 공감, 예견은 문화와는 상관없이 점진적이고 냉혹한 과정에서 탄생했다. 그것들은 문화의 형성 요인이었지, 문화의 산물은 아니었다. 인간은 말을 못했거나 도구를 만들지 못했더라도 놀이, 음모, 계획에는 지금과 거의 똑같이 능숙할 것이다. 닉 험프리, 로빈 던바, 앤드류 화이튼 등 이른바 '마키아벨리 학파'가 주장하는 것처럼, 인간의 뇌가 커다란 집단 내에서 부딪히게 되는 사회적 복잡성, 그러니까 협동, 배신, 사기, 공감 등에 대처하기 위해 확대되었다면, 그것은 언어의 발명이나 문화의 발전과 무관하게 진행되었을 것이다.[40]

그럼에도 문화는 인간의 생태학적 성공을 설명한다. 지식을 축적하고 만들어내는 능력이 없었다면 인간은 농업, 도시, 의약 등을 발명해 이 세계를 지배하지 못했을 것이다. 언어와 기술의 결합은 인류의 운명을 극적으로 바꿔놓았다. 두 가지가 결합되자 문화 혁명은 불가피했다. 우리가 누리는 풍요로움은 개인적 능력이 아니라 집단적 우수함 덕분이다.

점증적인 문화의 기원은 알 수 없지만 일단 진보가 시작되자 문화의 바퀴는 저절로 굴러갔다. 사람들은 더 많은 기술을 발명할수록 더 많은 식량을 수확했고 그 기술이 더 많은 사람들을 부양하자 사람들은 발명에 더 많은 시간을 투자했다. 진보는 이제 불가피해졌는

데, 세계 여러 지역에서 문화적 혁명이 동시에 일어났다는 사실이 그 개념을 뒷받침한다. 문자, 도시, 도기, 화폐 등 많은 요소들이 메소포타미아, 중국, 멕시코에서 동시에 출현했다. 문자 없는 문화가 40억 년 지속된 후 갑자기 지구상에는 1천 년 내에 세 문화가 발생했다. 게다가 이집트, 인더스강 유역, 서아프리카, 페루에서도 문화적 혁명이 독립적으로 일어났다. 『비제로섬』이라는 훌륭한 책을 통해 이 모순을 깊게 탐구한 로버트 라이트는 인간의 밀도가 인간의 운명에 중요한 역할을 했다고 결론지었다. 각 대륙에 인구가 늘어나 새로 이주할 영토가 사라지자 가장 비옥한 지역의 인구 밀도가 상승하기 시작했다. 인구 밀도가 상승하면서 노동 분업과 기술 발명의 가능성, 아니 필연성이 높아졌다. 인구는 개인들의 창의성에 큰 시장을 제공하는 '보이지 않는 뇌'가 되었다. 그리고 인구가 갑자기 줄어드는 지역에서는 가령 오스트레일리아 본토에서 떨어진 태즈메이니아 같은 곳에서는 문화와 기술이 갑자기 역행했다.[41]

중요한 것은 인구 밀도 자체보다 그로 인한 효과인 교환일 것이다. 나의 책 『미덕의 기원The Origins of Virtue』(국내에서는 '이타적 유전자'라는 제목으로 출간됨)에서도 주장했듯이, 인류의 성공에 가장 크게 기여한 것은 노동의 분업을 가져온 물물 교환의 발명이었다.[42] 경제학자 하임 오펙은 '후기 구석기 시대의 변화를, 인간이 교역 제도와 노동 분업을 통해 (전체 인구가) 가난에서 풍요로 비약하기 위한 일련의 성공적인 시도 중 최초의 시도로 보는 것이 타당하다'고 말한다.[43] 그는 그 혁명을 주도한 최초의 발명품이 분업이었다고 주장한다. 그때까지 식량과 도구를 공유한 일은 있었지만 각기 다른 과업을 각기 다른 개인에게 할당하는 일은 없었다. 고고학자 이안

태터솔도 '초기 현대인의 사회에서 물질적 생산의 순전한 다양성은 다양한 활동에 대한 개인들의 분업이 만들어낸 결과'라는 데 동의한다.[44] 일단 교환과 노동 분업이 발명되면 진보는 불가피해지는가? 역사가 시작된 이래로 오늘날까지 인간 사회에는 분명 어떤 선순환이 작용한다. 즉 분업이 생산성을 높이고, 생산성이 번영을 낳고, 번영이 기술적 발명을 낳고, 기술적 발명이 분업을 더욱 심화시킨다. 로버트 라이트의 표현대로, '인간의 역사는 더 많아지고, 더 커지고, 더 정교해지는 비제로섬 게임이다.'[45]

인간이 다른 유인원들처럼 경쟁하는 여러 집단들을 이루고 오직 젊은 여자들만을 좇아다니면서 사는 동안에는, 인간의 뇌가 계획과 구애와 말과 생각을 위한 장비를 아무리 훌륭하게 구비했거나 인구 밀도가 아무리 높았더라도 문화가 변할 수 있는 속도에는 한계가 있었다. 새로운 개념은 집에서 발명되어야 했고, 발명된 후에는 널리 퍼질 수 없었다. 성공적인 발명품을 가진 주인은 경쟁 부족을 몰아내고 세계를 지배할 수 있었지만, 기술 혁신은 더디기만 했다. 그러나 교역이 시작되고 인공물, 식량, 정보가 처음에는 개인들 간에 그리고 후에는 집단 간에 교환되면서 모든 상황이 변했다. 이제는 교역에 의해 좋은 도구나 좋은 신화가 다른 곳으로 이동해 다른 도구나 신화를 만났고, 복제될 권리를 얻기 위해 서로 경쟁하게 되었다. 한마디로 문화가 진화하기 시작했다.

교환이 문화적 진화에서 했던 역할은 섹스가 생물학적 진화에서 했던 역할과 똑같다. 섹스는 다른 몸에 구현된 유전적 혁신을 하나로 합치고, 교역은 다른 부족들이 이룬 문화적 혁신을 결합시킨다. 섹스 덕분에 포유동물들이 두 가지 좋은 발명품 즉 모유와 태반을 결합시킬 수 있었듯이, 교역 덕분에 초기 인간들은 짐 나르는 가축과 바퀴를 결합시켜 더 좋은 결과를 이끌어낼 수 있었다. 교환이 없었다면 두 요소는 별개로 남았을 것이다. 경제학자들은 교역이 최근의 발명품이고 문자 사용 능력에 의해 촉진되었다고 주장하지만, 모든 증거는 그것이 훨씬 오래전에 생겨난 것임을 보여준다. 호주 북동부 케이프요크 반도에 사는 이르요론트 부족이 정교한 교역망을 통해 해안에서 나오는 가오리의 가시를 산간지방에서 생산되는 돌도끼와 교환한 것은 글자를 사용하기 훨씬 이전부터였다.[46]

문화를 받아들이는 유전자

이 모든 주장은 후기 구석기 혁명 이후 인간의 문화는 인간의 마음이 변하지 않은 상태에서 점진적으로 진화했다는 결론을 뒷받침한다. 문화는 말이 아니라 마차이고, 인간의 뇌에 어떤 변화를 가져온 원인이 아니라 변화가 낳은 결과다. 보아스가 똑같은 인간의 뇌로 모든 문화를 발명할 수 있다고 말한 것은 옳았다. 우리와 10만 년 전 아프리카에 살았던 우리 조상의 차이는 뇌나 유전자에 있는 것이 아니라(그것은 기본적으로 똑같다.) 예술과 문학과 기술에 의해 축적된 지식에 있다. 나의 뇌는 그런 정보로 가득 차 있는 반면, 그의 더 큰 뇌는 훨씬 더 지역적이고 순간적인 지식으로 채워져 있다. 문화를 습득하는 유전자는 존재하지만 그것은 그에게도 있었다.

그렇다면 대략 2,30만 년 전에 도대체 무슨 변화가 일어났기에 인간이 이런 식으로 문화적 도약을 이룰 수 있었을까? 그것은 분명 뇌가 유전자에 의해 형성된다는 진부한 의미에서의 유전적 변화였을 것이고, 뇌의 형성 방식에 발생한 어떤 변화였을 것이다. 나는 그것이 단지 크기의 문제는 아니었을 것이라 생각한다. 물론 ASPM 유전자에 변이가 일어나 회색질이 20퍼센트 증가한 것은 대단한 변화였다. 그러나 상징적, 추상적 사고를 갑자기 허락한 것은 어떤 배선상의 변화였을 가능성이 높다. 매력적인 추측은 FOXP2 유전자가 어떤 이유인지는 몰라도 언어 기관을 재배선해서 교환의 바퀴를 굴리기 시작했으리라는 것이다. 아무튼 과학이 탐험 초기에 우연히 그 핵심 유전자를 발견한 것은 너무나 운이 좋은 일이어서 나는 FOXP2 유전자가 정답이 아닐 것이란 의혹이 든다. 나는 문화적 도약이 너무 갑작스러웠기 때문에 그 변화들이 소수의 유전자에서 일어났을 것이고, 머지않아 과학이 그 유전자들을 밝혀내리라 예견한다.

그 변화가 무엇이었든 그로 인해 인간의 마음은 이전보다 훨씬 더 크고 새로운 걸음을 내딛게 되었다. 인간에 대한 자연 선택은 시속 70마일로 달리는 자동차의 운전대를 조정하거나 종이 위에 씌어진 글을 읽거나 머릿속으로 음수를 생각하는 등의 상세한 예측성 조절 능력을 겨냥하지 않는다. 그래도 우리는 그런 일들을 쉽게 해낸다. 왜 그럴까? 몇몇 유전자들이 적응을 할 수 있게 해주기 때문이다. 유전자는 하늘나라의 신이 아니라 기계 속의 톱니바퀴다. 외부적 사건에 의해서든 내부적 사건에 의해서든 생명체의 온몸에서 켜지고 꺼지면서 유전자가 하는 일은 과거로부터 정보를 전달받는 동시에 그에 못지않게 환경으로부터 정보를 흡수하는 것이다. 유전자는 단지 정보를 전달할 뿐 아니라 경험에 반응하기도 한다. 이제는 '유전자'라는 말의 의미를 재평가할 때가 되었다.

섹스와 유토피아

문화는 변해도 인간 본성은 변하지 않는다. 고고학이 입증한 보아스의 이 핵심 개념이 옳다면, 문화적 변화는 인간 본성을 변화시키지 않는다는 사실도 참일 것이다. 공상적 이상주의자들은 이 사실 앞에 항상 괴로워했다. 모든 유토피아에서 변함없이 발견되는 개념은 모든 것을 공유하는 공동체 속으로 개인주의를 흡수한다는 것이다. 사실 공동체주의를 믿지 않는 광신도 집단을 상상하기란 불가능하다. 공동체 문화를 경험하면 인간의 행동이 변할 수 있다는 희망은 몇 세기마다 한 번씩 특별한 열정을 불러일으켰다. 앙리 드 상 시몽과 샤를 푸리에 같은 공상적 사회주의자로부터 존 험프리 노이스와 바그완 슈리 라즈니시 같은 실천적 모험가에 이르기까지 공동체주의의 지도자들은 한결같이 개인의 자율성을 억제해야 한다고 설파했다. 에세네파, 카타르파, 롤라드파, 후스파, 퀘이커교, 셰이커교, 히피를 비롯해 기억하기에는 너무 작은 무수한 종파들이 그런 희망을 실현시키려 했다. 그 모든 시도는 똑같은 결과로 끝났다. 공동체주의는 실현되지 않는다는 것이다. 그 공동체들이 남긴 기록에서 공통적으로 발견되는 사실은 공동체의 붕괴 원인이 공동체를 둘러싼 사회의 핍박이 아니라 개인주의로 인한 내적 갈등이었다는 점이다.[47]

보통 그 갈등은 섹스 때문에 시작된다. 성적 파트너에 대한 선택적이고 독점적인 욕망을 폐지하고 모두에게 자유로운 사랑을 누리게 한다는 것은 아무래도 불가능한 것 같다. 심지어는 공동체 문화 속에서 성장한 신세대들도 질투는 여전하다. 사실 질투하는 성향은 공동체의 어린이들에게서 더욱 심해진다. 어떤 종파들은 섹스를 폐지하여 살아남는다. 에세네파와 셰이커교는 금욕주의를 엄격히 지켰다. 그러나 그 결과는 멸종이다. 어떤 종파들은 성적 관습을 완전히 재창조한다. 존 노이스가 19세기에 뉴욕 주 북부에 세운 오나이다 공동체는 나이 많은 남자들이 젊은 여자들과 사랑을 하고 나이 많은 여자들이 젊은 남자들과 사랑을 하되 사정을 금지했던 이른바 '복합 결혼'을 시행했다. 라즈니시는 그의 뿌나 암자에서 최초로 자유 연애를 멋지게 성공시켰던 것 같다. '과장이 아니라 우리는 아마 로마시대의 바커스 축제 이후로는 어디에서도 일어나지 않았을 f___ing*의 축제를 만끽했다'고 한 참가자는 자랑했다.[48] 그러나 뿌나 암자는 곧 분열되었고 그 뒤를 이어 오레곤의 목장도 분열되었는데, 누가 누구와 잘 것인가를 놓고 발생한 질투와 반목이 큰 몫을 차지했다. 실험은 그렇게 끝났고 실험 뒤에는 93대의 롤스로이스, 살인 미수, 지방 선거를 조작하기 위한 대규모 식중독 사건, 이민 사기 사건이 남겨졌다.

인간의 행동을 바꿀 수 있는 문화의 힘에는 한계가 있다.

---

* ___는 u, c, k로 추정된다 : 옮긴이.

9

유전자의 일곱 가지 의미

학자는 도서관이 다른 도서관을 만들기 위해 거치는 길이다.*

다니엘 데닛[1]

불후의 명성을 눈앞에 둔 상황에서 경쟁자에게 밀려 빛을 잃는다는 것은 참으로 애석한 일이다. 더구나 그 경쟁자가 이미 10여 년 전에 세상을 떠나 이름 없는 수도원에서 불멸의 삶을 누리고 있다면 그 심정은 오죽하겠는가? 나의 사진 속에서 위고 드브리스가 그렇게 불행한 표정을 짓고 있는 것도 이상한 일은 아니다. 그는 1900년에 혁명적인 이론을 발표했다. 그리고 존 돌턴이 받았던 환호와 막스 플랑크가 이제 막 받기 시작하는 갈채가 마땅히 자신에게도 쏟아

---

* "새와 둥지는 유전자가 다른 유전자를 만들기 위해 거치는 길이다" 라는 리처드 도킨스의 말에 비추어, 도서관은 그 안에 담긴 '정보' 로서 '복제자' 이고 학자는 표현형에 해당한다 : 옮긴이.

질 것이라 잔뜩 기대했다. 돌턴은 물질이 원자로 이루어져 있음을 밝혔고 플랑크는 빛을 덩어리로 취급했기 때문에, 드브리스 역시 일종의 양자 이론을 완성했다고 할 수 있었다. 유전은 미립자를 통해 이루어진다고 했기 때문이다. "유기체의 구체적 특징들은 독립적인 단위들로 구성되어 있다."[2] 그는 식물 종을 이종 교배하는 일련의 훌륭한 실험을 통해 그런 결론에 도달했다. 뿐만 아니라 그는 옳다고 입증되기까지 그후 100년이나 걸린 불멸의 진리를 제시했다. 그가 '판겐'이라 불렀던 그 유전 입자들은 종의 장벽에 굴복하지 않고, 그래서 한 식물에게서 무성한 털을 만드는 판겐은 다른 종류의 꽃에도 무성한 털을 만드는 작용을 한다고 추측했던 것이다.

드브리스는 분명 유전학의 아버지로 불리기에 손색이 없었다. 그러나 자랑스런 그 논문을 프랑스 학술지《학술원에 대한 이해》에 발표한 직후 그는 칼 코렌스라는 독일의 벌에게 된통 쏘이고 말았다. 드브리스의 논문이 그 온화한 사람을 건드려 이해할 수 없는 분노를 폭발시켰던 것이다. 사실 코렌스는 전에 드브리스에게 과학적으로 패배한 적이 있었기 때문에 내심 복수의 칼을 갈고 있었다. 그는 드브리스의 연구가, 실험은 그 자신이 직접 한 것이었지만 미립자의 유전에 관한 결론은 개요뿐 아니라 세부적인 내용까지, 심지어 열성과 우성이란 용어까지 오래전에 사망한 모라비아 수도사 그레고르 멘델의 연구에서 빌려온 것이라 지적했다.

사태가 시끄러워지자 드브리스는 마지못해 독일어판 논문에 각주를 달아 멘델이 먼저 발견했음을 인정했고 그 자신은 유전 법칙을 재발견한 것으로 만족했다. 설상가상으로 그 보잘것없는 명예조차 두 사람과 나눠가져야 했다. 코렌스 외에도 젊은 불청객 에리히 폰

체르마르크가 팔을 걷어붙였는데, 이 젊은 과학자는 오직 두 가지 일, 즉 얄팍한 증거를 내세워 자신도 멘델의 법칙을 재발견했다고 사람들을 설득하는 것과 한참 후에 나치를 위해 자신의 재능을 발휘하는 것에만 뛰어났다. 자부심이 대단했던 드브리스에게 이것은 쓰디쓴 경험이었다. 그는 죽는 날까지 멘델을 신격화하는 세상을 혐오스런 눈으로 바라보았다. '이 유행은 금방 지나갈 것'이란 말과 함께 그는 수도사의 동상 제막식에 참석해 달라는 초대를 거절했다. 문제는 그를 동정하는 사람이 별로 없었다는 점이다. 괴팍하고 냉담하고 화 잘 내고 여자를 싫어하는 그가 여자 조교의 배양 접시에 침을 뱉었다는 소문까지 돌았다. 엎친 데 덮친 격으로 그의 전문용어까지 다른 사람의 용어에 가려 빛을 잃고 있었다. 1909년 무렵 판겐은 덴마크 교수 빌헬름 요한센이 만든 '유전자gene'라는 말로 완전히 대체되었다.[3]

드브리스는 표절을 했는가? 어쩌면 그는 자신의 실험을 통해 멘델의 법칙을 직접 발견한 후 도서관에서 멘델의 논문을 재발견했을지 모른다. 1890년대 말에 용어를 갑자기 바꾼 것도 아마 그 때문이었을 것이다. 그런 점에서 그는 위대한 발견을 했다. 그러나 어쩌면 멘델의 연구를 인용하지 않고 무사히 넘어갈 수 있으리라 생각했을지도 모른다. 어쨌든 누가 40년치의 브룬 자연사학회 회보를 재미로 읽겠는가? 그런 점에서 드브리스는 사기꾼이었다. 그러나 과학자는 종종 자신의 발견이 돋보이도록 선배들의 통찰력을 무의식적으로 깎아내리는 경향이 있다. 다윈도 나름대로 겸손하긴 했지만 다른 사람들의 생각 특히 친할아버지의 생각을 도용하는 데 능통했다. 역설적이게도 멘델 자신도 주요 이론의 일부를 다른 사람에게서 빌려온 것으로 보인다. 그는 여러 종의 완두콩을 쉽게 인공 수분할 수 있다는 사실이 유전의 메커니즘을 암시하고 심지어 유전 형질이 2대에 재현되는 것을 가리킨다는 점에 대해 영국의 원예학자 토머스 나이트의 1799년 논문을 언급하지 않았다. 나이트의 논문은 독일어로 번역되어 브룬의 대학 도서관에 꽂혀 있었다.[4]

사실 드브리스는 멘델의 명예를 전혀 손상하지 않고도 유전자를 발견한 독창성과 천재성으로 찬사를 받을 만하다. 이제 그의 판겐 개념과 서로 교환될 수 있는 유전 입자 개념을 독창적이고 유일무이한 것으로 인정할 때가 되었다. 다양한 원소들은 똑같은 입자들(중성자, 양자, 전자)이 각기 다르게 조합된 산물인 것처럼, 우리는 다양한 생물들이 매우 비슷한 유전자들의 다양한 조합임을 20년 전에는 몰랐지만 지금은 잘 알고 있지 않은가.

유전자의 다른 이름

20세기 내내 유전학자들은 유전자가 무엇인지에 대해 최소한 다섯 가지 중복되는 정의를 사용했다. 첫째, 멘델의 정의에 따르면 유전자는 유전의 단위, 다시 말해 진화의 정보를 저장하는 보관소다. 1953년 DNA 구조의 발견은 유전자가 어떻게 유전자를 만들어내는가를 보여줌으로써 멘델의 비유를 실제로 만들었다. 제임스 왓슨과 프랜시스 크릭은 《네이처》에 다음과 같은 절제된 문장을 발표했다. "우리는 우리가 가정했던 그 특별한 이중 구조가 유전적 재료를 복제하는 메커니즘일 수 있다는 사실에 주목하지 않을 수 없었다."[5] A

는 반드시 C, G, A가 아니라 T와 짝을 이뤄야 하고 C는 반드시 C, T, A가 아니라 G와 짝을 이뤄야 한다는 염기쌍 법칙을 따르면 각각의 DNA 분자는 자동적으로 자신의 고유한 배열을 가진 디지털 복제물을 생산한다. 그 복제를 수행하기 위해서는 DNA 중합 장치(효소)가 필요하지만, 그 체계는 디지털이기 때문에 대단히 정밀한 동시에 또한 오류의 가능성이 있기 때문에 진화적 변이가 허용된다. 멘델의 유전자는 디지털 보존소다.

최근에야 부활된 유전자의 두 번째 정의는 상호 교환될 수 있는 요소라는 드브리스의 개념이다. 1990년대에 게놈 판독으로 밝혀진 놀라운 사실은 인간은 그 누구도 예상하지 못했을 만큼 많은 유전자를 파리나 벌레와 공유하고 있다는 것이었다. 초파리의 신체 구조를 설계하는 유전자들은 쥐와 인간의 유전자들과 정확히 대응했고, 그 모든 유전자는 6억 년 전에 살았던 둥근편형동물이라는 공통의 조상에게서 온 것이었다. 각 동물의 유전자들은 발달 과정에 있는 초파리의 유전자를 인간의 유전자로 대체할 수 있을 정도로 비슷하다. 더욱 놀라운 것은 파리가 학습과 기억을 위해 사용하는 유전자들이 인간에게서도 복제된다는 사실이다. 그 유전자들도 둥근편형동물에게서 물려받은 것이라 추정된다. 동식물의 유전자들은 물리적 세계의 원자들과 비슷해서, 표준 부품들이 다른 조합으로 사용되면 다른 화합물이 만들어진다. 드브리스의 유전자는 상호 교환될 수 있는 요소다.

세 번째 정의는 드브리스와 같은 시대에 살았던 영국 의사 아키볼드 개러드로 거슬러 올라간다. 그는 아주 독창적인 방법으로 최초의 단일 유전자 질환인 알캅톤뇨증이라는 이름의 희귀한 질병을 확인했다. 고장난 유전자가 일으키는 질병들에 의해 확립된 공통의 정의, OGOD(one-gene-one-disease, 한 유전자에 한 질병)는 그에게서 나왔다. 이 정의는 두 가지 측면에서 오해를 불러일으킨다. 첫째, 하나의 돌연변이 유전자가 여러 질병과 연결될 수 있고 한 질병이 여러 돌연변이 유전자와 연결될 수 있다는 언급이 빠져 있다. 둘째, 유전자의 기능이 질병을 예방하는 것이라는 의미로 이어진다. 이것은 심장의 기능이 심장마비를 막는 것이라고 말하는 것과 같다. 그럼에도 대부분의 유전자 연구가 의학적 필요성 때문에 추진되었다는 점을 감안하면 OGOD 정의는 거의 불가피했음을 이해할 수 있다. 개러드의 유전자는 질병을 격퇴하는 건강의 수호자다.

네 번째 정의는 유전자가 실제로 하는 일을 규정한다. DNA 개척자들은 처음부터 유전자가 두 가지 일을 한다는 사실에 주목했다. 자기 자신을 복제하는 일과 단백질 합성을 통해 자기 자신을 발현시키는 것이다. 개러드는 유전자가 효소 즉 화학적 촉매를 만든다고 말했다. 라이너스 폴링은 그 점에 착안해, 유전자가 모든 종류의 단백질을 만든다는 개념을 발전시켰다. 그리고 이중나선 구조가 발견되기 넉 달 전에 제임스 왓슨은 DNA가 RNA를 만들고 RNA가 단백질을 만든다고 발표했는데, 후에 프랜시스 크릭은 이 개념에 분자생물학의 '핵심 교리'라는 자랑스런 이름을 붙였다. 정보는 유전자로부터 나온 후 다시 돌아가지 않는다. 이것은 정보가 요리사의 머리에서 나와 케이크로 들어간 다음 다시 요리사에게 되돌아가지 않는 것과 같다. 물론 세포의 생명 유지에 필요한 신진대사를 수행하는 유전자의 밑그림에는 많은 세부 문제들이 공백으로 남았지만—교대성 접합절단, 사용되지 않는 '정크' DNA, 전사인자, 보다 최근에는 RNA를 만들면서 단백질은 만들지 않는 새로운 유전자의 출현 등 많은 문제들이 유전자의 단백질 합성에 깊이 관여하는 것으로 보인다—핵심 교리는 지금도 유효하다. 왓슨의 추측대로 단백질은 거의 예외 없이 그 일을 하고, DNA는 정보를 저장하고 RNA는 그것들을 연결한다. 그래서 왓슨-크릭의 유전자는 일종의 요리법이다.

유전자의 다섯 번째 정의는 두 명의 프랑스 과학자 프랑수아 자콥과 자크 모노가 정의한 것으로, 유전자는 스위치이고 따라서 발달의 단위라는 것이다. 자콥과 모노는 1950년대에 락토오스 용액 속의 박테리아가 갑자기 락토오스의 소화 효소를 생산하다가 효소가 충분해지면 생산을 멈춘다는 것을 발견했다. 유전자는 억제인자 단백질에 의해 꺼지고, 억제인자는 락토오스에 의해 무력화된다. 자콥과 모노는 이와 비슷한 일이 반드시 일어날 것이라고 추측했는데, 그것은 단백질이 유전자 가까이에 있는 특별한 배열에 붙으면 유전자의 스위치가 켜지고 꺼진다는 당시로서는 놀라운 개념이었다. 이제 유전자는 DNA 스위치를 갖추게 되었다.

오늘날 프로모터와 인핸서라 불리는 그 스위치들은 배아의 발달 과정을 이해하는 열쇠다. 많은 유전자들이 프로모터에 붙을 몇 가지 활성인자를 필요로 하고, 활성인자들은 다양한 조합으로 일을 할 수 있으며, 어떤 유전자들은 몇몇 활성인자들의 협력에 의해 켜진다. 그 결과 아주 똑같은 유전자라도 어떤 유전자들과 함께 활성화되는가에 따라 다른 생물 종이나 신체의 다른 부위에서 완전히 다른 효과를 유발한다. 예를 들어 음속 고슴도치 유전자는 어떤 상황에서는 이웃 세포들을 신경세포로 전환시키고, 다른 상황에서는 이웃 세포들을 팔다리로 성장하도록 유인한다. 이런 이유로 어떤 특성에 '해당하는 유전자'를 말하는 것은 위험하다. 많은 유전자들이 겸업을 한다.

우리는 갑자기 발달 스위치라는 아주 어려운 방식으로 유전자를 보고 있다. 모든 세포조직에는 완벽한 유전자 집단이 있지만, 그 유전자들은 세포조직에 따라 각기 다른 조합으로 켜진다. 이제 유전자의 배열 따위는 잊어버리자. 중요한 것은 유전자가 어디서 어떻게 발현되는가다. 오늘날 많은 생물학자들이 이런 의미로 유전자를 생각한다. 인간의 몸을 형성한다는 것은 신체의 성장과 분화를 유발하는 일련의 스위치를 올바른 순서대로 켠다는 것을 의미한다. 그리고 흥미를 더하기 위해 그 스위치들을 켜는 장치(전사인자)들은 다른 유전자들이 만들어낸다. 자콥과 모노의 유전자는 스위치다.[6]

이기적인 태도를 취하는 유전자

사실 유전자라는 말이 만들어진 1909년부터 많은 과학자들이 그 말을 애용했지만 위의 다섯 가지 개념과는 거리가 멀었다. 그들에게 유전자는 유전의 단위, 진화, 질병, 발달, 신진대사라기보다는 선택의 희생자였다. 진화가 유전자의 차별적 생존에 불과하다는 사실을 최초로 명백하게 설명한 사람은 로널드 피셔였다. 그리고 마침내 그 개념 속에 내포된 놀라운 의미들을 완전히 밝힌 사람은 조지 윌리엄스와 윌리엄 해밀턴 그리고 그들의 조수인 리처드 도킨스와 에드워드 윌슨이었다. 도킨스가 보기에 신체는 유전자가 복제를 위해 일시적으로 이용하는 탈 것이고, 유전자에 의해 성장하고 먹고 번창하고 죽음에 이르도록 (그러나 무엇보다 번식을 위해 투쟁하도록) 정교하게 설계된 작품이었다. 신체는 유전자가 새로운 몸을 만들기 위해 거치는 길이었다. 유기체에 대한 이 '유전자적 관점'은 갑작스런 철학의 변화를 의미했다.

예를 들어 그 관점은 아리스토텔레스, 데카르트, 루소, 흄 등이 설명할 필요를 느끼지 못했던 어떤 사실, 즉 왜 사람들은 자식에게 잘 해주는가(루소의 경우는, 못해주는가)를 즉시 설명한다. 일반적으로 사람들은 다른 어른들이나 다른 아이들 심지어 자기 자신에게 하는 것보다 자기 자식들에게 더 잘 해준다. 20세기에 한두 명의 인류학자가 순전히 이기적인 관점에서, 사람들이 자식에게 잘 해주는 것은 노년에 자식에게 좋은 대접을 받기 위해서라고 설명했지만, 이제 윌리엄스와 해밀턴은 양육의 이타주의를 전혀 손상시키지 않는 진정한 설명을 제시했다. 사람들이 자식에게 잘 해주는 것은 그들이 자식에게 잘 해준 사람들의 후손이기 때문이고 따라서 자식들의 생존과 번식을 돕는 데 능숙하기 때문이다. 사람들이 그런 일을 할 수 있는 것은, 염색체상의 유전자들이 신체를 형성할 때 그 신체가 특정한 환경이 주어지면 번식과 양육의 행동을 반드시 하도록 만들기 때문이다. 특정 대상에 대한 친절함이 유전자 속에 숨겨져 있는 것이다.

이 정의에서 유전자는 유전의 단위, 신진대사의 단위, 발달의 단위가 아니라 선택의 단위이다. 이 목적을 위해서는 '유전자'가 무엇으로 구성되어 있는가는 중요하지 않다. 한 쌍의 유전자도 괜찮고, 한 다스의 유전자도 괜찮고, RNA에 의해 조절되는 유전자들의 망일 수도 있다. 중요한 것은 그것이 특정한 효과를 확실히 내느냐이다. 도대체 어떻게 그런 일이 가능할까? 어떻게 한 유전자가 DNA

의 언어로 '자식을 잘 돌봐야 해!' 라고 말할 수 있을까? 그리고 그런 유전자가 있다 해도 그럼으로써 어떻게 자기 자신을 돌보는 것일까? 이 모든 개념(리처드 도킨스의 용어 '이기적 유전자' 로 잘 알려진 개념)은 많은 사람들에게 그저 신비하게만 여겨졌다. 그들은 목적론적인 사고에 너무 깊이 빠져 있어서, 이기적인 목표를 품지 않은 유전자가 이기적으로 행동하는 것을 상상할 수 없었다.

한 비판가는, 유전자는 단지 단백질 요리법이라 '원자가 질투를 하거나 코끼리가 추상적이거나 비스킷이 목적을 품을 수 없는 것처럼 유전자도 이기적이거나 이타적일 수 없다' 고 주장했다.[7] 그러나 그것은 도킨스의 요점을 이해하지 못한 말이었다. 당시에 불리던 이름대로 사회생물학자들이 보기에 도킨스의 요점은 자연 선택이 유전자로 하여금 마치 이기적인 목표에 이끌리는 것처럼 행동하게 만든다는 것이었다. 그것은 일종의 비유였지만 정말로 유용한 비유였다. 간접적이든 직접적이든 유전자의 영향 때문에 자식에게 잘 해주는 사람들은 그렇지 못한 사람들보다 더 많은 자손을 남길 수 있었다.

이제 우리는 왓슨-크릭의 유전자에서 도킨스의 유전자까지 모든 정의를 연결할 수 있는 실제 경우를 아주 쉽게 확인할 수 있다. 여기 Y염색체의 맨 끝에 SRY라는 유전자가 있다. SRY는 612 문자 길이에 단 하나의 엑손(문단)으로 구성된 아주 작고 간단한 유전자다. 멘델의 유전 단위로 그것은 612 암호 문자 본문을 복제한다. 왓슨-크릭의 신진대사 단위로 그것은 고환 결정인자라 불리는 204-아미노산 단백질로 번역된다. 자콥-모노의 발달 단위로 그것은 뇌의 몇몇 부위와 그밖의 단 한 조직(고환)에서 몇 시간 동안 켜지는데 쥐의 경우 대개는 임신 11일째에 켜진다. 드브리스의 상호 교환될 수 있는 판겐으로 그것은 쥐와 모든 포유동물에게서 발견되는 것과 똑같은 형태로 인간에게서 발견되며, 모두 신체를 웅성화하는 비슷한 기능을 수행한다. 개러드의 질병 단위로 그것은 다양한 형태의 성적 이상과 관련되는데, 대표적인 사례로는 Y염색체를 가졌지만 SRY유전자가 침묵을 지켜서 정상적인 여성의 신체를 갖게 되는 사람이 있고, Y염색체가 없는데도 짓궂은 생물학자에 의해 그 유전자를 이식받아 정상적인 수컷의 몸을 갖게 된 쥐들이 있다. 간단히 말하자면 태생 포유동물은 SRY라는 단일 유전자가 있어야 수컷이 되고 그 유전자의 정상적 판형이 없으면 암컷이 된다.

마치 자동차 엔진을 작동시키는 것처럼 SRY는 아주 간단한 동작 하나로 이 웅성화 과제를 수행한다. SRY는 SOX9라는 다른 유전자의 스위치를 켜는데, 그것이 전부다. 유전적으로 남성인 사람이라도 두 개의 SOX9 유전자 중 하나가 작동하지 않으면 대부분은 굽은골형성 장애라는 골격계 질환을 가진 여성으로 발달한다. SRY는 마치 심드렁한 선장처럼 SOX9에게 배를 항구에 대고 정리한 다음 침상으로 가서 쉬라고 명령을 한다. 그러면 SOX9는 정신 없이 뛰어다니면서, 고환에 있는 유전자들뿐 아니라 뇌에 있는 모든 유전자들, 가령 Lhx9, Wt1, Sf1, Dax1, Gata4, Dmrt1, Amh, Wnt4, Dhh의 스위치를 올리고 내린다.[8] 이제 이 유전자들이 호르몬 생산을 시작하고 중단하면, 신체의 발달에 변화가 일어나고 다른 유전자들이 발현한다.

많은 유전자들이 외부 경험에 민감하기 때문에 음식, 사회적 환경, 학습, 문화에 반응하면서 개인의 웅성화 발달에 영향을 미친다. 그러나 전형적인 중산층 가정이라면 두 개의 고환, 대머리, 소파에 앉아 맥주를 마시면서 채널을 돌리는 습관까지, 현대적 환경에서 발견되는 그 모든 남성적 특징들은 SRY라는 하나의 단일 유전자에서 비롯된다. 그것을 남성성에 '해당하는' 유전자로 봐도 전혀 문제되지 않는다.

이제 우리는 SRY를 남성적 특징의 보관소, 요리법, 스위치, 교환 가능한 요소, 건강 수호자 중 마음에 드는 정의에 따라 어느 것으로든 볼 수 있다. 뿐만 아니라 그것을 선택의 단위, 즉 도킨스의 이기적 유전자로도 볼 수 있다. 이렇게 보면 된다. 그 유전자의 파급 효과 중 남성성과 분리할 수 없는 한 가지는 그 신체가 모험을 하고 폭력적으로 행동하고 젊어서 죽을 가능성을 높이는 것이다. 사춘기 후반에 남성적 특징을 유발하는 테스토스테론이 효과를 발휘하면 그 즉시 살인, 자살, 사고, 심장병 같은 요인들 때문에 남성의 조기 사망률은 무자비하게 치솟는다. 이것은 서구 사회도 마찬가지인데, 한술 더 떠 남녀의 사망률 격차는 갈수록 확대되고 있다. 주요 사망 요인들 중 알츠하이머 병만이 남성보다 여성의 죽음을 선호한다. 그리고 이것은 현대 생활에서만 볼 수 있는 특별한 증상이 아니다. 아마존의 몇몇 부족에서는 남성의 절반 이상이 살인으로 죽는다. 폭력에 의한 남성 사망률은 전쟁을 겪은 20세기 독일보다 식량 수집 사회에서 더 높았다.[9]

이 모든 위험들은 남자로서 감당해야 할 짐의 일부다. 모험심은, 비록 문화에 의해 순화되고 개인에 따라 다양해지고 기술에 의해 잠재워질 수 있지만 남성의 본질이다. 이 사실은 유행이 지난 것처럼 보이는 다윈의 자연 선택(적자생존)으로 설명할 수 있다. 사망률을 높이는 유전자는 빠른 멸종을 향해 돌진해야 한다. 그러나 실제로 그렇게 되지 않는 이유는 너무나 명백하다. 모험을 꺼리는 샌님들은 더 오래 살더라도 자식을 더 많이 낳지는 못한다. 남자라면 최고의 번식 방법은 어느 정도 위험을 감수하더라도 다른 남자들을 밀어젖히고 여러 여자를 감동시키는 것이다.

운이 좋아서 캘리포니아의 중산층 가정에서 태어났다면 젊어서 죽을 가능성을 최대한 줄이고도 이 모든 것을 할 수 있다. 물론 자존심에 상처를 입을 때도 있고 자동차 범퍼가 깨지는 경우도 있겠지만 그래도 살아남을 가능성이 상당히 높을 것이다. 만약 운이 안 따라서 야노마뫼 부족의 전사 집안에서 태어났다면 유전적 영속성을 보장할 가장 좋은 방법은 죽이고 죽지 않는 것이다. 야노마뫼 사회에서는 다른 남자를 죽이는 만큼 섹스 상대를 더 많이 확보할 수 있다.[10] 어느 쪽이든 남성으로 태어난다는 것은 생존에 불리하고 그래서 자연 선택의 시험에서 낙제할 가능성이 높다. 이 딜레마를 합리적으로 이해할 수 있는 방법은, SRY유전자가 신체와 뇌의 웅성화 과정에서 나오는 부차적 효과들을 통해 현재의 몸을 기꺼이 희생시키고 자신의 복제물을 안전하게 미래 세대에 진입시킨다고 보는 것이다.

이것이 바로 오랫동안 주목을 받지 못했던 다윈의 또다른 이론인 성 선택이다. 성 선택 이론은 적자생존이 아니라 적자번식을 주장한다. 다윈은 성 선택을 자연 선택만큼이나 중요시했고 특히 인간의 경우는 자연 선택보다 더욱 중요하다고 본 것 같다. 그러나 성 선택은 20세기의 대부분을 과학적 유배 생활로 허비했다. 오늘날 아모츠 자하비와 지오프리 밀러 등이 더욱 정교하게 단장한 성 선택 이론에서는, 수컷 동물들의 모험 행동이 수컷 유전자들의 본색을 노출시키려는 암컷 유전자들의 무의식적인 책략으로, 암컷은 그런 책략을 통해 자식을 위해 최고의 유전자를 선택하려 한다고 주장한다. 어떤 종들은 정반대다. 바다표범이나 고릴라의 경우처럼 비록 암컷은 눈앞에서 벌어지는 수컷들의 싸움을 수동적으로 지켜보지만 결국 승자와 짝짓기를 함으로써 자동적으로 다음 세대를 위해 싸움 잘하는 유전자를 선택한다.

이러한 성 선택은 사악한 악당에서 깔끔한 멋쟁이나 자상한 보호자에 이르기까지 모든 유형의 수컷에게 번식을 허락하고, 만약 정반대의 경우라면 암컷에게도 같은 효과를 발휘한다. 바다오리나 앵무새처럼 일부일처 사회를 이루는 종들은 암수가 모두 화려한 색깔로 상대방을 유혹한다. 인간도 다른 유인원들과 비교했을 때 남성의 선택과 여성의 선택이 어느 정도 공존하는데, 남성의 선택은 여성들이 과시하는 젊음, 건강, 미, 정절을 향하고 여성의 선택은 남성들이 과시하는 권력, 건강, 힘, 정절을 향한다.

가장 크고 화려한 꼬리를 보고 수컷을 선택하는 공작 암컷은, 장식적인 꼬리를 키우는 행위 자체가 수컷 유전자의 우수한 품질을 보여주는 시험이자 장애라고 무의식적으로 확신한다. 더 많은 암컷들이 그런 성향을 보일수록 더 많은 수컷들이 꼬리깃털을 가능한 한 크게 키우는 능력을 물려받게 된다. 이것을 경제 용어로 표현해보자. 공작의 유전자는 좋은 신체를 생산하는 것에 만족하지 못하고 어떻게든 자신의 상품을 마케팅해야 한다. 마치 치약 회사처럼 많은 돈을 광고, 즉 꼬리에 쏟아붓는다. 광고 예산처럼 꼬리는 값비싼 낭비처럼 보이지만 실은 절대적으로 필요하다. 광고의 문구처럼 그런 장식과 의례는 그것이 부정직한 시도임을 암시하지만(좋은 치약을 쓴다고 정말로 자신감이 높아지겠는가?) 그 과정에서 암컷은 짝짓기 시장에 나와 있는 유전자들의 품질을 공정하게 평가할 수 있다.

그래서 밀러는 이야기 꾸미기에서 예술, 재즈 앨범, 운동 능력, 관대함, 살인에 이르기까지 수많은 인간의 재능들이 짝을 선택하는 나이의 젊은 남성들에게서 가장 열정적으로 발휘되는 것이 우연의 일치가 아니라고 주장한다. 밀러는 인간이 생존에 거의 도움이 안 되는 문화 행위들, 이를테면 예술, 춤, 이야기, 유모, 음악, 신화, 제사, 종교, 이데올로기 등에 우스울 정도로 많은 시간을 쏟아붓는다고 지적한다. 그러나 그 모든 것이 개인의 생존이 아니라 유전자의 생존을 위한 성공적인 번식을 보장하는 방법이라면 이상할 것이 전혀 없다.[11]

유전자는 본능의 단위인가? 이 개념은 멀리 멘델의 유전입자로 거슬러 올라간다. 유전자에 대한 서로 다른 개념들이 뒤섞이면서 본성 대 양육 논쟁은 엉망이 되어버렸다. 페라리의 사용 설명서에 '여자들에게 남성적인 우수성을 광고하라' 고 적혀 있지 않은 것처럼, SRY유전자에도 '암컷들에게 수컷의 우수성을 광고하라' 고 적혀 있지 않다. 그러나 그것은 또한 그런 것을 보고 해석을 내리는 것이 유효하지 않다는 뜻은 아니다. 페라리는 훌륭한 공산품인 동시에 성적 장식물일 수 있다. 유전자도 마찬가지다.

유전자의 정치 입문

유전자가 본능의 단위라는 리처드 도킨스의 추상적 개념은 동물의 사회적 행동에 관한 에드워드 윌슨의 방대한 책 『사회생물학』의 표제로 유명해졌다. 하버드 대학에서 개미 생태학을 연구하던 윌슨 교수는 곤충학자라면 누구나 그렇듯이 본능의 복잡성에 매료되었다. 곤충은 학습의 기회도 없이 정교하고 섬세하면서도 각 생물 종에 고유한 방식으로 행동한다. 개미의 행동에서 가장 놀라운 점은 모든 개미가 한 마리의 여왕에게 번식을 위임한다는 것이다. 대부분의 개미는 일꾼개미로 번식을 하지 않는다. 다윈은 이 사실이 혼란스러웠고, 윌슨도 마찬가지였다. 동물들은 번식을 위해 투쟁한다는 법칙에 예외인 것처럼 보였기 때문이다.

1965년 어느 날 윌슨은 보스턴에서 마이애미로 가는 기차에 올랐다. 아내에게 딸이 성장할 때까지는 비행기를 타지 않겠다고 약속한 터였다. 기차에 꼼짝없이 18시간을 갇히게 된 그는 영국 출신의 윌리엄 해밀턴이란 무명의 젊은 동물학자가 쓴 새 논문을 펼쳐들었다. 해밀턴은 그렇게 수많은 개미, 벌, 말벌들이 사회적 동물인 이유가 그들의 '반배수성' 유전학에 있다고 주장했다. 그 유전적 특성 때문에 촌수로 따지면 일꾼개미들은 자신의 딸보다는 자매들과 더 가깝다는 것이었다. 이기적 유전자의 관점에서 볼 때 자기 자식보다 여왕의 자식을 키우는 것이 더 유익하다는 얘기였다.

해밀턴의 목표는 개미를 설명하는 것보다 더 큰 데 있었다. 즉 그런 정밀한 유전학적 계산법으로 친족간의 협동을 설명할 수 있는데 본능적인 협동의 정도는 친족 관계의 촌수와 밀접한 관련이 있다는 사실에 관심을 불러모으는 것이었다. 다시 말해, 사람들이 자식에게 본능적으로 친절한 것은 그들의 유전자가 그들을 그렇게 만들기 때문이고, 그들의 유전자가 그들을 그렇게 만드는 것은 그렇게 하는 유전자가 그렇게 하지 않는 유전자를 누르고 자식을 통해 생존하기 때문이다.

처음에는 그저 순진하고 한심한 논문으로 보였기 때문에 대충 읽고 던져버렸지만, 무엇이 결점인지 정확히 집어낼 수가 없었다. 기차가 뉴저지를 통과할 무렵 그는 논문을 주의 깊게 다시 읽고 있었다. 버지니아에서는 해밀턴의 추정이 실망스러웠고 화가 났다. 그러나 플로리다 북부로 들어설 때 마음이 약해지더니 마이애미에 도착했을 때는 이미 개종자가 되었다.[12]

해밀턴의 이론은(이 이론의 토대는 표면에 나서지 않는 것으로 유명한 미국인 과학자 조지 윌리엄스의 이론이었다.) 길 잃은 탐험가가 지도를 보고 길을 찾듯이 여러 동물학자들의 생애를 훑고 있었다. 갑자기 그들로부터 동물의 행동을 설명할 수 있는 하나의 기준이 보였다. 그 행동이 자신의 유전자 번식에 유리한가? 리처드 도킨스는 그의 훌륭한 저서 『이기적 유전자』에서 그 개념에 함축된 의미들을 탐구하고 확대했지만, 윌슨과는 달리 그는 그 의미를 동물에게만 국한시켰다. 인간은 그 법칙에서 예외였다. 의식을 가진 뇌 덕분에 이기적 유전자의 명령을 무시할 수 있다는 것이었다.

윌슨은 그런 가책을 아예 무시했다. 『사회생물학』의 마지막 장에서 그는 인간의 행동 역시 교활한 유전자의 산물일지 모른다는 생각을 펼쳐보이기 시작했다. 동성애는 자식이 없는 '삼촌'으로 하여금 양육을 보조하게 만드는 유전학적 족벌주의인가? 윤리도 진화론적으로 이해할 필요가 있는가? 사회과학은 생물학의 특수한 분야로 축소될 것인가?[13] 윌슨은 '자연사의 자유로운 정신으로' 사색했지만 때로는 어린 시절 앨라배마에서 들었던 침례교 목사들의 복음주의 언어가 튀어나왔다. 행여 그에게 은밀한 의제가 있었다면 종교의 문제점을 꼬집어보려는 것이었지 양육과 싸워 본성을 옹호하려는 것은 결코 아니었다.[14] 사실 그는 유전자가 어떻게 양육과 협조하여 인간의 사회적 행동을 만들어내는가를 해석할 때 자신이 온건하고 다원주의적인 관점을 견지했다고 생각했다. 다가오는 세기에 계획된 사회가 불가피하게 도래할 것이라는 점과 관련하여 마르크시즘 냄새가 풍기는 몇몇 언급들을 제외하면, 그는 정치적 색깔이 분명한 어떤 말도 하지 않았다. 그래서 1975년 11월 그의 머리 위로 날벼락이 떨어질 때 그는 진심으로 놀랐다.

사건의 시작은 자칭 사회생물학 연구회의 서명과 함께 《뉴욕 리뷰 오브 북스》에 도착한 한 통의 편지였다. 16명의 서명자 중에는 하버드 대학에서 연구하는 윌슨의 동료교수이자 친구(라고 생각했던) 스티븐 제이 굴드와 리처드 르원틴도 포함돼 있었다. 르원틴은 낡은 음모를 새 형태로 부활시켰다고 윌슨을 비난했다.

> 계급, 인종, 성에 따라 결정된 특정 집단의 기득권과 현상 유지에 대한 유전학적 정당화…… 그런 이론들은 1910년과 1930년 사이 미국에서 단종(강제 불임)법과 이민 제한법 시행에 중요한 토대를 제공했고, 나치 독일에서는 아우슈비츠로 이어지는 우생학 정책의 기초가 되었다.[15]

논쟁이 발전해 이듬해 《타임》의 표지를 물들이자 곧 낡아빠진 본성 대 양육 논쟁이 시작되어 진보적이지만 무자비한 환경주의자들과 보수적이지만 불운한 유전론자들이 대립했다. 윌슨의 강의실에는 인간 울타리가 처졌다. 하버드 광장에는 '전쟁, 경제적 성공, 남성 지배, 인종 차별 등 모든 사회적 활동을 지배하는 유전자'를 가정한다고 그를 비난하는 전단이 학생들에게 배포되었다.[16] 르웬틴은 그가 '18세기 부르주아 혁명 이데올로기'를 되살리고 있다고 비난했는데,[17] 그것은 마르크스주의자들의 전형적인 비방이었다. 1979년 한 심포지엄에서는 굴드의 질문에 대답하기 위해 기다리던 윌슨에게 한 무리의 학생들이 갑자기 노래를 부르며 달려와 잔에 담긴 얼음물을 뿌린 적도 있었다.

논쟁은 대서양 건너편에서도 똑같이 격렬했다. 리처드 도킨스는 『이기적 유전자』에서 인간을 거의 다루지 않았고 단지 인간은 의식이 있기 때문에 유전자의 독재에서 자유롭다고 말했을 뿐인데도 극우 정치인을 지적으로 지지했다고 비난을 받았다. 그 사이 윌슨은 두 권의 책을 더 발표해 자신의 이론을 보다 자세히 설명하려 했지만 이미 극단적인 입장으로 양분된 비판가들을 만족시키기에는 역부족이었다. 그는 코페르니쿠스와 다윈이 목격했던 바로 그 상처받은 자존심에 부딪혔다.

예나 지금이나 인간은 우주의 중심에서 밀려나는 것을 달가워하지 않았다. 인간 행동이 왕좌에서 쫓겨나 개미의 행동과 똑같은 용어로 묘사되는 것을 본다는 것은 지구가 하나의 행성으로 전락하는 것을 보는 것만큼이나 인류의 자존심에 상처를 입히는 일이었다. 만약 윌슨이 '유전자'란 말 대신 '선천적 성향들의 별자리'라고 표현했다면 신랄한 비방이 조금 줄어들었을지도 모른다. DNA 단일 배열이 인간의 사회적 태도를 결정할 능력을 갖고 있다는 생각은 굴욕적인 동시에 직관에 배치되는 명백한 오류로 여겨졌다.

이기적 유전자 이론을 지지하는 많은 생물학자들이 윌슨을 도우러 나서지 않은 것은 오늘날까지도 씁쓸한 여운을 남긴다. 어떤 사람들은 윌슨의 인간에 대한 고찰이 순진하고 미숙해서 화를 자초했다고 생각했다. 또 어떤 사람들은 윌슨의 제국주의를 걱정했다. 생물학이 곧 사회과학을 인수할 것이라는 자랑은 아무리 좋게 보아도 우둔한 발언이었다. 또다른 사람들은 단지 조용한 삶을 추구했다. 인종 차별주의자라고 손가락질 받는 사람을 두둔했다간 자신도 도매금으로 넘어갈 수 있었다. 사실 유전적으로 결정되는 동물과 문화적으로 결정되는 인간의 확실한 구분은 대부분의 생물학자들에게는 자유를 보장해주는 하나님의 선물이었다.

(그것은) 일촉즉발의 사회적 이슈나 정치적 이슈에 우연히 말려들거나 충돌할 걱정 없이 평화롭게 연구를 수행하기 위해서다. 그렇게 안전하게 행동해야 오늘날 정치화된 학문이란 지뢰밭을 무사히 건널 수 있다.[18]

이 글의 저자인 두 명의 하버드 퇴직 교수, 존 투비와 레다 코스미데스는 그 안전을 스스로 박차고 1992년 사회생물학을 내부로부터 개혁하기 시작했다. 그들은 인간의 행동 표현이 유전자와 직접 관련되는 것이 아니라 행동의 기초를 이루는 심리적 메커니즘이 유전자와 직접 관련될 것이라 주장했다. 간단한 예로, '전쟁에 해당하는 유전자'를 찾는 것은 실패할 수밖에 없는 짓이지만, 전쟁이 새하얀 마음의 빈 서판 위에 씌어지는 순수한 문화적 산물이라는 정반대 주장도 똑같이 독단적이고 어리석다. 마음에는 충분히 심리적 메커니즘들이 있을 수 있고, 그 메커니즘은 과거에 자연 선택이 유전자에 영향을 미쳐 형성된 것으로, 대부분의 사람들에게 특정한 상황에 대응하여 전쟁 같은 행동을 하게 만드는 소인을 부여한다. 투비와 코스미데스는 이것을 진화심리학이라 불렀다. 그것은 촘스키의 선천론에 포함된 최고의 개념(마음은 선천적 지식의 기초가 없으면 학습을 할 수 없다.)과 사회생물학의 선택설에서 뽑은 최고의 개념(마음의 부분들을 이해하는 방법은 그것이 자연 선택에 의해 어떤 일을 하도록 설계되었는가를 이해하는 것이다.)을 결합하려는 시도였다.

투비와 코스미데스의 생각에, 그것은 진화의 발달 프로그램이었고, 눈이나 발, 신장이나 뇌 속의 언어 기관을 만드는 프로그램이었다. 각 프로그램을 위해서는 수백 수천 개 유전자들이 성공적으로 통합되어야 하고(그 중 많은 것들이 인간이 아닌 다른 체계에도 사용되는 판젠이었다.) 환경으로부터 기대되는 자극이 있어야 한다. 이것은 본성과 양육의 대립을 피하기 위한 신중한 결합이었다.

> 한 유전자가 다른 유전자를 물리치고 선택될 때마다 발달 프로그램을 위한 설계도 선택된다. 이 발달 프로그램은 환경의 특정 측면들과 상호 작용하면서 그 적절한 특징들을 발달의 근거로 삼는다. 따라서 유전자, 그리고 발달에 관여하는 환경은 둘 다 자연 선택의 산물이다.[19]

그러나 결정적으로 환경은 독립 변수가 아니다. 발달 과정의 설계에는 발달에 이용될 환경의 효과가 지정되어 있다. 로얄젤리는 벌의 애벌레를 여왕벌로 바꾸지만 인간의 아기를 여왕으로 바꾸지는 못한다. 투비와 코스미데스가 보기에 유전자는 특정한 환경을 기대하도록 설계되어 있고, 그 환경을 최대한 이용하도록 설계되어 있다.

투비와 코스미데스는 이와 같이 환경을 새롭게 강조했음에도 윌슨과 도킨스에게 닥쳤던 것과 똑같은 정치적 문제에 부딪혔다. 기존의 사회과학계는 사회과학적 주제에 대한 윌슨의 야망을 혐오했을 때와 똑같이 이번에도 두 사람을 극단적이고 반동적인 선천론자로 몰아붙였다. 나는 그것이 철저한 오판이라 생각한다. 내가 보기에 투비와 코스미데스는 고지식한 천성주의에서 한 걸음 물러나 양육을 통합하는 방향으로 나아갔다. 그들이 확립하려 했던 분야(진화심리학)는 본성 이론만큼이나 양육 이론과도 잘 어울린다. 예를 들어 마틴 데일리와 마고 윌슨의 손에서 진화심리학은 살인과 영아 살해 패턴을 설명하는 데 쓰였다. 데일리와 윌슨은 젊은 남성 집단의 살인율을 가장 높게 만드는 성 선택의 역할을 인정했지만 그와 동시에 실제로 살인의 유발 상황을 만드는 환경의 역할도 강하게 인정했다.[20] 새러 홀디의 손에서 진화심리학은 어린이들이 핵가족보다는 공동체 속에서 양육되기에 적합하도록 과거에 의해 '설계'되어 있다는 가설을 세우는 데 쓰였다. 이런 연구들을 '본성'이나 '양육'으로 구분하기는 불가능하다. 양쪽 모두를 포함하기 때문이다. 홀디는 다음과 같이 말한다.

> 본성은 양육과 구분될 수 없다. 우리가 세계를 이분법적으로 보는 것은 상상과 관련된 어떤 면 때문이다. 양육 같은 복잡한 행동은 특히 '사랑' 같이 아주 복잡한 감정과 결부되어 있을 때는 결코 유전적 결정이나 환경적 결정 중 어느 하나로만 결정되지 않는다.[21]

사회과학에 대한 투비와 코스미데스의 주된 불평은 그들이 다른 차원의 설명에는 귀를 막아버린다는 것이다(환원주의자가 애타게 불러도!). 뒤르켐의 유명한 선언을 들어보자. "사회적 현상이 심리적 현상을 통해 설명될 때마다 우리는 그것이 틀린 설명임을 확신하게 된다. 사회적 사실을 결정하는 요인은 개인의 의식 상태가 아니라 이전의 사회적 사실들에서 찾아야 한다."[22] 간단히 말해 그는 모든 환원주의를 거부했다. 그러나 다른 과학들은 '더 낮은' 차원의 설명을 통합하면서도 전혀 손해를 보지 않았다. 심리학은 생물학을 이용하고, 생물학은 화학을, 화학은 물리학을 이용한다. 투비와 코스미데스는 심리학이 유전자를 이용할 수 있도록, 특히 유전자를 피할 수 없는 인간 본성의 무자비한 결정인자로 이용하는 것이 아니라 자연 선택에 의해 세계로부터 경험을 이끌어내도록 설계된 섬세한 장치로 이용할 수 있도록 심리학을 재창조하길 원했다.

내가 보기에 투비-코스미데스 유전자의 매력은 바로 다음과 같다. 그들의 유전자는 여섯 가지의 모든 정의를 통합하고 거기에 일곱 번째 정의를 더한다. 우선 그것은 도킨스의 이기적 유전자이고(여러 세대를 거치면서 생존의 시험을 통과했다는 의미에서), 멘델의 보관소이고(수백만 년의 적응으로부터 나온 지혜가 새겨져 있다는 의미에서), 왓슨-크릭의 요리법이고(RNA를 이용한 단백질 생산을 통해 자신의 효과를 달성한다는 점에서), 자콥-모노의 발달 스위치이고(정확히 지정된 조직에서만 발현한다), 개러드의 건강 수호자이고(예상된 환경에서는 건강한 발달 과정을 보장한다), 드브리스의 판겐이다(같은 종뿐 아니라 다른 생물 종의 다양한 발달 프로그램에 재사용된다). 그러나 투비-코스미데스의 유전자는 또다른 것을 의미한다. 그것은 환경으로부터 정보를 이끌어내는 장치다.

Y염색체상의 웅성화 유전자 SRY는 첫눈에 사회과학자들이 기겁

할 만한 유전적 결정인자로 보일 수 있다. 나는 앞에서 그 유전자가 켜지면 일련의 사건이 일어나 결국 (대개) 남자는 소파에 앉아 맥주를 마시면서 축구를 보고, 여자는 장을 보거나 잡담을 하게 된다는 식으로 말했다. 그러나 다른 방식으로 보면 그 유전자는 양육의 충실한 하인이다. 그것의 일, 목표, 생의 욕망은 하류 단계에서 일하는 수많은 유전자들의 도움으로 주인이 처한 환경과 양육으로부터 특정한 정보를 추출하는 것이다. 그것은 환경으로부터 남성적 신체를 성장시키는 데 필요한 음식을 끌어내고, 남성적 정신을 발달시키는 데 필요한 사회적 단서들을 이끌어내고, 남성적인 성적 성향을 발전시키는 데 필요한 성적 단서들을 이끌어내고, 심지어 현대 사회에서 남성적 성격을 표현하는 데 필요한 기술을 이끌어낸다(가령 장난감 권총이나 리모콘). 그 유전자는 혹은 그것이 시작하는 발달 프로그램은 환경의 변화에 의해 도중에 방향이 바뀌거나 조정될 수 있다. 중세 유럽의 아기를 21세기의 캘리포니아로 데려와 양육하면 아기의 마음은 검과 말 대신 총과 자동차에 매혹될 것이다. SRY는 양육의 하인을 미화시킨 이름에 불과하다.

여기서 이 책의 메시지가 다시 한번 확인된다. 유전자 자체는 작고 무자비한 결정인자로, 완전히 예측 가능한 유전 정보를 들려준다. 그러나 그 프로모터들이 외부의 명령에 반응하면서 켜지고 꺼지는 방식 때문에 유전자는 결코 틀에 박힌 행동을 하지 않는다. 대신 유전자는 환경으로부터 정보를 추출하는 장치다. 우리의 뇌에서 유전자들이 발현되는 패턴은 몸 밖에서 일어나는 사건들에 직접 또는 간접적으로 반응하면서 일분 일초마다 변한다. 따라서 유전자는 경험의 메커니즘이다.

10

도덕적 모순들

신경과학이 뇌 영상을 통해 칸트의 신, 자유, 영혼의 불사 같은 정신적 개념들을 가공해내는 신체 메커니즘을 밝히는 것이 단지 시간 문제인 지금, 무엇 때문에 그런 환각들과 씨름하는가.

톰 울프[1]

서기 두 번째 밀레니엄 말에 유전자가 발견되었을 때, 이미 철학의 식탁에는 유전자를 위한 자리가 마련돼 있었다. 유전자는 고대 신화의 운명이었고 신탁의 예언이었고 점성술의 일치였다. 그것은 숙명이자 결정이었고 선택의 적이었으며 자유에 대한 구속이었다. 그것은 신이었다.

수많은 사람들이 그에 반항한 것도 당연한 일이었다. 유전자에는 '제1원인' 이란 꼬리표가 붙었다. 게놈을 정밀하게 조사할 수 있고 유전자의 활동을 관찰할 수 있는 지금 과거와 같은 두려움은 크게 줄었다. 이 장에서는 본성 대 양육 논쟁에서 얻을 수 있는 몇 가지 교훈을 살펴보고자 한다.

가장 일반적인 첫 번째 교훈은 '유전자는 압제자가 아니라 조력자'라는 것이다. 유전자는 유기체에게 새로운 가능성을 부여하지, 유기체의 선택을 가로막지 않는다. 옥시토신 수용체 유전자는 부부 유대가 형성되는 것을 돕는다. 그것이 없으면 초원들쥐는 부부 유대를 형성할 기회를 갖지 못한다. 크렙 유전자는 기억을 돕는다. 그것이 없으면 학습과 기억 회상이 불가능하다. BDNF는 경험을 통해 쌍안시를 정밀 조정한다. 그것이 없으면 깊이를 판단해 세계를 3차원으로 보지 못한다. FOXP2는 주변 사람들의 언어를 습득하게 해준다. 그것이 없으면 말하는 법을 배우지 못한다.

이 모든 가능성은 사전에 적혀 있는 것이 아니라 경험에 개방되어 있다. 새로 추가한 프로그램이 컴퓨터를 구속하지 않는 것처럼 유전자도 인간 본성을 구속하지 않는다. 워드, 파워포인트, 아크로바트, 인터넷 익스플로어, 포토샵 등이 깔린 컴퓨터는 그런 프로그램이 없는 컴퓨터보다 더 많은 일을 할 뿐 아니라 외부 세계로부터 더 많은 정보를 얻을 수 있다. 그 컴퓨터는 더 많은 파일을 열 수 있고 더 많은 웹사이트를 찾을 수 있고 더 많은 이메일을 받을 수 있다.

유전자는 신과 달리 조건적이다. 유전자는 간단한 'if-then 논리'에 아주 뛰어나다. 특정한 환경에 처하면 특정한 방식으로 발달하는 것이다. 만약 가장 가까이서 움직이는 물체가 수염을 기른 교수라면 그가 엄마처럼 보이게 된다. 만약 식량이 부족한 조건에서 양육되면 다른 신체 유형이 발달한다. 편모 가정에서 자란 여자아이들은 일찍 사춘기를 경험하는데, 아직 밝혀지지 않은 유전자 집단 때문에 가능해지는 효과다.[2] 나는 과학이 그런 방식으로, 즉 자신의 결과물을 외부 조건에 맞추는 식으로 행동하는 유전자 집단의 수를 크게 과소평가하는 것은 아닌가 생각한다.

그래서 이 이야기의 첫째 교훈은 다음과 같다.

"유전자를 두려워하지 말라. 유전자는 신이 아니라 톱니바퀴다."

제2교훈 : 부모

또다른 교훈을 살펴보자. 1960년 하버드 대학의 한 대학원생이 심리학 과장인 조지 A. 밀러로부터 편지 한 통을 받았다. 성적이 부족해 박사 과정에서 탈락시키겠다는 내용이었다. 그 이름을 잘 기억해 두기 바란다. 오랜 시간이 흐른 후 주디스 리치 해리스는 만성적인 건강 문제로 집 밖을 나설 수 없게 되자 심리학 교본들을 집필했다. 그녀는 자신의 책 속에서, 성격과 그밖의 많은 것들이 환경으로부터 습득된다는 당시의 지배적인 심리학 패러다임을 충실히 대체해나갔다. 그리고 하버드를 떠난 후부터 학문적 조류에 휩쓸리지 않고 35년을 보낸 그녀는 실직자 할머니라는 신분으로 책상 앞에 앉아 논문을 쓰기 시작했고, 그렇게 완성한 논문을 권위 있는 《사이컬로지컬 리뷰》에 기고했다. 논문이 발표되자 열화와 같은 박수갈채가 쏟아졌다. 그녀가 누구인지를 묻는 호기심 어린 질문들이 쇄도했다. 1997년 그 논문 하나로 그녀는 심리학계에서 첫손에 꼽히는 상을 받았다. 이름하여 조지 A. 밀러 상이었다.[3]

해리스의 논문은 이렇게 시작된다.

> 부모는 과연 자식의 성격 발달에 장기적으로 얼마나 중요한 영향을 미치는가? 이 논문은 그 증거를 검토하여 그렇지 않다는 결론에 도달할 것이다.[4]

1950년경부터 심리학자들은 이른바 아동의 사회화라는 것을 연구하고 있었다. 처음에는 실망스럽게도 양육 방식과 아동의 성격 사이에 분명한 상관성이 거의 발견되지 않았다. 그러나 심리학자들은 부모가 보상과 처벌을 통해 자식의 성격을 훈련시킨다는 행동주의적 가설과, 많은 사람들의 심리적 문제는 그들의 부모 때문에 생긴 것이라는 프로이트적 가설에 매달렸다. 이 가설은 아예 필수가 되어서 오늘날까지 어떤 전기도 주인공의 운명을 바꿔놓은 부모의 영향을 지나가는 말로라도 언급하지 않는 경우가 없다. (최근 어느 전기작가는 아이작 뉴턴을 가리켜 '당시 어머니와의 고통스런 이별이 정신적 불안의 주된 원인으로 작용했을 것'이라 분석했다.)[5]

공정하게 평가하자면 사회화 이론은 결코 가설이 아니다. 그 이론은 아이가 결국 부모를 닮는다는 것을 보여주는 다량의 증거를 내놓는다. 폭력적인 부모는 아이를 폭력적으로 만들고, 신경질적인 부모는 아이를 신경질적으로 만들고, 냉담한 부모는 아이를 냉담하게 만들고, 문학적인 부모는 아이를 문학적으로 만든다.[6]

그 모든 증거는 엄밀히 말해 아무것도 입증하지 못한다고 해리스는 말했다. 물론 아이들은 부모를 닮는다. 부모로부터 많은 유전자를 물려받았기 때문이다. 떨어져 자란 쌍둥이 연구가 시작되어 성격의 높은 유전율이 극적으로 입증되자, 사람들은 더 이상 부모에 의해 자식의 성격이 결정되는 시기가 유년기의 여러 해가 아니라 임신의 순간일 수 있다는 가능성을 무시하지 못하게 되었다. 부모 자식의 유사성은 양육이 아니라 본성일 수 있었다. 사실 쌍둥이 연구에서 성격에 대한 공유 환경의 영향이 거의 발견되지 않으면, 유전 가설은 사실상 귀무가설이 되고, 증명의 의무는 양육 쪽으로 넘어간다. 만약 사회화 연구가 유전자를 통제하지 못한다면 그 연구는 아무것도 입증하지 못할 것이다. 그러나 사회화 연구자들은 유전 연구에 대해서는 일언반구도 없이 매년 상관성만을 늘어놓았다.

사회화 이론가들은 또다른 주장도 자주 이용했다. 즉 서로 다른 양육 방법이 아이들의 서로 다른 성격과 일치한다는 것이었다. 조용한 집안에서는 행복한 아이들이 자라고, 포옹을 많이 해주면 착한 아이로 자라고, 많이 맞는 아이는 적대적인 아이로 자란다는 식이었다. 그러나 이 주장은 원인과 결과가 뒤바뀔 수 있다. 착한 아이는 포옹을 많이 받고, 적대적인 아이는 많이 맞게 된다. 오래된 농담이 하나 있다. "자니는 결손가정에서 왔대." "그래, 자니 때문에 결손가정이 됐을 거야." 사회학자들은, 부모와의 관계가 좋으면 약물을 멀리하는 데 '예방 효과'가 있다고 말하길 좋아한다. 그러나 약물을 하는 아이들이 부모와 사이가 멀어진다고 말하기는 좋아하지 않는다.

이렇게, 좋은 양육과 좋은 성격과의 상관성은 아이의 성격이 부모에 의해 형성된다는 증거로써 무가치하다. 왜일까? 상관성은 원인과 결과를 구분하지 않기 때문이다. 사회화는 부모가 자식에게 해주는 어떤 것이 아니라고 해리스는 분명하게 말한다. 사회화는 아이들끼리 획득하는 경험이다. 사회화 이론가들이 부모가 자식에게 미치는 영향이라고 가정했던 것들이 사실은 자식이 부모에게 미치는 영향이라는 것을 보여주는 증거가 갈수록 늘어나고 있다. 부모는 아이들을 대할 때 그 아이의 성격에 따라 아주 다르게 대한다.

이 사실이 가장 분명해지는 것은 성이라는 골치 아픈 문제에서다. 남녀 아이를 모두 키우는 운 좋은 부모들은 그들이 아이들을 다르게 대한다는 것을 알 것이다. 그들은 여러 실험에서 어른들이 파란색 옷을 입혀 변장시킨 여자아기는 거칠게 다루고 분홍색 옷을 입혀 변장시킨 남자아기는 껴안고 귀여워했다는 이야기를 들을 필요가 없다. 그렇게 행동하는 대부분의 부모들은 또한, 그들이 남자아이와 여자아이를 다르게 대하는 것은 아이들이 서로 다르기 때문이라고 강하게 주장한다. 부모들이 남자아이의 벽장에는 공룡 인형과 장난감 칼을 채우고, 여자아이의 벽장에는 인형과 드레스를 채우는 것은 그렇게 해야 아이들이 기뻐한다는 것을 알기 때문이다. 그리고 그 작은 독재자들은 가게에 갔을 때에도 그런 것들을 사달라고 조른다.

부모는 양육을 통해 본성을 강화할 뿐이지, 남녀 차이를 만들어내지는 않는다. 그들은 성적 전형을 억지로 강요하는 것이 아니라, 아기가 이미 가지고 있는 성향에 반응한다. 그 성향은 어떤 면에서 선천적이 아니다. 인형 유전자 같은 것은 없기 때문이다. 그러나 음식이 인간의 미각에 맞도록 요리되듯이, 인형도 성향에 호소하도록 디자인된다. 게다가 부모 자신의 반응도 똑같이 선천적이다. 다시 말해 부모 역시 유전적으로 성적 전형에 맞서 싸우는 성향이 아니라, 성적 전형을 지키는 성향을 가진 존재일 수 있다.[7]

우리는 다시 한번 진실을 확인할 수 있다. 즉 양육의 증거는 본성에 반하는 증거가 아니고, 본성의 증거 역시 양육에 반하는 증거가 아니다. 나는 방금 라디오 프로에서, 남자아이들이 원래 여자아이들보다 축구를 잘하는가, 아니면 부모들이 그렇게 만드는가에 관한 이야기를 들었다. 양쪽 지지자들은 그들의 설명이 상호 배타적이라는 점을 은근히 인정하고 있었다. 누구도 양쪽 입장이 모두 옳을 수 있다는 생각을 전혀 하지 않았다.

범죄자 부모는 아이를 범죄자로 키운다는 말은 사실이지만, 그러나 입양된 경우는 그렇지 않다. 덴마크에서 실시된 대규모 연구의 결론은 다음과 같다. 정직한 가정의 아이가 정직한 가정으로 입양되면 후에 범법 행위를 할 확률은 13.5퍼센트이고, 만약 입양 가정에 범죄자가 포함된 경우 그 확률은 14.7퍼센트로 조금 높아진다. 범죄자 부모로부터 정직한 가정으로 입양되는 경우는 20퍼센트로 껑충 뛰고, 양부모와 친부모가 모두 범죄자인 경우는 24.5퍼센트로 급증한다. 유전적 요인이 범죄 발생적 환경에 반응하는 사람들의 태도를 미리 결정하는 것이다.[8]

마찬가지로, 부모가 이혼한 아이들은 그들도 이혼할 가능성이 크다는 말은 사실이지만, 아이들이 친자식일 경우만 그렇다. 입양아들은 양부모가 이혼해도 그 뒤를 따르지 않는다. 쌍둥이 연구에서 밝혀졌듯이 이혼의 경우는 가정 환경이 어떤 역할도 하지 못한다. 이란성 쌍둥이는 한쪽이 이혼하면 다른 한쪽도 이혼할 확률이 30퍼센트인데, 이것은 부모와의 상관성과 동일하다. 일란성 쌍둥이는 양쪽 모두 이혼할 확률이 45퍼센트다. 이혼 확률의 약 절반이 유전자에 있고 나머지는 환경이다.

해리스가 사회화 이론을 해치운 후 벌거벗은 임금님은 자취를 감췄다. 사실 그녀의 이론은 자식을 키워본 사람이면 누구나 당연하게 받아들일 수 있는 것이다. 대부분의 사람들에게 양육은 뜻밖의 깨달음을 준다. 한 인간의 성격을 멋지게 조각하고 감독하겠다고 달려들지만 결국에는 무기력한 방관자 겸 운전사로 전락한다.

아이들은 자신만의 삶을 분리시킨다. 학습은 이 환경에서 저 환경으로 짊어지고 갈 수 있는 배낭이 아니다. 그것은 조건의 특수성에 좌우된다. 그렇다고 해서 부모에게 자식을 불행하게 만들 자격이 있다는 것은 아니다. 다른 사람을 불행하게 만드는 것은 그 사람의 성격이 변하는가 아닌가와 상관없이 나쁜 일이다. 사람은 자신의 특성에 맞게 환경을 고른다는 개념을 오랫동안 옹호해온 샌드라 스카는 이렇게 말한다. "따라서 부모의 가장 중요한 임무는 자식의 영구적 특성을 주조하는 것이 아니라 보살핌과 기회를 제공하는 것이다."[9] 물론 정말로 끔찍한 양육은 아이의 인성을 일그러뜨릴 수 있다. 그러나 한 번 더 반복하지만 양육은 비타민 C와 같아서 적당하기만 하면 약간 더 많고 적은 것은 장기적으로 눈에 띄는 영향을 미치지는 않는다.

해리스는 꽃다발과 함께 비난도 받았다. 그러나 그녀의 이론에 대한 장기적인 반응으로 사회화 이론의 원로인 일리노어 맥코비를 포함하여 그녀를 비판했던 이론가들은 결국, 부모가 자녀의 성격에 영향을 미친다는 개념을 뒷받침하는 연구들을 자세히 검토했다.[10] 그 결과 그들은 초기의 사회화 이론가들이 부모의 결정성을 지나치게 강조했다는 점과 쌍둥이 연구를 고려할 필요가 있다는 점 그리고 자식의 행동이 부모의 행동에 의해 좌우되는 것만큼이나 부모의 행동도 자식의 행동에 의해 좌우된다는 점을 마지못해 인정했다. 그러면서도 그들은 범죄적 성격이 부분적으로는 유전적이지만, 그래도 범죄적 환경에서 드러날 가능성이 훨씬 높다는 점을 강조했다. 그리고 열악한 양육이 아이에게 얼마나 치명적인 영향을 미치는가를 입증하는 일련의 연구들을 부각시켰다. 예를 들어, 생후 6개월에 입양된 루마니아 고아들은 평생 동안 스트레스 호르몬인 코티솔의 수치가 높게 나타난다는 것이다.

그들은 또한 붉은털원숭이에 관한 스티븐 수오미의 연구를 부각시켰다. 해리 할로우의 제자였던 수오미는 매릴랜드의 국립보건연구소에 원숭이 실험실을 세우고 할로우의 모성애 연구를 계속하고 있었다. 그는 그곳에서 어린 원숭이들을 생후 6개월 동안 양모들에게 교차 입양시킨 후 그들의 기질과 사회 생활을 연구했다. 유전적으로 불안한 아기원숭이가 유전적으로 불안한 양모에게 양육되면 스트레스를 잘 받고 사회적으로 무능한 원숭이로 성장하고 자신도 나쁜 엄마가 되었다. 그러나 똑같이 유전적으로 짜증을 잘 내는 아기원숭이를 침착한 슈퍼맘 양모에게 입양시켰더니 스트레스를 잘 피하는 정상적인 원숭이로 자랐고, 심지어 친구들을 사귀면서 사회적 지지세력을 끌어들이면서 능숙하게 사회적 지위를 높여나갔다. 유전적으로 불안한 성격임에도 그런 원숭이는 침착하고 유능한 엄마가 될 수 있었다. 다시 말해 육아 스타일은 유전되는 것이 아니라 부모로부터 모방된다는 것이었다.

그후로 수오미의 동료들은 원숭이의 세로토닌 운반 유전자를 연구했다. 이 유전자의 한 판형은 모성 박탈에 강하고 장기적으로 반응하는 반면, 다른 판형은 모성 박탈에 면역성을 가지고 있다.[11] 이 유전자는 인간에게서도 두 판형이 모두 나타나고 그 차이는 성격 차이와 상관성을 보인다. 이것은 중요한 발견이다. 이것을 인간의 경우에 적용시키면, 어떤 아이들은 사실상 고아처럼 커도 그로 인해 나쁜 영향을 받지 않고 어떤 아이들은 정상적으로 성장하려면 아주 세심한 양육이 필요하다는 것인데, 그 차이는 결국 유전자에 있다는 뜻이 된다. 하긴 우리가 언제 다른 것을 기대했는가?

해리스의 비판자들은 수오미의 연구를 인용함으로써, 그들이 이미 해리스의 요점을 깊이 이해했음을 보여주고 있다. 그들은 부모가 어떻게 아이의 선천적 성격에 반응하는가 그리고 어떻게 유전자에 반응하는가를 살피고 있다. 그들은 더 이상 부모를 자식의 '형성자 또는 결정자'로 보지 않는다고 직접 말한다. 프로이트, 스키너, 왓슨의 독선적 관점은 사라졌다. (당신도 기억하는가? '나에게 열두 명의 건강한 아기를 주고 내가 직접 구체적으로 꾸민 세계에서 키우게 해준다면, 장담하건대 나는 어떤 아기라도 그의 재능, 기호, 경향, 능력, 소질, 조상들의 직업과 무관하게 내가 선택한 유형의 사람 즉 의사, 변호사, 예술가, 상인, 심지어 거지나 도둑이 되도록 훈련시킬 수 있다.')

교훈 : 좋은 부모는 여전히 중요하다.

제3교훈 : 또래집단

해리스는 양육 결정론을 뒤집었지만 그와 함께 그것을 대체할 이론을 제시했다. 그녀는 게놈뿐 아니라 환경도 아이의 성격에 막대한 영향을 미치지만 환경의 영향은 주로 아이의 또래집단을 통해 작용한다고 생각한다. 아이들은 스스로를 어른의 견습생으로 보지 않는다. 아이들은 아이들 수준에서 잘 살아가려고 노력하는데, 이것은 또래집단 내에서 적절한 지위를 찾는다는 것을 의미한다. 이를 위해 아이들은 순응하면서 차별화하고, 경쟁하면서 협력한다. 아이들은 주로 또래들에게서 언어와 억양을 습득한다. 인류학자 새러 홀디처럼 해리스도 인류의 조상이 자식들을 집단으로 양육했다고 믿는다. 여자들의 공동 양육을 동물학자들은 협력적 양육이라 부른다. 따라서 아이의 자연 서식지는 대개 성별에 따라 둘로 나뉜, 모든 연령의 아이들이 뒤섞인 탁아소였다. 우리가 성격에 영향을 미치는 환경적 요인을 찾아야 할 곳은 핵가족이나 부모와의 관계가 아니라 바로 이곳이다.

대부분의 사람들은 또래집단의 압력이 아이들의 순응성을 높여주는 작용을 한다고 생각한다. 중년의 발코니에서 내려다보면 10대들은 획일적인 따라하기에 집착하는 것처럼 보인다. 그것이 헐렁헐렁한 바지건, 주머니가 많이 달린 바지건, 커다란 작업복이건, 배꼽이 훤히 드러나 보이는 티셔츠건, 야구모자를 뒤로 쓰는 것이건, 10대들은 비굴하기 짝이 없는 자세로 유행이라는 독재자 앞에 납작 엎드린다. 괴짜는 조롱감이고 독불장군은 추방감이다. 무조건 코드에 복종해야 한다.

순응은 사실 인간 사회의 모든 연령에서 발견되는 보편적 특징이다. 집단 간에 경쟁이 치열할수록 사람들은 자기 집단의 규범을 더욱 충실히 따른다. 그러나 그 표면 아래에는 다른 어떤 것이 있다. 부족의 의상을 따르는 듯 보이는 그 피상적인 순응 밑에는 차별화된 개성을 추구하는 광적인 욕구가 숨어 있다. 어떤 집단을 들여다봐도 각자가 서로 다른 역할을 맡고 있는 것을 볼 수 있다. 터프가이, 재주꾼, 학자, 리더, 책략가, 예쁜이가 두루 존재한다. 이 역할들은 물론 양육을 통한 본성에 의해 창조된다. 각각의 아이는 집단 내의 다른 아이들과 비교하여 자신이 무엇을 잘하고 무엇을 못하는지를 곧 깨닫는다. 그런 다음에는 그 역할에 맞게 훈련을 하고, 그 특성에 맞게 행동하고, 자신이 가진 재능을 더욱 발전시키고 갖지 못한 재능을 무시한다. 터프가이는 더 터프해지고, 재주꾼은 더 재미있어진다. 자기가 선택한 역할을 전문적으로 담당함으로써 아이는 그 역할에 전문가가 된다. 해리스에 따르면 이 차별화 경향은 8세경에 처음 출현한다고 한다. 그 이전에는 한 무리의 아이들에게 '여기서 누가 제일 힘이 세지?' 라고 물으면, 아이들은 일제히 일어나면서 '나요!' 라고 외친다. 그러나 8세부터는 '걔요' 라고 말하기 시작한다.

이것은 교실과 거리의 패거리뿐 아니라 집안에서도 사실이다. 진화심리학자 프랭크 설로웨이는 한 가정의 아이들이 각자 비어 있는 지위를 선택한다고 생각한다. 장남이나 장녀가 책임감 있고 신중하면 둘째아이는 종종 반항적이고 자유분방하게 변한다. 선천적 특성의 작은 차이들이 해소되기는커녕 관행에 의해 더욱 과장된다. 심지어 일란성 쌍둥이 사이에도 이런 일이 일어난다. 쌍둥이 중 한 명이 다른 한 명보다 더 외향적이면 두 사람은 갈수록 이 차이를 확대한다. 심리학자들은 외향적 성향의 경우 나이가 다른 형제들보다는 이란성 쌍둥이의 상관성이 더 낮다는 사실을 밝혀냈다. 동갑이라는 것이 오히려 성격상의 차이를 부추기는 것이다. 그들보다는 차라리 2년을 떨어져 산 경우가 서로 더 비슷하다. 이것은 외향성이 아닌 다른 특성들에도 적용되기 때문에, 인간에게는 자신의 선천적 성향에 기초해 가까운 동료들로부터 자기 자신을 차별화하는 경향이 있음을 보여준다. 다른 사람들이 현실적이면 나는 사색적인 것이 유리한 것이다.

나는 이것을 아스테릭스 성격이론이라 부른다. 만화가 고시니와 우데르조가 로마제국에 대항하는 갈리아 마을을 그린 만화 『아스테릭스』에는 아주 깔끔한 노동분업이 묘사되어 있다. 그 마을에는 강한 남자(오벨릭스), 족장(비탈-스타티스틱스), 사제(게타픽스), 음유시인(카코포닉스), 대장장이(풀리오토마틱스), 생선장수(우니지에닉스), 영리한 재주꾼(아스테릭스)이 존재한다. 마을의 조화는 각자가 서로의 재능을 존중하는 데서 나온다. 노래를 하면 모두가 귀를 막는 음유시인 카코포닉스는 예외지만.

이 전문화 성향에 최초로 관심을 기울인 사람은 플라톤이지만, 그것을 개념화하여 널리 보급한 사람은 경제학자 애덤 스미스였다. 그는 이 개념에 기초해, 인간의 경제적 생산성은 전문성에 따라 노동을 분할하여 그 결과물을 교환하는 데 비밀이 있다는 노동분업 이론을 세웠다. 스미스는 인간이 이런 점에서 다른 동물과 다르다고 생각했다. 다른 동물들은 스스로 모든 일을 한다. 토끼도 사회적 집단을 이루고 살지만, 그 속에는 기능 분화가 전혀 없다. 어떤 인간도 모든 일을 똑같이 잘할 수는 없다. 스미스는 이렇게 말했다.

> 거의 모든 동물은 성체가 되었을 때 각자가 완전히 독립하고 자연 상태에서 다른 누구의 도움도 받지 못하고 살아간다. 그들은 각자 독립적으로 자기 자신을 부양하고 보호해야 하며, 자연이 그들에게 분배해 준 다양한 재능으로부터 어떤 종류의 이점도 이끌어내지 못한다.[12]

그러나 스미스는 곧이어 교환이 없으면 전문화는 무용지물이라고 지적한다.

인간은 거의 항상 동족으로부터 도움을 받을 수 있지만, 오직 그들의 자선에만 도움을 기대하는 것은 허황된 일이다. 그가 동료들의 자기애를 그에게 유리한 쪽으로 끌어올 수 있다면 그리고 그가 요구하는 일이 그들 자신에게도 이익이 된다는 것을 입증할 수 있다면, 그는 성공할 가능성이 그만큼 높아질 것이다. 우리는 저녁식사를 생각할 때 그것이 양조업자, 빵집 주인의 자비심이 아니라 그들 자신의 이익에 대한 그들의 관심으로부터 나올 것이라 기대한다. 우리는 그들의 인간성이 아니라 그들의 자기애를 다루고, 그들에게 우리 자신의 필요가 아니라 그들 자신의 이익에 대해 말한다. 거지 외에는 어느 누구도 다른 시민들의 자비심에 호소하지 않는다.[13]

이 점에서 에밀 뒤르켐은 스미스를 지지했다. 뒤르켐은 노동분업이 사회적 조화의 원천일 뿐 아니라 도덕적 질서의 기초라 보았다.

그러나 만약 노동분업이 사회적 결속을 만들어낸다면 그것은 각 개인을 교환자, 다시 말해 경제적 행위자로 만들기 때문이기도 하지만, 사람들을 지속적으로 묶어주는 권리와 의무 체제를 창조하기 때문이다.[14]

나는 흥미로운 우연의 일치를 보고 있다. 인간은 전문가이고, 미성년 인간은 자기 자신을 차별화하는 선천적 경향을 가지고 있다. 양자에 어떤 연결성이 있을까? 스미스의 세계에서 성인의 전문성은 우연과 기회의 문제다. 어떤 사람은 가업을 물려받고 또 어떤 사람은 콜센터 직원을 뽑는 광고에 응한다. 운이 좋아서 자신의 기질과 재능에 맞는 직업을 찾을 수도 있지만, 대부분의 사람들은 업무를 배워야 일을 할 수 있다는 점에 동의한다. 청소년 시절 패거리 내에서 했던 역할(어릿광대, 이야기꾼, 싸움꾼)은 잊은 지 오래다. 빵집 주인, 양조 제조업자는 태어나는 것이 아니라 만들어진다. 스미스의 표현대로, '가장 상이한 성격들, 예를 들어 철학자와 지게꾼의 차이는 본성에서 나온다기보다는 습관, 관습, 교육에서 나오는 듯하다.'

그러나 인간의 마음은 도시의 정글이 아니라 홍적세 사바나에 맞게 설계되었다. 그리고 지금보다 훨씬 더 평등했던 그 세계, 모두에게 동등한 기회가 개방되었던 그곳에서는 재능이 직업을 결정했을 것이다. 한 무리의 식량 수집인을 상상해보자. 모닥불 근처에서 네 명의 10대 아이들이 놀고 있다. 오그는 이제 막 자신의 리더십을 발견했다. 그가 새로운 게임을 제안하면 모두 그의 말을 따른다. 반면 이즈는 이야기를 해서 다른 아이들을 웃게 만들 줄 안다. 오브는 말에는 젬병이지만 나무껍질 그물을 만들어 토끼를 잡는 데는 타고난 재능이 있어 보인다. 한편 이크는 벌써 최고의 박물학자로 인정받고 있다. 그녀는 아이들이 동식물의 특징과 이름을 물으면 척척 대답한다. 그후 각자는 몇 년에 걸쳐 양육을 통해 본성을 강화하여 자신의 특별한 재능을 전문화한다. 성인이 될 때까지 오그는 더 이상 타고난 재능만으로 지도력을 발휘하지 않고 하나의 직업으로써 그것을 학습한다. 이즈는 부족의 시인 역할을 훌륭히 수행하면서 자신의 능력을 제2의 천성으로 키운다. 오브는 대화가 더욱 어눌해졌지만 이제는 거의 모든 연장을 만들 줄 안다. 그리고 이크는 학문과 과학을 가르치는 선생이 된다.

사실 재능에 있어 최초의 유전적 차이는 아주 미약하다. 나머지는 연습으로 완성된다. 그러나 그 연습 자체가 일종의 본능에 의존한다. 내 생각에 그것은 인간에게 고유한 본능이고, 수만 년에 걸쳐 자연 선택이 아동의 뇌에 침전시켜놓은 결과물이다. 그것은 아이들의 귓전을 간질이는 속삭임이다. 잘하는 일은 즐기면서 하고 못하는 일은 싫어하라. 아이들은 항상 이 규칙을 마음에 품고 있는 것 같다. 나는 재능을 양육하는 욕구 자체가 하나의 본능이라 말하고 싶다. 또래들보다 잘하는 일을 찾으면 그 일에 대한 욕구가 더 강해진다. 연습을 하면 완벽해지고 곧 부족 내에서 전문가의 지위에 오른다. 이렇게 양육은 본성을 강화한다.

그렇다면 음악적 재능이나 운동 능력은 본성인가 양육인가? 물론 둘 다이다. 끝없이 노력하는 것만이 테니스를 잘 치고 바이올린을 잘 켜는 길이지만, 끝없이 연습하고자 하는 욕구를 가졌다는 것은 연습에 대한 최소한의 태도와 욕구를 가졌다는 것을 의미한다. 나는 최근에 한 테니스 신동의 부모와 대화를 나눴다. 그 아이는 처음부터 테니스를 잘 쳤는가? 꼭 그렇진 않았다. 하지만 열망이 남달랐다. 오빠들이 하는 데 꼭 끼려 했고, 레슨을 받게 해달라고 부모를 졸랐다.

교훈 : 개성은 욕구에 의해 강화된 태도의 산물이다.

제4교훈 : 능력주의

마지막 지원자가 면접실을 나가자 위원장이 헛기침을 하며 말했다.

"자, 여러분, 이제 세 명의 지원자 중 한 사람을 우리 회사의 재무 관리자로 뽑아야 합니다. 누가 적당하겠습니까?"

"당연히 첫 번째 사람입니다." 붉은 머리의 여자가 말했다.

"왜입니까?"

"그녀는 자격이 충분합니다. 그리고 우리 회사는 여성 인력이 더 필요합니다."

그러자 비대한 남자가 말했다.

"말도 안 됩니다. 두 번째 지원자가 가장 훌륭합니다. 그는 훌륭한 교육을 받았습니다. 하버드 경영대학원이면 최고 아닙니까? 게다가 그의 부친은 나와 대학 동창입니다. 그리고 그는 독실한 신자입니다."

두꺼운 안경을 쓴 젊은 여자가 코웃음을 치며 말했다.

"하, 그에게 7 곱하기 8이 몇이냐고 물었더니 54라고 대답했어요! 그리고 내 질문의 요점을 계속 놓치더군요. 명문대학을 나오면 뭐합니까? 머리가 나쁜데요. 나는 마지막 지원자가 가장 좋다고 생각합니다. 침착하고 분명하고 개방적이고 이해가 빠르더군요. 대학을 안 나온 건 사실이지만 숫자에 타고난 능력이 있습니다. 게다가 아주 진실하고 원만한 성격이에요."

"하지만 흑인이잖소." 위원장이 말했다.

문제 : 이 상황에서 누가 유전적인 차별을 하고 있는가? 위원장인가, 붉은 머리의 여자인가, 비대한 사람인가, 안경 쓴 여자인가?

답 : 비대한 사람을 제외한 나머지 세 사람이다. 비대한 남자만이 양육에 근거해 차별하고 있다. 그는 진정한 빈 서판주의자다. 모든 인간이 평등하게 태어나 양육에 의해 자질을 부여받는다고 굳게 믿는다. 원재료가 어떻든 올바른 재질을 갖추려면 교회, 하버드, 대학 친구가 필요하다고 믿는다. 위원장의 인종 차별은 피부색과

관련된 유전적 특질에 근거한다. 여성에 대한 긍정적 조치를 주장하는 붉은 머리 여자는 Y염색체를 가진 사람들을 차별하고 있다. 안경 쓴 젊은 여자는 자격을 무시하고 선천적 재능과 성격을 선호하고 있다. 그녀의 차별은 다른 사람들보다 미묘하지만 적어도 부분적으로는 분명히 유전적이다. 성격은 유전되는 면이 강하다는 점 외에도, 하버드 출신을 반대하는 이유가 그의 양육 유전자가 교육의 혜택을 제대로 흡수하지 못했다는 판단에 있기 때문이다. 그녀는 그가 만회할 수 있다고 생각하지 않는다. 나는 그녀가 위원장과 붉은 머리 여자만큼이나 확고한 유전 결정론자라고 생각한다. 물론 나도 그녀가 미는 지원자가 채용되기를 희망한다.

어떤 면접이든 유전적 차별과 관련된다. 면접관은 분명 인종, 성, 장애, 외모를 무시하고 오직 능력에 기초해 구별하지만 그래도 차별을 하지 않는 것은 아니다. 자격과 배경만을 (이런 경우 왜 면접이란 걸 하겠는가?) 보는 면접관이 아니라면 후천적 재능이 아니라 어떤 선천적 재능을 볼 것이다. 불우한 환경을 참작하는 면접관은 그만큼 유전적 결정론자에 가깝다. 게다가 그 반대쪽을 본다는 것은 성격을 고려한다는 것이므로, 우리는 이 사회에서 성격은 지능보다 유전되는 면이 훨씬 강하다는 쌍둥이 연구 결과를 생각하게 된다.

내 말이 잘못 받아들여지지 않길 바란다. 나는 지원자의 성격과 선천적 재능을 보는 것이 잘못이라고 말하는 것이 아니다. 그리고 인종과 유전적 장애에 근거해 차별하는 것이 옳다고 말하는 것도 아니다. 유전적 차별에는 용납할 수 있는 것과 없는 것이 있다. 성격은 좋지만 인종은 나쁘다. 내 말의 요지는, 우리가 능력주의 사회에서 살고 있다면 양육만을 신봉하지 않는 것이 바람직하다는 것이다. 그렇지 않다면 최고의 자리는 모두 명문대학 출신에게 돌아갈 것이다. 능력주의는 대학과 고용주들이 합격자를 뽑을 때 그들의 배경을 보는 것이 아니라 배경을 무시하고 뽑아야 한다는 것을 의미한다. 그리고 마음의 유전적 요소를 인정해야 한다는 것을 의미한다.

미의 문제를 살펴보자. 어떤 사람들이 다른 사람들보다 더 아름답게 태어난다는 사실을 확인하기 위해 과학적 연구를 계획할 필요는 없다. 미는 가계를 따라 전해진다. 얼굴형, 몸매, 코의 크기 등에 달려 있기 때문이다. 미는 본성이다. 그러나 양육도 필요하다. 음식, 운동, 위생, 사고 등이 신체적인 매력에 영향을 미치고, 헤어스타일, 화장, 성형수술 등도 영향을 미친다. 할리우드에서 종종 입증되듯이 돈과 사치품과 주위의 도움만 충분하다면 아무리 못생긴 사람도 매력적으로 변할 수 있고, 아무리 아름다운 사람도 가난, 부주의, 스트레스를 받으면 외모가 금세 망가질 수 있다. 미의 어떤 측면들은 문화적 가변성이 높다. 날씬함과 뚱뚱함이 대표적이다. 가난한 나라에서 그리고 과거에 서양에서는 포동포동한 것이 아름다웠고 마른 것은 추했다. 현대 서양에서 그 공식은 거의 완전히 뒤집어졌다. 미의 다른 측면들은 문화적 가변성이 낮다. 세계 여러 나라 사람들에게 여자들의 사진을 보여주고 아름다운 여자를 골라보라고 하면 그들은 놀라울 정도로 높은 일치를 보인다. 중국 미인을 뽑을 때 미국인과 중국인이 거의 같은 얼굴을 고르고, 미국 미인을 뽑을 때도 거의 같은 얼굴을 고른다.[15]

그러나 미의 어떤 측면이 본성이고 어떤 측면이 양육인가를 따지는 것은 아주 어리석을 것이다. 브리트니 스피어스의 어떤 점이 유전적인 매력이고, 어떤 점이 화장에서 오는 매력인가? 이런 질문이 무의미한 것은 그녀의 양육이 본성을 상쇄시키지 않고 강화시켰기 때문이다. 미용사는 그녀의 머리를 강화시켰지만 그것은 그녀가 아주 좋은 머릿결을 갖고 있기 때문에 가능했다. 또한 그녀의 머리는 아마 80세가 되면 20세 때보다 덜 매력적이 될 것이다. '아마' 라고? 도대체 왜 80세가 되면 그럴까? 나는 환경 파괴 같은 진부한 이유를 댈 참이었지만 마침 노화가 대체로 유전적 과정이란 사실이 떠올랐다. 그것은 학습과 똑같이 유전자가 매개하는 과정이다. 누구나 성인이 된 후부터 해마다 아름다움을 잃어가는 것 역시 양육을 통한 본성의 한 과정이다.

사회가 평등할수록 선천적 요소가 중요해진다는 사실에는 커다란 모순이 내포돼 있다. 모든 사람이 똑같은 음식을 먹는 사회는 신장과 체중의 유전율이 높을 것이다. 빈부 격차가 큰 사회는 체중의 유전율이 낮을 것이다. 이와 마찬가지로 모두가 똑같은 교육을 받는 사회에서 좋은 직업은 선천적 재능이 뛰어난 사람들에게 돌아갈 것이다. 능력주의라는 말에는 바로 이런 의미가 내포되어 있다.

중산층 출신이든 빈민가 출신이든 똑똑한 아이들이 모두 명문대학에 들어가고 좋은 직업을 차지한다면 그 사회는 과연 공정할까? 그들 뒤에 남겨진 우둔한 아이들의 입장에서 공정할까? 『종형곡선 이론』이란 악명 높은 책의 메시지는 다음과 같이 요약된다. 즉 능력주의 사회는 공정한 사회가 아니다. 부에 의해 계층화되는 사회는 불공평하다. 부자들만이 돈으로 안락과 특권을 살 수 있기 때문이다. 그러나 지능에 의해 계층화되는 사회 역시 불공평하다. 똑똑한 사람들만이 안락과 특권을 살 수 있기 때문이다. 다행히 능력주의는 훨씬 더 큰 인간의 또다른 힘에 의해 지속적으로 잠식된다. 바로 성적 욕망이다. 똑똑한 사람들이 최고 자리에 오르면 과거에 부자들이 그랬듯이, 틀림없이 자신의 특권을 이용해 예쁜 여자를 찾을 것이다. 더구나 그 역도 성립한다. 예쁜 여자들이 반드시 멍청한 것은 아니지만, 그렇다고 반드시 똑똑한 것도 아니다. 미는 뇌에 의한 계층화에 브레이크 역할을 할 것이다.

교훈 : 평등주의자는 본성을 강조하고, 속물은 양육을 강조한다.

제5교훈 : 인종

다른 종의 입장에서 보면 인류는 너무나 비슷해 보인다. 침팬지나 화성인이 보기에 인간의 다양한 인종 집단은 별개로 분류할 가치가 거의 없을 것이다. 한 민족과 다른 민족 사이에 뚜렷한 지리학적 경계가 있는 것도 아니고, 그 유전적 차이도 한 인종의 개인들이 가지고 있는 유전적 차이보다 훨씬 작다. 이것은 오늘날 존재하는 모든 인간이 최근에 공통 조상으로부터 갈라져 나왔으며, 그 시기는 겨우 3천 세대 이전으로 거슬러 올라간다는 사실을 반영한다.

그러나 한 인종의 내부에서 보면 다른 인종들은 너무나 달라 보인다. 빅토리아 시대의 백인들은 첫눈에 아프리카인들을 다른 생물 종으로 상승(또는 격하)시켰고, 20세기에 들어서도 유전론자들은 종종 흑백의 차이가 피부보다 더 깊은 곳에 있고 신체뿐 아니라 마음에도 존재한다는 것을 입증하려 했다. 1972년 리처드 르웬틴은 개인간의 유전적 차이가 인종간의 유전적 차이를 압도한다는 사실을 입증함으로써 과학적 인종 차별을 일소했다.[16] 비록 소수의 괴팍한 사람들이 여전히 유전자에서 인종 차별의 근거를 찾아내려 애를 쓰고 있지만 과학은 이미 인종적 유형화라는 거짓된 믿음을 혁파할 무기를 충분히 비축해 놓았다.

그러나 인종적 편견과 그에 대한 과학적 정당화가 크게 줄어든 지금에도 인종 차별은 여전히 정치성이 짙은 의제로 남아 있다. 20세기 말 사회학자들은 새롭고도 불안한 개념 하나를 조심스럽게 암시하고 있었다. 인종에 대한 과학이 아무리 부당해도, 인종 차별 자체는 유전자에서 비롯될 수 있다는 개념이었다. 인간에게는 다른 인종 출신의 사람들에 대해 편견을 갖게 만드는 피할 수 없는 성향이 있을지 몰랐다. 인종 차별도 하나의 본능일 수 있었다.

미국인들에게 잠깐 만났던 어떤 사람에 대해 물으면, 체중이나 키, 성격, 취미 등과 관련된 여러 가지 특징을 언급할 것이다. 그러나 사람들은 세 가지 두드러진 특징을 빼놓지 않고 언급한다. 즉 나이, 성, 인종. "새로 이사 온 이웃은 젊은 백인 여자다." 그것은 마치 인간의 마음속에 존재하는 선천적인 분류 기준처럼 보인다. 너무나 우울하지만 결론을 내리자면, 만약 사람들이 선천적으로 인종을 의식한다면 우리는 아마도 선천적으로 인종 차별주의자일 수 있다.

존 투비와 레다 코스미데스는 이런 생각을 거부했다. 진화심리학의 창시자인 그들은 본능이 어떻게 시작되는가의 관점에서 생각하는 경향이 있다. 그들의 논리는 석기시대의 아프리카로 돌아가면 인종은 식별 기준으로써 아주 무익하다는 것이다. 대부분의 사람들이 다른 인종 출신의 누군가를 만나본 적이 없을 것이기 때문이다. 반면에 성과 나이는 추정으로나마 상대방의 행동을 예측할 수 있는 믿을 만한 기준이므로 충분히 이치에 닿았다. 그래서 진화의 압력이 인간의 마음에 성과 나이를 주시하는 본능을 (물론 양육을 통해) 심었을지 몰랐다. 그러나 인종은 아니었다. 두 사람에게 인종이 계속 선천적인 식별 기준으로 부상한다는 것은 골치 아픈 일이었다.

그들 생각에 어쩌면 인종은 단지 다른 어떤 요소의 대리자에 불과할 수 있었다. 석기시대나 그 이전 시대라고 가정할 때 우리가 낯선 사람에 대해 알아야 하는 중요한 사실은 '그는 누구 편인가?' 일 것이다. 모든 유인원 사회처럼 인간 사회도 부족과 집단에서 일시적인 친구 사이에 이르기까지 갖가지 분파로 사람들을 걸러낸다. 어쩌면 인종은 단지 연합의 대리자일 수 있다. 다시 말해 현대 미국에서 사람들이 인종에 큰 관심을 갖는 것은 다른 인종의 사람들을 볼 때 본능적으로 그들을 다른 부족이나 연합의 구성원으로 인식하기 때문이다.

투비와 코스미데스는 제자이자 동료 교수인 로버트 커즈번에게 간단한 실험을 통해 이 진화 이론을 검증해달라고 부탁했다. 실험 방법은 다음과 같았다. 피실험자는 컴퓨터 앞에 앉아 일련의 사진을 보았다. 각각의 사진은 사진 속의 사람이 발언한 문장과 연결되어 제시되었다. 피실험자들은 모두 여덟 장의 사진과 여덟 개의 문장을 보았다. 이제 그들이 연결을 잘 시키면 커즈번은 데이터를 얻지 못했다. 따라서 그의 관심은 피실험자의 실수에 있었다. 실수는 피실험자들이 마음속으로 어떻게 사람을 분류하는가를 보여주었다. 예를 들어 나이, 성, 인종은 예상대로 강한 단서였다. 피실험자들은 한 노인이 한 말을 다른 노인과 연결시키거나, 한 흑인이 한 말을 다른 흑인과 연결시켰다.

그런 다음 커즈번은 또다른 식별 기준을 도입했다. 바로 연합이었다. 사진 속의 사람들은 두 편으로 갈려 논쟁하고 있었는데, 그들이 어느 편인가는 그 사람이 한 말을 통해 식별해야 했다. 피실험자들은 곧 서로 다른 편의 두 사람보다 같은 편의 두 사람을 더 혼동하기 시작했다. 놀랍게도 이것은 인종 때문에 실수했던 경향을 대부분 대체했다. 그러나 성에 의한 실수에는 거의 어떤 영향도 미치지 못했다. 결국 사회과학이 몇십 년 동안 하지 못한 일을 진화심리학자들은 4분 만에 해낸 것이다. 그렇게 할 수 있었던 열쇠는 연합이라는 새롭고 더욱 강력한 단서에 있었다. 스포츠팬이라면 이 현상을 잘 알 것이다. 백인들도 '자기' 팀에서 뛰는 흑인 선수를 응원하고, 상대 팀에서 뛰는 백인 선수가 자유투를 쏠 때는 야유를 보낸다.

이 연구에는 사회 정책과 관련된 중대한 의미들이 내포되어 있다. 우선, 개인들을 인종에 따라 분류하는 것은 불가피한 일이 아니다. 둘째, 연합의 단서들이 여러 인종에 걸쳐 분포되어 있으면 인종 차별은 쉽게 격퇴된다. 셋째, 인종 차별 태도를 고치는 데 걸림돌이 될 것은 전혀 없다. 그 연구는 또한 사람들이 다른 인종에 대해 무조건 인종 차별 본능을 일깨우는 것이 아니라, 경쟁 집단에서 활동하거나 경쟁 집단의 구성원으로 보이는 다른 인종 사람들의 수에 비례해 그런 본능을 일깨운다는 점을 보여준다. 그에 반해 성 차별은 깨뜨리기가 더 어려운 문제임을 암시한다. 사람들은 서로를 동료나 친구로 볼 때도 계속 남자를 남자로, 여자를 여자로 전형에 따라 구분하기 때문이다.[17]

교훈 : 유전자와 본능을 깊이 이해할수록 그 필연성은 더욱 작아진다.

제6교훈 : 개인성

나는 너무 편안한 기분으로 이 책을 마무리하고 싶지 않다. 유전적 개인성을 발견하고 해부하는 일은 정치인들의 감정을 불안하게 만들 수 있다. 한때는 무지가 축복이었지만 이제 정치인들은 모든 국민을 똑같이 취급했던 행복한 시절을 돌아보며 향수를 느끼고 있다. 그 무지는 2002년 4백 명의 젊은 남성에 대한 특별한 연구가 발표되면서 영원히 사라졌다.

그들은 모두 1972-1973년에 뉴질랜드 남섬의 더니든 시에서 태어났다. 테리 모핏과 아브샬롬 카스피는 그때 그곳에서 때어난 1,037명의 아기 중 4대에 걸쳐 백인 조상을 가진 442명의 남자아기를 선택해 성년이 될 때까지 정기적으로 연구를 했다. 모두 백인이고 계층과 부에 편차가 거의 없는 아이들 중 8퍼센트는 3-11세 사이에 심한 학대를 당한 아이들이었고, 28퍼센트는 어떤 식으로든 학대를 받은 아이들이었다. 예상대로 학대받은 아이들은 대개 폭력적인 사람이나 범죄자로 성장했다. 학교에서 문제를 일으키거나 범법 행위를 했고, 반사회적 · 폭력적 성향을 보였다. 본성 대 양육의 관점에서 보면 이것은 부모의 학대가 원인인가, 유전자가 원인인가의 문제로 보일 것이다. 그러나 모핏과 카스피는 양육을 통한 본성이라는 접근법을 채택했다. 그들은 남자아기들을 검사해서 모노아민 산화효소 혹은 MAOA라는 유전자에 어떤 차이가 있는지 확인한 다음 이것을 양육과 비교했다.

MAOA 유전자의 상류 부위에는 30개 문자로 된 암호 배열이 3번, $3\frac{1}{2}$번, 4번, 5번 반복되는 프로모터가 있다. 그 배열이 3번이나 5번 반복되는 유전자는 $3\frac{1}{2}$번이나 4번 반복되는 유전자보다 활성도가 훨씬 낮았다. 그래서 모핏과 카스피는 조사 대상을 각각 고활성도 MAOA와 저활성도 MAOA 유전자를 가진 두 집단으로 나누었다. 놀랍게도 고활성 MAOA 유전자를 가진 사람들은 학대의 효과에 높은 면역력을 보였다. 그들은 어린 시절 학대를 받은 경우에도 큰 문제를 일으키지 않았다. 저활성 유전자를 가진 아이들은 학대를 받았을 때 훨씬 더 반사회적인 젊은이가 되었고, 학대를 받지 않은 아이들도 반사회성이 평균보다 약간 낮았다. 저활성 유전자를 갖고 학대를 받은 사람들은 강간, 강도, 폭행 범죄율이 4배에 이르렀다.

다시 말해, 반사회성이 형성되기 위해서는 학대만으론 충분치 않고 반드시 저활성 유전자를 가져야 하거나, 저활성 유전자만으론 충분치 않고 반드시 학대를 받아야 하는 것으로 보인다. MAOA 유전자의 역할은 전혀 의외의 사건이 아니다. 그 유전자를 손상시킨 쥐는 폭력적 행동을 하고, 유전자를 회복시키면 공격성이 줄어든다. 범죄의 역사가 깊은 네덜란드의 어느 가계에서는 몇 세대에 걸쳐 MAOA 유전자가 완전히 손상된 채로 발견되었고, 법을 잘 지키는 친척들에게서는 온전한 채로 발견되었다. 그러나 그렇게 완전히 손상된 돌연변이는 매우 드물고, 그래서 범죄의 큰 부분을 설명하지 못한다. 저활성의 양육 의존형 돌연변이들은 남성의 약 37퍼센트로 훨씬 흔하다.

MAOA 유전자는 X염색체상에 있기 때문에 남성에게는 사본이 하나뿐이다. 두 개의 사본을 가진 여성은 따라서 저활성 유전자의 영향에 둔감하다. 그들 대부분은 고활성 유전자 판형을 최소한 하나 갖고 있기 때문이다. 그러나 뉴질랜드의 조사 대상에 포함된 여성 중 12퍼센트는 두 개의 저활성 유전자를 갖고 있었다. 그들 중 어렸을 때 학대를 받은 아이는 사춘기에 문제 행동을 일으키는 경우가 많았다.

모핏은 아동 학대가 성인의 성격에 영향을 미치든 안 미치든 아동 학대를 줄이는 것은 그 자체로 가치 있는 일이라 지적하고, 따라서 자신의 연구에 특별한 정치적 의미를 부여하지 않는다. 그러나 우리는 그런 연구 결과를 반영하면 문제아들의 삶을 더욱 바람직한 방향으로 이끌 수 있다는 것을 쉽게 상상할 수 있다. '나쁜' 유전자형은 그 자체로 최종 선고가 아니라 '나쁜' 환경도 문제가 된다. 마찬가지로 '나쁜' 환경 역시 그것만으로 최종 선고가 아니라 '나쁜' 유전자형도 문제가 된다. 따라서 대부분의 사람들에게 이 소식은 해방을 의미한다. 그러나 어떤 사람들에게는 운명의 감옥문이 육중하게 닫히는 것을 의미한다.

만약 당신이 폭력적인 가정에서 너무 늦게 구출된 어린이라고 가정해보자. MAOA라는 단 하나의 유전자를 검사해 그 프로모터의 길이를 확인하는 것만으로 의사는 당신이 반사회적인 젊은이가 되고 어쩌면 범죄자까지도 될 수 있다고 어느 정도 자신 있게 예측할 것이다. 당신과 그 의사와 사회복지사와 당신이 선출한 정치가는 그 지식을 어떻게 이용하겠는가? 아마 상담 요법은 효과가 없을 것이다. 그러나 심리학적으로 신경화학 작용을 변화시켜주는 약물은 그렇지 않을 것이다. 현재 많은 약물들이 모노아민 산화효소의 활성도를 변화시켜 심리상태를 호전시켜준다. 그러나 약물은 위험할 수 있고 또 완전히 실패할 수도 있다. 정치가들은 그 개인의 입장에서가 아니라 미래에 그의 희생자가 될 수 있는 사람들 편에 서서, 그런 검사와 치료의 결정권을 누구에게 맡겨야 하는지를 결정해야 한다.

이제 과학은 유전자와 환경의 관계를 알기 때문에 무지는 더 이상 도덕적 중립을 보장하지 못한다. 학대에 취약한 모든 사람이 그런 검사를 받아야 하고 그래서 미래에 범죄자가 되지 않도록 도와야 한다고 주장하는 것이 도덕적인가, 아니면 누구도 그런 검사를 받게 하면 안 된다고 주장하는 것이 도덕적인가? 21세기에 펼쳐질 수많은 프로메테우스의 딜레마 중 최초의 딜레마에 직면하게 된 것을 환영한다. 모핏은 또 다시 세로토닌 체계에서 환경적 요소에 반응하는 유전적 돌연변이를 발견했다. 한눈 팔 새가 없다.[18]

교훈 : 사회 정책은 제각기 다른 사람들이 사는 세계에 적응해야 한다.

제7교훈 : 자유의지

윌리엄 제임스가 자유의지 문제에 그의 지력을 쏟아붓던 1880년대에 그 문제는 이미 유서 깊은 수수께끼가 되어 있었다. 스피노자, 데카르트, 흄, 칸트, 밀, 다윈의 그 모든 노력에도 자유의지 논쟁에는 아직 더 탐구할 내용이 남아 있다고 그는 주장했다. 그러나 제임스 역시 다음과 같이 어설프게 포기하고 말았다.

> 그러므로 이제 나는 의지의 자유라는 것이 사실임을 입증하려는 무모한 시도를 솔직하게 포기하고자 한다. 내가 바라는 것은 여러분 중 누군가가 내 뒤를 이어 그것이 사실임을 밝혀내는 것이다.[19]

한 세기가 더 흐른 지금에도 상황은 그대로다. 자유의지는 환상도 불가능도 아니라는 것을 만천하에 밝히겠다던 철학자들의 무수한 노고에도 불구하고 세상 사람들의 생각은 어느 면으로나 예전과 달라진 것이 없다. 사람들은 그 수수께끼를 아주 잘 알지만 해답은 알지 못한다. 과학이 인간 행동의 원인을 가정할 때는 어쩔 수 없이 자기 표현의 자유를 제거한다. 그러나 우리는 다음에 취할 행동을 자유롭게 선택한다고 느끼는데, 그 경우 행동은 예측이 불가능하다. 하지만 행동은 무작위가 아니고, 따라서 행동에는 원인이 있는 것이 분명하다. 그리고 행동에 원인이 있다면 그것은 자유가 아니다. 적어도 현실적인 면에서 철학자들은 보통 사람들이 납득할 만한 해답을 내놓지 못했다.

스피노자는 인간과 언덕을 구르는 돌멩이의 유일한 차이는 인간은 자신의 운명이 자신에게 달려 있다고 생각하는 데 있다고 말했다. 행여 도움이 되는 말인지는 모르겠지만. 칸트는 인과성을 이해하려 할 때는 순수이성이 어쩔 수 없이 해결할 수 없는 모순에 빠진다고 생각했고, 그 탈출구는 자연 법칙에 의해 움직이는 세계와 지적 행위자에 의해 움직이는 두 개의 세계를 가정하는 데 있다고 보았다. 로크는 '인간의 의지가 자유로운가를 묻는 것은 잠이 빠른가 혹은 미덕이 네모난가를 묻는 것처럼' 터무니없다고 말했다. 흄은, 우리의 행동은 사전에 결정되어 있거나 무작위로 발생하는데, 두 경우 모두 우리가 할 수 있는 일은 아무것도 없다고 말했다. 과연 이것으로 충분한가?[20]

나는 이 책을 통해, 양육에 호소하는 것이 결정론의 딜레마를 벗어날 수 있는 방법이 결코 아님을 충분히 입증하고자 했다. 만약 한 인간의 성격이 부모, 또래집단, 사회 등에 의해 형성된다면 그 역시 자유로운 것이 아니라 결정되는 셈이 된다. 철학자 헨릭 월터의 지적에 따르면, 유전자에 의해 99퍼센트 결정되고 자신의 행위력에 의해 1퍼센트 결정되는 동물이, 유전자에 의해 1퍼센트 결정되고 양육에 의해 99퍼센트 결정되는 동물보다 더 많은 자유의지를 갖는다는 것이다. 나 역시 이 책을 통해, 행동에 영향을 미치는 유전자 형태를 띠고 있는 본성이 자유의지에 어떤 특별한 위협도 되지 않음을 입증하고자 했다. 유전자가 개인의 성격 형성에 중요한 역할을 한다는 소식은 어떤 면에서 고무적이다. 외부의 영향이 침투하지 못하는 인간 본성의 특징이 세뇌에 반대할 수 있는 무기가 될 수 있기 때문이다. 적어도 다른 누군가의 힘보다는 우리 자신의 내적 힘에 의해 우리가 결정되지 않는가. 이사야 벌린은 그것을 교리문답 형식으로 이렇게 묘사했다.

> 나는 내 삶과 나의 결정이 어떤 종류든 외적 힘에 의존하지 않고 나 자신에게 달려 있기를 소망한다. 나는 내가 타인의 의지가 아니라 나 자신의 의지를 수행하는 도구이기를 소망한다. 나는 객체가 아니라 주체이기를 소망한다.[21]

덧붙여 말하자면, 유전자가 행동에 영향을 미친다는 사실이 발견되면서 변호사들이 의뢰인들을 변호할 때 그 범죄가 그들의 선택이 아니라 유전적 운명이었다고 주장하는 경향이 증가할 것이라고들 한다. "존경하는 재판장님, 그것은 그의 잘못이 아니고 그의 유전자 때문입니다." 실제로 몇몇 변호사들이 이런 변호를 시도한 적이 있었다. 그리고 앞으로 그 빈도는 증가할 것이 분명하지만, 내가 확신하기에 형법상 정의에는 어떤 혁명도 일어나지 않을 것이다. 무엇보다 이 세상은 변호사들이 늘어놓는 결정론적인 변호를 훤히 꿰뚫고 있다. 그들은 항시 책임의 경감을 주장하면서, 피고가 제정신이 아니었다거나, 아내 때문에 그런 행동을 하게 되었다거나, 어렸을 때 학대를 받았기 때문에 어쩔 수 없었다는 등의 이유를 내세운다. 심지어 햄릿도 레어티스에게 그의 부친인 폴로니어스를 죽인 이유를 설명하면서 정신 이상으로 인한 무죄 변론을 이용한다.

> 내 난폭한 행동에
> 자네는 자식 된 도리로써 인정은 물론 체면과 감정을
> 몹시 상했을 줄 아네만 그건 단연코 광증의 소치였네.
> 햄릿이 레어티스에게 난폭한 행동을 했다고? 아냐, 그건 절대로 햄릿이 한 짓이 아냐.
> 이성을 빼앗기고 자아가 없는 햄릿이 레어티스에게 폭행을 가했다면,
> 그건 햄릿이 한 짓이라곤 할 수 없지. 햄릿 자신이 그걸 부인하네.
> 그럼 누가 했겠나? 그의 광증이 했지. 그렇다면 햄릿은 피해자의 한 사람이며,
> 이 광증은 불쌍한 햄릿 자신의 적이기도 하네.[22]

유전자도 새 변명거리로 목록에 포함된다. 게다가 스티븐 핑커의 지적대로, 정신 이상을 책임 경감의 근거로 내세우는 것은 범죄자가 당시에 자유의지를 갖고 그렇게 행동했는가를 판정하는 것과 아무 관계가 없다. 그것은 단지 그런 범죄의 재발을 어떻게 막을 것인가

와 관계가 있다. 그러나 내가 보기에 유전자 변론이 드물 수밖에 없는 가장 큰 이유는 그것이 아주 무용한 변론이라는 데 있다. 자신에 대한 기소를 논박할 때 자신의 행위가 어떤 선천적 성향 때문이었음을 인정하는 범죄자는 재판에 이길 가능성이 거의 없다. 그리고 선고를 받을 때에도 살인한 것이 자신의 본성 때문이었다고 주장하면 어느 판사가 다시 살인을 하라고 그를 풀어주겠는가? 유전자 변론을 이용하는 유일한 이유는 죄를 인정하고 사형을 모면하려는 것이다. 실제로 재판에서 유전적 변론을 이용한 최초의 범죄자는 애틀란타의 스티븐 모블리라는 살인자였고, 유전자 변론은 사형을 면하기 위한 호소였다.

나는 이제 아주 야심 찬 계획을 실행에 옮기고자 한다. 제임스는 못했지만, 본성과 양육을 뛰어넘어 의지의 자유가 사실이라는 것을 입증하려는 것이다. 이것은 위대한 철학자들을 모욕하려는 것이 아니다. DNA 구조가 발견되기까지 생명의 본질은 정말로 해결할 수 없는 문제였던 것처럼, 자유의지도 최근의 경험적 증거가 발견되기까지는 정말로 해결할 수 없는 문제였다고 생각한다. 그것은 사유만으로는 해결될 수 없는 문제였다. 어쩌면 우리가 뇌를 더 많이 이해할 때까지 자유의지를 다루는 것은 성급한 일일 수 있다. 그러나 이제는 유전자가 뇌에서 어떤 일을 하는가를 이해하게 되었으므로 겸손한 눈으로 그 해결의 실마리를 엿볼 수 있다고 생각한다.

이제 시작해보자. 내 출발점은 캘리포니아의 한 신경학자의 연구다. 공상적인 그 신경학자는 월터 프리먼이라는 어울리는 이름을 갖고 있다. 프리먼은 다음과 같이 주장한다.

> 자유의지를 부인하는 태도는 뇌가 선형적 인과관계의 사슬에 얽매여 있다고 보는 관점에서 비롯된다. 자유의지와 보편적 결정론은 선형적 인과관계에서 비롯되는 화해할 수 없는 두 극단이다.[23]

핵심은 선형적이라는 것이다. 프리먼에 따르면 선형적이란 말은 일방적이라는 뜻이다. 중력은 날아가는 대포알에 영향을 미치지만 그 반대는 일어나지 않는다. 모든 행동을 선형적 인과관계로 돌리는 것은 인간의 마음에서만 볼 수 있는 독특한 중독성 습관이다. 그것은 갖가지 실수의 원천이다. 가령 천둥이 토르 신의 망치질이라는 믿음이나, 우연한 사건에서 변명거리를 찾거나, 별자리에 집착하는 운명적 결정론처럼, 아예 존재하지 않는 원인을 탓하는 실수는 내 관심 밖이다. 지금 나의 관심은 다른 종류의 실수 즉, 의도적 행동에는 반드시 선형적 원인이 있다는 믿음에 있다. 이것은 단지 착각이고, 정신적 신기루고, 빗나간 본능이다. 텔레비전 화면의 2차원 영상이 3차원의 장면으로 보이는 착각이 유용한 것처럼, 그 착각도 아주 유용하다. 자연 선택은 인간의 마음에 타인의 의도를 탐지하고 잘하면 그들의 행동까지도 예측할 수 있는 능력을 선사했다. 우리는 의지 작용을 이해하기 위해 원인과 결과를 비유적으로 이용한다. 그러나 그것은 착각이다. 행동의 원인은 선형적 체계가 아니라 순환적 체계에 있다.

이것은 의지 작용을 부인하는 것이 아니다. 의도적으로 행동하는 능력은 실제적 현상이고 뇌의 특정 부위와 관련이 있다. 그 부위가 변연계에 있다는 사실을 다음의 간단한 실험이 입증한다. 전뇌의 어느 부위를 절단하면 그 동물은 특정한 기능을 상실해 눈이 멀거나 귀가 멀거나 마비가 된다. 그러나 여전히 분명한 의도를 보인다. 반면에 뇌의 기저부에 있는 변연계를 제거한 동물은 여전히 완벽하게 듣고 보고 움직인다. 먹이를 주면 꿀꺽 삼킨다. 그러나 그 동물은 행동을 시작하지 못한다. 의지를 잃어버린 것이다.

예전에 윌리엄 제임스는 아침에 침대에 누워 자신에게 일어나라고 명령하는 순간을 묘사한 적이 있다. 처음에는 아무 일도 일어나지 않았다. 그러다 정확히 언제 어떻게인지는 모르지만 그는 침대에서 일어나고 있었다. 그는 의식이 의지의 결과를 기록하는 것이지 의식이 곧 의지는 아니라고 생각했다. 대략적으로 말해 변연계는 무의식의 영역이기 때문에 그 생각은 충분히 타당하다. 어떤 일을 하겠다는 결정이 뇌에서 먼저 내려지고 그런 다음 우리가 그것을 인식하는 것이다.

간질환자들을 대상으로 하여 논쟁을 불러일으킨 벤자민 리벳의 실험도 이 생각을 뒷받침한다. 리벳은 간질환자들이 국부마취 상태에 있는 동안 그들의 뇌를 자극했다. 그는 오른손으로부터 감각 정보를 받는 좌뇌 부위를 직접 자극해서 환자가 오른손의 촉감을 의식하게 만들 수 있었지만 여기에는 항상 2분의 1초의 지연이 있었다. 그런 다음 그는 왼손을 자극해서 같은 결과를 얻었지만 이번에는 우뇌의 해당 부위에서 즉각적이고 무의식적인 반응이 일어났다. 물론 이것은 그 부위가 손으로부터 오는 자극을 더 직접적이고 빠른 신경을 통해 받았기 때문이다. 분명 뇌는 실시간으로 감각을 받고 그에 대해 작용을 시작하지만, 그 감각을 인식으로 넘겨 처리하는 데에는 지연이 뒤따르는 것을 알 수 있다. 이것은 의지가 무의식적이라는 사실을 암시한다.

프리먼의 생각에 선형적 인과관계의 대안은 순환적 인과관계다. 순환적 인과관계에서 결과는 그 원인에 영향을 미친다. 이렇게 되면 행동으로부터 행위력이 제거된다. 원은 출발점이 없기 때문이다. 한 무리의 새들이 해변 위를 날면서 방향을 틀고 도는 모습을 상상해보자. 각각의 새들은 스스로 결정을 내리는 개체들이다. 무리에는 지도자가 없다. 그러나 그들은 마치 서로 연결된 것처럼 일사불란하게 방향을 틀고 돈다. 새들이 매번 틀고 도는 원인은 무엇인가? 나 자신이 한 마리의 새라 생각하고 무리 속으로 들어가 보겠다. 내가 왼쪽으로 틀면 내 이웃도 거의 동시에 왼쪽으로 튼다. 그러나 내가 방향을 튼 것은 또다른 이웃이 틀었기 때문이고, 그가 방향을 튼 것은 내가 방향을 틀진 않았지만 방향을 틀고 있다고 생각했기 때문이다. 이 작은 선회는 우리 셋 모두가 무리의 나머지를 보자마자 그들의 행동에 따라 경로를 수정함으로써 마무리된다. 그러나 다음에는 무리 전체가 똑같은 습성에 따라 왼쪽으로 방향을 틀 수 있다.

요점은 이렇다. 당신은 원인과 결과의 선형적인 연속을 찾겠지만 그것은 헛수고에 불과하다. 내가 돌 것처럼 보인 최초의 원인이 거꾸로 그 결과(이웃의 방향 틀기)의 영향을 받았기 때문이다. 원인은 시간상 앞으로만 진행되지만 그러면서도 서로가 서로에게 영향을 미칠 수 있다. 사람들은 선형적인 원인에 너무 집착해서 그 습관을 버리는 것이 거의 불가능할 정도다. 우리는 가령 나비가 날개를 펄럭이면 그로 인해 허리케인이 시작된다는 등의 불합리한 미신을 만들어내지만, 그것은 그런 체계 속에 선형적 인과관계를 보존하려는 헛된 시도에 불과하다.

프리먼 이전에도 비선형적 인과관계를 자유의지의 원천으로 옹호하는 사람이 있었다. 독일 철학자 헨릭 발터는, 자유의지라는 관념 전체는 완전한 착각이지만, 사람에게는 그와 비슷한 것이 보다 작은 형태로 존재한다고 생각한다. 그가 선천적 자율성이라 부르는 그것은 뇌 안에서 진행되는 되먹임 루프에서 비롯되는데, 여기에서 한 과정의 결과는 다음 과정이 시작되는 조건이 된다. 뇌 안의 신경세포들은 메시지 전송을 모두 마치기도 전에 그 메시지의 수령자가 보내는 응답을 듣는다. 그 응답은 신경세포가 보내는 메시지를 변경하고, 변경된 메시지는 다시 수령자의 응답을 변경한다. 이 개념은 많은 의식이론에 기초가 되고 있다.[24]

이제 이 개념을 수천 개의 신경세포가 동시에 대화하는 병렬체계에 적용시켜 보자. 새떼에게 혼란이 일어나지 않았듯이 여기서도 혼란은 일어나지 않으며, 대신 하나의 지배적인 패턴이 다른 패턴으로 빠르게 바뀌는 일이 일어날 것이다. 가령 내가 잠이 깨어 침대에 누워 있는 동안 뇌는 한 생각에서 다른 생각으로 자유롭게 회전한다. 각각의 생각은 이전 생각과의 연상 때문에 자연발생적으로 나오는데 그것은 새로운 신경활동 패턴이 의식을 새로 지배하는 과정을 의미한다. 그때 갑자기 감각 패턴이 개입한다. 자명종이 울린다. 그런 다음 다른 패턴이 이어지고(일어나야 해), 또다른 패턴이 이어진다(아마 몇 분 후에). 어느 순간 나도 모르게 뇌의 어느 곳에서 결정이 내려지고, 그러면 나는 어느덧 내가 일어나고 있음을 인식하게 된다. 이것이 바로 의지작용이지만, 어떤 면에서 그것은 자명종에 의해 결정되었다 볼 수도 있다. 침대에서 몸을 일으키는 실제 순간의 최초 원인을 찾는다는 것은 불가능해 보인다. 그것은 생각과 경험이 서로를 원인으로 이용하는 순환적 과정에 묻혀 있기 때문이다.

심지어 유전자 자체도 순환적 인과관계에 깊이 빠져 있다. 최근의 뇌 과학에서 이루어진 단연코 가장 중요한 발견은, 유전자가 행동에 의해 좌우되는 동시에 행동도 유전자에 의해 좌우된다는 사실이다. 학습과 기억을 담당하는 크렙 유전자들은 행동의 원인인 동시에 결과이다. 그것들은 감각의 매개를 통해 경험에 반응하는 톱니바퀴다. 그 프로모터들은 사건에 의해 켜지고 꺼지도록 설계되어 있다. 그러면 그 생산물은 무엇인가? 바로 전사인자, 즉 다른 유전자들의 프로모터를 켜는 장치다. 그 유전자들은 신경세포 사이의 시냅스 연결을 변화시킨다. 그로 인해 신경회로가 변하고, 그러면 그 신경회로가 외부 경험을 흡수함으로써 크렙 유전자의 발현을 변화시킨다. 이 돌고 도는 체계가 바로 기억이다. 그러나 뇌의 다른 체계들도 순환적이라는 것이 곧 입증될 것이다. 감각, 기억, 행동은 모두 유전 메커니즘을 통해 서로에게 영향을 미친다. 이때 유전자는 결코 유전의 단위가 아니다. 그렇게 설명하면 유전자의 의미를 완전히 놓치게 된다. 유전자는 경험을 행동으로 번역하는 훌륭한 기계장치다.[25]

나는 감히 자유의지를 자세히 설명했다고 생각하지 못한다. 아직 그런 설명은 불가능하다. 그것은 유전자들의 순환적 관계에 내재한 상호 영향들 그리고 다양한 신경망들의 순환적 영향들을 모두 합친 총체적 결과물일 것이다. 프리먼의 말대로 '우리들 각자는 의미의 원천이고, 우리의 뇌와 몸 안에 신선한 구성물들을 분출하는 원천이다.'

나의 뇌에는 '내'가 없다. 그곳에는 단지 끊임없이 변하는 뇌 상태들의 총합이, 역사와 감정과 본능과 경험과 타인의 영향 그리고 우연이 증류된 결과물이 있을 뿐이다.

교훈 : 자유의지는 유전자에 의해 훌륭하게 사전 지정되고 유전자에 의해 가동되는 뇌와 조화롭게 양립한다.

맺음말

호모 스트라미니우스Homo stramineus
-지푸라기 사람

죽은 자는 말이 없다. 그리고 우리와 다른 종족들이 있었다 해도 살아 남은 생존자는 없다. 우리 조상들은 호전성을 우리의 뼈와 골수 깊이 새겨놓았기 때문에 수천 년의 평화가 지속되어도 그것을 몰아내기는 어려울 것이다.

윌리엄 제임스[1]

12명의 털보들이 내 가상의 사진을 위해 포즈를 취한 것은 1903년이었다. 그들이 실제로 만났다면 서로 좋아했을지 의심스럽다. 짜증나게 하는 왓슨, 독단적인 프로이트, 우유부단한 제임스, 아는 체하는 파블로프, 잘난 체하는 골턴, 위세당당한 보아스. 그들은 (타고난?) 성격이 너무 다르고 (후천적인?) 문화적 배경이 너무 다양해서 말싸움을 하느라 정신이 없을 것이다.

한편으로는 그들이 초기에 혼란을 해결해서 본성과 양육에 관한 한 세기의 논쟁을 피할 수도 있었으리란 가정을 해보게 된다. 그들은 다윈과 제임스와 골턴에게 인성의 선천성을 인정해주고, 드브리스에게 유전의 미립자 성격을 인정해주고, 크레펠린과 프로이트와 로렌츠에게 정신을 형성하는 초기 경험의 역할을 인정해주고, 피아제에게 발달 단계의 중요성을 인정해주고, 파블로프와 왓슨에게 성인의 마음을 개조하는 학습의 힘을 인정해주고, 보아스와 뒤르켐에게 문화와 사회의 자율적 힘을 인정해줄 수도 있었다. 그들은 이 모든 것들이 모순을 일으키지 않는다고 말할 수도 있었다. 학습은 선천적인 학습 능력이 없으면 불가능하다. 천성은 경험이 없으면 표현되지 못한다. 각 개념의 진실은 서로의 오류를 입증하지 않는다.

그럴 수도 있었겠지만 모든 일이 생각대로 되는 것은 아니다. 실제로 그들이 그런 초인적인 업적을 이뤄냈다 해도 그 다음 사람들을 협정에 따라 묶지는 못했을 것이다. 얼마 지나지 않아 서로 다른 이론을 주장하는 당원들 사이에 적대감이 다시 고개를 들었을 것이다. 그것이 인간 본성이다. 인간의 심리를 본성과 양육으로 구분하는 태도에는 거의 피할 수 없는 어떤 면이 있는 것 같다. 어쩌면 새러 홀디의 말대로, 이분법 자체가 유전자에서 비롯되는 하나의 본성일지 모른다.

20세기는 계몽을 향해 당당하게 전진하는 대신 갖가지 이론들이 본성의 군대와 양육의 군대로 나뉘어 100년 동안 전쟁을 치렀다. 인류학은 플랑드르, 하버드는 마나사스(남북전쟁 때 제1차 불런 전투가 벌어졌던 곳), 러시아는 러시아였다. 중립을 지키기는 어려웠다. 존 메이나드 스미스와 팻 베이트슨처럼 양쪽의 존경을 동시에 받았던 사람들은 줄타기의 어려움을 절감했다. 수많은 사람들이 한쪽 명제가 옳으면 반대쪽 명제가 틀리다는 잘못된 등식에 빠져들었다. 본성의 승리는 양육의 패배이거나 또 그 반대이기도 했다. 심지어 '물론, 양쪽 모두 옳다'는 말을 상투어처럼 반복하면서도 많은 사람들이 논쟁을 전투와 같은 일종의 제로섬 게임으로 보았다. 나는 이 책을 통해 그것이 왜 잘못인지 입증되었기를 희망한다. 그리고 행동에 영향을 미치는 유전자를 더 많이 발견할수록 유전자는 양육을 통해 일을 한다는 사실이 더욱 분명해지고, 동물도 학습한다는 사실이 더 많이 발견될수록 학습은 유전자를 통해 이루어진다는 것이 더 분명하게 밝혀질 수 있다는 사실이 입증되었기를 희망한다.

기이하게도 백년전쟁에서 가장 맹렬했던 전사들도 이 점을 알고 있었다. 다음의 인용문들은 그 전쟁에 참가했던 베테랑들의 말이다.

- (나는) 인간이 학습의 기회와 새 환경을 경험할 기회를 통해 표현형에 대한 유전자형의 영향을 증폭시키는 역동적이고 창조적인 유기체라 생각한다.[2]

- 각 사람은 자신의 환경, 특히 문화적 환경과 사회적 행동에 영향을 미치는 유전자의 상호 작용에 의해 주조된다.[3]

- 도대체 유전적 영향의 불가피성이란 미신은 어디서 나왔는가?[4]

- 내 유전자들은 싫으면 간섭하지 않을 것이다.[5]

- 삶의 어떤 측면이 '유전자'에 있다고 말하는 한, 우리의 유전자는 한정성(발달과 환경의 완충 작용에 상대적으로 둔감한 생명선)과 가소성(예

측할 수 없는 환경의 우발성에 적절히 대응하는 능력)을 모두 발휘하는 능력을 제공한다.[6]

• 만약 인간이 현재와 같은 모습을 갖도록 설계되어 있다면 인간의 특성들은 필연적인 것이다. 우리는 잘해야 그 방향을 돌릴 뿐이고, 의지나 교육이나 문화에 의해 그것을 변화시킬 수는 없다.[7]

• 한 유기체의 유전자는 그 유기체의 행동, 심리, 형태에 영향을 미치는 동시에 환경을 구축하는 작용을 한다.[8]

• 나는 환원주의자이고 유전론자다. 어떤 면에서 기억은 모든 기억 유전자의 총합이다.[9]

이상의 인용문은 토머스 부처드, 에드워드 윌슨, 리처드 도킨스, 스티븐 핑커, 스티븐 로즈, 스티븐 굴드, 리처드 르웬틴, 팀 툴리의 말이다. 처음 넷을 나머지 넷이 봤을 때는 극단적인 유전적 결정론처럼 보일 것이다. 그러나 모든 논객들은 거의 같은 것을 믿고 있다. 그들은 인간 본성이 자연과 양육의 상호 작용에서 온다고 믿는다. 그런 생각을 반대하는 사람이 과도한 견해의 소유자다. 그러나 그 반대자는 허수아비일 것이다.

본성 대 양육 논쟁의 역사에서 진정으로 위대한 과학적 발견과 놀라운 각성의 순간들은 모두 어느 한편의 승리라고 못박기가 불가능했다. 이 책에서 찬양했던 실험들 즉, 로렌츠의 새끼거위, 할로우의 원숭이, 미네카의 장난감 뱀, 인젤의 들쥐, 지퍼스키의 파리, 랜킨의 선충, 홀트의 올챙이, 블랜차드의 형제, 모핏의 어린이 등은 한결같이 유전자가 경험에 반응하면서 일한다는 증거를 보여준다. 로렌츠의 새끼거위는 환경이 제공하는 모형 어미를 각인하도록 유전적으로 설계되어 있다. 할로우의 원숭이는 특정한 종류의 어미를 좋아하는 유전적 성향을 갖고 있지만 모성이 박탈된 상황에서는 적절하게 발달하지 못한다. 미네카의 뱀은 본능적인 공포를 불러일으키지만, 여기서는 공포 반응을 일으키는 모델이 있어야 한다. 인젤의 들쥐는 사랑에 빠지도록 설계되어 있지만, 특정한 경험이 반드시 필요하다. 지퍼스키의 파리는 눈에 구비된 유전자들이 뇌에 이르는 동안 길을 더듬어가면서 그 환경에 반응한다. 랜킨의 선충은 수업에 반응하면서 유전자의 발현을 변경한다. 홀트의 올챙이는 신경세포 끝의 성장원추가 주변 세계에 반응하면서 유전자를 발현시킨다. 블랜차드의 여러 자식을 낳은 어머니의 자궁에서는 유전자의 작용으로 다음 아들이 동성애자로 태어날 가능성이 높다. 모핏의 학대받은 아이는 양육 때문에 반사회적 행동에 이끌릴 수 있지만 한 유전자의 특정한 변이형을 가졌을 때이다.

이 같은 실험들은 모두 유전자가 환경에 반응하는 감수성의 축도라는 것, 생명체를 유연하게 만드는 수단이라는 것, 경험의 하인이라는 것을 보여준다. 양육을 통한 본성만이 무병장수를 보장하는 것이다.

옮긴이의 말

중세 말 영국과 프랑스는 1337년부터 1453년까지 무려 116년 동안 전쟁을 치렀다. 이른바 백년전쟁이었다. 두 나라는 프랑스 왕위 계승권을 놓고 비슷한 화력과 물자를 동원해 막상막하의 싸움을 벌였다. 전쟁 초기에는 영국이 흑태자 에드워드의 활약과 보병의 우수한 장궁대 전법으로 프랑스의 항복을 받아냈다. 잠시 지속되던 평화는 샤를 5세와 아키텐 귀족들의 반항으로 여지없이 깨졌다. 프랑스는 흑태자의 아우 존 오브 곤트를 물리치고 영국에 할양한 영토 대부분을 탈환했다. 그후 양국의 내부 혼란으로 20년간 휴전이 지속되었지만 15세기 초 전쟁은 다시 3기로 접어들어 한동안 영국군의 우세로 진행되다가 혜성같이 등장한 잔 다르크의 활약으로 전황은 프랑스에 유리하게 반전되었다. 결국 프랑스가 영국군 최대 거점인 보르도 시를 점령함으로써 백년전쟁은 사실상 막을 내렸다. 그러나 승패와 상관없이 백년전쟁은 양국 모두에게 국민의식을 고취하고 근대국가의 기틀을 제공했다.

역사는 반복된다지만 이렇게 비슷한 전쟁이 또 있을까? 21세기 초 인간 게놈이 발표된 시점에서 지난 세기를 돌아볼 때 본성 대 양육 논쟁은 중세의 백년전쟁을 꼭 빼닮았다. 이 전쟁의 한편에는 본성의 권위자들인 찰스 다윈, 프랜시스 골턴, 윌리엄 제임스, 위고 드 브리스, 콘라트 로렌츠가 있고 또 한편에는 양육의 권위자들인 이반 파블로프, 존 브로더스 왓슨, 에밀 크레펠린, 지그문트 프로이트, 에밀 뒤르켐, 프란츠 보아스, 장 피아제가 있다. 이들은 저자 리들리가 한자리에 모아 가상의 사진기로 찍은 12인의 털보들이다. 리들리에 따르면 그밖에도 흄과 칸트를 비롯해 조지 윌리엄스, 조지 해밀턴, 노암 촘스키, 제인 구달 등도 포함될 수 있지만 애석하게도 너무 일찍 태어나거나 너무 늦게 태어났다는 이유로 사진기 앞에 서지 못했다고 한다. 이쯤에서 이 책의 성격이 분명해진다. 즉 이 책은 마치 영국과 프랑스의 백년전쟁을 정리하고 분석하는 근대의 역사가처럼, 20세기에 걸쳐 100년 동안 계속되어온 본성 대 양육 논쟁을 파헤쳐 그 뿌리와 배경과, 발전 과정을 서사시처럼 보여준다.

옮긴이의 부족한 소견이지만 이 책은 이전에 발표된 진화심리학 책들과 두 가지 점에서 뚜렷한 차이를 보인다. 첫째는 완전한 중립 입장에서 본성과 양육을 적극적으로 화해시킨다는 점이다. 물론 20세기에도 그런 시도는 무수히 많았고, 특히 지난 20년 사이에는 본성과 양육의 기나긴 대립이 끝나고 평화가 도래한 듯 보이기도 했다. 그런데 여기에 확고한 마침표를 찍기라도 하듯 리들리는 '본성 대 양육Nature versus Nurture' 이라는 대립구도를 폐기하고 그 대안으로 '양육을 통한 본성Nature via Nurture' 이란 매력적인 틀을 제시한다. 이 새로운 대안의 기초에는 단단하고 반듯한 과학적 증거들이 놓여 있다. 그리고 그 틀 안에는 본성과 양육, 사회과학과 생물학이 (혹은 더 나아가 보수와 진보, 좌익과 우익이) 화해할 수 있는 넉넉한 공간이 자리잡고 있다.

또한 이 책은 인간의 자유의지라는 극히 철학적이고 종교적인 문제를 생물학적 환원주의의 예리한 칼날로 해부하기를 시도한다. 인간의 의지는 자유인가? 혹은 환경 또는 유전에 의해 결정되는가? 아니면 자유의지를 가졌다고 믿는 것 자체가 착각인가? 물론 아직은 풍부하지 않은 증거 때문에 저자는 조심스런 시도를 벗어나지 않는다. 그리고 자유의지의 발생을 세포와 신경의 활동으로 설명하는 생물학적 환원주의는 그 명칭처럼 너무 편협하고 급진적일 수 있다. 그럼에도 이 책에서 제시하는 과학적 실험은 누구도 부인하기 어렵고 그래서 그 결과는 충격적이다.

마지막으로 본성 대 양육 논쟁이 우리나라에서도 보다 활발해지고 깊이를 더하여 다원주의의 올바른 의미가 널리 이해되었으면 하는 것이 옮긴이의 바람이다. 극소수에 불과하지만 어떤 사람들은 생물학과 진화론의 일부 원리를 사회에 그대로 적용해 개인의 행위를 순수한 개인적 능력의 산물로 보고 '분배'와 '평등'의 원리를 축소한다. 가령 마가릿 대처는 '사회 같은 것은 없다. 개인과 가족이 있을 뿐'이라고 말했다. 이것은 19세기에 정치적, 철학적으로 정반대 극단에 서 있던 기계적 유물론을 연상시킨다. 또 한편으로 어떤 사람들은 다원주의의 의미를 극단으로 몰고간 다음 전면적으로 반대하면서, 다원주의를 옹호하는 것은 사회적 평등의 가치를 떨어뜨리고 자본주의를 영속화하는 것이라 주장한다. 그리고 다원주의에 입각해 지난 시대의 편향된 좌익 이론을 논박하면 즉시 우익으로 몰고 심지어 그런 주장을 '보수 언론'과 연결시킨다.

돌이켜보면 불과 얼마 전까지만 해도 그런 관심과 갈등이 우리 사회에 민주주의의 동력으로 작용한 것은 사실이었다. 그러나 우리 시대에 다윈주의의 의미를 부분적으로, 일방적으로 이해하는 것은 안타까운 일이다. 다윈주의는 결코 홉스 식의 정글을 옹호하지 않으며 무수한 사회적 가치들을 부정하지도 않기 때문이다. 오히려 다윈주의와 다윈주의를 설명하는 책들은 희생과 헌신, 호혜주의, 상호부조 같은 사회적 가치와 미덕들의 기원을 적극적으로 밝힌다. (이 책의 저자가 쓴 『미덕의 기원The Origins of Virtue』과 번역판인 『이타적 유전자』는 제목만으로도 시사하는 바가 크다.) 결론적으로 진정한 다윈주의는 진보나 보수의 편이 아니고, 좌익의 편도 우익의 편도 아니다. 그것은 자유와 평등, 개인과 사회 같은 오래된 갈등과 이분법에 최적의 해결책을 암시하고 타협점을 일러준다는 점에서 진보와 보수, 좌익과 우익 모두의 기초가 된다. 그리고 그 기초 위에서만이 이데올로기의 편향성을 극복하고 인간과 사회의 진정한 미래를 모색할 수 있음을 확신한다.

번역자로서 이렇게 훌륭한 책을 번역할 수 있었던 것을 큰 행운으로 여긴다. 그러나 번역의 부족함을 채워준 편집자와 출판사에 감사를 잊지 않으며 아울러 독자 여러분에게도 날카로운 지적과 질책을 부탁드리는 바이다.

김한영

머리말 | 12인의 털보들

1. BOOK I, Line 58.
2. *Observer*, II February 2001.
3. *San Francisco Chronicle*, II February 2001.
4. *New York Times*, 12 February 2001.
5. See http://web.fccj.org/~ethall/trivia/solvay.htm.

1 | 모든 동물의 모범

1. Act 3, scene 4.
2. Keynes, R.D. (ed.). 1988. *Charles Darwin's Beagle Diary*. Cambridge University Press.
3. Ibid.
4. Keynes, R.D. 2001 *Annie's Box*. 4th Estate.
5. Quoted in Degler, C.N. 1991. *In search of Human Nature*. Oxford University Press.
6. Quoted in Midgely, M. 1978. *Beast and Man*. Routledge.
7. Budiansky, S. 1998. *If a Lion Could Talk*. Weidenfeld & Nicolson.
8. *Buffon's Natural History* (abridged). 1792. London.
9. Bewick, T. 1807. *A General History of Quadrupeds*. Newcastle upon Tyne.
10. Morris, R. and Morris, D. 1966. *Men and Apes*. Hutchinson.
11. Goodall, J. 1990. *Through a Window*. Houghton Mifflin.
12. Ibid.
13. Rendell, L. and Whitehead, H. 2001. Culture in whales and dolphins. *Behavioural and Brain Sciences* 24:309-24.
14. Call, J. 2001. Chimpanzee social cognition. *Trends in Cognitive Science* 5:388-93.
15. Malik, K. 2001. *What Is It to Be Human?* Institute of Ideas.

16. Darwin, C. 1871. *The Descent of Man.* John Murray.
17. Malik, K. 2001. *What Is It to Be Human?* Institute of Ideas.
18. Midgley, M. 1978. *Beast and Man.* Routledge.
19. Zuk, M. 2002. *Sexual Selections.* University of California Press.
20. van Schaik, C.P. and Kappeler, P.M. 1997. Infanticide risk and the evolution of male-female association in primates. *Proceedings of the Royal Society* B:264:1687-94.
21. Wrangham, R.W., Jones, J.H., Laden, G., Pilbeam, D. and Conkin Brittain, N. 1999. The Raw and the Stolen. Cooking and the ecology of human origins. *Current Anthropology* 40:567-94.
22. Ridley, M. 1996. *The Origins of Virtue.* Penguin.
23. Wrangham, R.W. and Peterson, D. 1997. *Demonic Males.* Bloomsbury.
24. Alan Dixson, email correspondence.
25. http://www.blockbonobofoundation.org
26. Ebersberger, I., Metzier, D., Schwarz, C. and Paabo, S. 2002. Genomewide comparison of DNA sequences between human and chimpanzees. *American Journal of Human Genetics* 70:1490-97.
27. Britten, R.J. 2002. Divergence between samples of chimpanzee and human DNA sequences is 5%, counting indels. *Proceedings of the National Academy of Sciences* 99:13633-5.
28. King, M.C. and Wilson, A.C. 1975. Evolution at two levels in humans and chimpanzees. *Science* 188:107-16.
29. Sibley, C.G. and Ahiquist, J.E. 1984. The phylogeny of the hominoid primates, as indicated by DNA-DNA hybridization. *Journal of Molecular Evolution* 20:2-15.
30. Johnson, M.E., Viggiano, L., Bailey, J.A., Abdul-Rauf, M., Goodwin, G., Rocchi, M. and Eichler, E.E. 2001. Positive selection of a gene during the emergence of humans and African apes. *Nature* 413:514-19.
31. Hayakawa, T., Satta, Y., Gagneux, P., Varki, A. and Takahata, N. 2001. Alu-mediated inactivation of the human CMP-N-acetyineuraminic acid hydroxylase gene. *Proceedings of the National Academy of Sciences* 98:11399-404.
32. Ajit Varki, interview. See also Chou, H.-H. et al. 1998. A mutation in human CMP-sialic acid hydroxylase occurred after the Homo-Pan divergence. *Proceedings of the National Academy of Scineces* 95:11751-6; Gagneux, P. and Varki, A. 2001. Genetic differences between humans and great apes. *Molecular*

Phylogenetics and Evolution 18:2-13; Varki, A. 2001. Loss of Nglycolylneuraminic acid in humans: mechanisms, consequences, and implications for hominid evolution. *Yearbook of Physical Anthropology* 44:54-69.

33. Hammer, C. J., Tyler, H.D., Loskutoff, N.M., Armstrong, D.L. Funk,D.J., Lindsey, B.R. and Simmons, L.G. 2001. Compromised development of calves (Bos gaurus) derived from in vitro-generated embryos and transferred interspecifically into domestic cattle (Bos taurus). *Theriogenology* 55:1447-55; Loskutoff, N., email correspondence.
34. 이 용어에 대해 약간의 혼란이 있다. 어떤 생물학자들은 '프로모터'를, RAN 중합효소가 전사인자에 의해 만들어진 후 달라붙는 자리라는 의미로 사용한다. 이 책에서 나는 더 광범위한 의미로 유전자 전체의 조절 배열이란 의미로 사용하고자 한다.
35. Belting, H.G., Shashikant, C.S. and Ruddle, F.H. 1998. Modification of expression and cis-regulation of Hoxc8 in the evolution of diverged axial morphology. *Proceedings of the National Academy of Sciences* 95:2355-60.
36. Cohn, M.J. and Tickle, C. 1999. Developmental basis of limblessness and axial patterning in snakes. *Nature* 399:474-9.
37. Ptashne, M. and Gann, A. 2002. *Genes and Signals*. Cold Spring Harbor Press; also Alex Gann, interviews.
38. Carroll, S.B. 2000. Endless forms: the evolution of gene regulation and morphological diversity. *Cell* 101:577-80.
39. Coppinger, R. and Coppinger, L. 2001. *Dogs : a Startling New Understanding of Canine Origin, Behavior and Evolution*. Scribner.
40. Semendeferi, K., Armstrong, E., Schleicher, A., Zilles, K., and van Hoesen, G.W. 1998. Limbic frontal cortex in hominoids: a comparative study of areas 13. *American Journal of Physical Anthropology* 106:129-55.
41. Wrangham, R.W. Pilbeam, D. and Hare, B. (unpublished). Convergent paedomorphism in bonobos, domesticated animals and humans: the role of selection for reduced aggression.
42. Wrangham, R.W. and Pilbeam, D. 2001, in *All Apes Great and Small,* Volume I; *Chimpanzees, Bonobos, and Gorillas* (ed. Galdikas, B., Erickson, N. and Sheeran. L.K.). Plenum; also Wrangham, R.W. Talk at Cold Spring Harbor, President' s Council, May 2001.
43. Quoted in the *New York Times*, 24 September, 2002.
44. Bond, J., Roberts, E., Mochida, G.H., Hampshire, D.J., Scott, S., Askham, J.M.,

Springell, K., Mahadevan, M., Crow, Y.J., Markham, A.F., Walsh, C.A. and Woods, C.G. 202. ASPM is a major determinant of cerebral cortical size. *Nature Genetics* 32:316-20.

2장 | 본능의 과잉

1. Spalding, D.A. 1873 Instinct: with original observations on young animals. *Macmillan' s Magazine* 27:282-93.
2. Myers, G.E. 1986. *William James: His Wife and Thought.* Yale University Press.
3. Bender, B. 1996. *The Descent of Love : Darwin and the Theory of Sexual Selection in American Fiction*, 1871-1926. University of Pennsylvania Press.
4. James, W. 1890. *The Principles of Psychology.* Henry Holt.
5. Myers, G.E. 1986. *William James: His Wife and Thought.* Yale University Press.
6. Dawkins, R. 1986. *The Blind Watchmaker.* Norton.
7. Dennett, D. 1995. *Darwin' s Dangerous Idea.* Penguin.
8. James, W. 1890. *The Principles of Psychology.* Henry Holt.
9. Insel, T.R. and Shapiro, L.E. 1992. Oxytocin receptor distribution reflects social organization in monogamous and polygamous voles. *Proceedings of the National Academy of Sciences* 89:5981-5.
10. Argiolas, A., Melis, M.R., Stancampiano, R, and Gessa, G.L. 1989. Penile erection and yawning induced by oxytocin and related peptides: structure activity relationship. *Peptides* 10:559-63.
11. Insel, T.R. and Shapiro, L.E. 1992. Oxytocin receptor distribution reflects social organization in monogamous and polygamous voles. *Proceedings of the National Academy of Sciences* 89:5981-5.
12. Ferguson, J.N., Young, L.J., Hearn, E.F., Matzuk, M.M., Insel, T.R. and Winslow, J.T.2000. Social amnesia in mice lacking the oxytocin gene. *Nature Genetics* 25:284-8.
13. Young, L.J., Wang, Z. and Insel, T.R. 1998. Neuroendocrine bases of monogamy. *Trends in Neurosciences* 21:71-5.
14. Insel, T.R., Winslow, J.T., Wang, Z. and Young. L.J. 1998. Oxytocin, vasopressin, and the neuroendocrine basis of pair bond formation. *Advances in Experimental and Medical Biology* 449:215-24.
15. Insel, T.R. and Young, L.J. 2001. The neurobiology of attachment. *Nature*

Reviews in Neuroscience 2:129-36.

16. Wang. Z., Yu, G., Cascio, C., Liu, Y., Gingrich, B. and Insel, T.R. 1999. Dopamine D_2 receptor-mediated regulation of partner preference in female prairie voles *(Microtus ochrogaster)*: a mechanism for pair bonding? *Behavioral Neuroscience* 113:602-11.
17. Jankowiak, W.R. and Fisher, E.F. 1992. A cross-cultural perspective on romantic love. *Ethnology* 31:149-55.
18. Insel, T.R., Gingrich, B.S. and Young, L.J. 2001. Oxytocin: who needs it? *Progress in Brain Research* 31: 149-55.
19. Bartels, A. and Zeki, S. 2000. The neural basis of romantic love. *Neuroreport* II:3829-34.
20. Carter, C.S. 1998. Neuroendocrine perspectives on social attachment and love. *Psychoneuroendocrinology* 23:779-818.
21. Ridley, M. 1993. *The Red Queen*. Penguin.
22. Tinbergen, N. 1951. *The Study of Instinct*. Oxford University Press.
23. Ginsberg, B. E. 2001. 'Fellow travellers on the road to the genetics of behavior: mice, rats and dogs.' 국제 행동신경유전학회에 문의하라, 2001년 11월 8-10일, 샌디에이고.
24. Konner, M. 2001. *The Tangled Wing: Biological Constraints on the Human Spirit*. 2nd Edition. W.H. Freeman.
25. Budiansky, S. 2000. *The Truth about Dogs*. Viking Penguin.
26. You can check out such a bull catalogue at www.genusplc.com.
27. Eibl-Eibesfeldt, I. 1989. *Human Ethology*. Aldine de Gruyter, Ekman, P. 1998. Afterword: University of emotional expression? A personal history of the dispute. In Darwin, C., *The Expression of the Emotions in Man and Animals* (new edition). Oxford University Press.
28. Buss, D.M. 1994. *The Evolution of Desire*. Basic Books.
29. Buss, D.M. 2000. *The Dangerous Passion*. Bloomsbury.
30. You can find this quoted almost anywhere on the Internet.
31. Diamond, M., 1965. A critical evaluation of the ontogeny of human sexual behavior. *Quarterly Review of Biology* 40:147-75.
32. Colapinto, J. 2000. *As Nature Made Him : the boy Who Was Raised as a Girl*. HarperCollins.
33. Reiner, W.G. 1999. Assignment of sex in neonates with ambiguous genitalia. *Current Opinion in Pediatrics*. II:363-5. Also article in *The Times* (London), 26

June 2001, by Lisa Melton: Ethics and gender.
34. Lutchmaya, S., Baron-Cohen, S. and Raggatt, P. In press. Foetal testosterone and eye contact in 12 month old human infants. *Infant Behavior Development* (in press).
35. Connellan, J., Baron-Cohen, S. Wheelwright, S., Batki, A. and Ahluwalia, J. 2000. Sex differences in human neonatal social perception. *Infant Behavior and Development* 23:113-118.
36. Baron-Cohen, S. 2002. The extreme male brain theory of autism. *Trends in Cognitive Science* 6:248-54.
37. Baron-Cohen, S. 2002. Autism: deficits in folk psychology exist alongside superiority in folk physics. In *Understanding Other Minds* (ed. Baron-Cohen, S., Tager-Flusberg, H. and Cohen, D.J.), pp. 73-82; Baron-Cohen, S., Wheelwright, S., Skinner, R., Martin, J. and Clubley, E. 2001. The autism spectrum quotient: evidence from Asperger syndrome/high-functioning autism, males and females, scientists and mathematicians. *Journal of Autism and Developmental Disorder* 31:5-17.
38. Baron-Cohen, S., Interview.
39. Frith, C. and Frith, U. 2000. The physiological basis of theory of mind: functional neuroimaging studies. In *Understanding Other Minds* (ed. Baron-Cohen, S., Tager-Flusberg, H. and Cohen, D.J.), pp. 334-56.
40. Tooby, J. and Cosmides, L. 1992. The psychological foundations of culture. In *The Adapted Mind* (ed. Barkow, J.H., Cosmides, L. and Tooby, J.). Oxford University Press.
41. Pinker, S. 1994. *The Language Instinct.* HarperCollins.
42. Sharma, J., Angelucci, A. and Sur, M. 2000. Induction of visual orientation modules in auditory cortex. *Nature* 404:841-7.
43. Finlay, B.L., Darlington, R.B. and Nicastro, N. 2001. Developmental structure in brain evolution. *Behavioral and Brain Sciences* 24:263-308.
44. Barton, R.A. and Harvey, P.H. 2000. Mosaic evolution of brain structure in mammals. *Nature* 405:1055-8.
45. Fordor, J. 2001. *The Mind Doesn' t Work That Way.* MIT Press.
46. Pinker, S. 1997. *How the Mind Works.* Norton.
47. Lee, D. 1987. Introduction to Plato. *The Republic.* Penguin.
48. Neville-Sington, P. and Sington, D. 1993. *Paradise Dreamed: How Utopian Thinkers Have Changed the World.* Bloomsbury.

1. Conversation with the author, Montreal, 2002.
2. Galton, F. 1869. *Hereditary Genius.*
3. Candolle, A. de. 1872. *Histoire des sciences et des savants depuis deux siècles.*
4. Galton, F. 1874. *English Men of Science?: Their Nature and Nurture.*
5. *The Tempest,* Act 4, scene I.
6. 멀캐스터의 '입장'을 표명한 글은 http://www.ucs.mun.ca/~wbarker/ positions-txt. html에서 볼 수 있다.
7. *A Midsummer Night's Dream,* Act 3, scene 2.
8. Galton, F. 1875. The history of twins, as a criterion of the relative powers of nature and nurture. *Fraser's Magazine* 12:566-76.
9. Gilham, N. 2001. *A Life of Sir Francis Galton: from African Exploration to the Birth of Eugenics.* Oxford University Press.
10. Ridley, M. 1999. *Genome.* Fourth Estate.
11. Lifton, R.J.1986. *The Nazi Doctors.* Basic Books.
12. Wright, W. 1999. *Born That Way.* Routledge.
13. 쌍둥이의 이모저모를 훌륭하게 파헤친 글은 시걸, N. 『*Entwined Lives*』. (Dutton, 1999)를 보라. 덧붙여 말하자면 '일란성'과 '이란성'이란 말은 갈수록 인기를 잃고 있다. 연구자들은 '단일융모막성'과 '이중융모막성'이란 더 정확한 용어를 선호한다. 그러나 대중서인 이 책에서는 대중적 용어를 따르도록 하겠다.
14. 행동유전학의 개관에 대해서는, Plomin, R., DeFries, J. C., Craig, I. W., McGuffin, P. *Behavioral Genetics in the Postgenomic Era,* (미국심리학회, 2002)를 보라.
15. Wright, W. 1999. *Born That Way.* Routledge.
16. Farber, S.L. 1981. *Identical Twins Reared Apart: A Reanalysis.* Basic Books.
17. 이란성 쌍둥이가 형제들보다 유전적으로 더 비슷한 것은 서로 다른 정자에서 나왔음에도 종종 동일한 난모세포에서 나오고 그 난모세포의 생식핵 두 개가 두 개의 난자로 발달하기 때문이라는 증거가 있다.
18. Bouchard, T.J., McGue, M., Lykken, D. and Tellegen, A. 1999. Intrinsic and extrinsic religiousness: genetics and environmental influences and personality correlates. *Twin Research* 2:88-98; Kirk, K.M., Eaves, L.J. and Martin, N. 1999. Self-transcendence as a measure of spirituality in a sample of older Australian twins. *Twin Research* 2:81-7.
19. Nelkin, D. and Lindee, M.S. 1996. *The DNA Mystique.* W.H. Freeman.
20. Pioneer Fund website.

21. Quoted in Wright, W. 1999. Born That Way. Routledge.
22. Pinker, S. 2002. *The Blank Slate.* Penguin.
23. Eley, T.C., Lichtenstein. P. and Stevenson, J. 1999. Sex differences in the etiology of aggressive and nonaggressive antisocial behavior: results from two twin studies. *Child Development* 70:155-68.
24. Mischel, W. 1981. *Introduction to Personality.* Holt, Rinehart and Winston.
25. Thomas Bouchard, interview.
26. Clark, W.R. and Grunstein, M. 2000. *Are We Hard-wired? The Role of Genes in Human Behavior.* Oxford University Press.
27. Bouchard, T.J. Jr. 1999. Genes, environment and personality. pp. 98-103 in *The Nature-Nurture Debate* (ed. Ceci, S.J. and Williams, W.M.). Blackwell.
28. Krueger, R. 2001. Talk to the 10th International Congress of Twin Studies, London, 4-7 July 2001.
29. Grilo, C.M. and Pogue-Geile, M.F. 1991. The nature of environmental influences on weight and obesity. *Psychological Bulletin* 110:520-37.
30. Randolph Nesse, email. See also Srijan, S., Nesse, R.M., Stoltenberg, S.F., Li, S., Gleiberman, L., Chakravarti, A., Weder, A.B. and Burmeister, M. 2002. A BDNF coding variant is associated with the NEO personality inventory domain neuroticism, a risk factor for depression. *Neuropsychopharmacology* (in press), Originally published 27 August 2002 at http://www.acnp.org/citations/Nppo8290374
31. Bouchard, T.J. Jr, Lykken, D.T., McGue, M., Segal, N.L. and Tellegen, A. 1990. Sources of human psychological differences: the Minnesota Study of Twins Reared Apart. *Science* 250:223-8.
32. Eaves, L., D' Onofrio, B. and Russell, R. 1999. Transmission of religion and attitudes. *Twin Research* 2:59-61.
33. Tully, T., interview.
34. Turkheimer, E. 1998. Heritability and biological explanation. *Psychology Review* 105:782-91.
35. Zach Mainen, interview.
36. Jensen, A. 1969. How much can we boost IQ and scholastic achievement? *Havard Educational Review* 39:1-123.
37. Herrnstein, R.J. and Murray, C. 1994. *The Bell Curve: Intelligence and Class Structure in American Life.* Free Press.
38. Posthuma, D., Neale, M.C., Boomsma, D.I. and de Geus, E.J. 2001. Are smarter

brains running faster? Heritability of alpha peak frequency, IQ, and their interrelation. *Behavior Genetics* 31:567-79.

39. Thompson, P.M., Cannon, T.D., Narr, K.L. van Erp, T., Poutanen, V.-P., Huttunen, M., Lohnqvist, J., Standertskjold-Nordenstam, C.-G, Kaprio, J., Khaledy, M., Dail, R., Zoumalan, C.I. and Toga, A.W. 2001. Genetic influences on brain structure. *Nature Neuroscience* 4:1253-8; Posthuma, D., de Geus, E.J., Baare, W.F., Hulshoff Pol, H.E., Kahn, R.S., and Boomsma, D.I. 2002. The association between brain volume and intelligence is of genetic origin. *Nature Neuroscience* 5:83-4.

40. Turkheimer, E., Haley, A., D' Onofrio, B., Waldron, M., Emery, R. E., Gottesman, I. 2001. 'Socioeconomic status modifies heritability of intelligence in impoverished children.' 2001년 행동유전학회 연례회의에 제출된 논문임. Cambridge, 2001년 6월.

41. McGue, M., Bouchard, T.J. Jr, Iacono, W.G. and Lykken, D.T. 1993. Behavior genetics of cognitive ability: a life-span perspective. *In Nature Nurture and Psychology* (ed. Plomin, R. and McClearn, G.E.), American Psychological Association; also McClearn, G.E. et al. 1997. Substantial genetic influence on cognitive abilities in twins 80+ years old. Science 276:1560-3.

42. Eley, T., interview.

43. Dickens, W.T. and Flynn, J.R. 2001. Heritability estimates versus large environmental effects: the IQ paradox resolved. *Psychological Review* 108:346-69.

44. William, A.G., Rayson, M.P., Jubb, M., World, M., Woods, D.R., Hayward, M., Marin J., Humphries, S.E. and Montgomery, H.E. 2000. The ACE gene and muscle performance. *Nature* 403:614.

45. Ridley, M. 1993. *The Red Queen*. Penguin.

46. Radcliffe-Richards, J. 2000. *Human Nature after Darwin*. Routledge.

47. Flynn, J.R.(unpublished). The history of the American mind in the 20th century: a scenario to explain IQ gains over time and a case for the irrelevance of g.

48. 콜턴의 미발간 소설에 흥미를 느낀다면 위에 인용된 Nicholas Gilham의 콜턴 전기를 보라.

4장 | 원인을 둘러싼 광기

1. James, W. 1890. *Principles of Psychology.*
2. Quoted in Shorter, E. 1997. *A History of Psychiatry.* John Wiley & Sons.
3. Fromm-Reichmann, F. 1948. Notes on the development of treatment of schizophrenics by psychoanalytic psychotherapy. *Psychiatry II*:263-73.
4. Pollak, R. 1997. *The Creation of Dr. B: a Biography of Bruno Bettelheim.* Simon & Schuster.
5. Folstein. S.E. and Mankoski, R.E. 2000. Chromosome 7q: where autism meets language disorder? *American Journal of Human Genetics* 67:278-81.
6. James, O. 2002. *They F*** You Up: How to Survive Family Life.* Bloomsbury.
7. 정신의학자이자 저술가인 Randolph Ness는 이것을 정신의학 연구의 핵심적 오류라 부른다.
8. Cited in Torrey, E.F. 1988. *Surviving Schizophrenia: a Family Manual.* Harper and Row.
9. Shorter, E. 1997. *A History of Psychiatry.* John Wiley & Sons.
10. Wahlberg, K.E., Wynne, L.C., Oja, H. *et al.* 1997. Gene-environment interaction in vulnerability to schizophrenia: findings from the Finnish adoptive family study in schizophrenia. *American Journal of Psychiatry* 154:355-62.
11. Kety, S.S. and Ingraham, L.J. 1992. Genetic transmission and improved diagnosis of schizophrenia from pedigress of adoptees. *Journal of Psychiatric Research* 26:247-55.
12. Tsuang, M., Stone, W.S. and Faraone, S.V. 2001. Genes, environment and schizophrenia. *British Journal of Psychiatry* 178 (supplement 40) :S18-S24.
13. Sherrington, R., Brynjolfsson, J., Petursson, H. et al. 1988. Localization of a susceptibility locus for schizophrenia of chromosome 5. *Nature* 336:164-7; Bassett, A.S., McGillvray, B.C., Jones, B.D. *et al.* 1988. Partial trisomy of chromosome 5 cosegregating with schizophrenia. *Lancet* 1988:799-801.
14. Levinson, D.F. and Mowry. B.J. 1999. Genetics of schizophrenia. In *Genetic Influences on Neural and Behavioral Functions.* (ed. Pfaff, D.W., Joh, T. and Maxson, S.C.), pp. 47-82. CRC Press, Boca Raton.
15. Mirnics, K., Middleton, F.A., Lewis, D.A. and Levitt, P. 2001. Analysis of complex brain disorders with gene expression microarrays: schizophrenia as a disease of the synapse. *Trends in Neurosciences* 24:479-86.
16. Tsuang, M., Stone, W.S. and Faraone, S.V. 2001. Genes, environment and

schizophrenia. *British Journal of Psychiatry* 178 (supplement 40): S18-S24.

17. Mednick. S.A., Machon, R.A., Huttunen, M.O., Bonett, D. 1988. Adult schizophrenia following prenatal exposure to an influenza epidemic. *Archives of General Psychiatry. 41:189-92; Munk-Jorgensen*, P. and Ewald, H. 2001. Epidemiology in neurobiological research: exemplified by the influenza schizophrenia theory. *British Journal of Psychiatry* 178 (supplement 40):S30-S32.
18. Davis, J.O., Phelps, J.A. and Bracha, H.S. 1999. Prenatal development of monozygotic twins and concordance for schizophrenia. In *The Nature-Nurture Debate* (ed. Ceci. S.J. and Williams, W.W.). Blackwell.
19. Tsuang, M., Stone, W.S. and Faraone, S.V. 2001. Genes, environment and schizophrenia. *British Journal of Psychiatry.* 178 (supplement 40):S18-S24.
20. Deb-Rinker, P., Klempan, T.A., O' Reilly, R.L., Torrey, E.F. and Singh, S.M. 1999. Molecular characterization of a MSRV-like sequence identified by RDA from monozygotic twin pairs discordant for schizophrenia. *Genomics* 61:133-44.
21. Karlsson, H., Bachmann, S., Schroder, J., McArthur, J., Torrey, E.F. and Yolken, R.H. 2001. Retroviral RNA identified in the cebrebrospinal fluids and brains of individuals with schizophrenia. *Proceedings of the National Academy of Sciences* 98:4634-9.
22. Impagatiello, F., Guidotti, A.R., Pesold, C. *et al.* 1998. A decrease of reelin expression as a putative vulnerability factor in schizophrenia. Proceedings of the National Academy of Sciences 95:15718-23.
23. Fatemi, S.H., Emamian, E.S., Kist, D., Sidwell, R.W., Nakajima, K., Akhter, P., Shier, A., Sheikh, S. and Bailey, K. 1999. Defective corticogenesis and reduction in reelin immunoreactivity in cortex and hippocampus of prenatally infected neonatal mice. *Molecular Psychiatry* 4:145-54.
24. 미네카의 연구에 대한 평론은 Ohman, A.와 Mineka, S. Fear, phobias and preparedness: toward an evolved module of fear and fear learning. *Psychological Review*, (2001) 108:483–522쪽을 보라.
25. Hong, S.E., Shugart, Y.Y., Huang, D.T., Shahwan, S.A., Grant, P.E., Hourihane, J.O., Martin, N.D. and Walsh, C.A. 2000. Autosomal recessive lissencephaly with cerebellar hypoplasia is associated with human RELN mutatioins. *Nature Genetics* 26:93-6.
26. Cannon, M., Caspi, A., Moffitt, T.E., Harrington, H., Taylor, A., Murray, R.M.

and Poulton, R. 2002. Evidence for early-childhood, pan-developmental impairment specific to schizophreniform disorder: results from a longitudinal birth cohort. *Archives of General Psychiatry* 59:449-56.

27. Weinberger, D.R. 1987. Implications of normal brain development for the pathogenesis of schizophrenia. *Archives of General Psychiatry* 44:660-9. Weinberger, D.R. 1995. From neuropathology to neurodevelopment. *Lancet* 26:552-7.
28. Mirnics, K., Middleton, F.A., Lewis, D.A. and Levitt, P. 2001. Analysis of complex brain disorders with gene expression microarrays: schizophrenia as a disease of the synapse. *Trends in Neurosciences* 24:479-86.
29. Horrobin, D. 2001. *The Madness of Adam and Eve.* Bantam.
30. Peet, M., Glen, I. and Horrobin, D. 1999. *Phospholipid Spectrum Disorder in Psychiatry.* Marius Press.
31. Jablensky, A., Sartorius, N., Ernberg, G., Anker, M., Korten, A., Cooper, J.E., Day, R. and Bertelson, A. 1992. Schizophrenia: manifestations, incidence and course in different cultures. A World Health Organization Ten Country Study, *Psychological Medicine Supplement* 20:1-97.
32. Quoted in Horrobin, D. 2001. *The Madness of Adam and Eve.* Batam.
33. Stevens, A. and Price, J. 2000. *Prophets, Cults and Madness.* Duckworth, London.
34. Simonton, D.K. 2002. *The Origins of Genius.* Oxford University Press.
35. Nasar, S. 1998. *A Beautiful Mind: a biography of John Forbes Nash Jr.* Faber & Faber, London.

5장 | 4차원의 유전자

1. Dawkins, 1981. See http://www.world-of-dawkins.com/Dawkins /Work/Reviews /1985-01-24notinourgenes.htm.
2. Singer, D.G. and Revenson, T.A. 1996. A Piaget Primer. *How a Child Thinks* (2nd edition). Plume.
3. Lehrman, D.S. 1953. A critique of Konrad Lorenz' s theory of instinctive behavior. *Quarterly Review of Biology* 28:337-63.
4. Tinbergen, N. 1963. On the aims and methods of ethology. *Zeitschrift für Tierpsychologie* 20:410-33.

5. Schaffner, K.F. 1998. Genes, behavior and developmental emergentism: one process, indivisible? *Philosophy of Science* 65:209-52.
6. West-Eberhard, M.J. 1998. Evolution in the light of cell biology, and vice versa. *Proceedings of the National Academy of Sciences* 95:8417-19.
7. For example. Oyama, S. 2000. *Evolution's Eye*. Duke University Press.
8. Greenspan, R.J. 1995. Understanding the genetic construction of behavior. *Scientific American*, April: 72-8.
9. Waddington, C.H. 1940. *Organisers and Genes*. Cambridge University Press.
10. Ariew, A. 1999. Innateness is canalization: in defense of a developmental account of innateness. In Hardcastle, V. (ed.). *Biology meets Psychology: Conjectures, Connections, Constraints*. MIT Press.
11. Bateson, P. and Martin, P. 1999. *Design for a Life: How Behaviour Develops*. Jonathan Cape.
12. See the review of 'Not in Our Genes' by Richard Dawkins, in *New Scientist*, 24 January 1985. Available online at http://www.world-of-dawkins.com/dawkins/Work/Reviews/1985-01-24notinourgenes.htm.
13. Zhang, X. and Firestein, S. 2002. The olfactory receptor gene superfamily of the mouse. *Nature Neuroscience* 5:124-33.
14. Gogos, J.A., Osborne, J., Nemes, A., Mendelson, M. and Axel, R. 2000. Genetic ablation and restoration of the olfactory topographic map. *Cell* 103:609-20.
15. Wang, F., Nemes, A., Mendelsohn, M. and Axel, R. 1998. Odorant receptors govern the formation of a precise topographic map. *Cell* 93:47-60.
16. Holt, C. Lecture to Society for Neurosciences meeting, San Diego, November 2001; Campbell, D.S. and Holt, C.E. 2001. Chemotropic responses of retinal growth cones mediated by rapid local protein synthesis and degradation. *Neuron* 32:1013-26.
17. Tessier-Lavigne, M. and Goodman, C.S. 1996. The molecular biology of axon guidance. *Science* 274:1123-33; Yu, T.W. and Bargmann, C.I. 2001. Dynamic regulation of axon guidance. Nature Neuroscience 4 (supplement): 1169-76.
18. Richards, L.J. 2002. Surrounded by Slit-how forebrain commissural axons can be led astray. *Neuron* 33:153-5.
19. Marillat, V., Cases, O., Nguyen-Ba-Charvel, K.T., Tessier-Lavigne, M., Sotelo, C. and Chedotal, A. 2002. Spatiotemporal expression patterns of slit and robo genes in the rat brain. *Journal of Comparative Neurology* 442:130-55;Dickson. B.J., Cline, H., Polleux, F. and Ghosh, A. 2001. Making connections:axon

guidance and neural plasticity. *Embo Reports* 2:182-6.

20. Soussi-Yanicostas, N., Faivre-Sarrailh, C., Hardelin, J.P., Levilliers, J., Rougon, G. and Petit, C. 1998. Anosmin-I underlying the X chromosome-linked Kallman syndrome is an adhesion molecule that can modulate neurite growth in a cell-type specific manner. *Journal of Cell Science* 111:2953-65.
21. Hardelin, J.-P. 2001. Kallmann syndrome:towards molecular pathogenesis : *Journal of Molecular Endocrinology* 179:75-81.
22. Oliveira, L.M., Seminara, S.B., Beranova, M., Hayes, F.J., Valkenburgh, S.B., Schiphani, E, Costa, E.M., Latronico, A.C., Crowley, W.F., Vallejo, M. 2001. The importance of autosomal genes in Kallmann syndrome: genotype-phenotype correlations and neuroendocrine characteristics. *Journal of Clinical Endocrinology and Metabolism.* 86:1532-8.
23. Dawkins, R. 1982. The Extended Phenotype. Oxford University Press.
24. Braitenburg, V., 1967. Patterns of projection in the visual system of the fly. I. Retian-lamina projections. *Experimental Brain Research* 3:271-98.
25. Lee, C.H., Herman, T., Clandinin, T.R., Lee, R. And Zipursky, S.L. 2001. N-cadherin regulates target specificity in the Drosophila visual system. *Neuron* 30:437-50; Clandinin, T.R., Lee, C.H., Herman, T., Lee, R.C., Yang, A.Y., Ovasapyan, S. and Zipursky, S.L. 2001. *Drosophila* LAR regulates R1-R6 and R7 target specificity in the visual system. *Neuron* 33:237-48. Also Zipursky, S.L., interview with the author, and talk to Society for Neuroscience, San Diego, November 2001.
26. Modrek, B. and Lee, C. 2002. A genomic view of alternative splicing. *Nature Genetics* 30:13-19.
27. Schmucker, D., Clemens, J.C., Shu, H., Worby. C.A., Xiao, J., Muda, M., Dixon, J.E. and Zipursky, S.L. 2000. Drosophila Dscam is an axon guidance receptor exhibiting extraordinary molecular diversity. *Cell* 101:671-84.
28. Serafini, T. 1999. Finding a partner in a crowd : neuronal diversity and synaptogenesis. *Cell* 98:133-6.
29. Wang, X., Su, H. and Bradley, A. 2002. Molecular mechanisms governing Pcdh-gamma gene expression: evidence for a multiple promoter and cis-alternative aplicing model. *Genes and Development* 16:1890-905.
30. Wu, Q., and Maniatis, T. 1999. A striking organization of a large family of human neural cadherin-like cell adhesion genes. *Cell* 97:779-90; Tasic, B., Nabholz, C.E., Baldwin, K.K., Kim, Y., Rueckert, E.H., Ribich, S.A., Cramer, P.,

Wu, Q., Axel, R. and Maniatis, T. 2002. Promoter choice determines splice site selection in Protocadherin alpha and gamma Pre-mRNA splicing. *Molecular Cell* 10:21-33.

31. Specter, M. 2002. Rethinking the brain. In Best *American Science Writing* 2002 (ed. M. Ridley). HarperCollins.
32. H. Cline, interview.
33. Gomez, M., De Castro, E., Guarin, E., Sasakura, H., Kuhara, A., Mori, I., Bartfai, T., Bargmann, C.I. and Nef, P. 2001. Ca2 + signalling via the neuronal calcium sensor-I gene regulates associative learning and memory in C. elegans. *Neuron* 30:241-8.
34. Rankin, C., Rose, J. and Norman, K. 2001. The use of reporter genes to study the effects of experience on the anatomy of an identified synapse in the nematode C. elegans. Paper delivered at the IBANGS conference, San Diego, November 2001.
35. Harlow, H. and Harlow, M. 1962. Social deprivation in monkeys. *Scientific American* 207:136-46.
36. Meaney, M.J. 2001. Maternal care, gene expression and the transmission of individual differences in stress reactivity across generations. *Annual Reviews of Neuroscience* 24:1161-82.
37. Champagne, F., Diorio, J., Sharma, S, and Meaney, M.J. 2001. Naturally occurring variations in maternal behavior in the rat are associated with differences in estrogen-inducible central oxytocin receptors. *Proceedings of the National Academy of Sciences* 98:12736-41.
38. Darlene D. Francis, Kathleen Szegda, Gregory Campbell, W. David Martin, Thomas R. Insel (unpublished). Epigenetic Sources of Behavioral Differences: Mother Nature Meets Mother Nurture.
39. Huxley, A. 1932. *Brave New World.* Chatto & Windus.

6장 | 형성기

1. *Paradise Regained* (1671), Book 4.
2. Quoted in Nisbett, A. 1976. *Konrad Lorenz.*Dent.
3. Nisbett, A. 1976. *Konrad Lorenz.* Dent
4. Spalding, D.A.1873. Instinct with original observations on young animals.

Macmillan' s Magazine 27:282-93.

5. Bateson, P. 2000. What must be known in order to understand imprinting? In *The Evolution of Cognition* (ed. Heyes, C. and Huber, L.). MIT Press.
6. Gottlieb, G. 1997. *Synthesizing Nature-Nurture. Prenatal Roots of Instinctive Behavior.* Lawrence Erlbaum Associates.
7. Barker, D.J.,Winter, P.D., Osmond, C., Margetts, B. and Simmonds, S.J.1989. Weight in infancy and death from ischaemic heart disease. *Lancet* 8663:577-80.
8. Erikson, J.G., Forsen, T., Tuomilehto, J., Osmond, C. and Barker, D.J. 2001. Early growth and coronary heart disease in later life: longitudinal study. *British Medical Journal* 322:949-53.
9. Bateson, P. 2001. Fetal experience and good adult design. *International Joural of Epidemiology* 30:928-34.
10. Manning, J., Martin, S., Trivers, R. and Soler, M. 2002. 2nd to 4th digit ratio and offspring sex ratio. *Journal of Theoretical Biology* 217:93.
11. Manning. J.T. and Bundred, P.E. 2000. The ratio of 2nd to 4th digit length: a new predictor of disease predisposition? Medical Hypotheses 54:855-7; Manning, J.T., Baron-Cohen, S., Wheelwright, S. and Sanders, G. 2001. The 2nd to 4th digit ratio and autism. *Developmental medicine and Child Neurology* 43:160-4.
12. Bischof, H.J., Geissler, E. and Rollenhagen, A. 2002. Limitations of the sensitive period of sexual imprinting: neuroanatomical and behavioral experiments in the zebra finch *(Taeniopygia guttata). Behavioral Brain Research* 133:317-22.
13. Burr, C. 1996. *A Separate Creation: How Biology Makes Us Gay.* Bantam Press.
14. Bailey, M, interview.
15. Symons, D. 1979. *Evolution of Human Sexuality.* Oxford University Press.
16. Blanchard, R. 2001. Fraternal birth order and the maternal immune hypothesis of male homosexuality. *Hormones and Behavior* 40:105-14.
17. Cantor, J.M., Blanchard, R., Paterson, A.D. and Bogaert, A.F. 2002. How may gay men owe their sexual orientation to fraternal birth order? *Archives of Sexual Behavior* 31:63-71.
18. Blanchard, R. and Ellis, L. 2001. Birth weight, sexual orientation and the sex of preceding siblings. *Journal of Biosocial Science* 33:451-67.
19. Blanchard, R., Zucker, K.J., Cavacas, A., Allin, S., Bradley, S.J. and Schachter, D.C. 2002. Fraternal birth order and birth weight in probably prehomosexual feminine boys. *Hormones and Behavior* 41:321-7.

20. Blanchard, R., Zucker, K.J., Cavacas, A., Allin, S., Bradley, S.J. and Schachter, D.C. 2002. Fraternal birth order and birth weight in probably prehomosexual feminine boys. *Hormones and Behavior* 41:321-7.
21. Harvey, R.J., McCabe, B.J., Solomonia, R.O., Horn, G. and Darlison, M.G.1998. Expression of GABAa receptor gamma4 subunit gene: anatomical distribution of the corresponding mRNA in the domestic chick forebrain and the effects of imprinting training. *European Journal of Neuroscience* 10:3024-8.
22. Nedivi, E. 1999. Molecular analysis of developmental plasticity in neocortex. *Journal of Neurobiology* 41:135-47.
23. Huang, Z.J., Kirkwood, A., Pizzorusso, T., Porciatti, V., Morales, B., Bear, M.F., Maffei, L. and Tonegawa, S. 1999. BDNF regulates the maturation of inhibition and the critical period of plasticity in mouse visual cortex. *Cell* 98:739-55.
24. Fagiolini, M. and Hensch, T.K. 2000. Inhibitory threshold for critical period activation in primary visual cortex. *Nature* 404:183-6.
25. Huang, J., interview.
26. Kegl, J., Senghas, A. and Coppola, M. 1999. Creation through contact: Sign language emergence and sign language change in Nicaragua. In *Comparative Grammatical Change: The Intersection of Language Acquisition, Creole Genesis, and Diachronic Syntax* (ed. DeGraff, M.) MIT Press; Bickerton, D. 1990. *Language and Species*. University of Chicago Press.
27. http://www.ling.lancs.ac.uk/monkey/ihe/linguistics/LECTURE4/4victor.htm. Newton, M. 2002. *Savage Girls and Wild Boys: A History of Feral Children*. Faber&Haber.
28. http://www.ling.lancs.ac.uk/monkey/ihe/linguistics/LECTURE4/4kaspar.htm.
29. Rymer, R. 1994. *Genie: a Scientific Tragedy*. Penguin.
30. Westermarck, E.1891. *A History of Human Marriage*. Macmillan.
31. Wolf, A.P. 1995. *Sexual Attraction and Childhood Association: a Chinese Brief for Edward Westermarck*. Stanford University Press.
32. Shepher, J. 1971. Mate Selection among second-generation kibbutz adolescents: incest avoidance and negative imprinting. *Archives of Sexual Behavior* 1:293-307.
33. Walter, A. 1997. The evolutionary psychology of mate selection in Morocco- a multivariate analysis. *Human Nature* 8:113-37.
34. Price, J.S. 1995. The Westermarck trap: a possible factor in the creation of Frankenstein. *Ethology and Sociobiology* 16:349-53.

35. Thornhill. N. W. 1991. An evolutionary analysis of rules regulating human inbreeding and marriage. *Behavioral and Brain Services* 14:247-60.
36. Greenber, M. and Littlewood, R. 1995. Post-adoption incest and phenotypic matching: experience, personal meanings and biosocial implications. *British Journal of Medical Psychology* 68:29-44.
37. Bevc, I. and Silverman, I. 1993. Early proximity and intimacy between siblings and incestuous behavior-a test of the Westermarck theory. *Ethology and Sociobiology* 14:171-81.
38. Deichmann, U. 1996. *Biologists under Hitler.* Harvard University Press.
39. Nisbett, A. 1976. *Konrad Lonrenz*, Dent

7장 | 학습 이론의 교훈

1. Turgenev, I. 1861/1975. *Fathers and Sons.* Penguin.
2. Todes, D.P. 1997. Pavlov' s physiology factory. *Isis* 88:205-46.
3. Kimble, G.A. 1993. Evolution of the nature-nurture issue in the history of psychology. *In Nature Nurture and Psychology* (ed. Plomin, R. and McClean, G.E.), American Psychological Association.
4. Frolov, Y.P. 1938. *Pavlov and His School.* Kegan Paul, Trench, Trubner& Co.
5. Waelti, P., Dickinson, A. and Schultz, W. 2001. Dopamine responses comply with basic assumptions of formal learning theory. *Nature* 412:43-8.
6. Watson, J.B. 1924. *Behaviorism.* W.W. Norton, New York.
7. Dubnau, J., Grady, L., Kitamoto, T. and Tully, T. 2001. Disruption of neurotransmission in Drosophila mushroom body blocks retrieval but not acquisition of memory. *Nature* 411:476-80.
8. Tully, T., interview.
9. Husi, H. and Grant, S.G.N. 2001. Proteomics of the nervous system. *Trends in Neurosciences* 24:259-66.
10. Watson, J.B. 1913. Psychology as the behaviorist views it. *Psychological Review* 20:158-77.
11. Rilling, M. 2000. John Watson' s paradoxical struggle to explain Freud. *American Psychologist* 55:301-12.
12. Watson, J.B. and Rayner, R. 1920. Conditioned emotional reactions. *Journal of Experimental Psychology* 3:1-14.

13. Watson, J.B. 1924. *Behaviorism.* W. W. Norton.
14. Figes, O. 1996. A *People' s Tragedy.* Jonathan Cape.
15. Frolov, Y.P. 1938. *Pavlov and His School.* Kegan Paul, Trench, Trubner & Co.
16. Figes, O. 1996. *A People' s Tragedy.* Jonathan Cape.
17. 리셍코의 말과 그에 대한 모든 인용문은 Joravsky, D. *The Lysenko Affair.* (University of Chicago Press, 1986)에서 인용했다.
18. Ibid.
19. Ibid.
20. Gould, S.J. 1978. *Ever Since Darwin.* Burnett Books.
21. Pinker, S. 2002. *The Blank Slate.* Penguin.
22. Blum, D. 2002. *Love at Goon Park.* Perseus Publishing.
23. Harlow, H.F. 1958. The Nature of Love. *American Psychologist* 13:673-85.
24. 미네카의 연구에 대한 평론은, Ohman, A.와 Mineka, S. 'Fear, phobias and preparedness: toward an evolved module of fear and fear learning.' *Psychological Review* (2001) 108:483-522쪽을 보라.
25. Fredrikson, M., Annas, P. and Wik, G. 1997. Parental history, aversive exposure and the development of snake and spider phobia in women. *Behavior Research Therapy* 35:23-8.
26. Ledoux, J. 2002. *Synaptic Self: How Our Brains Become Who We Are.* Viking.
27. Ohman, A. and Mineka, S. 2001. Fears, Phobias and preparedness: toward an evolved module of fear and fear learning. *Psychological Review* 108:483-522.
28. Kendler, K.S., Jacobson, K.C., Myers, J. and Prescott, C.A. 2002. Sex differences in genetic and environmental risk factors for irrational fears and phobias. *Psychological Medicine* 32:209-17.
29. Hebb, D.O. 1949. *The Organization of Behavior. A Neuropsychological Theory. Wiley.*
30. Elman, J., Bates, E.A., Johnson, M.H., Karmiloff-Smith, A., Parisi, D. and Plunkett, K. 1996. *Rethinking Innateness.* MIT Press.
31. Ibid.
32. Fodor, J. 2001. *The Mind Doesn' t Work That Way.* MIT Press.
33. Pinker, S. 2002. *The Blank Slate.* Penguin.
34. Skinner, B.F. 1948/1976. *Walden Two.* Prentice Hall.
35. See www.loshorcones.org.mx

1. *Essay on Human Understanding*, 1962. 이 책은 로크가 흔히 말하듯 맹목적인 빈 서판주의자가 아니었음을 입증할 뿐이다.
2. Kuper, A. 1999. *Culture: the Anthropologists' Account*. Havard University Press.
3. Muller-White, L. 1998. *Franz Boas among the Inuit of Baffin Island, 1883-1884: Letters and Journals*. University of Toronto Press.
4. Quoted in Degler, C.N. 1991. *In Search of Human Nature*. Oxford University Press.
5. Ibid.
6. See *New York Times*, 8 October 2002, p. F3. Also: Sparks, C.S. and Jantz, R.L. 2002. A reassessment of human cranial plasticity: Boas revisited. *Proceedings of the National Academy of Sciences*. 8 October. 2002.
7. Freeman, D. 1999. *The Fateful Hoaxing of Margaret Mead: a Historical Analysis of Her Samoan Research*. Westview Press.
8. Durkheim, E. 1895. *The Rules of the Sociological Method*. (1962 edition). Free Press.
9. Pinker, S. 2002. *The Blank Slate*. Penguin.
10. Plotkin, H. 2002. *The Imagined World Made Real.: Towards a Natural Science of Culture*. Penguin.
11. 텔레비전 프로그램 [The *Cultured Ape*], 채널 4. Brian Leith 제작. Scorer Associates.
12. de Waal, F. 2001. *The Ape and the Sushi Master*. Penguin.
13. Tomasello, M. 1999. *The Cultural Origins of Human Cognition*. Harvard University Press.
14. de Waal, F. 2001. *The Ape and the Sushi Master*. Penguin.
15. Tomasello, M. 1999. *The Cultural Origins of Human Cognition*. Havard University Press.
16. Tiger, L. and Fox, R. 1971. *The Imperial Animal*. Transaction.
17. 리졸라티, G., 개인적 대화.
18. Rizzolatti, G. and Arbib, M.A. 1998. Language within our grasp. *Trends in Neurosciences* 21:188-94.
19. Iacobini, M., Koski, L.M., Brass, M., Bekkering, H., Woods, R.P., Dubeau, M.-C., Mazziotta, J.C. and Rizzolatti, G. 2001. Reafferent copies of imitated actions

in the right superior temporal cortex. *Proceedings of the National Academy of Sciences* 98:13995-9.

20. Kohler, E., Keysers,C., Umilta, M.A., Fogassi, L., Gallese, V. and Rizzolatti, G. 2002. Hearing sounds,understanding actions: action representation in auditory mirror neurons. *Science* 297:846-8.
21. Lai, C.S., Fisher, S.E., et al. 2001. A forkhead-domain gene is mutated in a severe speech and language disorder. *Nature* 413:519-23.
22. Enard, W., Preworski, M., Fisher, S.E., Lai, C.S.L., Wiebe, V., Kitano, T., Monáco, A.P. and Paabo, S. 2002. Molecular evolution of $FOXP_2$, a gene involved in speech and language. *Nature* 418:869-72.
23. Iacoboni, M., Woods, R.P., Brass, M. Bekkering, H., Mazziotta, J.C. and Rizzolatti, G. 1999. Cortical mechanisms of human imitation, *Science* 286:2526-8.
24. Cantalupo, C. and Hopkins, W.D. 2001. Asymmetric Broca's area in great apes. *Nature* 414:505.
25. Newman, A.J., Bavelier, D., Corina, D., Jezzard, P. and Neville, H.J. 2002. A critical period for right hemisphere recruitment in American Sign Language processing. *Nature Neuroscience* 5:76-80.
26. Dunbar, R. 1996. *Gossip, Grooming and the Evolution of Language.* Faber & Faber.
27. Walker, A. and Shipman, P. 1996. *The Wisdom of Bones.* Weidenfeld & Nicolson.
28. Tattersal, I. 이메일 교환.
29. Wilson, F.R. 1998. *The Hand.* Pantheon.
30. Calvin, W.H. and Bickerton, D. 2001. *Lingua ex Machina.* MIT Press.
31. Stokoe, W.C. 2001. *Language in Hand: Why Sign Came Before Speech.* Gallaudet University Press.
32. Durham, W.H., Boyd, R. and Richerson, P.J. 1997. Models and forces of cultural evolution. In *Human by Nature* (ed. Weingert, P., Mitchell, S.D., Richerson, P.J. and Massen, S.). Lawrence Erlbaum Associates.
33. Deacon, T. 1997. The *Symbolic Species: the Co-evolution of Language and the Human Brain.* Penguin.
34. Blakcmore, S. 1999. *The Meme Machine.* Oxford University Press.
35. Cronk, L. 1999. *That Complex Whole: Culture and the Evolution of Human Behavior.* Westview Press.
36. Pitts, M. and Roberts, M. 1997. *Fairweather Eden.* Century.

37. Kohn, M. 1999. As *We Know It: Coming to Terms with an Evolved Mind.* Granta.
38. Low, B.S. 2000. *Why Sex Matters: a Darwinian Look at Human Behavior.* Princeton University Press.
39. Dunbar, R., Knight, C. and Power, C. 1999. *The Evolution of Culture.* Edinburgh University Press.
40. Whiten, A. and Byrne, R.W. (eds). 1997. *Machiavellian Intelligence II.* Cambridge University Press.
41. Wright, R. 2000. *Nonzero: History, Evolution and Human Cooperation.* Random House.
42. Ridley, M. 1996. *The Origins of Virtue.* Penguin.
43. Ofek, H. 2001. *Second Nature.* Cambridge University Press.
44. Tattersall, I. 1998. *Becoming Human.* Harcourt Brace.
45. Wright, R. 2000. *Nonzero: History, Evolution and Human Cooperation.* Random House.
46. Ridely, M. 1996. *The Origins of Virtue.* Penguin.
47. Neville-Sington, P. and Sington, D. 1993. *Paradise Dreamed: How Utopian Thinkers Have Changed the World.* Bloomsbury.
48. Milne, H. 1986. *Bhagwan: The God That Failed.* Caliban Books.

9장 | 유전자의 일곱 가지 의미

1. Dennett, D. *Darwin' s Dangerous Idea.* Penguin.
2. De Vries, H. 1900. Sur la loi de disjonction des hybrides. *Comptes Rendus de l' Académie des Sciences* (Paris) 130:845-7.
3. Henig, R.M. 2000. *A Monk and Two Peas.* Weidenfeld & Nicolson.
4. Tudge, C. 2001. *In Mendel' s Footnotes. Vintage*; Orel, V. 1996. *Gregor Mendel: the First Geneticist.* Oxford University Press.
5. Watson, J.D. and Crick, F.H.C. 1953. Molecular structure of nucleic acid: a structure for deoxyribonucleic acid'. *Nature* 171:737. Watson, J. with Barry, A. 2003. DNA: *The secret of Life.* Knopf.
6. Ptashne, M. and Gann, A. 2002. *Genes and Signals.* Cold Spring Harbor Press.
7. Midgley, M. 1979. Gene juggling. *Philosophy* 54:439-58.
8. Canning, C. and Lovell-Badge, R sry and sex determination: how lázy can it

be? *Trends in Genetics* 18:111-13.
9. Randolph Ness, 개인적 대화.
10. Chagnon, N. 1992. *Yanomamo: the Last Days of Eden*. Harcourt Brace.
11. Miller, G. 2000. *The Mating Mind*. Doubleday.
12. Wilson, E.O. 1994. *Naturalist*. Island Press.
13. Wilson, E.O. 1975. *Sociobiology*. Harvard University Press.
14. Segerstrale, U. 2000. *Defenders of the Truth*. Oxford University Press.
15. Anthony Leeds, Barbara Beckwith, Chuck Madansky, David Culver, Elizabeth Allen, Herb Schreier, Hiroshi Inouye, Jon Beckwith, Larry Miller, Margaret Duncan, Miriam Rosenthal, Reed Pyeritz, Richard C. Lewontin, Ruth Hubbard, Steven Chorover and Stephen Gould 1975. Letter to the *New York Review of Books*. 13 November 1975.
16. Segerstrale, U. 2000. *Defenders of the Truth*. Oxford University Press.
17. Lewontin, R. 1993. *The Doctrine of DNA: Biology of Ideology*. Penguin.
18. Tooby, J. and Cosmides, L. 1992. The Psychological foundations of culture. In *The Adapted Mind* (ed. Barkow, J.H., Cosmides, L. and Tooby, J.). Oxford University Press.
19. Ibid.
20. Daly, M. and Wilson, M. 1998. *Homicide*. Aldine.
21. Hrdy, S. 2000. *Mother Nature*. Ballantine Books.
22. Durkheim, E. 1895. *The Rules of the Sociological Method* (1962 edition). Free Press.

10장 | 도덕적 모순들

1. Wolfe, T. 2000. *HookingUp*. Picador.
2. Ellis, B.J. and Garber, J. 2000. Psychosocial antecedents of variation in girl's pubertal timing: maternal depression, stepfather presence, and marital and family stress. *Child Development* 71:485-501.
3. Harris, J.R. 1998. *The Nurture Assumption*, Bloomsbury.
4. Harris, J.R. 1995. Where is the child's environment? A group socialization theory of development. *Psychological Review*. 102:458-9.
5. Wills, J.E. 2001. *1688: a Global History*. Granta.
6. 그러나 다른 연구들은 부모 자식 간의 대단히 부정적인 상관성도 보여준다. 즉 부모의 영

향 때문에 아이가 정반대로 나가는 경우를 말한다. 히피족의 자녀들 중에는 투자회사 직원이 되는 사람도 있다.

7. Lytton, H. 2000. Towards a model of family-environmental and child biological influences on development. *Developmental Review* 20:150-79.
8. Mednick, S.A., Gabrielli, W.F. and Hutchings, B. 1984. Genetic influences in criminal convictions: evidence from an adoption cohort. *Science* 224:891-4.
9. Scarr, S. 1996. How people make their own environments: implications for parents and policy makers. *Psychology Public Policy and Law* 2:204-28.
10. Collins, W.A., Maccoby, E.E., Steinberg, L., Hetherington, E.M. and Bernstein, M.H. 2000. The case for nature and nurture. *American Psychologist* 55:218-32.
11. Bennett, A.J., Lesch, K.P., Heils, A., Long, J.C., Lorenz, J.G., Shoaf, S.E., Champoux, M., Soumi, S.J.Linnoila, M.V.and Higley, J.D. 2002. Early experience and serotonin transporter gene variation interact to influence primate CNS function. *Molecular Psychiatry* 7:118-22.
12. Smith, A. 1776. *The Wealth of Nations*. London.
13. Ibid.
14. Durkheim, E. (1933). *The Division of Labor in Society*. Free Press.
15. Buss, D.M. 1994. *The Evolution of Desire*. Basic Books.
16. Lewontin, R.C. 1972. The apportionment of human diversity. *Evolutionary Biology* 6:381-98.
17. Kurzban, R., Tobby, J. and Cosmides, L. 2001. Can race be erased? Coalitional computation and social categorization. *Proceedings of the National Academy of Sciences* 98:15387-92.
18. Caspi, A., McClay, J., Moffitt, T., Mill, J., Martin, J., Craig, I. W., Taylor, A., Poulton, F. 2002. 'Role of genotype in the cycle of violence in maltreated children. [Science] 297:851-4쪽. 또한 Terrie Moffitt과 Avshalom Caspi, 이메일 교환. 또는 생명윤리에 대한 Nuffield Council의 보고서(2002)를 보라. *Genetics and Behavior: the Ethical Context*. 덧붙여 말하자면 주디스 리치 해리스가 내게 지적했듯이, 더니든 연구에서 부모의 학대와 반사회적 행동의 상관성은 인과적인 것으로 볼 수 없다. 아직 발견되지 않은 유전자가 양자 모두에 영향을 미칠 수도 있다. 잘못된 가정이 난무했던 오랜 역사는 부모의 행동이 자식에게 원인으로 작용한다고 가정하기에 앞서 더욱 신중할 것을 요구한다.
19. James, W. 1884. The dilemma of determinism. In *The Writing of William James* (ed. McDermott, J.J.). University of Chicago Press.
20. Walter, H. 2001. *Neurophilosophy of Free Will*. MIT Press.

21. Quoted by Walter, H. 2001. Neurophilosophy of Free Will. MIT Press.

22. *Hamlet*, Act 5, Scene 2.

23. Freeman, W.J. 1999. *How Brains Make up Their Minds*. Weidenfeld & Nicolson.

24. Francis Crick, interview.

25. Tim Tully, interview.

1. James, W. 1906. The moral equivalent of war. Address to Stanford University. Printed as Lecture II in *Memories and Studies*. Longman Green & Co. (1911):267-96.

2. Bouchard, T. 1999. Genes, environment and personality. *In The Nature-Nurture Debate: the Essential Readings* (ed. Ceci, S.J. and Williams, W.M.). Blackwell.

3. Wilson, E.O. 1978. *On Human Nature*. Harvard University Press.

4. Dawkins, R. 1981. Selfish genes in race or politics. *Nature* 289:528.

5. Pinker, S. 1997. *How the Mind Works*. Norton.

6. Rose, S. 1997. *Lifelines*. Penguin.

7. Gould, S.J. 1978. *Ever Since Darwin*. Burnett Books.

8. Lewontin, R. 1993. *The Doctrine of DNA: Biology as Ideology*. Penguin.

9. Tim Tully, interview.

기타

ㅈ

ㅊ